国家职业技能等级认定培训教材

国家基本职业培训包教材资源

装配钳工

（初级）

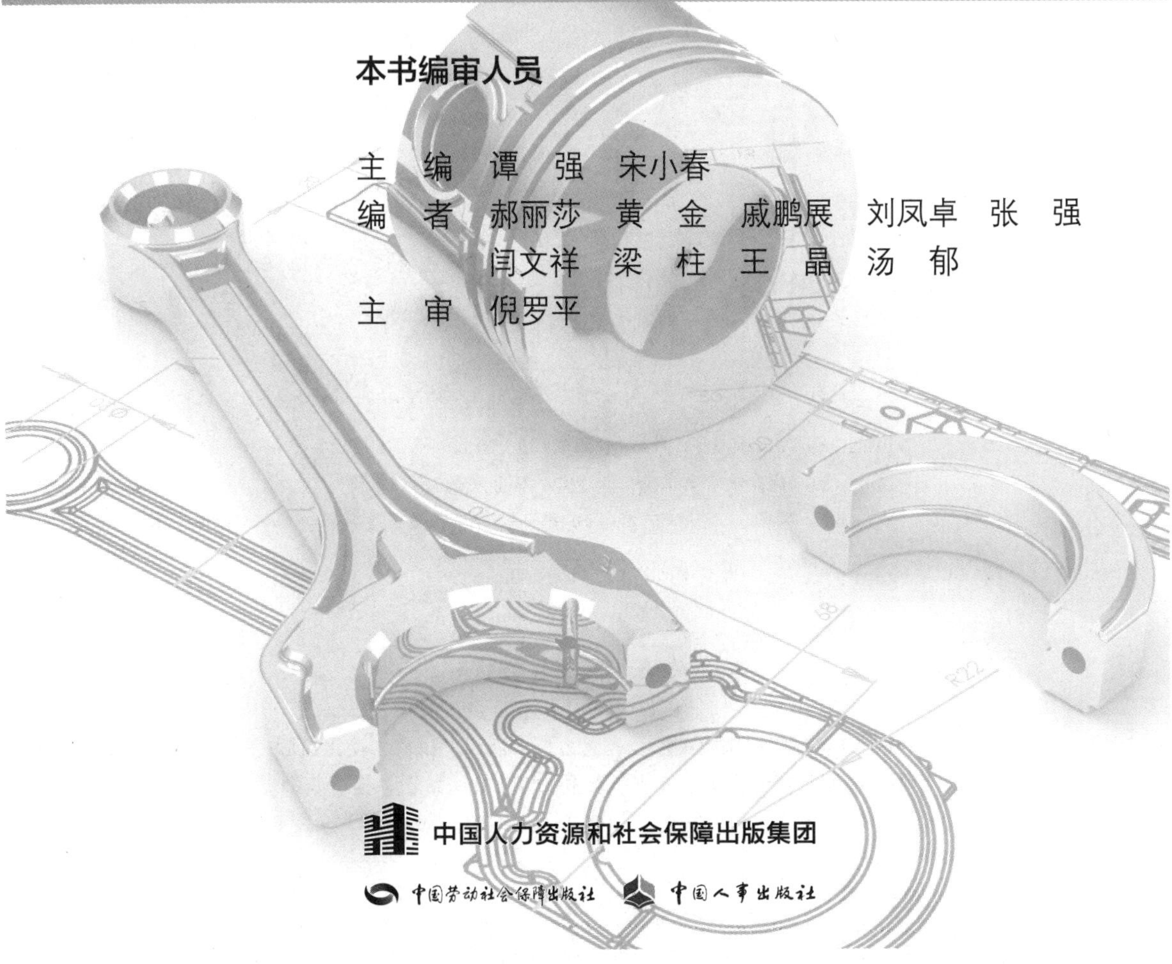

本书编审人员

主　编　谭　强　宋小春

编　者　郝丽莎　黄　金　戚鹏展　刘凤卓　张　强

　　　　闫文祥　梁　柱　王　晶　汤　郁

主　审　倪罗平

中国人力资源和社会保障出版集团

中国劳动社会保障出版社　中国人事出版社

图书在版编目(CIP)数据

装配钳工：初级 / 人力资源社会保障部教材办公室组织编写. -- 北京：中国劳动社会保障出版社：中国人事出版社，2020

国家职业技能等级认定培训教材

ISBN 978-7-5167-4276-1

Ⅰ.①装… Ⅱ.①人… Ⅲ.①安装钳工-技术培训-教材 Ⅳ.①TG946

中国版本图书馆 CIP 数据核字（2020）第 044911 号

中国劳动社会保障出版社
中 国 人 事 出 版 社 **出版发行**

（北京市惠新东街 1 号 邮政编码：100029）

*

三河市华骏印务包装有限公司印刷装订 新华书店经销

787 毫米 ×1092 毫米 16 开本 20.75 印张 369 千字

2020 年 5 月第 1 版 2024 年 2 月第 4 次印刷

定价：49.00 元

营销中心电话：400-606-6496

出版社网址：http://www.class.com.cn

前 言

为加快建立劳动者终身职业技能培训制度，大力实施职业技能提升行动，全面推行职业技能等级制度，推进技能人才评价制度改革，促进国家基本职业培训包制度与职业技能等级认定制度的有效衔接，进一步规范培训管理，提高培训质量，人力资源社会保障部教材办公室组织有关专家在《装配钳工国家职业技能标准》（以下简称《标准》）和国家基本职业培训包（以下简称培训包）制定工作基础上，编写了装配钳工国家职业技能等级认定培训系列教材（以下简称等级教材）。

装配钳工等级教材紧贴《标准》和培训包要求编写，内容上突出职业能力优先的编写原则，结构上按照职业功能模块分级别编写。该等级教材共包括《装配钳工（基础知识）》《装配钳工（初级）》《装配钳工（中级）》《装配钳工（高级）》4 本。《装配钳工（基础知识）》是各级别装配钳工均需掌握的基础知识，其他各级别教材内容分别包括各级别装配钳工应掌握的理论知识和操作技能。

本书是装配钳工等级教材中的一本，是职业技能等级认定推荐教材，也是职业技能等级认定题库开发的重要依据，已纳入国家基本职业培训包教材资源，适用于职业技能等级认定培训和中短期职业技能培训。

本书在编写过程中得到徐州机电技师学院、蚌埠技师学院及华南理工大学宋小春副教授的大力支持与协助，在此一并表示衷心感谢。

人力资源社会保障部教材办公室

Contents
目录

装配钳工
（初级）

模块1

装配零件加工

- 课程 1-1　划线操作
- 课程 1-2　锯削、锉削、錾削加工
- 课程 1-3　孔加工和螺纹加工
- 课程 1-4　刮削和研磨

课程设置

课程	学习单元	课堂学时
1-1 划线操作	（1）工件的平面划线	8
	（2）工件的立体划线	8
	（3）分度头的使用	4
	（4）钣金件的划线	8
1-2 锯削、锉削、錾削加工	（1）錾削加工	20
	（2）锯削加工	30
	（3）锉削加工	30
1-3 孔加工和螺纹加工	（1）孔加工	30
	（2）螺纹加工	30
1-4 刮削和研磨	（1）刮削加工	12
	（2）研磨加工	12

课程 1-1 划 线 操 作

学习内容

学习单元	课程内容	培训建议	课堂学时
（1）工件的平面划线	1）划线工具的使用与保养 2）划线前的准备工作 3）划线基准的选择 4）划基本线条的方法 5）轴承盖平面划线	（1）方法：讲授法、演示法、讨论法、实训法 （2）重点：平面划线方法 （3）难点：划线基准的选择	8

续表

学习单元	课程内容	培训建议	课堂学时
（2）工件的立体划线	1）立体划线工具 2）找正 3）借料	（1）方法：讲授法、演示法、讨论法、实训法 （2）重点：立体划线方法 （3）难点：轴承座立体划线	8
（3）分度头的使用	1）分度头的结构和工作原理 2）分度盘的结构和分度计算 3）用分度头划线	（1）方法：讲授法、演示法、讨论法、练习法 （2）重点与难点：用分度头划线	4
（4）钣金件的划线	1）钣金件的加工工序 2）钣金加工常用工具和设备 3）机床电气箱盖钣金件划线	（1）方法：讲授法、演示法、讨论法、练习法 （2）重点与难点：机床电气箱盖钣金件划线	8

学习单元 1　工件的平面划线

一、划线工具的使用与保养

1. 平面划线工具的种类及用途

平面划线工具按用途不同分为基本工具、量具、绘划工具和辅助工具，其用途见表 1–1–1。

表 1-1-1　常用划线工具分类及用途

种类	名称	图示	用途说明
基本工具	平板	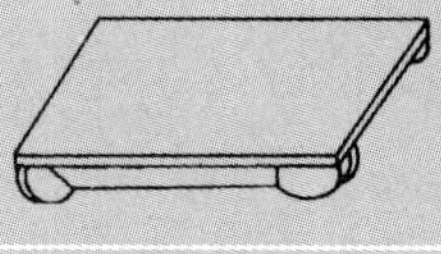	由铸铁制成，用来安放工件和划线工具，并在其工作面上完成划线工作
	方箱	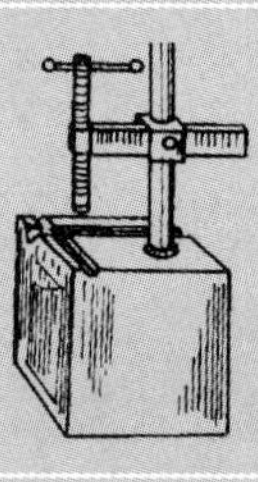	通过翻转方箱，可以将安装在方箱上的工件相互垂直的全部线条划出。方箱上的 V 形槽用于装夹圆柱形工件
	V 形架	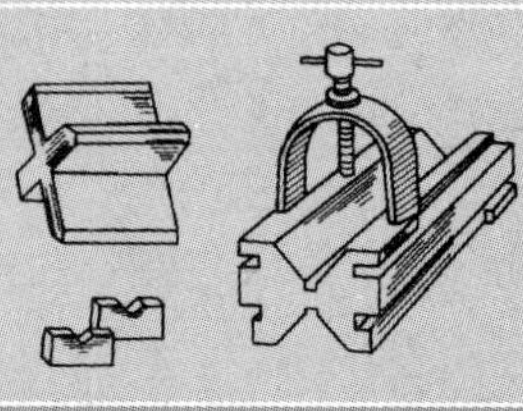	一般 V 形架都是一副两块，其夹角为 90° 或 120°，主要用于支承轴类零件
量具	直角尺	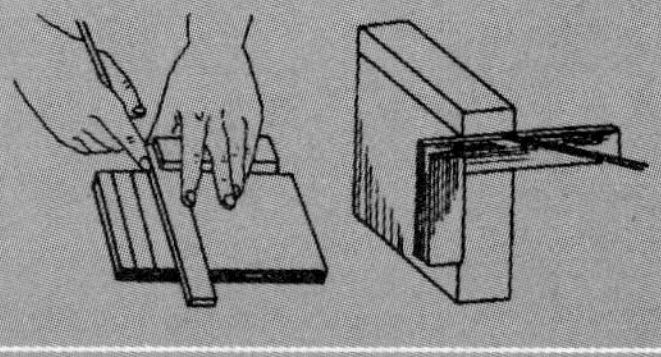	钳工常用的测量工具，划线时用作划垂直线或平行线的导向工具
	游标高度卡尺	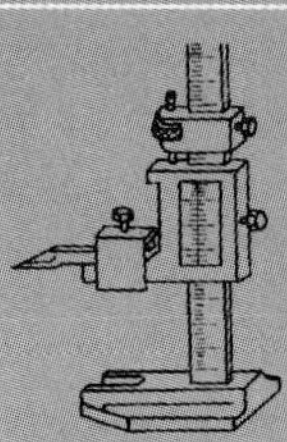	一种比较精密的量具及划线工具，既可以用来测量高度，又可以用量爪直接划线
绘划工具	划针	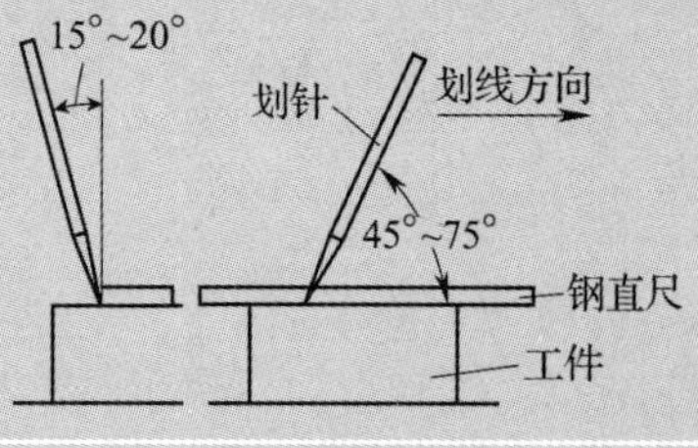	划线的基本工具，常用的划针用 ϕ3~6 mm 的弹簧钢或高速钢制成。划针应使划出的线条清晰、准确
	划规	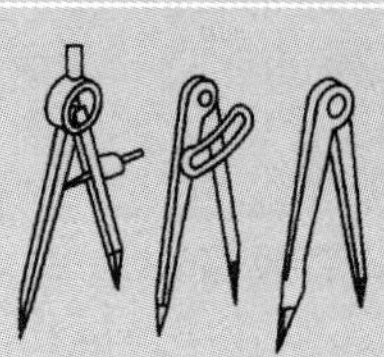	用来划圆、等分线段、等分角度及量取尺寸等

续表

种类	名称	图示	用途说明
绘划工具	划线盘	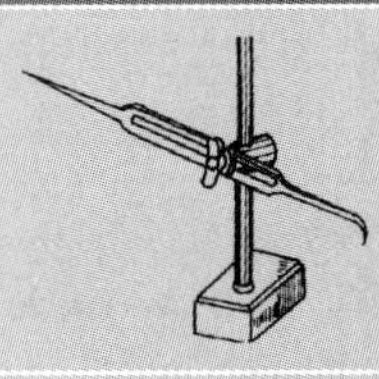	用来直接在工件上划线或找正工件位置。划针的直头用来划线，弯头用来找正工件位置
	样冲	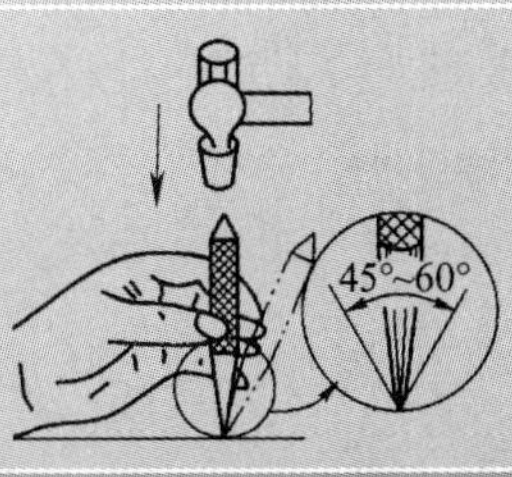	用于在所划的线条或圆心处打上样冲眼
辅助工具	垫铁	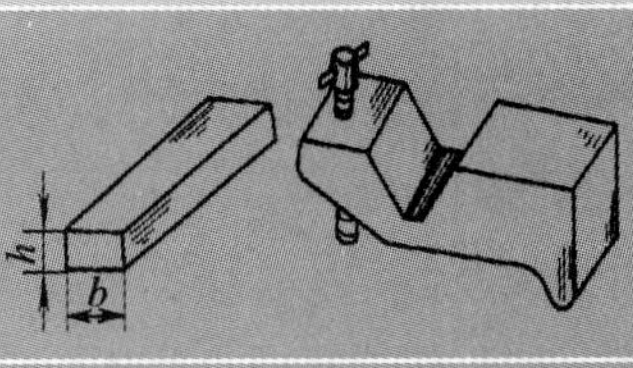	用来安放工件，调整划线基准
	千斤顶		用来支承毛坯或形状不规则的工件进行立体划线，可以调节工件的高度

2. 划线工具的保养

（1）划线平板的保养

1）在安装划线平板时，要将支承件支在主支点处。支承时，为了防止划线平板发生变形，尽量将平板的工作面调整水平。

2）检验或划线完毕，要把工件抬下来，不得长时间放在平板上，长期放置会使平板发生变形。

3）使用完毕，要及时擦净平板的工作面，然后涂上一层防锈油。如果长时间不用，最好涂上一层润滑脂后铺一层白纸。

4）最好用木板制作一个专用罩子，不用平板时，用罩子将平板罩住，严禁将水滴在铸铁平板上。

5）划线平板要实行周期检查，检查周期根据使用的具体情况确定，一般为一年。

（2）V 形架的保养

1）保持清洁，移动时要小心轻放，工作时扳动旋钮不能用力过大，以免损坏旋钮。

2）不能任意拆卸零件，以免影响使用寿命。

3）使用期间不用涂油，长期存放时涂上一层工业油即可。

（3）游标高度卡尺的保养

1）搬动游标高度卡尺时，应用一只手托住底座，一只手扶住尺身，不允许横着提尺身。

2）使用完毕，应将游标高度卡尺擦干净装入盒内，放在干燥处保存。

3）没有装盒的游标高度卡尺不允许倒着放，也不允许斜靠在其他物品上，用完后应将游标移到最低位置。

4）游标高度卡尺须实行周期检定，检定周期由计量部门根据使用情况决定。

（4）其他划线工具的保养。其他划线工具的保养应遵循以下原则：

1）使用后应及时擦干净，除不锈钢量具或有保护镀层者外，金属表面应涂上一层防锈油，放在专用的盒子里，保存在干燥的地方，以免生锈。

2）定期检定和保养。对于长期使用的精密量具，要定期送计量站进行保养并检定精度，以免因量具的示值误差超差而造成产品质量事故。

二、划线前的准备工作

划线是为了指导加工，通过划线表示出工件的加工余量、加工界线、检查线和找正线，使加工有明确的标志。通过划线可以检查毛坯各部位尺寸和形状是否符合加工要求，如毛坯局部存在缺陷、误差较小时，可用借料的方法来补救，以防止浪费工时。

划线是一项复杂而细致的工作，而线条又是加工的主要依据。因此，在划线时要求认真细致，不得出现差错，否则将产生废品而造成经济损失。

1. 审图

（1）零件图的审查。零件图是表达单个零件形状、大小和特征的图样，也是在制造和检验零件时所用的图样，又称零件工作图。在生产过程中，根据零件图样和技术要求进行生产准备、加工制造及检验，因此，零件图是指导零件生产的重要技术文件。

1）审查视图。零件图综合运用视图、剖视图、断面图及其他规定和简化画法，选择能把零件的内、外结构和形状表达清楚的一组视图。审图时，要考虑零件加工的结构工艺性、经济性，要考虑零件材料的选择、毛坯及其成形方法的选择、零件加工工艺与设备的选择等。

2）审查标题栏。标题栏包括零件的名称、材料、数量，日期，图样的编号、比例，以及绘图、审核人员签字等。根据国家标准，标题栏有固定的形式及尺寸，制图时应按标准绘制。

3）审查尺寸标注是否完整。标注用以确定零件各部分的大小、形状、位置和表面质量等。零件图上应注出加工完成和检验零件是否合格所需的全部尺寸。

4）审查技术要求。用一些规定的符号、数字、字母和文字注解，简明、准确地给出零件在制造、检验和使用时应达到的一些技术要求（包括表面粗糙度、尺寸公差、几何公差、热处理等要求）。

（2）总装配图的审查

1）审查视图的完整性。设备平面布置图、立面布置图、基础螺栓布置图不可缺少。根据设备的复杂程度，有的可能还需要平面（分层）剖视图、立面剖视图、立面前后视图、立面左右侧视图、反映重要装配和结构关系的局部放大图等。视图完整性的原则是能反映设备部件的组成和装配关系，同时要求视图尽可能简洁。常见问题是必要的局部视图可能没有，而可以集中的视图可能分得太细，甚至不必要的视图也保留了下来。

2）审查视图画法的正确性。常见的问题是总装配图中的部件或零件与部件图和零件图不一致，视图的遮挡关系不清晰，视图之间的投影关系不对，视图的各种画法不规范等。

3）审查结构或布置的合理性。整机的结构或布置常常影响设计经济性和功能可靠性，这是审图工作的重要内容，但一般审图者常常对此有所忽略，这是不到位的做法。虽然一般来说，设计者都有过方案分析与比较，但作为审图人员，如果发现特别不合理的结构或布置并提出合理化建议，意义十分重大。

4）审查装配工艺的正确性。常见的错误是图画了出来，但结构本身装不上去、装不进去，或者装上了、装进去了却不能拆卸，或者是结构不便吊装或搬运，或者没有考虑安装、调试或维修的足够空间等。另外，装配工艺本身有一些基本要求，例如，重要的多个螺栓连接需要设计定位销，精确位置调整需要使用调整垫，现场焊接的定位挡板一定不是在装配前焊接，传动装配一般需要配合公差等。因此，装配工艺性的审查是不可忽略的重要内容。

5）审查运动和传动的正确性。常见的问题是运动和传动不能达到预定要求，或者产生干涉。必要时应核查有关计算数据的正确性。

6）审查线性尺寸的正确与完整性。总装配图的线性尺寸主要包括外围总体尺寸，基础螺栓布置尺寸，部件与部件或零件相互关系尺寸（位置距离、螺栓连接尺寸、配合尺寸等），部件或零件的重要装配基准尺寸、间隙尺寸及与外围设备的接口尺寸，其他重要尺寸（如电动机座高、辊子直径与长度、液压缸行程）等。总装配图中一般不需要反映独立零件或组成独立部件的零件尺寸。总装配图中的尺寸应与部件图和零件图尺寸相一致。

7）审查公差。装配公差常常被忽略，包括装配线性尺寸公差、配合公差和几何公差，例如，重要的装配基准公差，装配的平行度、垂直度等几何公差，不再细分部件时所有零件的配合公差等。

8）审查标高。对生产线联机设备而言，标高十分重要，以此容易判定单体设备在生产线中高度位置的正确性。标高包括设备安装的基础标高、重要件（如辊子、液压缸、电动机等）中心标高、边界（如辊子顶面、操作平台表面等）标高等。标高常见的错误是与尺寸链计算结果不吻合。

9）审查必要的附加信息。如电动机型号、液压缸行程、基础螺栓大小、现场焊接说明等。

10）审查技术要求。总装配图的技术要求大体包括装配的质量要求（如未在视图中反映的平行度、垂直度要求等）、装配注意事项、螺栓防松措施、焊接要求、涂漆要求等。技术要求应尽可能表达设计者视图内容外的其他说明。

11）其他错误检查。包括文字错误、字体大小不规范、向视图、剖视图及局部视图符号重复等。

12）审查零部件序号的完整性与正确性。常见的错误是零部件漏标、标准件重复标号（相同型号、规格的标准件只用一个序号，数量合并）。序号标注需规范，尽可能按顺序标注。

13）核对材料表。主要核对名称、数量、材质、质量、标准代号是否正确。常见的错误是数量不正确、标准代号非最新，偶有材质选择不合理或标准件材料等级不正确。核对材料表时必须逐一与部件或零件进行对照确认。

（3）部件图的审查。部件图就是一张小的总装配图，与总装配图的审查要求和步骤基本相同。

2. 清理毛坯

对需要划线的工件，事先要看清图样，详细了解工件上需划线的部位和有关加工工艺，明确工件及其划线有关部分的作用和要求，从而选择划线基准，确定装夹方法。

（1）工件的清理。在划线前，必须做好以下准备工作：若是铸件毛坯，应事先将残余型砂、毛刺、浇口及冒口进行清理、錾平，并且锉平划线部位的表面；对锻件毛坯，应将氧化皮除去；对于"半成品"，已加工表面上若有锈蚀，应用钢丝刷将浮锈刷去，把毛刺修掉，并将油污擦干净。否则，涂料涂不牢，划出的线条不清晰。

（2）预制孔的处理。在有孔的工件上划圆或等分圆周时，一般都需在孔中装上中心塞块，这样才能找到划圆周用的中心，如图 1–1–1 所示。

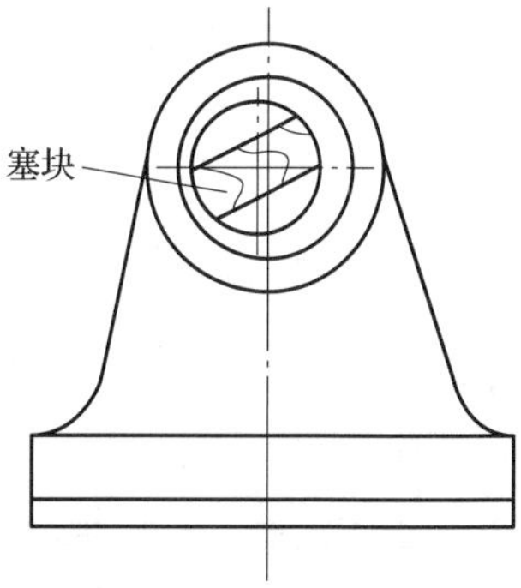

图 1–1–1　在孔中装上中心塞块

3. 工件涂色

为了使划出的线条更加清晰，一般都要在工件的划线部位涂上一层薄而均匀的涂料，常用涂料的配制比例和应用场合见表 1–1–2。

表 1–1–2　常用涂料的配制比例和应用场合

名称	配制比例	应用场合
石灰水	石灰水加适量牛皮胶	大、中型铸件和锻件毛坯
龙胆紫	2%～4% 品紫 +3%～5% 漆片 +91%～95% 酒精	已加工表面
硫酸铜溶液	100 g 水中加入 1～1.5 g 硫酸铜和少许硫酸	形状复杂的工件或已加工表面

不论用哪一种涂料，都要尽可能涂得薄而均匀，才能保证划线清晰。涂料过厚容易剥落。

4. 选择工具和量具

划线前根据工件划线的技术要求，合理地选择所需要的工具和量具，并对每件工具、量具进行校对，这是划好线的重要条件，否则将影响划线的质量。

三、划线基准的选择

基准是工件上用来确定其他点、线、面位置的依据，包括设计基准和划线基准。

设计基准是图样上用来确定其他点、线、面位置的依据，划线基准是工件上用来确定其他点、线、面位置的依据。

1. 选择划线基准的原则

（1）根据图样尺寸标注。尽量使设计基准与划线基准一致，并从基准开始，依次划其他的形状线和位置线，以减少不必要的尺寸换算。

（2）根据工件的形状。如盘类零件、轴类零件应以中心线为基准。

（3）根据加工情况。如已加工过的工件划线，应以已加工过的线或面为基准。

（4）平面划线选择两个划线基准，立体划线选择三个划线基准。

2. 常见划线基准的形式

划线基准一般有以下三种类型：

（1）以两个互相垂直的平面为基准。如图 1–1–2a 所示，划线样板的尺寸是以两个互相垂直的平面 *A*、*B* 为设计基准，因此，划线时应以这两个平面为尺寸基准。

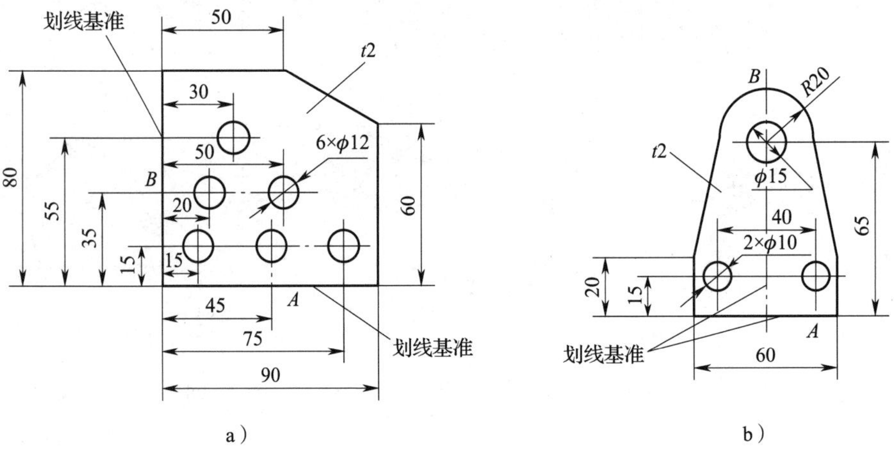

图 1–1–2　划线基准

a）以两个互相垂直的平面为基准　b）以一个平面和一条中心线为基准

（2）以一个平面和一条中心线为基准。如图 1–1–2b 所示，其设计基准是底平面 *A* 以及中心线 *B*。因此，在划高度尺寸线时应以底平面 *A* 为基准，划宽度尺寸线时应以中心线 *B* 为基准。

（3）以两条互相垂直的中心线为基准。如图 1–1–3 所示，设计基准为两条互相垂直的中心线，因此，在划线时应选择中心十字线为尺寸基准。

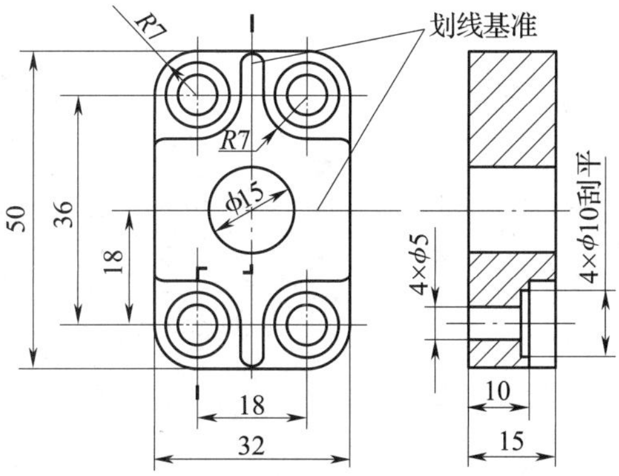

图 1-1-3　以两条互相垂直的中心线为基准

四、划基本线条的方法

1. 划平行线的方法

（1）用钢直尺或钢直尺与划规配合划平行线，如图 1-1-4 所示。

（2）用单脚规划平行线，如图 1-1-5 所示。

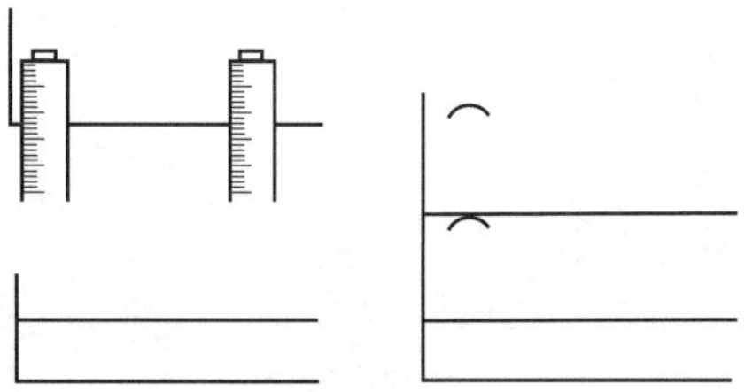

a）　　　　b）

图 1-1-4　用钢直尺或钢直尺与划规配合划平行线

a）用钢直尺划平行线

b）用钢直尺与划规配合划平行线

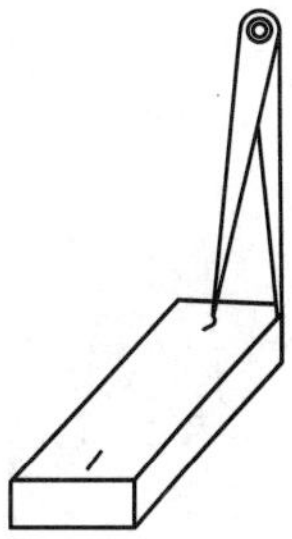

图 1-1-5　用单脚规划平行线

（3）用钢直尺与直角尺配合划平行线，如图 1-1-6 所示。

（4）用划线盘或游标高度卡尺划平行线，如图 1-1-7 所示。

2. 划圆弧线的方法

划圆弧线前要先划中心线，确定中心点，在中心点打样冲眼，然后用划规以一定的半径划圆弧。

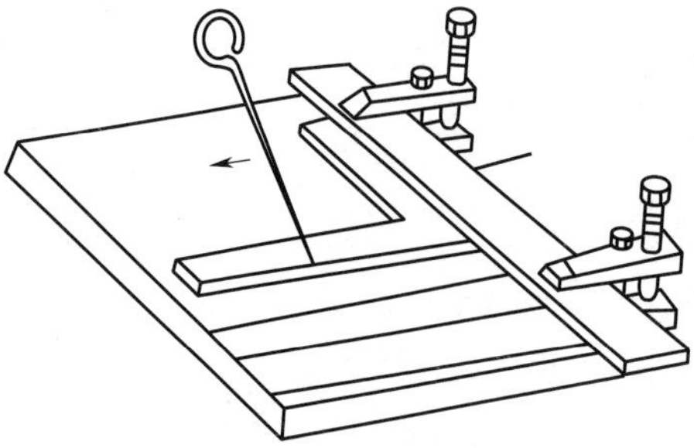

图 1-1-6　用钢直尺与直角尺配合划平行线

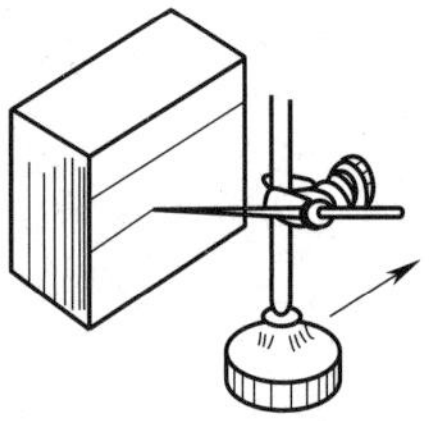

图 1-1-7　用划线盘或游标高度卡尺划平行线

（1）用单脚规求圆心。如图 1–1–8 所示，将单脚规两脚尖的距离调到大于或等于圆的半径，然后把划规的一个脚靠在工件侧面，用左手拇指按住，划规的另一个脚在圆心附近划一小段圆弧。划出一段圆弧后再转动工件，每转 1/4 周就依次划出一段圆弧。当划出第四段圆弧后，就可在四段圆弧的包围圈内由目测确定圆心位置。

（2）用划线盘求圆心。如图 1–1–9 所示，把工件放在 V 形架上，将划针尖调到略高或略低于工件圆心的高度。左手按住工件，右手移动划线盘，使划针在工件端面上划出一短线。再依次转动工件，每转过 1/4 周便划一短线，共划出四根短线，最后在这个“#”形线内目测出圆心位置。

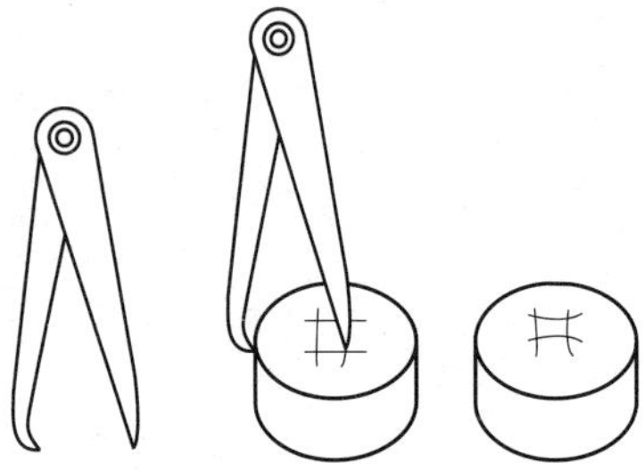

图 1-1-8　用单脚规求圆心

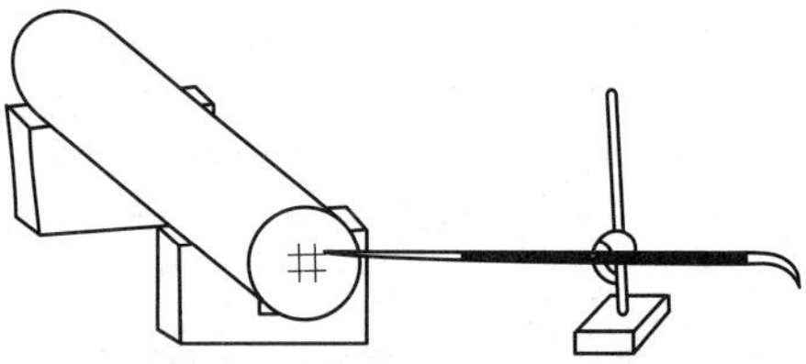

图 1-1-9　用划线盘求圆心

在掌握了以上划线的基本方法及划线工具的使用方法后，结合几何作图知识，可以划出各种平面图形，如划圆的内接或外切正多边形、圆弧连接等。

【综合实训】

【实训任务】

如图 1-1-10 所示，完成轴承盖的平面划线工作。

【操作准备】

1. 任务分析

毛坯经车削加工后，需要在 ϕ87 mm 大端面上加工四个在 ϕ72 mm 圆周均布的台阶孔。要求画出的线条清晰、均匀，尺寸准确。

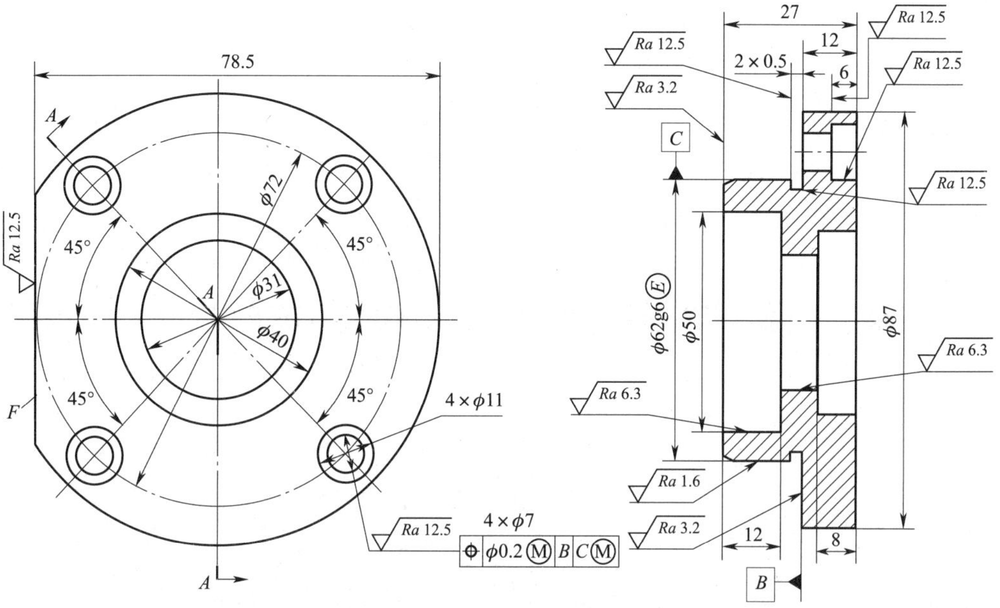

图 1-1-10　轴承盖零件图

平面划线时，需要确定划线基准。根据图样分析，需先用木塞堵住 ϕ31 mm 和 ϕ40 mm 孔。

2. 清理工件、涂色

去除毛坯上的污物、毛边等，涂色。

【划线步骤】

步骤 1　分析图样要求，了解加工工艺。

步骤 2　检查毛坯是否合格，清理表面并涂色。

步骤 3　确定划线基准。在长、宽两个方向的线条要互相垂直。

步骤 4　正确安放工件，选用合适的划线工具。

步骤 5　划线。

步骤 6　详细检查划线的正确性及是否有线条漏划。

步骤 7　在线条上打样冲眼。

从图样分析，在确定长度划线基准时，必须考虑 ***F*** 平面，即在保证 ***F*** 面有足够加工余量的前提下，该平面距离圆心的垂直距离为 35 mm。在确定 *F* 平面后，再确定经过中心的与 *F* 面平行的长度基准；然后确定与 *F* 面、长度基准垂直并过圆心的宽度基准，在此基础上继续进行其他图素的划线。

【注意事项】

（1）轴承盖中间有孔时的处理方法。用大小合适的木头类物体堵塞孔后，即可按平面划线的方法进行操作。

（2）注意同心圆均布孔的画法。

学习单元 2　工件的立体划线

一、立体划线工具

常用的立体划线工具有方箱、V 形架、直角铁、千斤顶、垫铁等。

1. 方箱

方箱用于夹持工件并能翻转位置而划出垂直线，一般附有夹持装置及制有 V 形槽，如图 1-1-11 所示。

2. V 形架

通常是两个 V 形架一起使用，用来安放圆柱形工件，划出中心线或找出中心等，如图 1-1-12 所示。

图 1-1-11　方箱

图 1-1-12　V 形架

3. 直角铁

可将工件夹在直角铁的垂直面上进行划线，如图 1–1–13 所示。

4. 千斤顶

通常是三个一组，用于支承不规则的工件，其支承高度可做一定调整，如图 1–1–14 所示。

图 1–1–13　直角铁

图 1–1–14　千斤顶

5. 垫铁

用于支承毛坯，使用方便，但只能做少量的高低调节，如图 1–1–15 所示。

二、找正

找正就是利用划线工具使工件上有关的表面与基准面（如划线平板等）之间处于合适的位置。对于毛坯，划线前一般要先做好找正工作。找正时应注意以下事项：

（1）当工件上有不加工表面时，应按不加工表面找正后再划线，这样可使加工表面与不加工表面之间保持尺寸均匀。

如图 1–1–16 所示的轴承架毛坯，其内孔和外圆不同心，底面和 *A* 面不平行，这种情况划线前应找正。在划内孔加工线前，应先以外圆（不加工）为找正依据，用单脚规找出其中心，然后按求出的中心划出内孔的加工线，这样内孔和外圆就可达到同心要求。在划底面加工线之前，应以 *A* 面为依据，用划线盘找正成水平位置，然后划出底面加工线，这样底座各处的厚度就比较均匀。

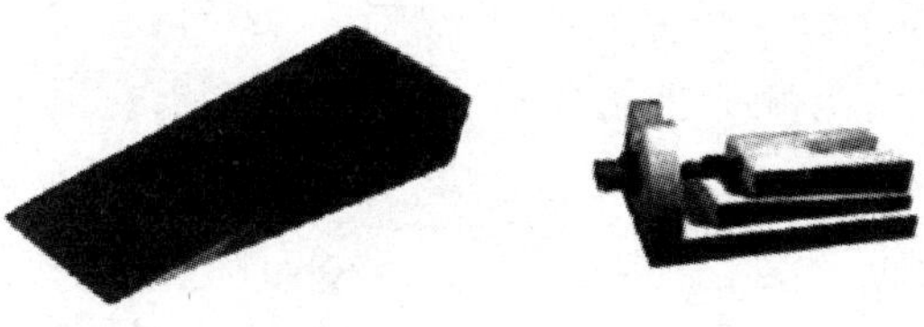

图 1–1–15　垫铁

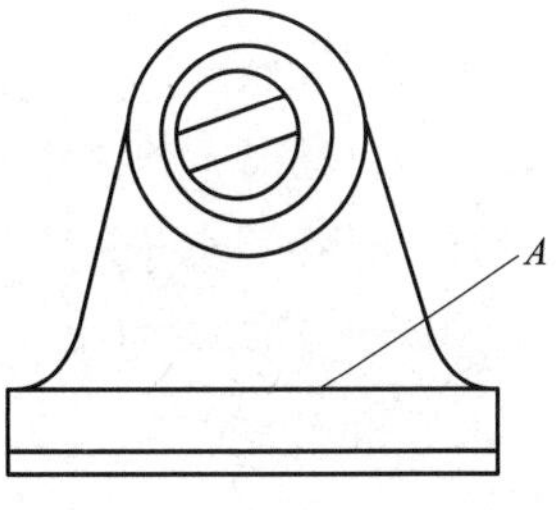

图 1–1–16　轴承架毛坯

（2）当工件上有两个以上的不加工表面时，应选重要的或较大的表面为找正依据，并兼顾其他不加工表面，这样可使划线后的加工表面与不加工表面之间尺寸比较均匀，而使误差集中到次要或不明显的部位。

（3）当工件上没有不加工表面时，通过找正各加工表面自身位置后再划线，可使各加工表面的加工余量得到合理分配，避免加工余量相差悬殊。

三、借料

当工件毛坯的位置、形状或尺寸存在误差或缺陷，用划线找正的方法不能补救时，可采用借料来解决。借料就是通过试划和调整，将工件各部分的加工余量在允许的范围内重新分配，互相借用，以保证各加工表面都有足够的加工余量，在加工后可以消除工件自身的误差或缺陷。

1. 借料的一般步骤

（1）测量工件各部分尺寸，找出偏移的位置，测出偏移量的大小。

（2）合理分配各部位加工余量，根据工件的偏移方向和偏移量，确定借料方向和大小，划出基准线。

（3）以基准线为依据，按图样要求，依次划出其余各线。

（4）检查各加工表面的加工余量，如发现有余量不足的现象，应调整借料方向和借料大小，重新划基准线。

要想准确借料，首先要知道毛坯的误差程度，然后确定需要借料的方向和借料的大小，这样才能保证划线质量，提高划线效率。对于较复杂的工件，往往要经过多次试划，才能确定合理的借料方案。

2. 借料示例

如图 1–1–17a 所示的圆环是一个锻造毛坯，其内孔、外圆都要加工。如果毛坯形状比较准确，就可以按图样尺寸进行划线，此时划线工作简单，如图 1–1–17b 所示。现在因锻造圆环的内孔、外圆偏心较大，划线就不那么简单了。若按外圆找正划内孔加工线，则内孔有个别部分的加工余量不够，如图 1–1–18a 所示；若按内孔找正划外圆加工线，则外圆有个别部分的加工余量不够，如图 1–1–18b 所示。只有在内孔和外圆都兼顾的情况下，将圆心选在锻件内孔圆心和外圆圆心之间的一个适当位置上划线，才能使内孔和外圆都有足够的加工余量，如图 1–1–18c 所示。这说明通过借料划线，有误差的毛坯仍能很好地得以利用。

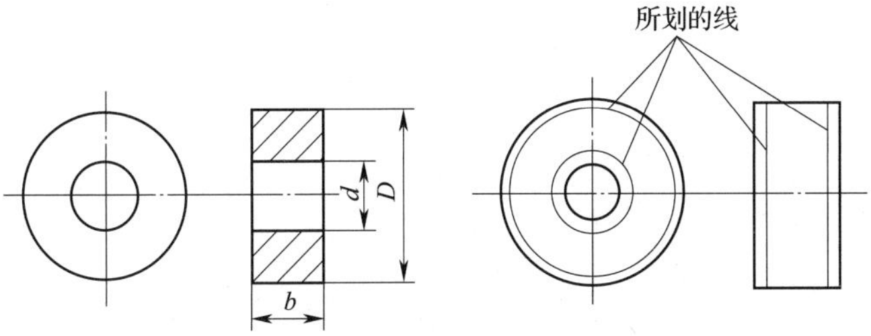

a）　　　　b）

图1-1-17　锻造毛坯圆环

a）圆环尺寸　b）划线示意图

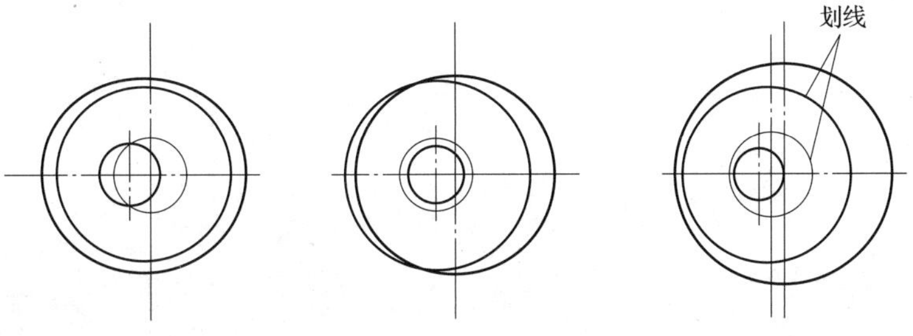

a）　　　　b）　　　　c）

图1-1-18　借料划线

a）内孔余量不足　b）外圆余量不足　c）恰当位置划线

【综合实训】

【实训任务】

完成如图1-1-19所示轴承座立体划线工作。

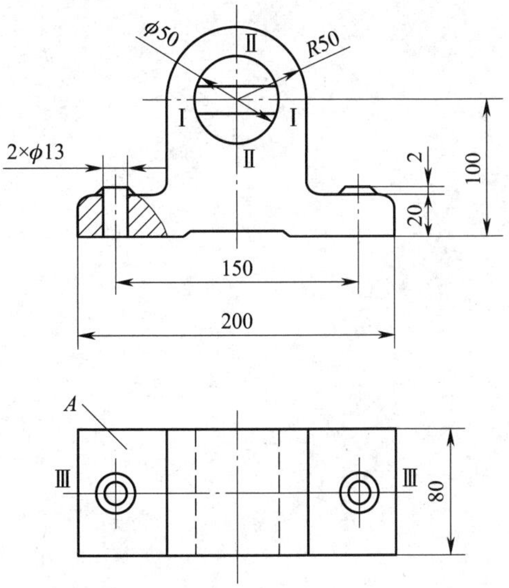

图1-1-19　轴承座

【操作准备】

1. 任务分析

通过分析图样尺寸和加工部位可知，需要划线的尺寸共有三个方向，所以划线基准选定为 ϕ50 m孔的中心平面Ⅰ—Ⅰ、Ⅱ—Ⅱ和两个螺钉孔的中心平面Ⅲ—Ⅲ。

2. 清理工件

去除铸件上的浇冒口、飞边及表面粘砂等。

3. 工件涂色

涂色后在毛坯孔中装上中心塞块作辅助划线用。

4. 安放工件

用三个千斤顶支承轴承座的底面，调整千斤顶的高度，用划线盘找正，将 ϕ50 mm 孔两端面的中心调整到同一高度。因 *A* 面是不加工面，为保证底面加工厚度尺寸 20 mm 在各处均匀一致，用划线盘弯脚找正，使 *A* 面尽量达到水平。当 ϕ50 mm 孔两端面中心等高和 *A* 面保持水平位置的要求发生矛盾时，就要兼顾两方面进行安放，直至这两个部位都达到满意的安放效果。

【划线步骤】

轴承座划线步骤见表 1-1-3。

表 1-1-3　轴承座划线步骤

划线步骤	具体内容	
（1）选定划线基准	1）轴承座需要加工的部位有底面、轴承座内孔、两个螺栓过孔及其上平面、两个大端面等 2）需要划线的尺寸共有三个方向，工件需经三次安放才能划完全部线条 3）划线基准选定为轴承座内孔中心两个相互垂直的中心平面 Ⅰ—Ⅰ 和 Ⅱ—Ⅱ，以及两个螺栓过孔的中心平面 Ⅲ—Ⅲ	
（2）找平 *A* 面	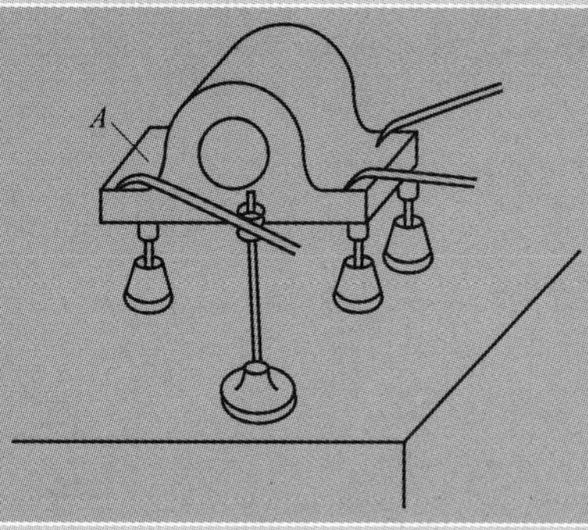	用千斤顶支承并找正工件，找平轴承座毛坯上不加工平面 *A*
（3）划 ϕ50 mm 孔水平基准线 Ⅰ—Ⅰ 和底面加工线	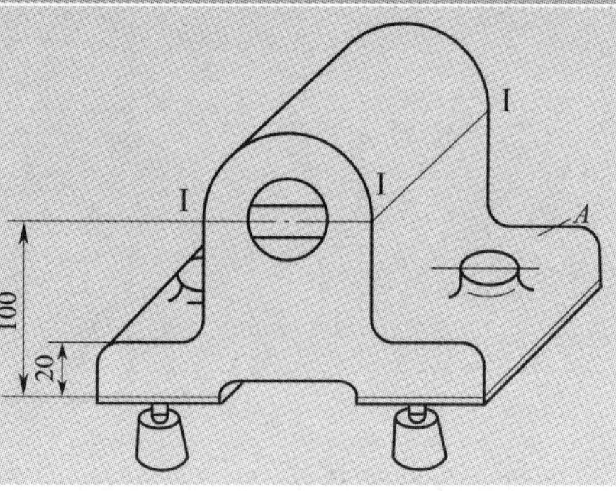	划水平基准线 Ⅰ—Ⅰ 和底面加工线

续表

划线步骤	具体内容	
（4）划 ϕ50 mm 孔垂直基准线Ⅱ—Ⅱ和螺栓过孔中心线	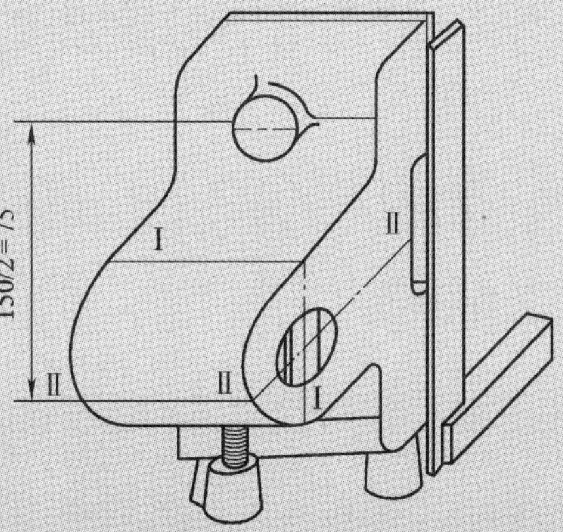	翻转工件，重新支承，用直角尺找正（利用底面加工线），划基准线Ⅱ—Ⅱ和螺栓过孔中心线
（5）划两个螺钉孔的中心平面Ⅲ—Ⅲ和大端面加工线	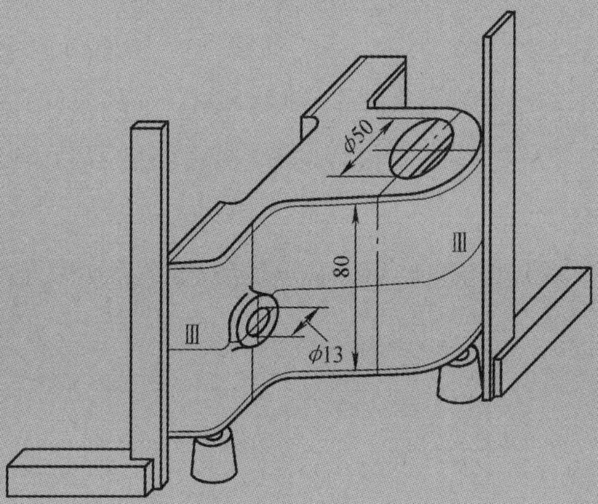	再次翻转、支承工件，用直角尺找正，划基准线Ⅲ—Ⅲ和两大端面加工线

【注意事项】

（1）工件应在支承处打好样冲眼，使工件稳固地放在千斤顶上，防止倾倒。对较大的工件，应加附加支承，使安放稳定可靠。

（2）在对较大工件划线，必须使用吊车移动时，绳索应安全可靠，吊装的方法应正确。大件放在平板上，用千斤顶调整时，工件下应垫上木块，以保证安全。

（3）调整千斤顶高度时，不可用手直接调节，以防工件掉下将手砸伤。

学习单元 3　分度头的使用

一、分度头的结构和工作原理

1. 分度头的结构

分度头是用卡盘或顶尖和拨盘夹持工件并使之回转和分度定位的机床附件。分度头主要用于铣床，也常用于钻床和平面磨床，还可放置在平板上供钳工划线用。分度头主要有通用分度头和光学分度头两类。通用分度头按分度方法和功能不同可分为万能分度头、半万能分度头、等分分度头等。分度头产品如图 1–1–20 所示。

（1）万能分度头。万能分度头是一种比较准确的等分角度的工具，通常用于对工件进行分度划线。分度头的规格以顶尖到底面的高度来表示，主要有 FW100、FW125、FW160 等。

常用万能分度头主要由主轴、底座、鼓形壳体、分度盘和分度叉等组成，如图 1–1–21 所示。

图 1–1–20　分度头产品

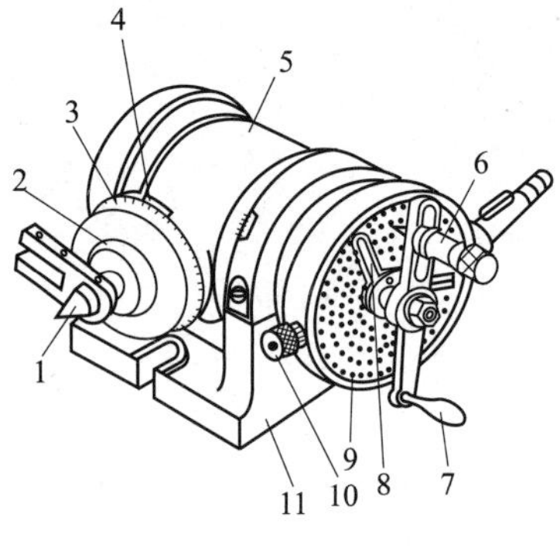

图 1–1–21　万能分度头

1—顶尖　2—主轴　3—刻度盘　4—游标
5—鼓形壳体　6—插销　7—手柄　8—分度叉
9—分度盘　10—分度盘紧固螺钉　11—底座

分度头主轴 2 安装在鼓形壳体 5 内，主轴前端可以安装顶尖 1 或安装三爪自定心卡盘以装夹工件。鼓形壳体以两侧轴颈支承在底座 11 上，可绕其轴线回转，使主轴在水平线以下 6° 至水平线以上 95° 范围内调整一定角度。主轴倾斜的角度可以从鼓形壳体侧面刻度上读出。若要分度时，拔出插销 6 并转动手柄 7，就可以带动主轴回转至所需的分度位置。手柄转过的转数由插销 6 所对分度盘 9 上孔圈的小孔数目来确定。这些小孔在分度盘端面上以不同孔数均布在各同心圆上。插销 6 可以在手柄 7 的长槽中沿分度盘半径方向调整位置，以便插入不同孔数的孔圈内。

（2）半万能分度头。其结构与万能分度头基本相同，但不带交换齿轮机构，只能用分度盘直接分度，不能与铣床工作台联动。

交换齿轮机构是用交换齿轮改变传动比或旋转方向的装置。

（3）等分分度头。一般采用具有 24 个槽或孔的等分盘，直接实现 2、3、4、6、8、12、24 等分的分度，有卧式、立式和立卧式三种。立卧式的底座带有两个互相垂直的安装面，主轴可处于水平或垂直位置。

以上通用分度头的分度精度一般为 ±60″。

（4）光学分度头。主轴上装有精密的玻璃刻度盘或圆光栅，通过光学或光电系统进行细分、放大，再由目镜、光屏或数显装置读出角度值。光学分度头的分度精度可达 ±1″。光学分度头通常用于精密加工和角度计量。

2. 分度头的工作原理

当手柄转过一周，经过蜗杆蜗轮传动（一般传动比为 1/40），分度头主轴便转动 1/40 周。如果要求主轴上装夹的工件做 z 等分，那么每次分度头主轴应转过 $1/z$ 周，则手柄每次分度时应转的转数为 $n=40/z$ 转。

二、分度盘的结构和分度计算

1. 分度盘的结构

分度盘装在分度手柄轴上，盘上（正、反面）有若干圈在圆周上均布的定位孔，作为各种分度计算和实施分度的依据。分度盘配合分度手柄完成不是整转数的分度工作。不同型号的分度头都配有一块或两块分度盘，FW 250 型万能分度头有两块分度盘。分度盘上孔圈的孔数见表 1–1–4。

表 1-1-4　分度盘上孔圈的孔数

分度头形式	分度盘孔圈的孔数
带一块分度盘	正面：24、25、28、30、34、37、38、39、41、42、43 反面：46、47、49、51、53、54、57、58、59、62、66
带两块分度盘	第 1 块　正面：24、25、28、30、34、37 反面：38、39、41、42、43
	第 2 块　正面：46、47、49、51、53、54 反面：57、58、59、62、66

2. 分度计算

分度方法不同，分度计算方法也不同，下面介绍分度的方法及分度计算过程。

（1）简单分度法。简单分度法是分度中最常用的一种方法。分度时，先将分度盘固定，转动手柄使蜗杆带动蜗轮旋转，从而带动主轴和工件转过所需的度（转）数。由万能分度头的传动原理可知，分度手柄转过 40 r，主轴转 1 r，即传动比为 1∶40，比数“40”就叫作分度头的定数。其他型号的万能分度头基本上都采用这个传动比（或称定数）。

分度手柄的转数 n 和工件圆周等分数 z 的关系如下：

$$1:40=\frac{1}{z}:n \rightarrow n=\frac{40}{z}$$

式中　z——工件圆周等分数；

n——手柄转数。

（2）角度分度法。角度分度法实质上是简单分度法的另一种形式。从分度头的结构可知，分度手柄摇 40 r，分度头主轴带动工件转 1 r，也就是转了 360°。因此，分度手柄转 1 r，工件只转过 9°，根据这一关系，就可得出角度分度时的计算公式为：

$$n=\frac{\theta^\circ}{90^\circ} \rightarrow n=\frac{\theta'}{540'}$$

式中　n——手柄转数；

θ、θ'——角度。

（3）差动分度法

1）齿轮简单传动计算。在齿轮传动中，凡两个以上的齿轮组成的传动系统叫作轮系。根据传动时齿轮的组合形式不同，可分为单式轮系和复式轮系。

①单式轮系。单式轮系由一个主动轮、一个从动轮和若干个中间轮组成，如图 1-1-23a 所示。中间轮不改变传动比，只起改变从动轮转向及连接啮合作用。从动

轮与主动轮转速之比称为传动比，用 i 表示。传动比也可写成主动轮齿数与从动轮齿数之比，即：

$$i=\frac{n_2}{n_1}=\frac{z_1}{z_2}$$

式中　i——从动轮和主动轮转速之比；

n_1——主动轮转速，r/min；

n_2——从动轮转速，r/min；

z_1——主动轮齿数；

z_2——从动轮齿数。

②复式轮系。在轮系传动中，除了第一根主动轮轴和最后一根从动轮轴以外，其他各轴中至少有一根轴有两个齿轮，一个为主动轮，另一个为从动轮，这样的轮系叫作复式轮系，如图 1–1–22b 所示。装有主动轮 z_1 的轴叫作主动轴，装有从动轮 z_4 的轴叫作从动轴，z_1 与 z_4 间的轴叫作中间轴。当中间轴为奇数时，主动轴和从动轴的转向相同；中间轴为偶数时，主动轴和从动轴的转向相反。

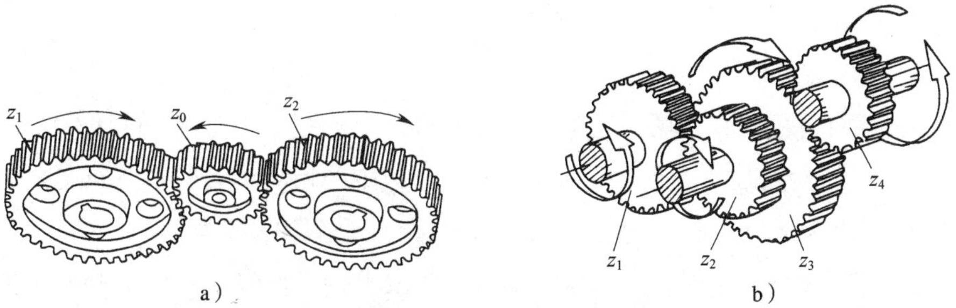

图 1–1–22　轮系的分类

a）单式轮系　b）复式轮系

复式轮系的传动比 i 按下式计算：

$$i=\frac{n_{从}}{n_{主}}=\frac{z_1z_3}{z_2z_4}\cdots\frac{z_{n-1}}{z_n}$$

2）差动分度原理。用简单分度法虽然可以解决大部分的分度问题，但在实际工作中，有时会遇到工件的等分数不能与 40 相约，如 63、67、101、127 等，而分度盘上又没有这些孔圈数，因此就不能用简单分度法，此时可采用差动分度法来解决。

差动分度法就是在分度头主轴后面装上交换齿轮轴，用交换齿轮把主轴和侧轴联系起来，松开分度盘紧固螺钉，这样，当分度手柄转动的同时，分度盘随着分度手柄以相反（或相同）的方向转动（见图 1–1–23），因此，分度手柄的实际转数是分度手柄相对分度盘转数与分度盘本身转数之和。

3）差动分度交换齿轮计算

①选取一个能用简单分度实现的假定分度数 z'，z' 应与分度数 z 接近。尽量选 $z'<z$，这样可使分度盘与分度手柄转向相反，以免传动系统中的间隙影响分度精度。

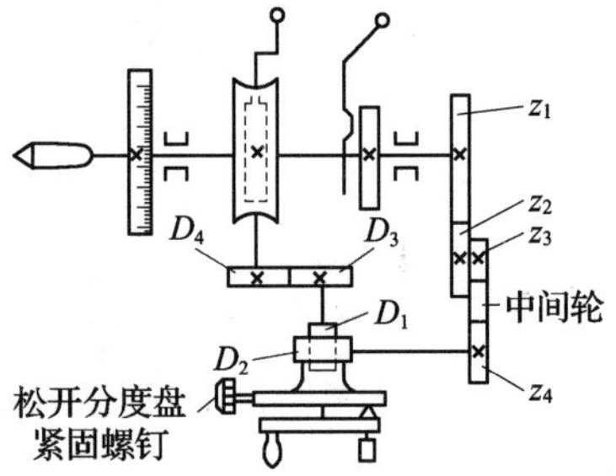

图 1-1-23　差动分度的传动系统及交换齿轮安装

②计算分度手柄应转的圈数 n'，并确定所用的孔圈。

$$n'=\frac{40}{z'}$$

式中　n'——分度手柄应转的圈数；

z'——假定分度数。

③选择交换齿轮，按下式计算：

$$\frac{z_1z_3}{z_2z_4}=\frac{40(z'-z)}{z'}$$

式中　z——分度数；

z'——假定分度数。

④如上述计算中，在备用齿轮中选不到齿轮，则应另选 z' 重新进行计算。

⑤确定中间齿轮数目。当 $z'<z$ 时（为负值），中间齿轮的数目应保证分度手柄和分度盘转向相反；当 $z'>z$ 时（为正值），应保证分度手柄和分度盘转向相同。

在实际使用差动分度时，可在相关手册的图表中直接查取差动分度和各项数据。

（4）直线移距分度法。在实际工作中，有些工件需要在直线上进行等分，如铣削齿条和钢直尺刻线。在通常情况下，移距时可直接转动纵向工作台丝杠，并以刻度盘作为移距时的依据，但这种移距方法精度不高，同时在操作时容易造成差错。如果利用分度头进行直线移距，可以提高移距精度。

所谓直线移距分度法，就是把分度头主轴或侧轴与纵向工作台丝杠用交换齿轮连接起来，移距时只要转动分度手柄，通过交换齿轮传动，使工作台完成较精确的移距。常用的直线移距法有主轴交换齿轮法和侧轴交换齿轮法。

主轴交换齿轮法是在分度头主轴后端的交换齿轮轴与纵向工作台传动丝杠之间安装交换齿轮（见图 1-1-24），这样在转动分度手柄时，利用分度头的减速作用，将主轴的转动传至纵向丝杠，使工作台产生移距。由于通过 1 : 40 的蜗杆蜗轮减速，当手柄转了很多转以后，纵向工作台才移动一个较短的距离。这种方法适用于移距间隔较小的工件。主轴交换齿轮法的齿轮安装如图 1-1-25 所示，其计算公式为：

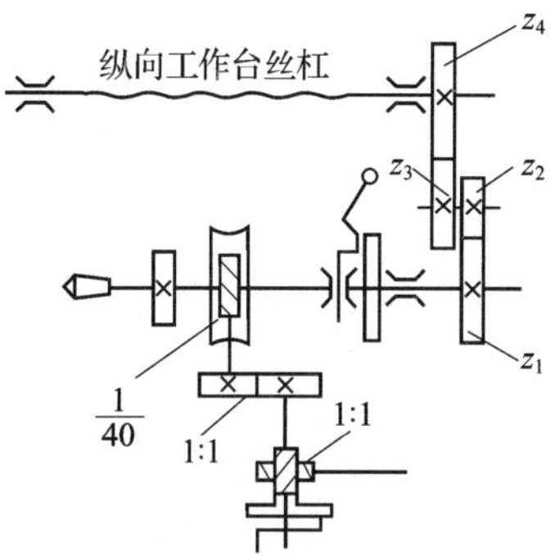

图1-1-24　主轴交换齿轮法传动系统

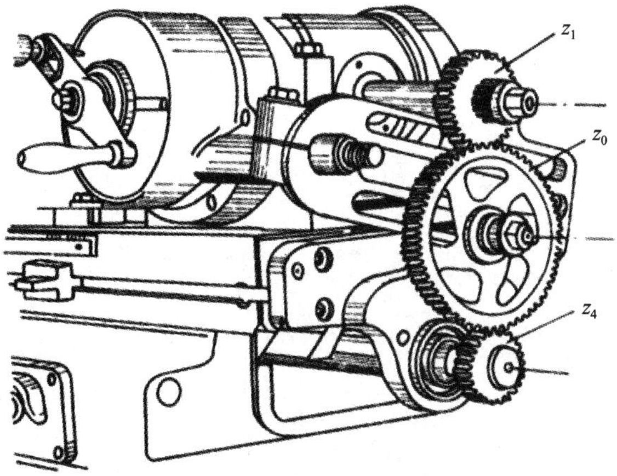

图1-1-25　主轴交换齿轮法齿轮安装

$$n \times \frac{1}{40} \times \frac{z_1 z_3}{z_2 z_4} P_{丝} = s \rightarrow \frac{z_1 z_3}{z_2 z_4} = \frac{40s}{nP_{丝}}$$

【例 1-1-1】工件要进行 10 等分，应如何分度?

定位销（分度手柄）的转数：

$$n=40 \div 10=4$$

即分度时，每一等分分度手柄就摇 4 圈，依此类推。

【例 1-1-2】工件要进行 6 等分，应如何分度?

定位销（分度手柄）的转数：

$$n=40 \div 6=6\frac{2}{3}$$

即分度时，每一等分分度手柄先摇 6 整圈，再摇 2/3 圈，依此类推。

【例 1-1-3】工件要进行 25 等分，应如何分度?

定位销（分度手柄）的转数：

$$n=40/25=1+15/25$$

选用 25 孔数的分度盘，每次分度，定位销（分度手柄）在 25 孔圈上转过 1 圈再过 15 孔。

三、用分度头划线的实例

如图 1-1-26 所示，在 150 mm × 150 mm × 10 mm 毛坯上用万能分度头划出图样的分度线和升程点，并完成凸轮工作曲线的划线工作。凸轮基圆直径为 100 mm，偏心距 e 为 10 mm。图样工作曲线：推程运动角 0° ~ 180° 为正弦曲线，升程为 30 mm；

180° ~ 210° 为远程休止角；回程运动角 210° ~ 300° 为余弦曲线，回程为 30 mm；300° ~ 360° 为近程休止角，如图 1–1–27 所示。划线步骤如下：

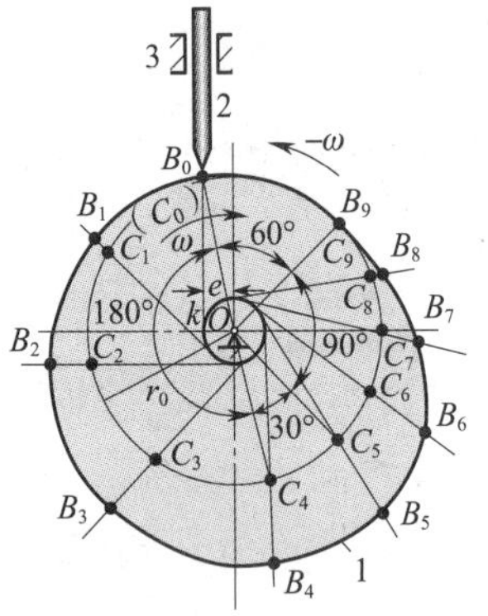

图 1–1–26　凸轮与顶针

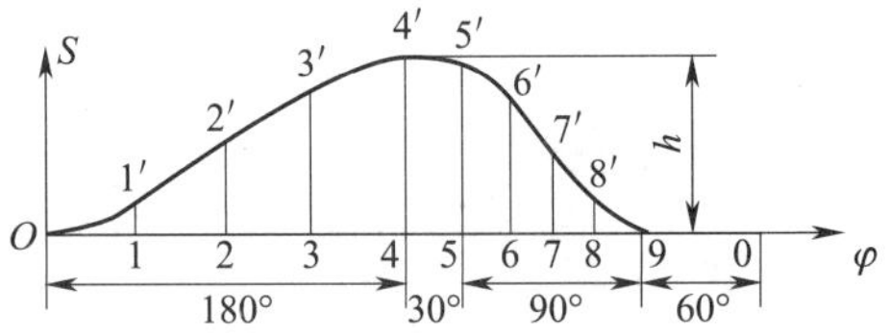

图 1–1–27　凸轮运动曲线

（1）根据图样要求，在 150 mm × 150 mm × 10 mm 毛坯上，完成 ϕ20 H7 的中心线及孔的划线工作，在 O 点钻、铰 ϕ20 H7 孔，如图 1–1–26 所示。

（2）将划好线并加工了孔的毛坯安装在心轴上，如图 1–1–28 所示。

（3）将划线心轴安装在分度头三爪自定心卡盘上，如图 1–1–29 所示。用直角尺检查工件安装的垂直度，如图 1–1–30 所示。然后将分度头旋转 180°，再用直角尺检查工件安装的垂直度，如图 1–1–31 所示。

图 1–1–28　安装毛坯

图 1–1–29　安装划线心轴

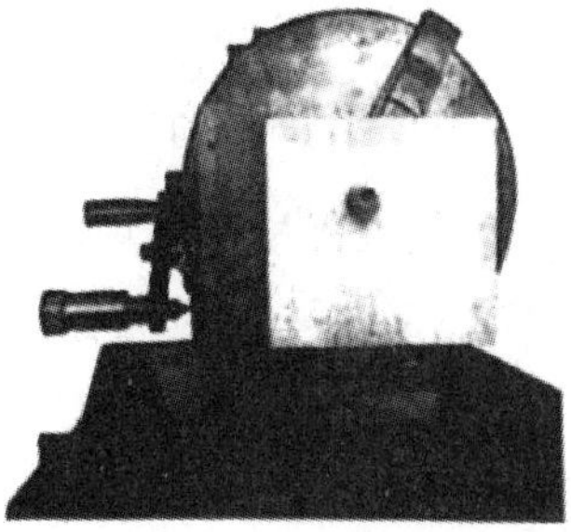

图 1–1–30　检查工件安装的垂直度

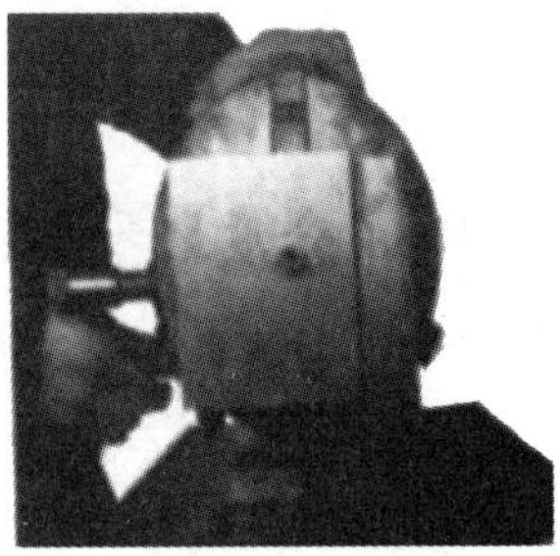

图 1–1–31　再次检查工件安装的垂直度

（4）分度头旋转 180°，返回原位。调整游标高度卡尺至分度头中心高，试划中心线，如图 1–1–32 所示。然后将分度头旋转 180°，再用游标高度卡尺试划中心线，如图 1–1–33 所示。检查两次划线是否重合：如果重合，说明游标高度卡尺的高度和分度头中心高一致，可以正常进行分度划线；如果不重合，调整游标高度卡尺的高度，使其与分度头中心高一致，再进行分度划线。

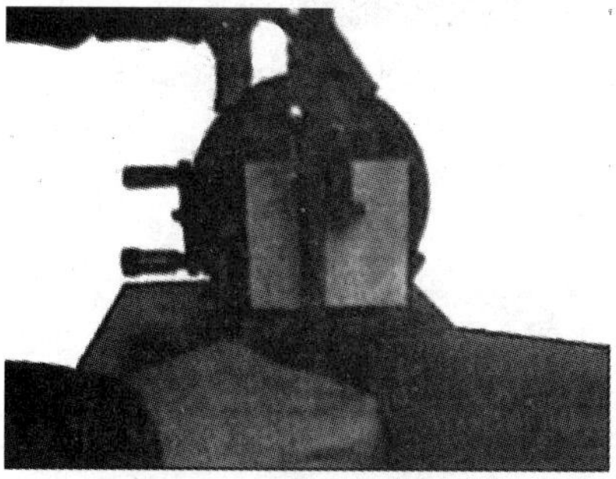
图 1–1–32　试划中心线

图 1–1–33　再次试划中心线

（5）划分度线。进刀凸轮工作曲线为：0° ~ 180° 的正弦上升曲线，升程为 30 mm；180° ~ 210° 的远程休止曲线，升程为 0 mm；210° ~ 300° 的余弦下降曲线，回程为 30 mm；300° ~ 360° 的近程休止曲线，升程为 0 mm。根据图样工作曲线的要求，以每 10° 划分度线为宜，如图 1–1–34 和图 1–1–35 所示。

图 1–1–34　调整分度头角度

图 1–1–35　再次调整分度头角度

（6）划凸轮工作曲线。0° ~ 180° 正弦上升曲线，升程为 30 mm。其中，60° 时升程为 15.00 mm，90° 时升程为 21.21 mm，120° 时升程为 25.98 mm，180° 时升程为 30.00 mm。

180° ~ 210° 为远程休止角，顶针无位移。

210° ~ 300° 余弦下降曲线，回程为 30 mm。其中，240° 时回程为 25.98 mm，255° 时回程为 21.21 mm，270° 时回程为 15.00 mm，300° 时回程为 0.00 mm，回到基圆。

300° ~ 360° 为近程休止角，顶针无位移。正弦升程曲线、余弦回程曲线分别如图 1–1–36 和图 1–1–37 所示。

图 1-1-36　正弦升程曲线

图 1-1-37　余弦回程曲线

学习单元 4　钣金件的划线

一、钣金件的加工工序

钣金工主要加工钣金件。所谓钣金件，是指将金属薄板通过手工或者模具冲压，从而产生变形得到需要的形状及尺寸，再通过进一步的机械加工及焊接加工等形成复杂的零件，如汽车外壳等。钣金件加工在现代工业加工中应用普遍，其中钣金件设计是非常重要的一个环节，机械工程师必须对钣金件的设计非常熟练，而且懂得其中的技巧，不仅要满足钣金产品功能与外观方面的要求，而且要方便模具的制作，成本要低。

钣金件加工需要懂一些几何知识。钣金件加工工序有剪切、折弯、扣边、弯曲成形、焊接、铆接、表面处理等。钣金件加工大致步骤如下：

1. 设计钣金件零件图

详细设计钣金件的结构，并且绘制展开图，即结构复杂的零件展开图。

2. 下料

下料的方式有多种，通常由几种组合使用。

（1）使用剪床剪出展开后的钣金件，即所需钣金件的外形、长宽尺寸，结合冲床及模具冲孔、切角等。

（2）冲床下料所需工时短，效率高，利用冲床分步骤在板材上将展开后的平板结构件冲制成形。

（3）数控下料。通过编写数控程序，用数控机床根据程序冲制成形。此外还有激光下料，即使用激光切割。

3. 翻边攻螺纹

翻边即抽孔，是将较小的基孔加工成稍大的孔，以提高强度，防止攻螺纹时滑牙，通常用于薄的钣金件加工。

4. 冲床加工

冲床加工利用相应的模具完成操作，如冲孔切角、冲孔落料、冲凸包等加工方式。

5. 压铆加工

通过冲床或者压铆机完成操作，如压铆螺柱、压铆螺母、压铆螺钉等。

6. 折弯加工

通常由折弯机床和折弯模具协作完成，将平面材料制成立体形状。

7. 焊接加工

焊接即将多个零件组合到一起，通常有机器人焊接、二氧化碳保护焊、氩弧焊、点焊等方式，根据需求选择。

8. 表面处理

用来保护材料，防止氧化，通常在材料表面镀上保护膜，如磷化皮膜、烤漆等。

9. 组装

将多个零件按照一定的方式组合，使之成为成品。

二、钣金加工常用工具和设备

1. 常用工具

（1）锤子。锤子是钣金维修中的基本工具，它的形状很多，作用也不一样。

1）扁头锤。主要用于敲击平面，也可以敲击较深的凹陷和边缘拐角，如图 1-1-38a 所示。

2）捅锤。主要用于直捅敲击弧形构件，也可以横击，还可以当撬具和垫铁使用，如图 1-1-38b 所示。

3）拱锤。主要用于圆弧形工件的整形和制作，如整修或配制小型车的轴端盖等，如图 1-1-38c 所示。

4）中间锤。为了避免直接锤击工件而使用中间锤，如图 1-1-38d 所示。

5）平头整形锤。主要用于修整箱形角等部位，如图 1-1-38e 所示。

6）鹤嘴锤。主要用于消除工件表面的小凹坑，如图 1-1-38f 所示。

7）其他形式。根据锤击需要，锤头可以采用各种材料制作，如橡胶锤、木锤、铜锤等。橡胶锤如图 1-1-38g 所示。

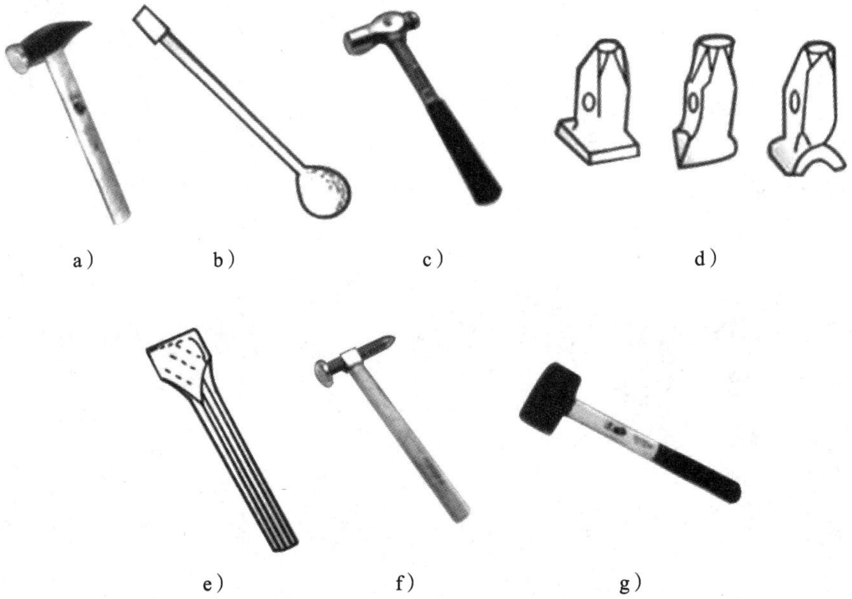

图1-1-38　锤子

a）扁头锤　b）捅锤　c）拱锤　d）中间锤　e）平头整形锤　f）鹤嘴锤　g）橡胶锤

（2）顶铁。顶铁是一种手持的铁砧，与锤子配合进行钣金修理作业（见图 1-1-39），又称垫铁或衬铁。图 1-1-40 所示为各种形状的顶铁。

用顶铁修整可分为“正托”和“偏托”两种方式。“偏托”法是直接用顶铁抵住最大凹陷处，使用木锤或尼龙锤敲击凹陷周围产生的隆起变形，即“深入浅出”地由最大凹凸变形处开始敲平，如图 1-1-41a 所示。当局部凹凸变形被修平至一定程度时，应改用图 1-1-41b 所示的“正托”法进一步敲平。

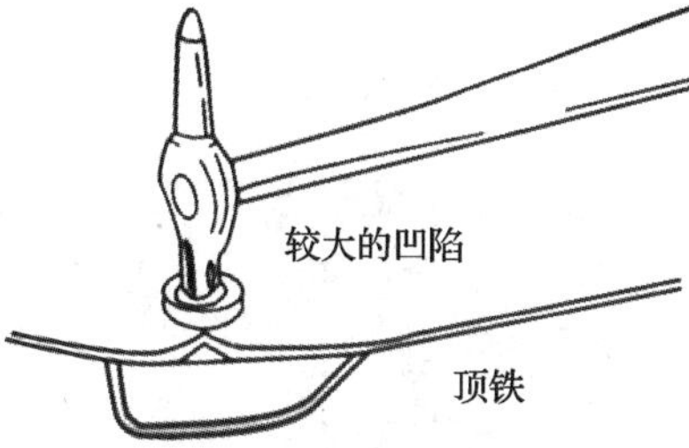

图 1-1-39　顶铁与锤子的配合

图 1-1-40　各种形状的顶铁

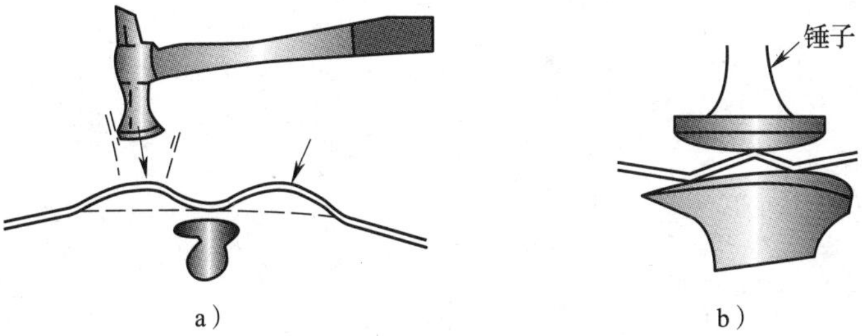

图 1-1-41　顶铁法修整

a）偏托　b）正托

（3）匙形铁。匙形铁是用于车身修理的特殊工具，主要用于抛光金属表面，所以又称修平刀，如图 1-1-42 所示。

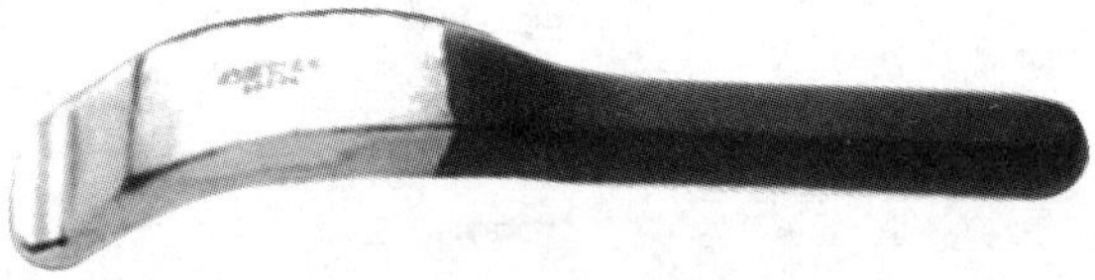

图 1-1-42　匙形铁

（4）凹坑拉出器和拉杆。对于密封型面板的凹陷，无法利用现成的孔洞使用撬镐撬起时，可采用凹坑拉出器或拉杆进行修理，此时需在表面皱褶处钻孔。凹坑拉出器如图 1-1-43 所示，拉出器的顶端呈螺纹尖端形式，或呈钩状形式。

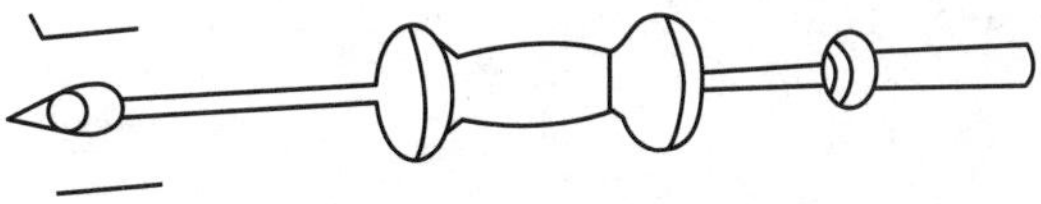

图 1-1-43　凹坑拉出器

将拉杆的弯钩插入所钻的孔，钩住凹坑两侧向外提拉（见图 1-1-44），视具体情况在周围轻轻锤击，将凹坑拉起，同时敲打其凸起点，经整平后用气焊修补孔洞，喷漆复原。

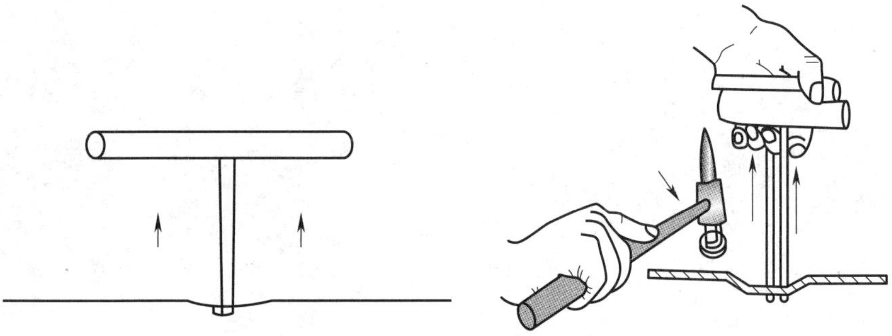

图1-1-44　拉杆

（5）夹具与撬具。在钣金修理中，对部件进行整形、板料折边或固定划线等加工，经常用到各种夹具，如图 1-1-45 所示。为完成某一特定形状的板件加工而使用的各种撬具如图 1-1-46 所示。

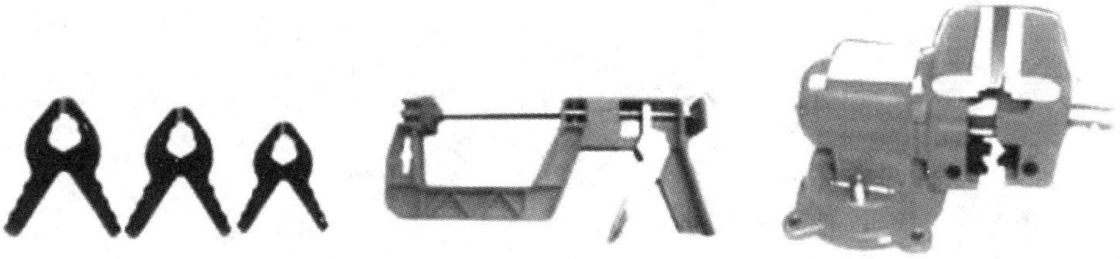

a）　　　　b）　　　　c）

图1-1-45　夹具

a）尼龙夹　b）塑料圆钢快速夹紧器　c）多用台虎钳

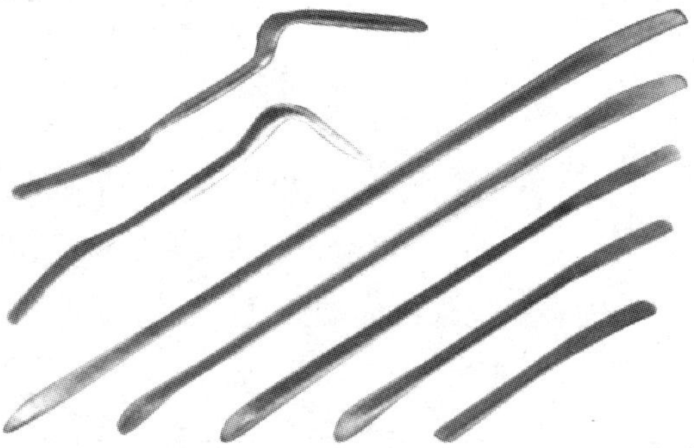

图1-1-46　各种撬具

（6）手动剪刀。手动剪刀分为手剪刀和台式剪刀，如图 1-1-47 所示，一般用于某种条件下单件生产或半成品的修整工作。

（7）小工具。包括套筒扳手、开口扳手、活动扳手、十字或一字旋具、花键旋具、大力钳、手虎钳、尖嘴钳等。

a）　　b）

图1-1-47　手动剪刀

a）手剪刀　b）台式剪刀

2. 常用设备

（1）电动剪。电动剪属于振动式剪刀，由一个小型电动机带动刀杆上下快速运动，与下刀头配合达到剪切的目的，如图 1-1-48 所示。

（2）风动手提式振动剪。风动手提式振动剪简称风剪，其特点是体积小，质量轻，操作灵活、轻便。风动手提式振动剪如图 1-1-49 所示。

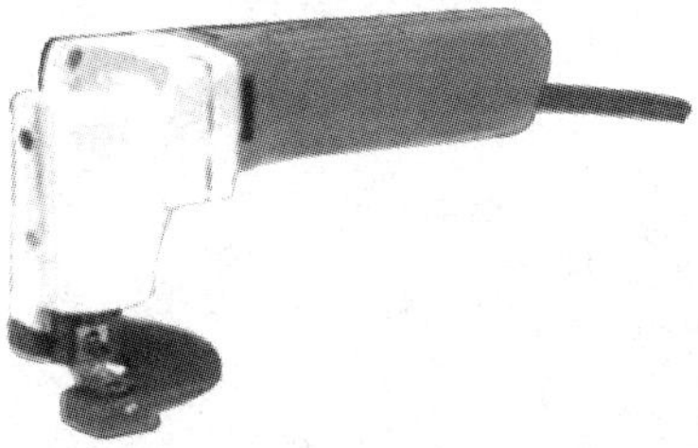

图1-1-48　电动剪

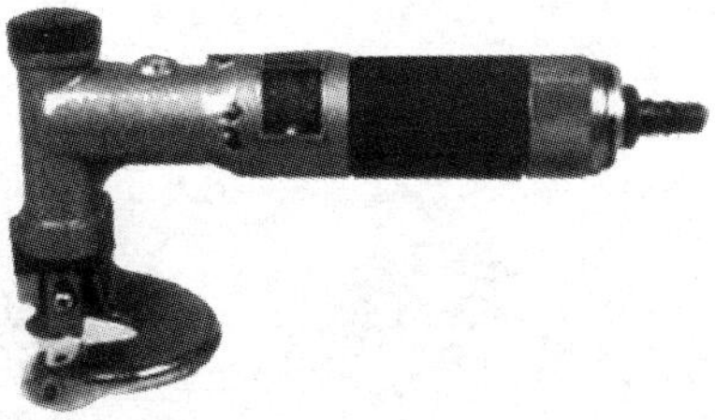

图1-1-49　风动手提式振动剪

（3）铆枪。铆接是很多修理作业不可缺少的工艺。用弹射铆枪进行铆接十分方便。图 1-1-50 所示为电动抽芯铆枪。先将铆钉组件插入被连接件的通孔中，用铆枪将外伸的铆钉杆拉断，铆接即告成功。

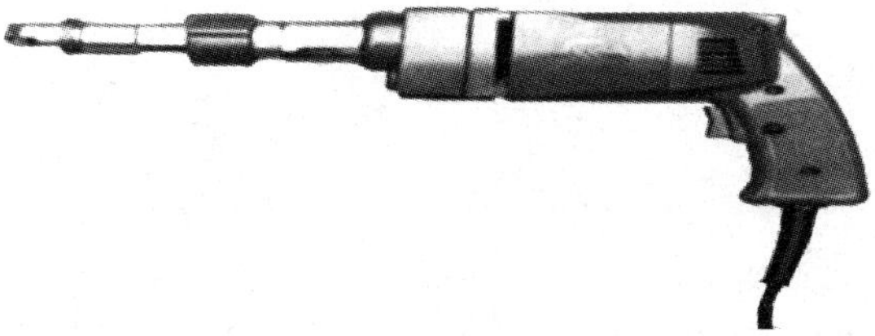

图1-1-50　电动抽芯铆枪

（4）手电钻。手电钻是以电为动力的手持式钻孔工具，如图 1–1–51 所示。手电钻电源电压一般有 220 V 和 36 V 两种，其规格有 ϕ3.6 ~ 13 mm 若干种。

（5）手提电动砂轮机。按砂轮直径分，常用的规格有 ϕ40 mm、ϕ80 mm、ϕ150 mm 三种。图 1–1–52 所示为手提电动砂轮机。

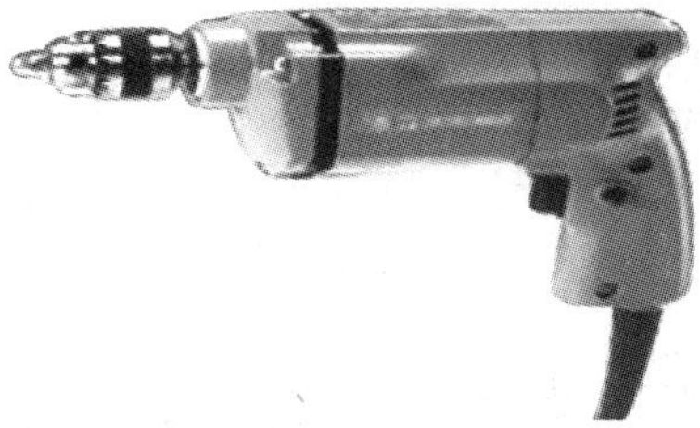

图 1–1–51　手电钻

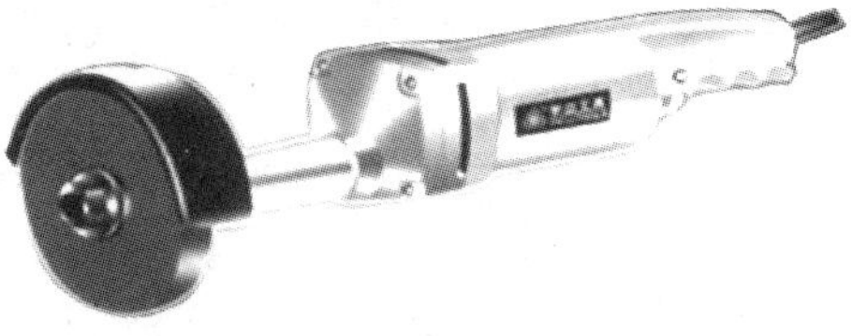

图 1–1–52　手提电动砂轮机

（6）角向磨光机。角向磨光机（见图 1–1–53）通常在打磨工件时用的砂轮片粒度为 60、80 或 120 等，一般常用的是 80。砂轮片的安装步骤如图 1–1–54 所示：将软垫背装在转轴上，用手旋至紧固；将砂轮片放在软垫上，拧上锁紧螺母；最后用特殊扳手紧固。

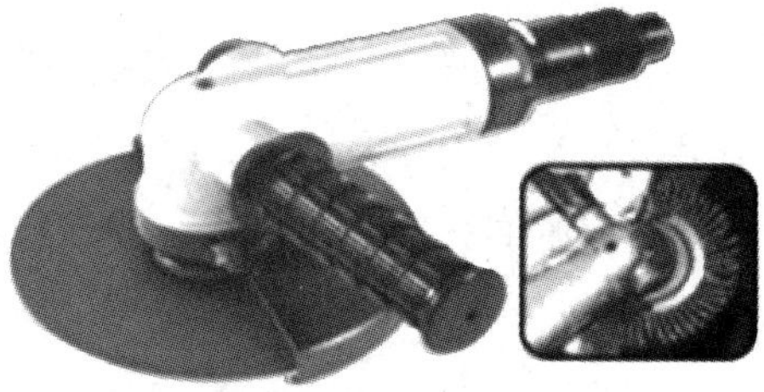

图 1–1–53　角向磨光机

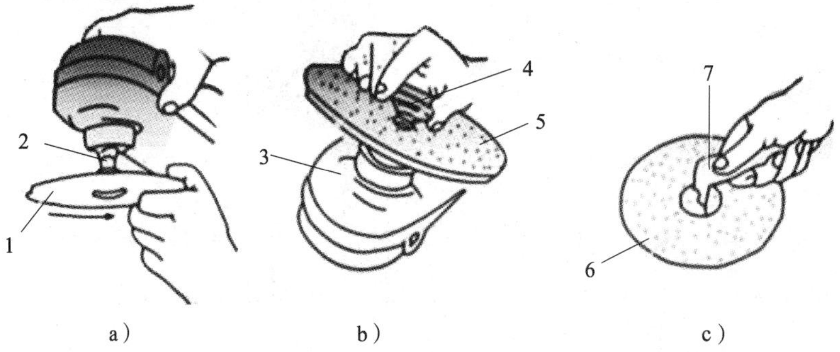

图 1–1–54　砂轮片的安装步骤

a）装软垫　b）装砂轮片　c）紧固

1，3—软垫　2—转轴　4—锁紧螺母　5，6—砂轮片　7—特殊扳手

（7）电焊机。电焊机实际上就是一台大功率的变压器，将 220 V 或 380 V 交流电变为低电压、大电流的焊接电源。一般按输出电源种类可分为两种，一种是交流电焊机，另一种是直流电焊机。直流电焊机可以说也是一个大功率的整流器，分正、负极，交流电输入经变压器变压后，再由整流器整流。

三、机床电气箱盖钣金件划线

采用人工放样进行钣金件划线是一件非常复杂的工作。随着计算机技术的应用，外壳（钣金）的建模方法变得相对简单一些。目前，工业领域钣金设计软件有 UG、SolidWorks、CAXA、中旺等。下面以 CAXA 软件为例介绍箱式钣金件设计。

1. 任务分析

（1）钣金设计中添加板料、添加折弯以及编辑这些智能图素的形状。

（2）添加各种型孔。

（3）添加自定义轮廓。

（4）切割钣金件。

（5）完成图 1–1–55 所示机床电气箱盖钣金件设计。

2. 任务实施

（1）钣金 1：选择板料。打开软件后，选择“工具”下拉菜单，选择“选项”，激活“选项”对话框，在对话框中选择“板料”标签，从板料列表中选择一个作为新钣金件的缺省板料。

（2）钣金 2：拖放板料到设计环境中。从设计元素库中（钣金）选中“板料”，把它拖入设计环境中（按住鼠标左键拖出），如图 1–1–56 所示。

图1–1–55　机床电气箱盖

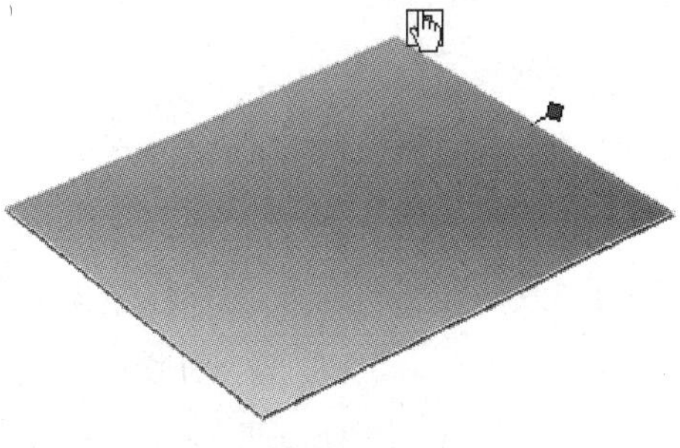

图1–1–56　板料

1）单击板料图素，进入“形状设计”编辑状态，将“形状设计”修改为“包围盒设计”状态（即由改为）。

2）将鼠标指针放到圆形红色手柄处，单击鼠标右键，在“编辑包围盒”中输入：长为 150，宽为 140，如图 1–1–57 所示。

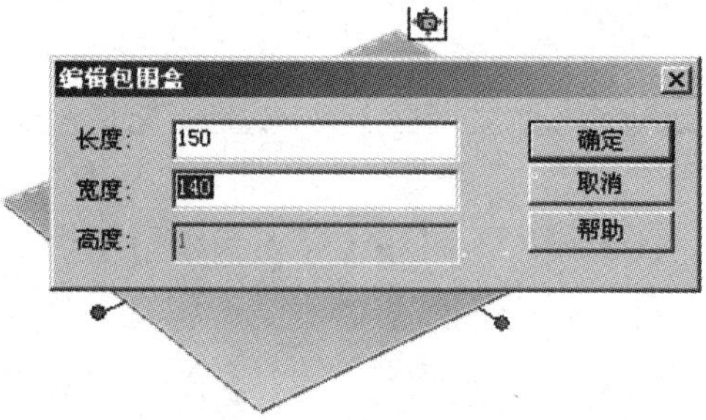

图 1–1–57　编辑包围盒

（3）钣金 3：添加不带料折弯

1）用“视向”工具调整零件实体显示的大小和位置。

2）从设计元素库中（钣金）选中“不带料折弯”图素，把它拖入长度为 150 的边上。

3）单击“不带料折弯”图素，进入“形状设计”编辑状态，将鼠标指针放到红色手柄处，单击鼠标右键，选择“编辑距点的距离”中的“点”（见图 1–1–58），然后在钣金上表面 *A* 处将尺寸修改为 85。

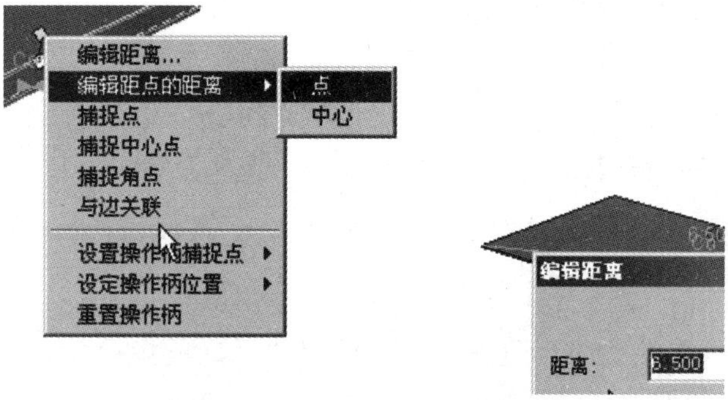

图 1–1–58　编辑距点的距离

4）用同样的方法在另一边添加一个同样的钣金，完成后效果图如图 1–1–59 所示。

（4）钣金 4：添加折弯

1）从设计元素库中（钣金）选中“折弯”图素，把它拖入长度为 140 的边上。

2）将折弯高度距底板上表面尺寸修改为 10［按钣金 3 中的步骤 3）操作］。

3）在另一边进行同样的操作。完成后效果图如图 1–1–60 所示。

（5）钣金 5：添加侧面无补偿折弯

1）放一“无补偿折弯”到钣金侧面上，按钣金 3 中的步骤 3）操作，完成后将尺寸修改为 10。

2）用“智能捕捉”修改无补偿折弯，使它与侧板同高。

图 1-1-59 “添加不带料折弯”效果图

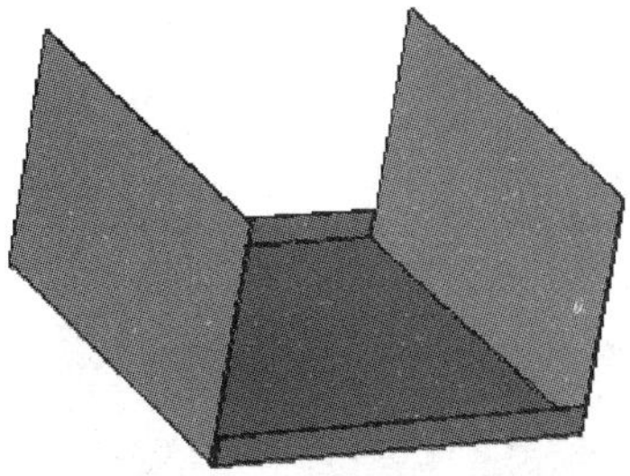

图 1-1-60 “添加折弯”效果图

3）再修改无补偿折弯的尺寸，使其两边尺寸各减 5。

4）双击板料图素，进入“形状设计”编辑状态，选择长度手柄，单击鼠标右键，选择“编辑折弯长度 ...”（见图 1-1-61）后将尺寸减 5，反方向同样操作。

5）选择无补偿折弯，单击鼠标右键，选择“智能图素属性”中的“切口”，将切口宽度尺寸修改为 1.5，如图 1-1-62 所示。

6）另外三边用同样的方法操作，完成后效果图如图 1-1-63 所示。

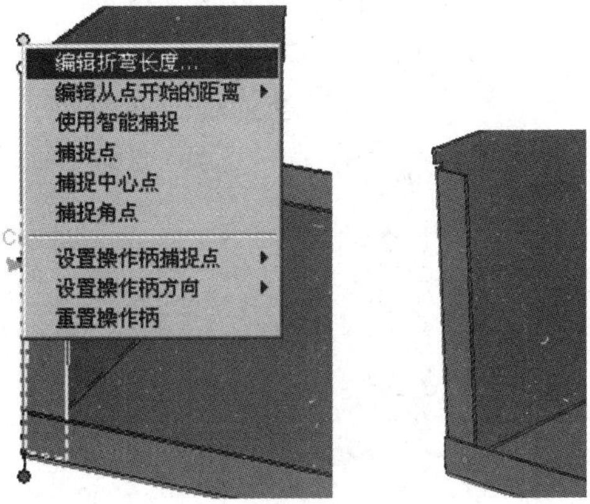

图 1-1-61　编辑折弯长度

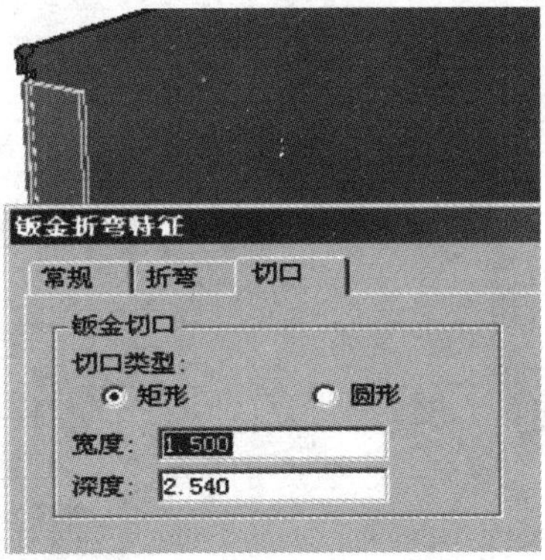

图 1-1-62　修改切口宽度尺寸

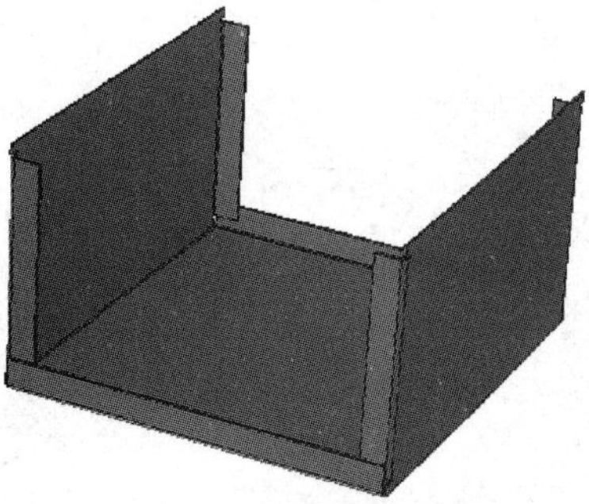

图 1-1-63 “添加侧面无补偿折弯”效果图

（6）钣金 6：添加风扇散热孔

1）设计元素库中（钣金）选中“凸起”，拖放到图中的 *A* 处（板料上表面边的中点处），如图 1-1-64 所示。

2）单击“凸起”图素，然后在小三角形处单击鼠标右键，选择“加工属性 ...”，如图 1–1–65 所示。

3）选择“自定义”，分别写入直径 60，高度 1，角度 160，如图 1–1–66 所示。

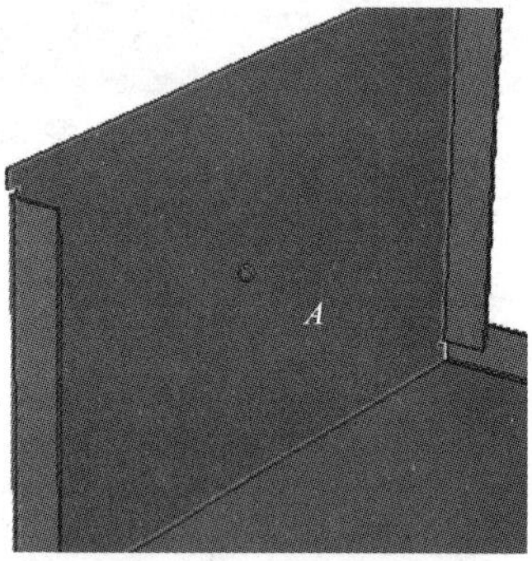

图 1–1–64　选中“凸起”拖放到 A 处

图 1–1–65　选择“加工属性”

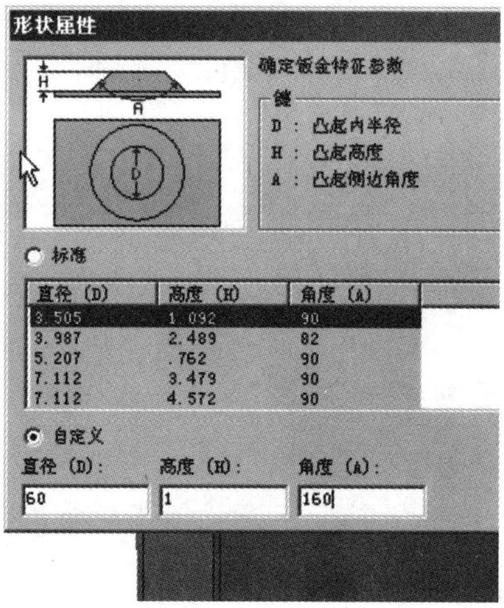

图 1–1–66　自定义“凸起”尺寸

4）用“三维球”将“凸起”图素向右平移 30。平移后的图形如图 1–1–67 所示。

5）设计元素库中（钣金）选中“自定义轮廓”，拖放到图中的 C 处，如图 1–1–68 所示。

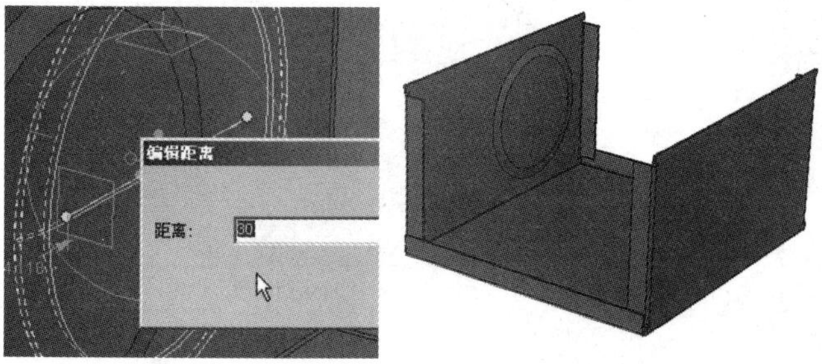

图 1–1–67　平移后的图形

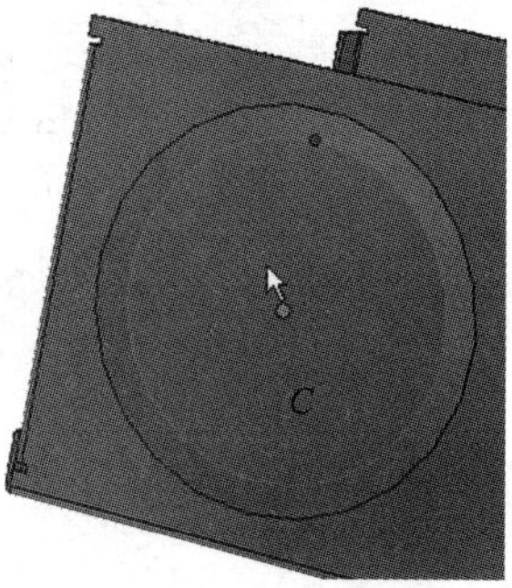

图 1–1–68　选中“自定义轮廓”拖放到 C 处

6）打开“设计树”，从设计树中选中“自定义轮廓”，单击鼠标右键，选择“编辑截面”，如图 1–1–69 所示。

7）将原有的圆形截面删除，从“文件”菜单中选择“输入”，再选择“风扇散热孔”的图形文件，如图 1–1–70 所示。

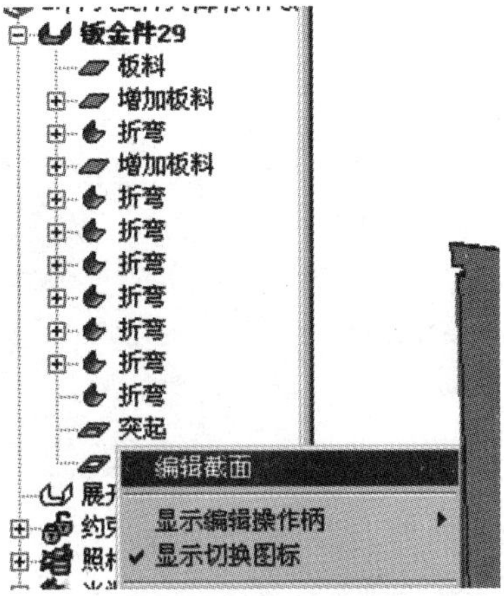

图 1–1–69　选择“编辑截面”

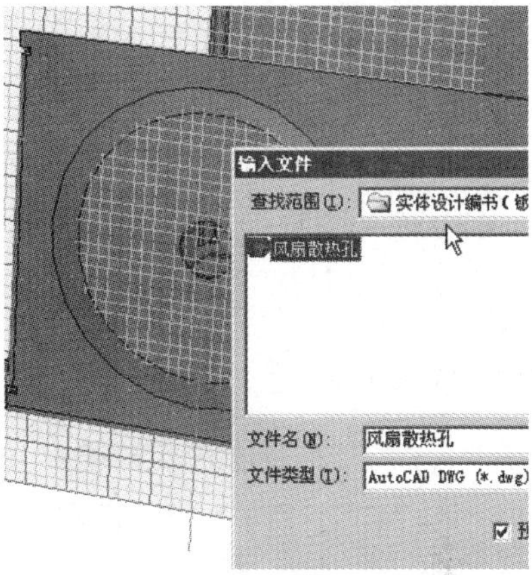

图 1–1–70　输入图形文件

8）确定后完成造型，效果图如图 1–1–71 所示。

图 1–1–71 “添加风扇散热孔”效果图

（7）钣金 7：添加电源线插孔

1）从设计元素库中（钣金）选中“圆角矩形孔”，拖放到图中的 *F* 处（板料上表面边的中点处），如图 1–1–72a 所示；然后选择“圆角矩形孔”的小三角形，单击鼠标右键后再选择“加工属性 ...”，如图 1–1–72b 所示。

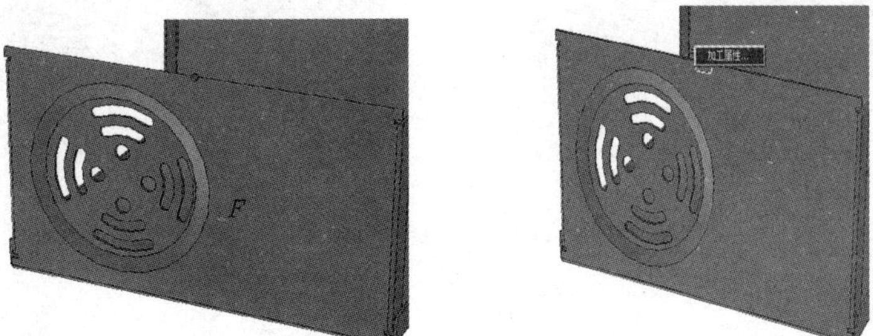

a）　　b）

图 1–1–72　选择插孔加工属性

2）选择“自定义”，输入长度 35，宽度 25，半径 2，如图 1–1–73 所示。

3）用“三维球”将“圆角矩形孔”定位，先向右移 45，再向下移 25，如图 1–1–74 所示。

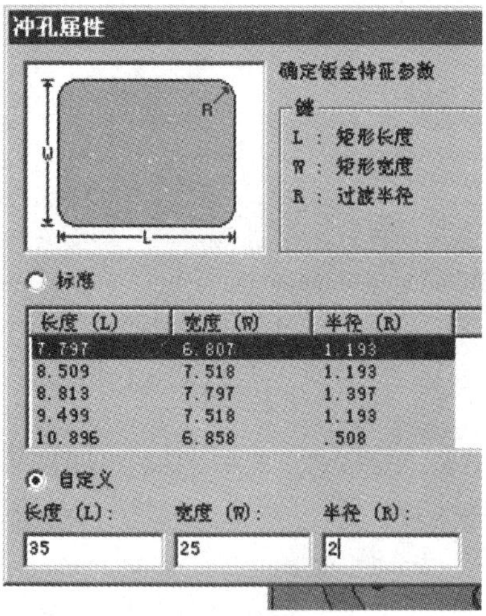

图 1-1-73　自定义“圆角矩形孔”尺寸

图 1-1-74　确定第一个圆角矩形孔位置参数

4）再用“三维球”将“圆角矩形孔”向下“拷贝”一个，拷贝距离为 35，效果图如图 1-1-75 所示。

（8）钣金 8：接口孔

1）从设计元素库中（钣金）选中“接口孔”，拖放到图中的 *A* 处，如图 1-1-76 所示。

图 1-1-75　确定第二个圆角矩形孔位置参数

图 1-1-76　选中“接口孔”拖放到 *A* 处

2）按“添加电源线插孔”中的步骤 1）和 2）修改“接口孔”的尺寸，如图 1-1-77 所示。

3）完成后，用“三维球”将“接口孔”向下移动 5，再旋转 90°。效果图如图 1-1-78 所示。

（9）钣金 9：添加固定螺钉孔

1）从设计元素库中（钣金）选中“圆形凸起”，拖放到图中的 *B* 处，如图 1-1-79 所示。

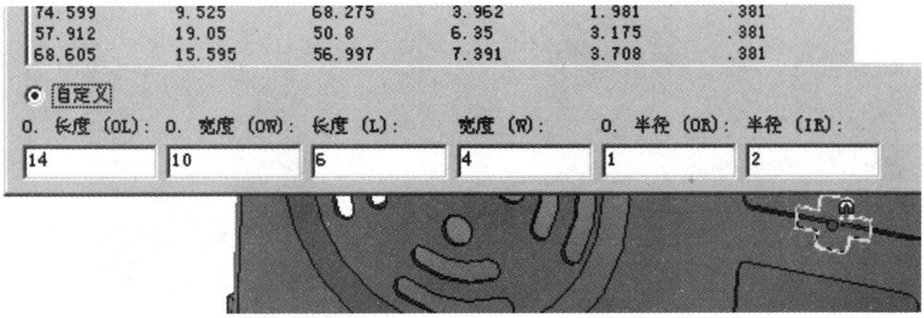

图 1-1-77　修改“接口孔”的尺寸

图 1-1-78　确定孔口位置参数

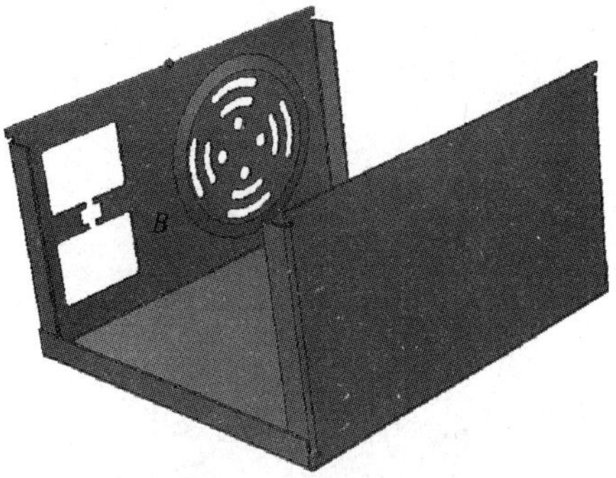

图 1-1-79　选中“圆形凸起”拖放到 *B* 处

2）将鼠标指针移到冲孔尺寸调节按钮处，按钮呈加亮状态、指针变为手指形时，单击鼠标右键激活“加工属性 ...”菜单，单击此选项进入“属性”对话框，在自定义栏中输入直径 6、高度 0.8，如图 1-1-80 所示。

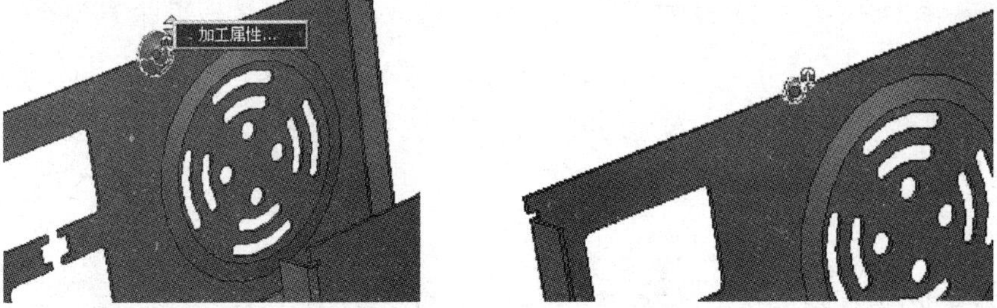

图 1-1-80　自定义“圆形凸起”尺寸

3）用“三维球”定位“圆形凸起”，先向下移 8，再向左移 65，如图 1-1-81 所示。

4）从设计元素库中（工具）选中“自定义孔”，拖放到图中的 *C* 处（圆形凸起中心处），如图 1-1-82 所示。

5）选择“简单孔”中“螺纹孔”，直径为 3，完成后如图 1-1-83 所示。

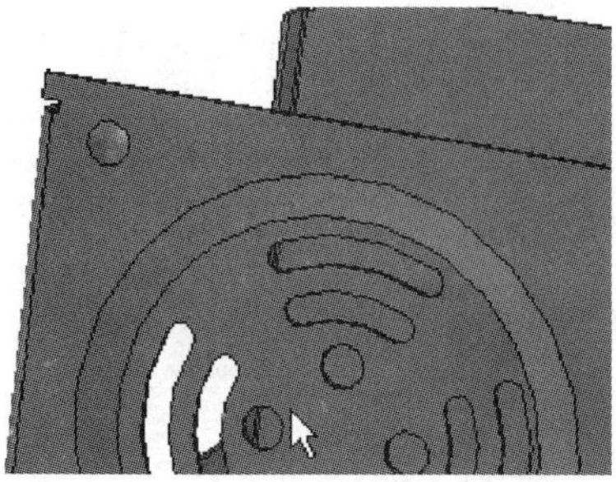

图 1-1-81　定位“圆形凸起”

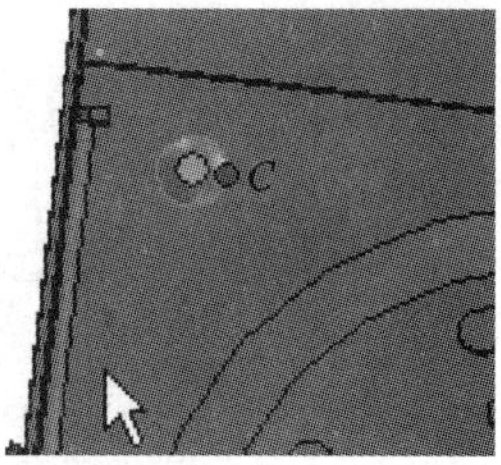

图 1-1-82　选中“自定义孔”拖放到 C 处

6）向右拷贝圆形凸起和螺纹孔。在设计树中选中“圆形凸起”再按住“Ctrl”键，同时选中“螺纹孔”，再选择“三维球”，用“三维球”向右拷贝，拷贝数为 2，拷贝距离为 65。完成后如图 1-1-84 所示。

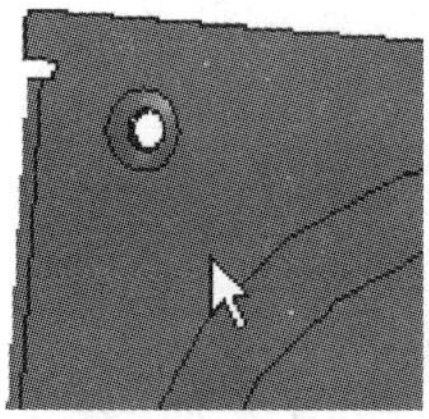

图 1-1-83　确定螺纹孔直径

图 1-1-84　向右拷贝圆形凸起和螺纹孔（上边）

7）向下拷贝圆形凸起和螺纹孔。在设计树中选中“圆形凸起”再按住“Ctrl”键，同时选中“螺纹孔”，用“三维球”向下拷贝，拷贝数为 1，拷贝距离为 69。完成后如图 1-1-85 所示。

8）再同时选中下面的“圆形凸起”和“螺纹孔”，向右拷贝，拷贝数为 2，拷贝距离为 65。完成后如图 1-1-86 所示。

图 1-1-85　向下拷贝圆形凸起和螺纹孔

图 1-1-86　向右拷贝圆形凸起和螺纹孔（下边）

（10）钣金 10：添加散热槽

1）从设计元素库中（钣金）选中“窄缝”，拖放到图中的 *A* 处（板料表面的中点处）；然后再选择“圆角矩形孔”的小三角形，单击鼠标右键后选择“加工属性 ...”，如图 1–1–87 所示。

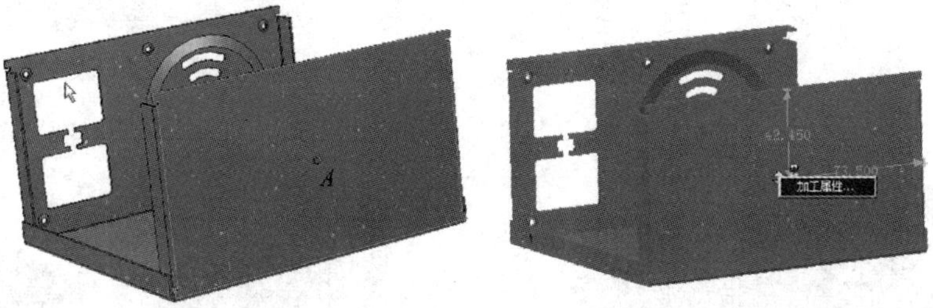

图 1–1–87　图素设计定位

2）用“自定义”将尺寸修改为长度 40、宽度 3，然后再将“窄缝”旋转 90°。完成后如图 1–1–88 所示。

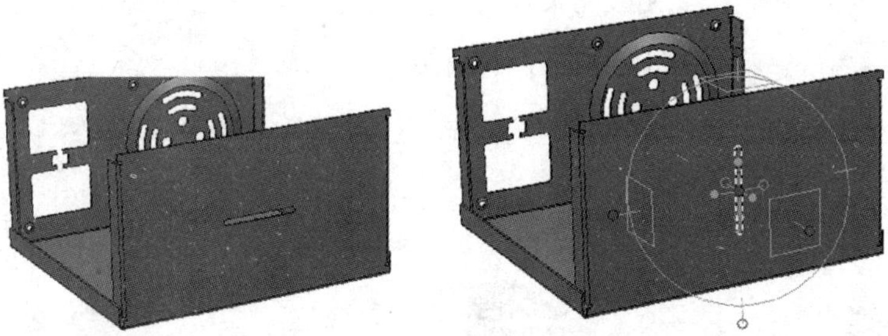

图 1–1–88　定义“窄缝”尺寸并旋转

3）用“三维球”将“窄缝”向左、右各拷贝 7 个，拷贝间距为 7。效果图如图 1–1–89 所示。

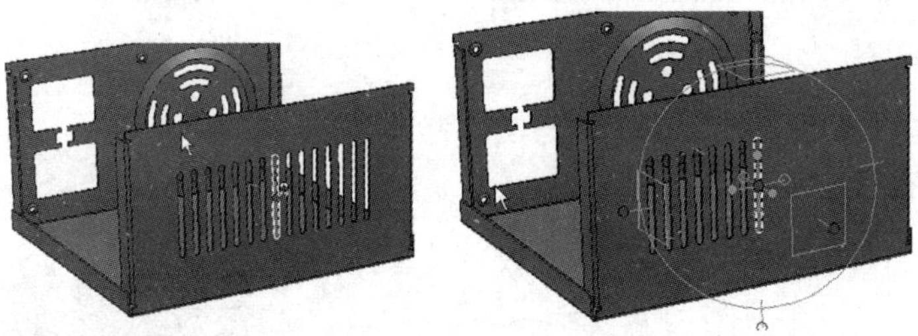

图 1–1–89　定位窄缝的数量与位置

（11）钣金 11：添加侧面板固定螺钉孔

1）侧面板固定螺钉孔的做法与“添加固定螺钉孔”操作方法相同。

2）操作过程中位置尺寸有些不同。先将“圆形凸起”拖放到内侧板上边中心处，如图 1–1–90 所示。

3）再用“三维球”将它向下移动 5，向右移动 50，定位后再做螺钉孔；同时选中两个图素向左拷贝一个，距离为 100，如图 1–1–91 所示。

4）另一侧面板同样操作。完成后效果图如图 1–1–92 所示。

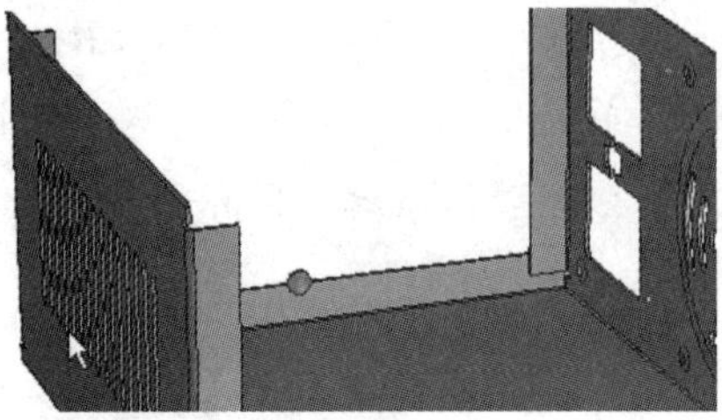

图 1–1–90　圆形凸起图素设计定位

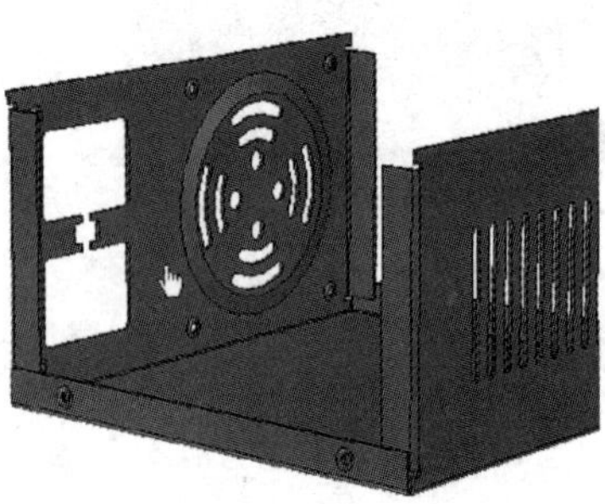

图 1–1–91　设定单侧螺钉孔数量与分布

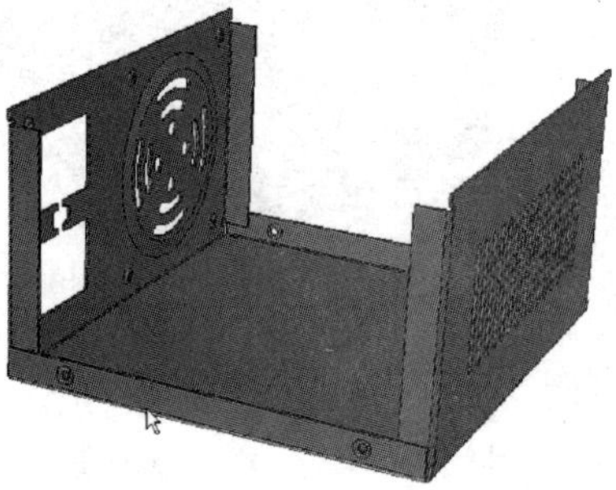

图 1–1–92　设定另一侧螺钉孔数量与分布

（12）钣金 12：顶边添加折弯

1）从设计元素库中（钣金）选中“折弯”，拖放到图中的 *A* 处（板料上内表面边中点处），如图 1–1–93 所示。

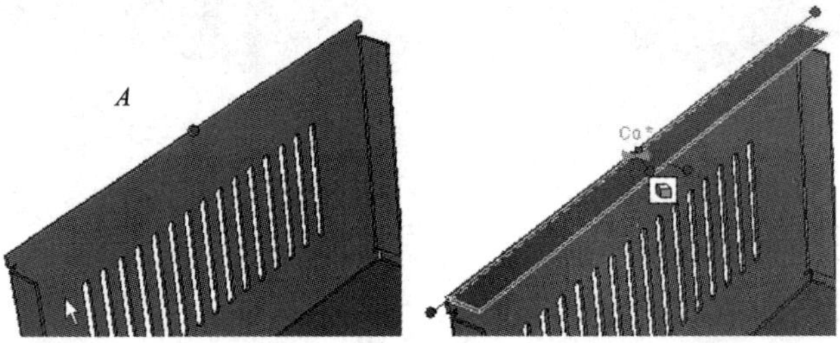

图 1–1–93　设定折弯设计点

2）按“添加不带料折弯”中的方法，修改“折弯”距内侧面的距离为 10。

3）另一边按同样的方法操作，完成后效果图如图 1–1–94 所示。

（13）钣金 13：切割钣金件

1）从文件下拉菜单中选择“插入”→“零件 / 装配”后插入已做好的“钣金切割件”，如图 1–1–95 所示。

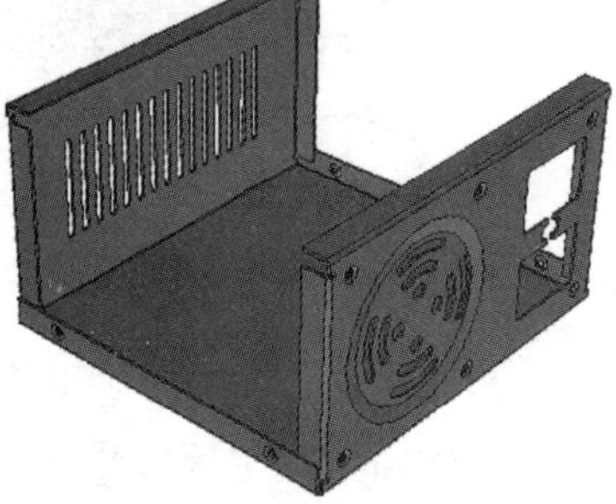

图 1–1–94　“顶边添加折弯”效果图

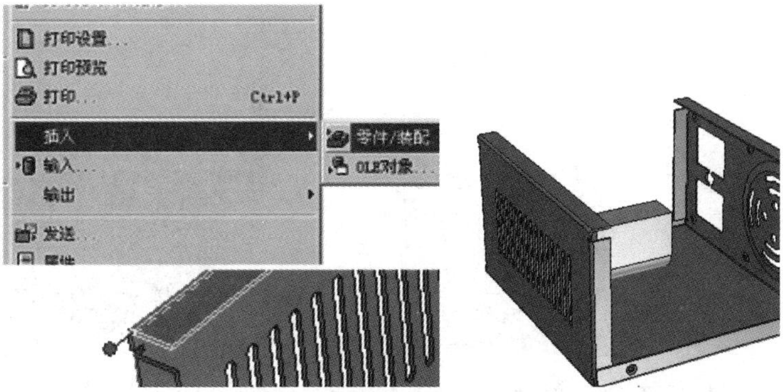

图 1-1-95　插入“钣金切割件”

2）用“三维球”定位好“钣金切割件”，即先定位到侧面板的上边中点处，再向左移动 50，如图 1-1-96 所示。

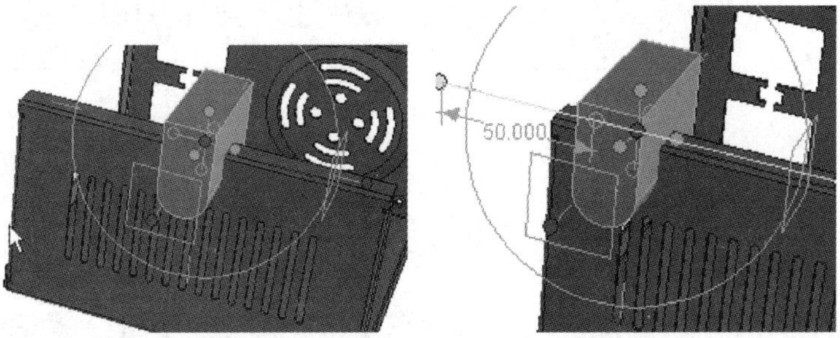

图 1-1-96　定位“钣金切割件”

3）选择“钣金件”，按住“Shift”键同时选中“切割钣金件”，再从主菜单的“工具”中选择“切割钣金件”命令，如图 1-1-97 所示。

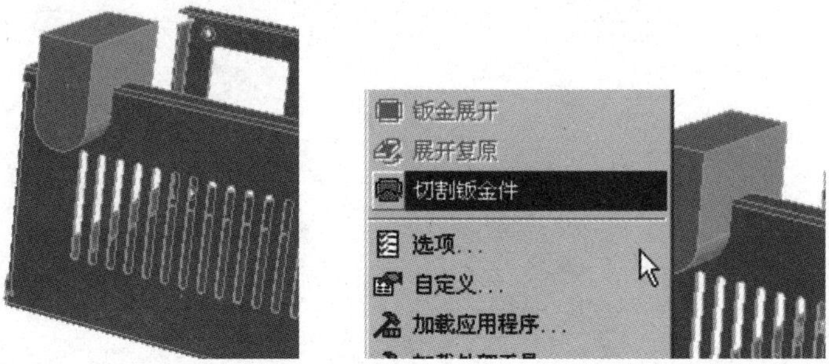

图 1-1-97　选择“切割钣金件”命令

4）完成后将“钣金切割件”压缩，即选中“钣金切割件”，单击鼠标右键后选择“压缩”命令，如图 1-1-98 所示。

这样整个设计就完成了，如图 1-1-99 所示。

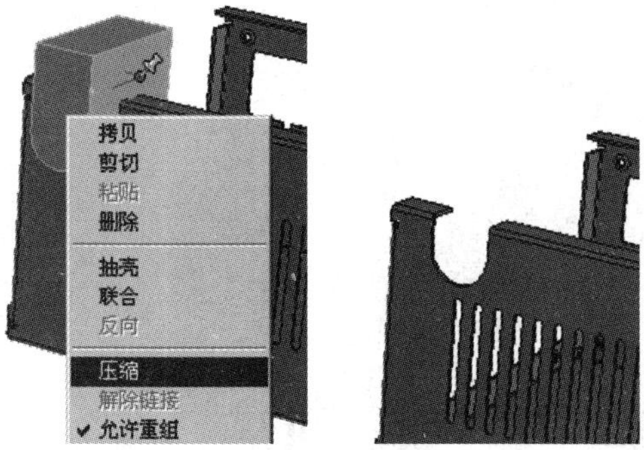

图 1-1-98　压缩“钣金切割件”

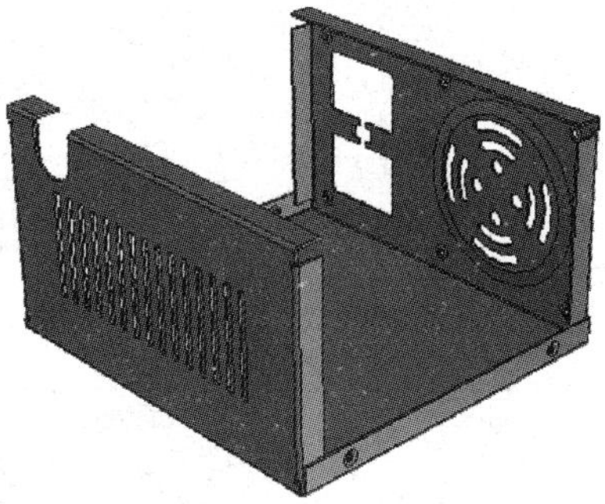

图 1-1-99　设计效果图

课程 1-2　锯削、锉削、錾削加工

学习内容

学习单元	课程内容	培训建议	课堂学时
（1）錾削加工	1）砂轮机的安全操作 2）錾子的材料与热处理 3）錾子切削刃的刃磨 4）錾削操作方法	（1）方法：讲授法、演示法、练习法 （2）重点：錾子的刃磨 （3）难点：錾削操作方法	20
（2）锯削加工	1）锯削工具选择与安装 2）锯削操作方法 3）钢件锯削加工 4）锯削时常见问题及原因	（1）方法：讲授法、演示法、讨论法、练习法 （2）重点与难点：锯削操作方法	30
（3）锉削加工	1）锉削工具 2）锉刀的选择 3）锉刀的使用与保养 4）平面锉削加工 5）锉削质量的检测	（1）方法：讲授法、演示法、讨论法、练习法 （2）重点与难点：平面锉削加工	30

学习单元 1　錾 削 加 工

一、砂轮机的安全操作

1. 台式砂轮机的功能及构造

台式砂轮机用来磨钻头、錾子等刀具或其他工具，也可以用来磨去工件或材料的毛刺、锐边等。砂轮机由电动机、砂轮和机座等组成，如图 1–2–1 所示。砂轮机是较易发生安全事故的设备，因此，使用砂轮机要严格按照操作规程进行工作，以防发生安全事故。

2. 砂轮机的使用步骤

（1）选定一台砂轮机，打开砂轮机照明开关。

（2）检查砂轮应有安全防护罩；砂轮应无损坏，外圆平整；搁架间距合适。同一块砂轮禁止两人同时使用，更不准在砂轮的侧面磨削。不允许戴手套操作。严禁围堆操作和在磨削时嬉笑打闹。砂轮机所用砂轮必须完好，紧固必须适当，不得过松或过紧，无防护罩时不得使用。

（3）人站在砂轮侧面，按启动按钮，待砂轮运转正常，检查砂轮外圆应无跳动。砂轮机转速稳定后方可磨削。

（4）磨削时的站立位置应与砂轮机成一夹角，防止砂轮飞出伤人。接触压力要均匀，严禁撞击砂轮，以免使砂轮碎裂。砂轮只限于磨刀具，不得磨笨重的物料、薄铁板以及软质材料（如铝、铜等）和木质品。磨削时摆正工件或坯料的角度，轻、稳地靠在砂轮外圆上，沿砂轮外圆在全宽上移动，施加的压力不要过大。

（5）砂轮不准沾水，要经常保持干燥，以防湿水后失去平衡，发生事故。

图 1–2–1　台式砂轮机

（6）不得单手持工件进行磨削，防止脱落在防护罩内卡碎砂轮。

（7）磨削完毕应关闭电源。

3. 砂轮机使用注意事项

（1）必须经常修整砂轮磨削面。当发现刀具跳动严重时，应及时用金刚石笔进行修整。

（2）砂轮磨薄、磨小、磨损严重时不准使用，应及时更换，保证安全。

（3）磨削完毕，应关闭电源，不要让砂轮机空转；要经常清除防护罩内的积尘，并定期更换主轴润滑油。

二、錾子的材料与热处理

錾子的材料一般为碳素工具钢，如T7、T8等，经淬火后有较高的硬度（56～62HRC）。淬火是提高錾子硬度的关键工序，其步骤如下：

把錾子刃部20～30 mm长的一段放入炉中加热，当加热至暗樱红色时，用钳子迅速取出垂直插入水中4～6 mm。当露出水面部分呈暗棕色时，提起錾子，这时候就开始观察刃部的颜色变化，顺序为：灰白色→黄色→红色→紫色→蓝色。

当刃部的颜色呈现黄色时，把錾子全部浸入水中冷却到室温，这种回火操作称为“黄火”；当刃部的颜色呈现蓝色时，把錾子全部浸入水中冷却到室温，这种回火操作称为“蓝火”。“黄火”的硬度比“蓝火”高，耐磨，但较脆，容易断裂；“蓝火”的硬度比较适宜，故较多采用。

三、錾子切削刃的刃磨

1. 錾子的切削部分

錾子切削部分包括两个表面和一条切削刃，如图1-2-2所示。

（1）前面。与切屑接触的表面称为前面。

（2）后面。与切削表面（正在由切削刃切削形成的表面）相对的表面称为后面。

（3）切削刃。前面与后面的交线称为切削刃（又称刀刃）。

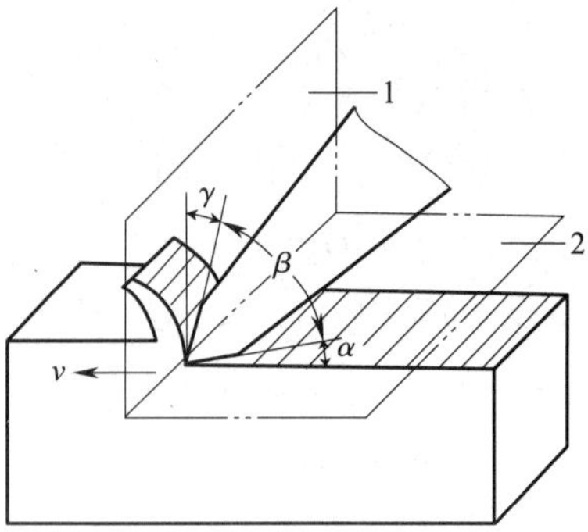

图1-2-2　錾削的角度

1—基面　2—切削平面

（4）楔角 β。前面与后面之间的夹角称为楔角。显然，楔角越大，切削部分的强度越高，但錾削阻力也越大。所以，选择楔角大小时应在保证足够强度的前提下，尽量取小的数值。根据工件材料软硬的不同，錾硬材料时楔角要大些，而錾软材料时楔角应小些。錾削硬钢或铸铁等硬材料时，楔角取 60° ~ 70°；錾削一般钢料和中等硬度材料时，楔角取 50° ~ 60°；錾削铜或铝等软材料时，楔角取 30° ~ 50°。

（5）后角 α。后面与切削平面之间的夹角称为后角。后角的大小是由錾削时錾子被掌握的位置而决定的，一般取 5° ~ 8°。后角的作用是减小后面与切削表面之间的摩擦，并使錾子容易切入材料。后角不能太大，否则会使錾子切入过深，錾削发生困难，甚至损坏錾子的切削部分；但后角也不能太小，否则錾子容易滑出工件表面，不能顺利地切入，尤其当錾削余量很小时影响更加明显。后角对錾削的影响如图 1–2–3 所示。

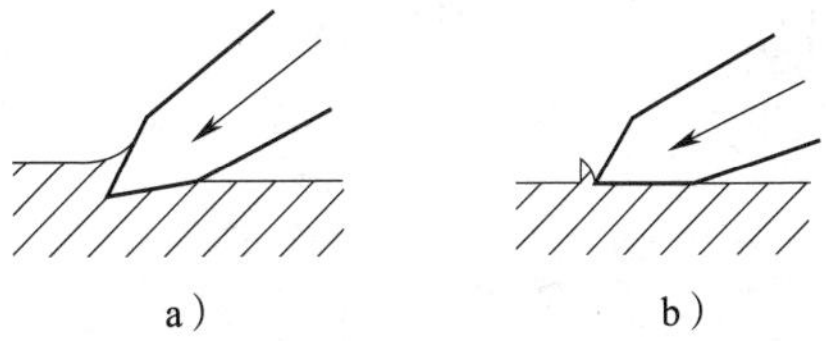

图 1–2–3　后角对錾削的影响

a）后角太大　b）后角太小

（6）前角 γ。前面与基面之间的夹角称为前角。前角的作用是减小切削变形和使切削轻快。前角越大，切削越省力。但在后角一定的条件下，要想前角大，就要减小楔角，这将降低切削部分的强度。因此，錾削时前角的大小在选择好楔角后已被确定了。实际上，上述楔角的取值也已经考虑了前角的影响。

2. 切削刃的刃磨

新的錾子和用钝了的錾子要用砂轮刃磨出合适的楔角。要按正确的刃形刃磨，并使刃口锋利。为此，要求錾子两刃面对中心平面的夹角相等，两刃面的宽窄相等且平整、光滑，刃口要平直。

錾子的刃磨方法如图 1–2–4 所示。双手同时握住錾子，将錾子刃面置于旋转着的砂轮轮缘上，并略高于砂轮的中心，且在砂轮的全宽方向左右移动。锋口面宽为 2 ~ 3 mm，锋口两面的刃磨要交替进行，以保证两刃面对称，刃口平直。刃磨时要掌握好錾子的方向和位置，以保证所磨的楔角符合要求。

楔角的大小可通过样板来检测，如图 1–2–5 所示。应在砂轮运转平稳后再开始刃磨，刃磨时人应站在砂轮侧面，同时錾子压在砂轮上的力不能过大，以免砂轮崩碎而发生事故。刃磨过程中錾子必须经常浸入水中，防止刃口部分因温度过高而退火。

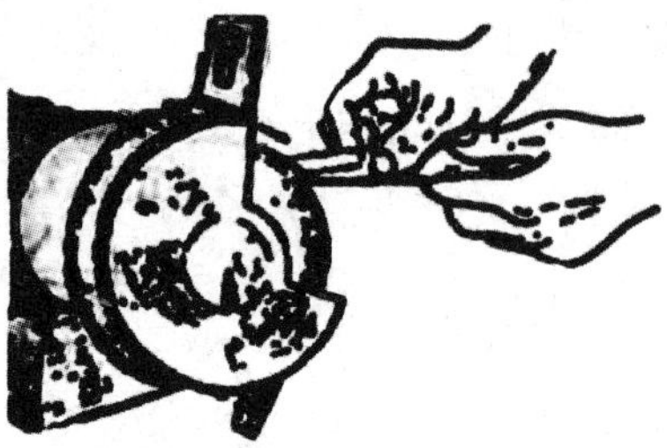

图 1-2-4　新錾子的刃磨

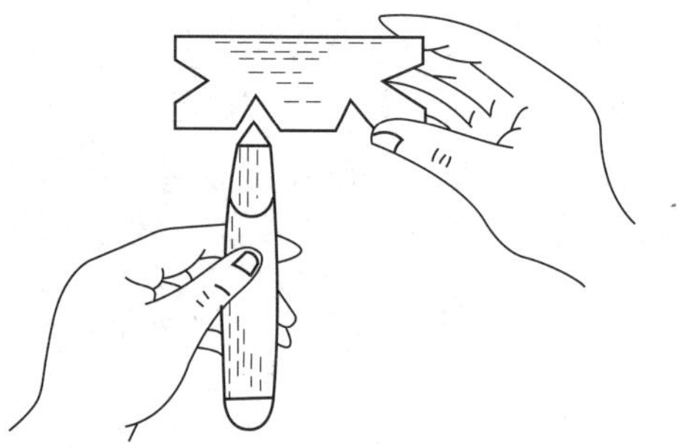

图 1-2-5　用样板检测角度

四、錾削操作方法

1. 站立姿势

錾削时的站立姿势很重要。如姿势不对，操作时既别扭，又容易疲劳。正确的站立姿势如图 1-2-6 所示。两脚互成一定角度，距离为 250 ~ 300 mm。左腿跨前半步并稍微弯曲，右腿伸直，身体自然站立，重心微偏于右脚。锤击时眼睛要盯在錾子刃口和工件接触处，才能顺利地操作和保证錾削质量，并且锤子不易打在手上。

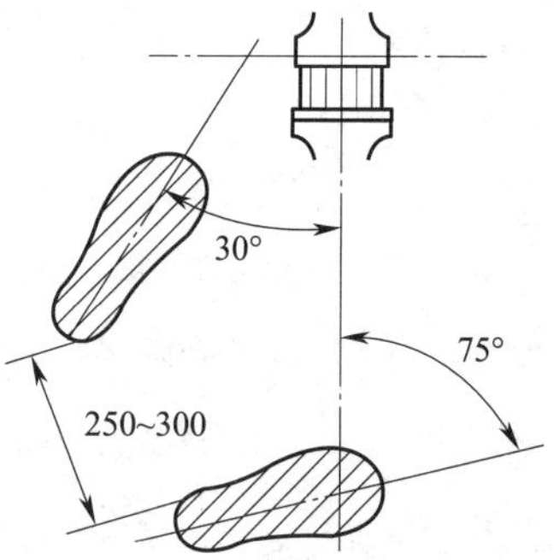

图 1-2-6　正确的站立姿势

2. 錾子的握法

（1）正握法。用左手的中指、无名指、小指将錾子握住，拇指和食指自然接触，腕部自然伸直，錾子头部露出 15 ~ 20 mm，不要握得太紧，以免锤击时掌心承受振动过大。正握法通常在正面錾削、大面积錾削、錾槽时使用。

（2）反握法。手心向上，手指自然捏住錾子，手掌悬空。反握法通常在侧面錾削、剔毛刺及使用短小的錾子时使用。

（3）立握法。手心向下，手指自然捏住錾子，手掌悬空，使錾子保持竖直状态。立握法通常在铁砧上錾断材料时使用。

3. 锤子的握法

（1）紧握法。如图 1-2-7 所示，敲击过程中五指始终握在距尾端 15 ~ 30 mm 处，初学者常用这种方法。

（2）松握法。如图 1–2–8 所示，用拇指和食指始终紧握锤柄。锤击时，中指、无名指、小指在运锤过程中依次握紧锤柄；抬锤时，按相反顺序放松手指。

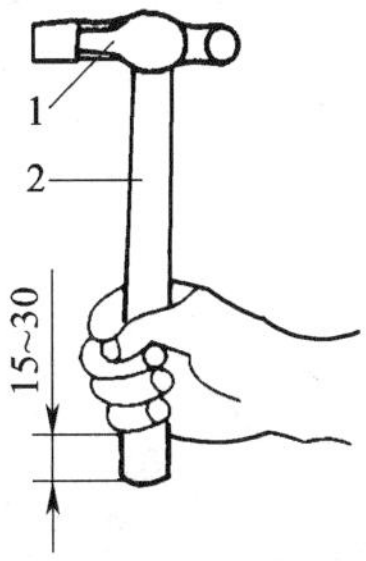

图1–2–7　紧握法

1—锤头　2—木柄

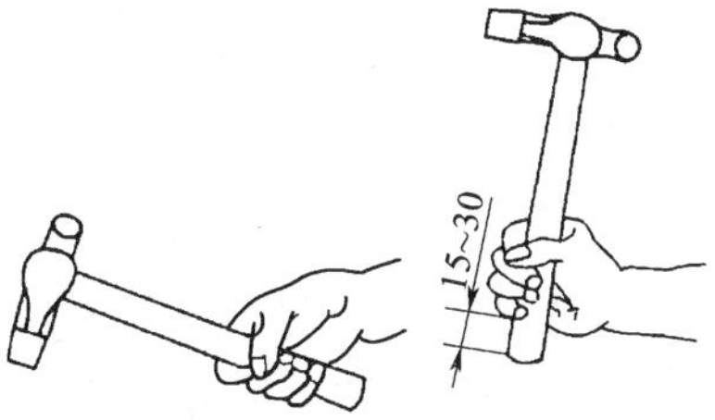

图1–2–8　松握法

4. 挥锤的方法

（1）腕挥。如图 1–2–9 所示，只依靠手腕的运动来挥锤，锤击力较小，一般适用于錾削的开始和结尾或錾油槽等场合。

（2）肘挥。如图 1–2–10 所示，利用手腕和肘部一起运动来挥锤，敲击力较大，应用最广泛。

（3）臂挥。如图 1–2–11 所示，利用手腕、肘部和全臂一起来挥锤，敲击力最大，用于需要大量錾削的场合。

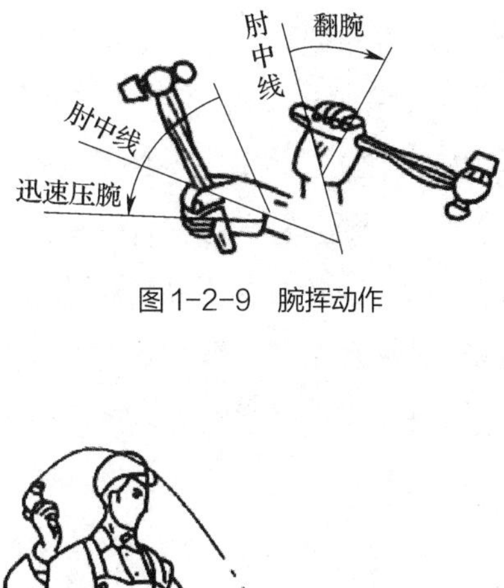

图1–2–9　腕挥动作

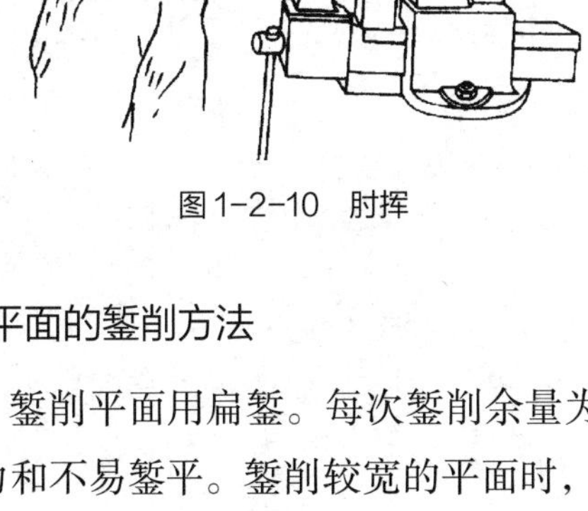

图1–2–10　肘挥

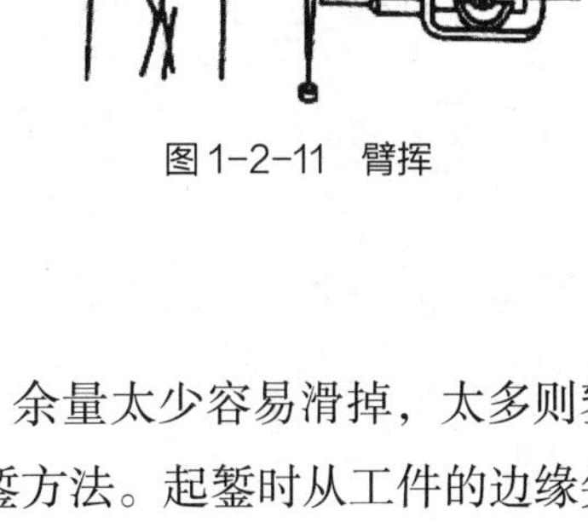

图1–2–11　臂挥

5. 平面的錾削方法

錾削平面用扁錾。每次錾削余量为 0.6 ~ 2 mm，余量太少容易滑掉，太多则錾削费力和不易錾平。錾削较宽的平面时，要掌握好起錾方法。起錾时从工件的边缘尖角处着手（见图 1–2–12a），由于切削刃与工件的接触面小，阻力不大，只需轻敲，錾子便容易切入材料，因此不会产生滑脱、弹跳等现象，錾削余量也就能准确地控制。有时不允许从边缘尖角处起錾（如錾槽等），则起錾时切削刃抵紧起錾部位后，錾子头部向下倾斜，至錾子与工件起錾端面基本垂直（见图 1–2–12b），再轻敲錾子，起錾也容易准确和顺利地完成。

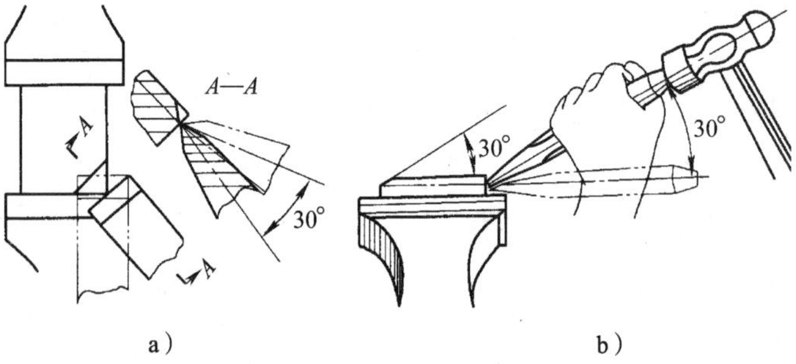

图 1–2–12　起錾方法

a）起錾从边缘尖角处开始　b）起錾时錾子与工件的角度

起錾完成后，即可按正常的方法进行平面錾削。

在錾削较窄的平面时，錾子的切削刃最好与錾削前进方向倾斜一个角度（见图 1–2–13），而不是保持垂直，使切削刃与工件有较多的接触。这样，錾子容易掌握稳当，否则因錾子易左右倾斜而使加工面高低不平。

当錾削较宽的平面时，由于切削面的宽度超过錾子的宽度，錾子切削部分的两侧被工件材料卡住，錾削十分费力，錾出的平面也不会平整，因此，一般应先用尖錾间隔开槽，再用扁錾錾去剩余部分（见图 1–2–14），这就比较省力。

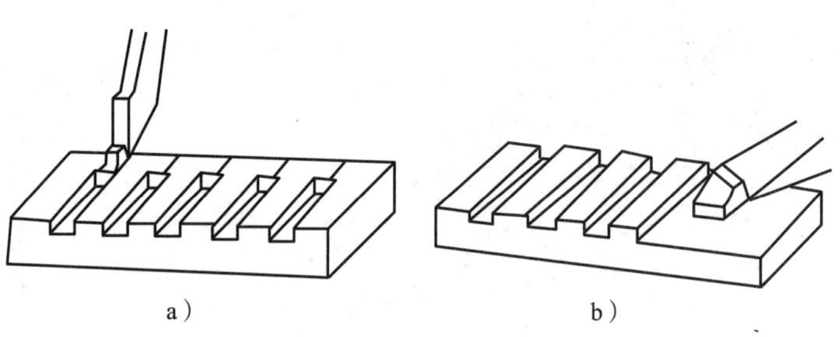

图 1–2–13　錾削窄平面

图 1–2–14　錾削较宽的平面

a）用尖錾间隔开槽　b）用扁錾錾削剩余部分

当錾削快到尽头时，要防止工件边缘材料崩裂，尤其是錾削铸铁、青铜等脆性材料时更应注意。一般情况下，当錾到离尽头 10 mm 左右时，必须掉头再錾去余下的部分（见图 1–2–15a）；如果不掉头，就容易使工件的边缘崩裂（见图 1–2–15b）。在较有把握的条件下，也可轻敲錾子和逐次改变錾子前进的方向，细心地把尽头部分錾掉。

6. 直油槽的錾削方法

首先要选择宽度与油槽宽度相同的油槽錾。在平面上錾削油槽，起錾时錾子要慢慢加深至要求的尺寸，錾到尽头时刃口要慢慢翘起，保证槽底圆滑。錾好后，再用其他工具修好槽边毛刺。直油槽的錾削如图 1–2–16 所示。

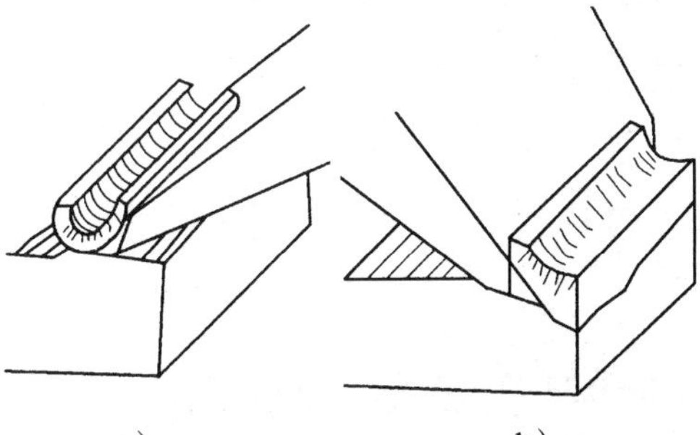

a）　　b）

图 1–2–15　錾到尽头时的方法

a）正确　b）错误

图 1–2–16　直油槽的錾削

学习单元 2　锯 削 加 工

用手锯把材料（或工件）锯出狭槽或进行分割的工作称为锯削。锯削的工作主要包括分割各种材料或半成品（见图 1–2–17a），锯掉工件上的多余部分（见图 1–2–17b），在工件上锯槽（见图 1–2–17c）。

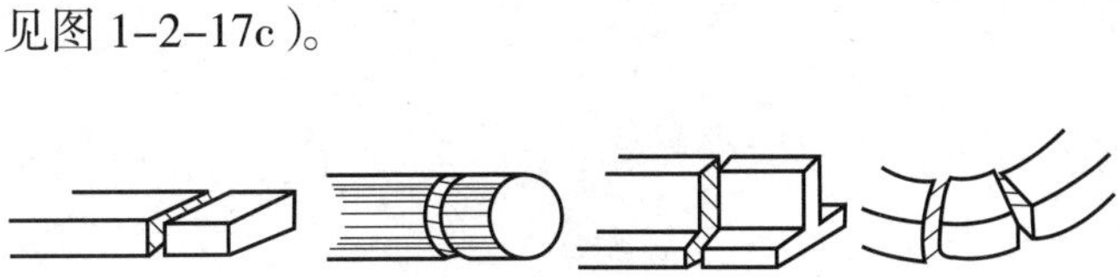

a）

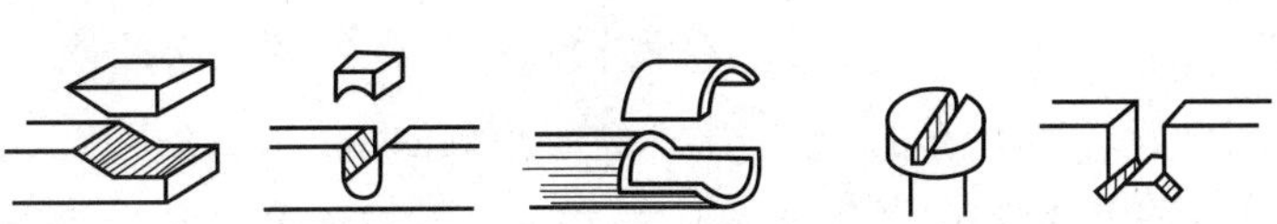

b）　　c）

图 1–2–17　锯削的应用

一、锯削工具选择与安装

1. 锯削工具

手锯是钳工进行锯削操作的工具，由锯弓和锯条两部分组成。

（1）锯弓。锯弓用来张紧锯条，有固定式和可调节式两种，如图 1–2–18 所示。固定式锯弓只能安装一种长度的锯条，可调节式锯弓则通过调整可以安装几种长度的锯条。锯弓两端各有一个夹头，上面有装锯条的销子。将锯条孔装进夹头销子上，再旋紧翼形螺母（元宝螺母）就可把锯条拉紧。可调节式锯弓在锯削时便于用力，故锯削中使用较多的为可调节式锯弓。

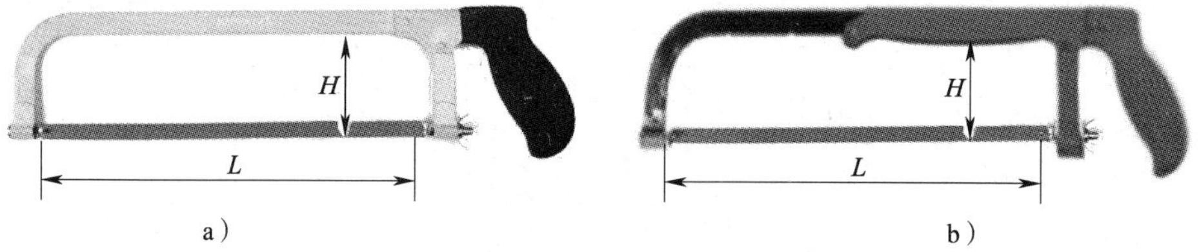

图 1–2–18　锯弓的构造
a）固定式　b）可调节式

锯弓按其材料的形状可分为钢板结构和钢管结构。

钢板结构的锯弓规格如下：固定式 L=300 mm，H=64 mm（H 为最大锯削深度）；可调节式 L=200 mm、250 mm、300 mm，H=64 mm。

钢管结构的锯弓规格如下：固定式 L=300 mm，H=74 mm；可调节式 L=250 mm、300 mm，H=74 mm。

（2）锯条。锯条一般用渗碳软钢冷轧而成，也可用碳素工具钢或合金钢制成，并经热处理淬硬。

1）锯条长度。锯条长度以两端安装孔的中心距来表示，钳工常用的是 300 mm，其宽度为 10 ~ 25 mm，厚度为 0.6 ~ 1.25 mm。

2）锯齿的角度。锯条的切削部分是由许多锯齿组成的（见图 1–2–19），相当于一排同样形状的錾子。由于锯削时要求获得较高的工作效率，必须使切削部分具有足够的容屑槽，因此锯齿的后角较大。为了保证锯齿具有一定的强度，楔角也不宜太小。综合以上因素，目前所用锯条的锯齿角度规定：后角为 40°，楔角为 50°，前角为 0°。

3）锯路。锯条的许多锯齿在制造时按一定的规则左右错开，排列成一定的形状，称为锯路。锯路有交叉形和波浪形等，如图 1–2–20 所示。锯路的作用是使工件上的锯缝宽度大于锯条背的厚度，这样，锯削时锯条既不会被卡住，又能减小锯条与锯缝的摩擦阻力，工作就比较顺利，锯条也不致因过热而加快磨损。

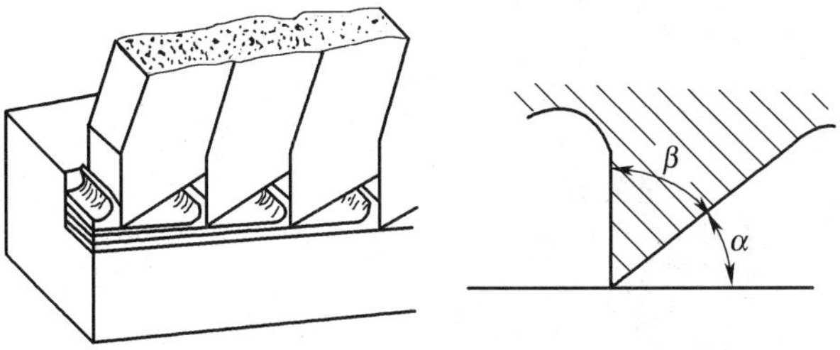

图1–2–19　锯齿的形状

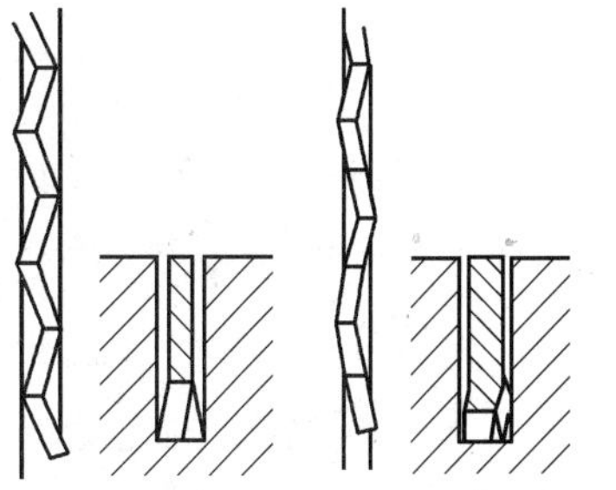

图1–2–20　锯路

a）交叉形　b）波浪形

4）锯齿粗细。锯齿的粗细是以锯条每 25 mm 长度内的齿数来表示的，有 14、18、24 和 32 等几种。

2. 锯条的选择

锯削时锯齿的粗细应根据材料的软硬和锯削面厚薄来选择，以使锯削工作既省力又经济。

粗齿锯条的容屑槽较大，适用于锯削软材料和较大的表面，因为此时每锯一次的切屑较多，容屑槽大就不至于产生堵塞而影响切削效率。

细齿锯条适用于锯削硬材料，因硬材料不易锯入，每锯一次的切屑较少，不会堵塞容屑槽，而锯齿增多后，可使每齿的锯削量减少，材料容易被切除，故推锯过程比较省力，锯齿也不易磨损。在锯削管子或薄板时必须用细齿锯条，否则锯齿很容易被钩住以致崩断。严格而言，薄壁材料的锯削截面上至少应有两齿以上同时参加锯削，才能避免锯齿被钩住和崩断的现象。

3. 锯条的安装

由于手锯是在向前推进时进行切削，而向后返回时不起切削作用，因此，在锯弓上安装锯条时具有方向性。安装锯条时要使齿尖的方向朝前，此时前角为 0°（见图 1–2–21a）；如果装反了，则前角为负值，不能正常锯削（见图 1–2–21b）。

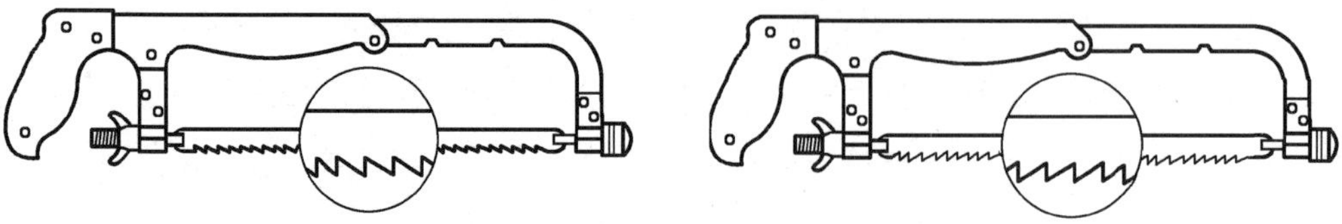

图 1–2–21　锯条的安装
a）正确　b）不正确

将锯条安装在锯弓上以后，通过调节翼形螺母调整锯条的松紧。锯条张得太紧，会使锯条受张力太大，失去应有的弹性，以至于在工作时稍有卡阻、受弯曲时就易折断；如果装得太松，又会使锯条在工作时易扭曲摆动，同样容易折断，且锯缝易发生歪斜。因此，锯条的松紧程度要适当。

调节好的锯条应与锯弓在同一中心平面内，以保证锯缝正直，防止锯条折断。

二、锯削操作方法

1. 锯削姿势和手锯握法

锯削时的站立姿势与锉削时相似。两手握锯弓的姿势如图 1–2–22 所示。锯削时推力和压力均主要由右手控制；左手所加压力不要太大，主要起扶正锯弓的作用。

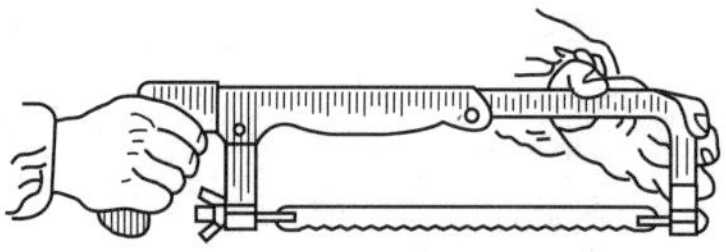

图 1–2–22　手锯的握法

推锯时锯弓的运动方式可有两种：一种是直线往复运动，适用于锯缝底面要求平直的槽和薄壁工件的锯削；另一种是小幅度上下摆动，这样可使操作自然，两手不易疲劳。手锯在回程中不应施加压力，以免锯齿磨损。

锯削的速度以 20 ~ 40 次 /min 为宜。锯削软材料可以快些，锯削硬材料应该慢些。速度过快，锯条严重发热，容易磨损。必要时可加水或乳化液冷却，以减轻锯条的磨损。

在推锯时应使锯条的全部长度都利用到。若只集中使用局部长度，则锯条的使用寿命将相应缩短。一般往复长度应不小于锯条全长的 2/3。

2. 起锯

起锯是锯削工作的开始。起锯质量的好坏直接影响锯削的质量。

起锯有远起锯（见图 1–2–23a）和近起锯（见图 1–2–23b）两种。一般情况下采用远起锯较好，因为此时锯齿是逐步切入材料的，锯齿不易被卡住，起锯比较方便。如果用近起锯，若掌握不好，锯齿由于突然切入较深的材料容易被工件棱边卡住甚至崩断。

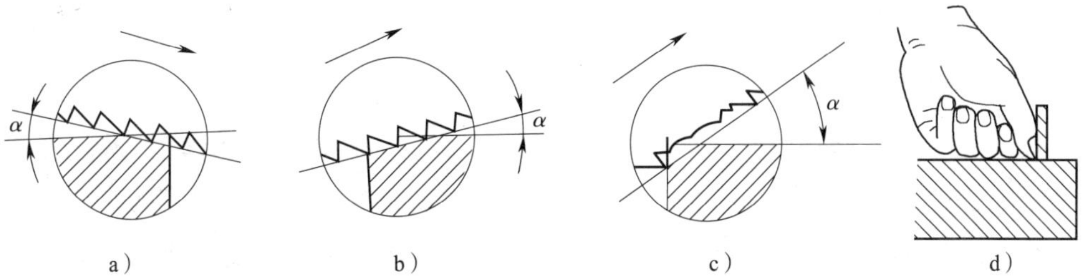

图 1-2-23　起锯的方法

a）远起锯　b）近起锯　c）起锯角太大　d）用拇指挡住锯条起锯

无论是用远起锯还是用近起锯，起锯的角度要小（以 α 不超过 15° 为宜）。如果起锯角太大（见图 1-2-23c），则起锯不易平稳，尤其是近起锯时锯齿更易被工件棱边卡住。但起锯角也不宜太小，如接近平锯时，由于锯齿与工件同时接触的齿数较多，不易切入材料，经过多次起锯后就容易发生偏离，使工件表面锯出许多锯痕，影响表面质量。

为了使起锯平稳和准确，也可用拇指挡住锯条，使锯条保持在正确的位置上起锯（见图 1-2-23d）；起锯时施加的压力要小，往复行程要短，这样就容易准确地起锯。

三、钢件锯削加工

1. 棒料的锯削

锯削棒料时，如果要求锯削的断面比较平整，应从开始连续锯到结束。若对锯出的断面要求不高，锯削时可改变几次方向，使棒料转过一定角度再锯，这样，由于锯削面变小而容易锯入，可提高工作效率。

锯削毛坯时，断面质量要求不高，为了节省锯削时间，可分几个方向锯削，每个方向都不锯到中心，最后将毛坯折断，如图 1-2-24 所示。

2. 管子的锯削

锯削管子时，首先要正确夹持管子，如图 1-2-25 所示。对于薄壁管子和精加工过的管件，应将其夹在有 V 形槽的木垫之间，以防夹扁和夹坏管子表面。

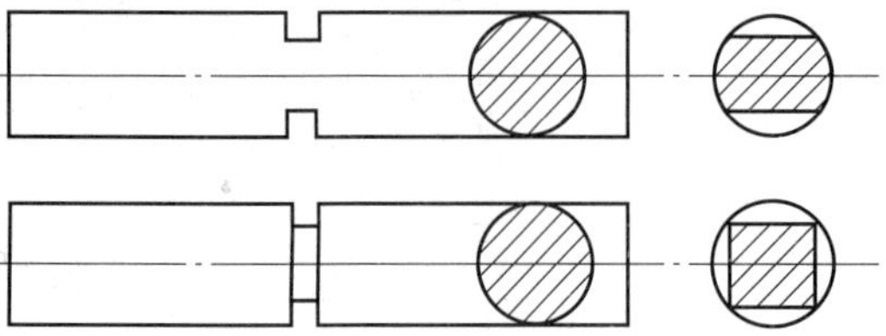

图 1-2-24　棒料的锯削

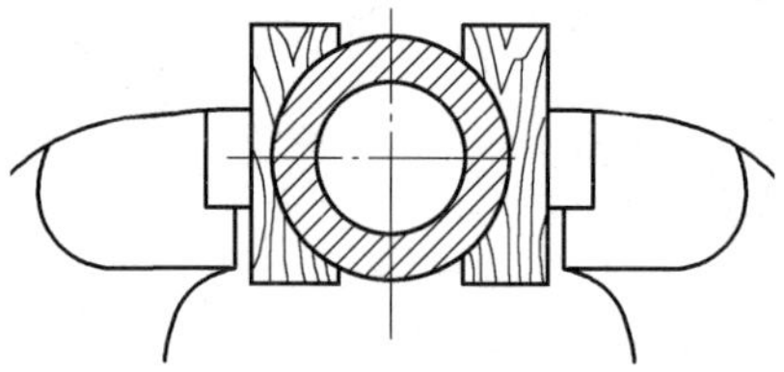

图 1-2-25　管子的夹持

锯削管子时一般不要在一个方向上从开始连续锯到结束，因为锯齿容易被管壁钩住而崩断，尤其是锯削薄壁管子时更应注意。正确的方法是每个方向只锯到管子的内壁处，然后把管子转过一个角度，仍锯到管子的内壁处，如此逐渐改变方向，直至将其锯断为止，如图 1-2-26 所示。薄壁管子在转变方向时，应使已锯部分向锯条推进方向转动，否则锯齿仍有可能被管壁钩住。

3. 薄板料的锯削

锯削薄板料时，尽可能从宽的面上锯下去，这样锯齿不易被钩住。当一定要在板料的狭面锯下去时，应该把板料夹在两块木块之间，连木块一起锯下，如图 1-2-27 所示，这样才可避免锯齿被钩住，同时也提高了板料的刚度，锯削时不会发生弹动。

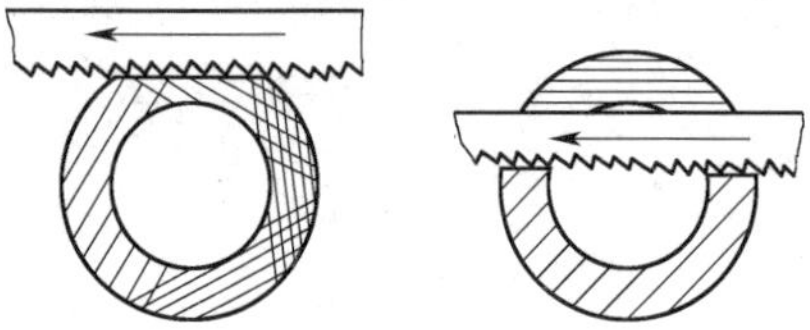

a）　　　　b）

图 1-2-26　管子的锯削方法

a）不同方向锯削　b）一个方向锯削

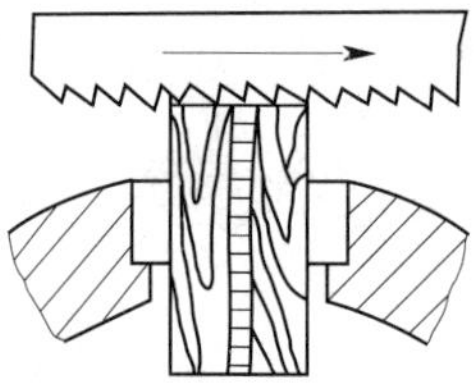

图 1-2-27　薄板料的锯削方法

4. 深缝的锯削

当锯缝的深度达到锯弓的高度时（见图 1-2-28a），为了防止锯弓与工件相碰，应把锯条转过 90° 安装后再锯。

由于台虎钳钳口的高度有限，工件应逐渐改变装夹位置，使锯削部位处于钳口附近，而不是在离钳口过高或过低的部位锯削，否则工件因弹动而将影响锯削质量，也容易损坏锯条。

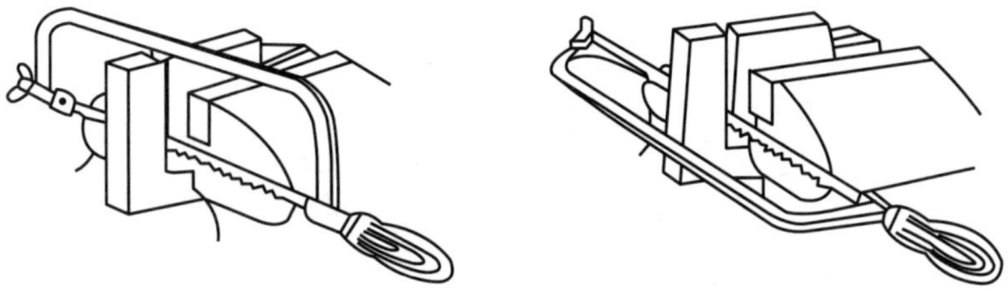
a）　　　　b）

图 1-2-28　深缝的锯削方法

a）锯缝深度达到锯弓高度　b）锯条旋转 90° 再锯

四、锯削时常见问题及原因

1. 锯齿崩裂

（1）锯削薄板料和薄壁管子时没有选用细齿锯条。

（2）起锯角太大或采用近起锯时用力过大。

（3）锯削时突然加大压力，有时也会因锯齿被工件棱边钩住而崩裂。

2. 锯条折断

（1）锯条装得过紧或过松。

（2）工件装夹不正确，产生抖动或松动。

（3）锯缝歪斜后强行借正，使锯条扭断。

（4）压力太大，当锯条在锯缝中稍有卡紧时就容易折断；锯削时突然用力也易使锯条折断。

（5）新换锯条在旧锯缝中被卡住而折断，一般应改换方向再锯削，如在旧锯缝中锯削时应减慢速度且特别细心。

（6）工件锯断时没有掌握好，致使手锯碰撞台虎钳等物导致锯条折断。

3. 锯齿过早磨损

（1）锯削速度太快，使锯条过度发热导致锯齿磨损加剧。

（2）锯削较硬材料时没有加切削液。

（3）锯削过硬的材料。

学习单元3　锉 削 加 工

用锉刀对工件表面进行切削加工，使工件达到所要求的尺寸精度、几何精度和表面粗糙度，这种工作称为锉削。

锉削的工作范围较广，可以锉削工件的外表面、内孔、沟槽和各种形状复杂的表面，如图1–2–29所示。在现代工业生产的条件下，仍有一些不便于机械加工的工作需要锉削来完成，例如，装配过程中对个别零件的修整、修理工作及小批量生产条件下某些复杂形状零件的加工等。因此，锉削仍是装配钳工的一项重要的基本操作。

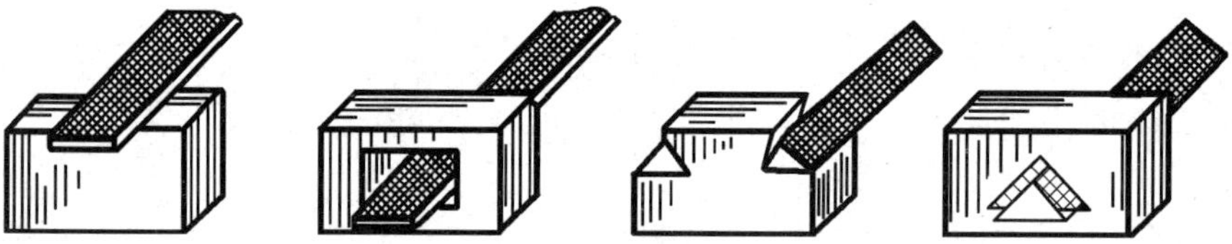

图1–2–29　锉削加工实例

一、锉削工具

锉刀（见图1–2–30）是用高碳工具钢T13或T12制成的，并经过热处理，硬度达62～67HRC，由专业厂生产的一种标准工具。

1. 锉刀的构成

锉刀面是锉削的主要工作面。锉刀面在前端做成凸弧形，其作用是在平面上锉削局部凸起部分时比较方便，不容易因锉削时锉刀的上下摆动而锉去其他部位。

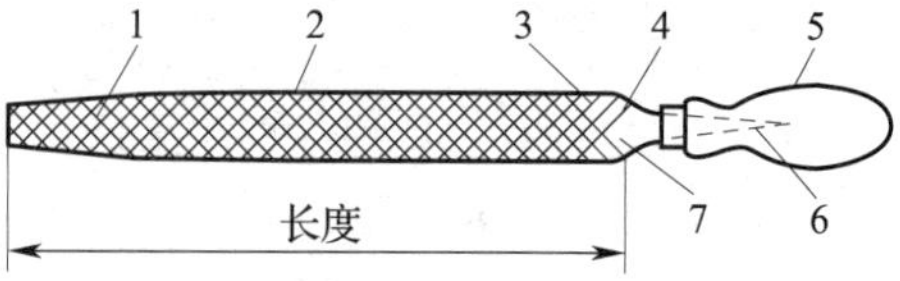

图1–2–30　锉刀的结构

1—锉刀面　2—锉刀边　3—底齿　4—锉刀尾　5—木柄　6—锉刀舌　7—面齿

锉刀边是指锉刀的两个侧面，有的没有齿，有的其中一个边有齿。没有齿的一边称为光边，它可使锉削内直角的一边时不会碰伤另一相邻的面。

锉刀舌用以装入锉刀柄，是非工作部分，没有淬硬。

2. 锉刀的规格

锉刀的规格用长度表示（除圆锉刀的规格以直径大小表示，方锉的规格以方形尺寸表示外），有 100 mm（4 in）、150 mm（6 in）、200 mm（8 in）等。

锉刀的粗细规格是按锉刀齿纹的齿距大小来表示的，其粗细等级分以下几种：

1 号：用于粗锉刀，齿距为 2.3 ~ 0.83 mm。

2 号：用于中粗锉刀，齿距为 0.77 ~ 0.42 mm。

3 号：用于细锉刀，齿距为 0.33 ~ 0.25 mm。

4 号：用于双细锉刀，齿距为 0.25 ~ 0.2 mm。

5 号：用于油光锉，齿距为 0.2 ~ 0.16 mm

3. 锉刀的类型

锉刀分为钳工锉、异形锉和整形锉（什锦锉）三类。

（1）钳工锉。按其断面形状不同，又分为平锉（板锉）、方锉、三角锉、半圆锉和圆锉五种，如图 1–2–31 所示。

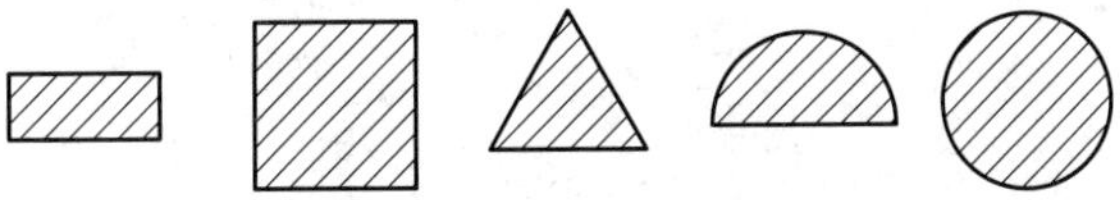

图 1–2–31　钳工锉的断面形状

（2）导形锉。用于加工工件上的特殊表面，其断面形状如图 1–2–32 所示。

图 1–2–32　异形锉的断面形状

（3）整形锉。整形锉用于修整工件上的细小部位。图 1–2–33 所示为整形锉的各种形状。整形锉每 5 把、6 把、8 把、10 把或 12 把为一组。

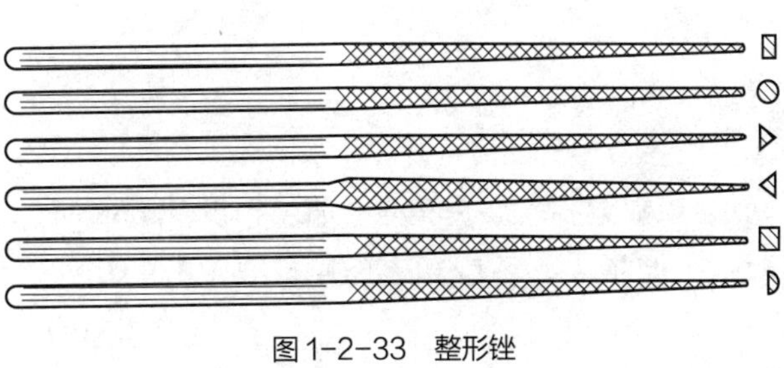

图 1–2–33　整形锉

二、锉刀的选择

1. 锉刀形状的选择

如图 1-2-34 所示，锉刀断面形状应根据工件加工表面的形状来选择。例如，锉内圆弧面选用圆锉或半圆锉，锉内角表面选用三角锉，锉内直角表面用扁锉或方锉等。

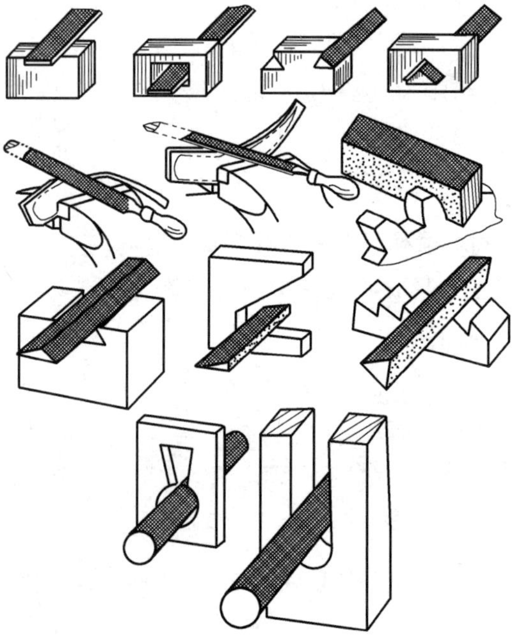

图 1-2-34　锉刀形状的选择

2. 按工件的材质选择锉刀

锉削较软的金属材料时，选用单纹锉刀或粗锉刀；锉削钢铁等硬材料工件时，选用双纹锉刀。

3. 锉齿粗细的选择

锉刀的粗细规格应根据工件的加工余量、加工精度和表面质量要求以及工件的材料来选择。一般材料软、余量大、精度和表面质量要求低的工件选用粗齿锉刀，反之选用细齿锉刀。

三、锉刀的使用与保养

根据工件的材料种类选用合适的锉刀，不但省力省时，还能延长锉刀的使用寿命。

1. 使用注意事项

（1）不准用锉刀锉削经过淬硬的工件，淬火工件可使用金刚钻锉刀加工。

（2）新锉刀先使用一面，当该面磨钝后再用另一面。不准用新锉刀锉硬金属。

（3）在粗锉时，应充分使用锉刀的有效全长，避免局部磨损。

（4）在使用锉刀的全过程中，要经常用铜丝刷（或钢丝刷）顺锉齿纹的走向刷去嵌入齿槽内的切屑，使用完毕要仔细刷去全部切屑后才能存放。

（5）不可锉毛坯的硬皮。不能用锉刀锉工件的氧化层和淬火工件，氧化层和淬火工件硬度高，容易损伤锉齿。对于有氧化层、硬皮或粘砂的锻件和铸件，须在砂轮机上将其磨去或用錾子錾去后，先用旧锉刀、半锋利的锉刀或锉刀的有齿侧边锉去硬皮，然后再进行加工；或将工件先退火后再进行锉削。

（6）使用整形锉时用力不宜过大，以免折断。

（7）使用锉刀时不宜速度过快，否则容易过早磨损。

（8）细锉刀不允许锉削软金属。锉削铝、锡等软金属时应使用单齿纹锉刀。

（9）用锉刀锉削工件时，不能加润滑剂和水，这将会引起锈蚀或锉削时锉刀打滑。

2. 锉刀的存放保养

（1）存放锉刀时不能产生碰撞，不可与其他工具或工件重叠堆放在一起，也不可与其他锉刀互相重叠堆放，以免损坏锉齿。

（2）不能用锉刀当其他工具使用，如敲、撬、压、扭、拉、顶撞等。

（3）锉刀要避免沾水、沾油或其他污物。锉刀使用完毕必须清刷干净，以免生锈。

（4）锉刀存放处的湿度不能太大，要求干燥、通风。

四、平面锉削加工

1. 锉刀的握法

锉刀的握法掌握得正确与否，对锉削质量、锉削力量的发挥和疲劳程度都有一定的影响。由于锉刀的大小和形状不同，因此锉刀的握法也应不同。

（1）比较大（10 in 以上）的锉刀，用右手握锉刀柄，柄端顶住掌心，拇指放在柄的上部，其余手指满握锉刀柄，如图 1-2-35a 所示。

左手的姿势可以有三种，如图 1-2-35b 所示。

两手在锉削时的姿势如图 1-2-35c 所示。其中左手的肘部要适当抬起，不要有下垂的姿态，否则不能发挥力量。

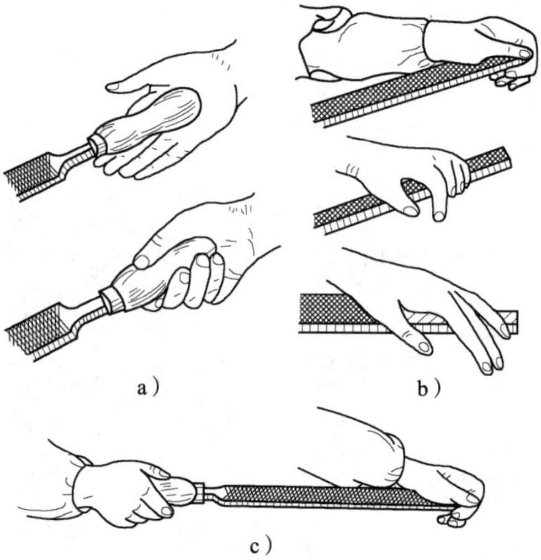

图 1-2-35　锉刀的握法

a）大锉刀右手握法　b）三种左手姿势

c）两手在锉削时的姿势

（2）中型（8 in 左右）锉刀，右手的握法与上述大锉刀的握法一样，左手只需用拇指、食指和中指轻轻扶持即可，不必像大锉刀那样施加很大的力量，如图 1-2-36a 所示。

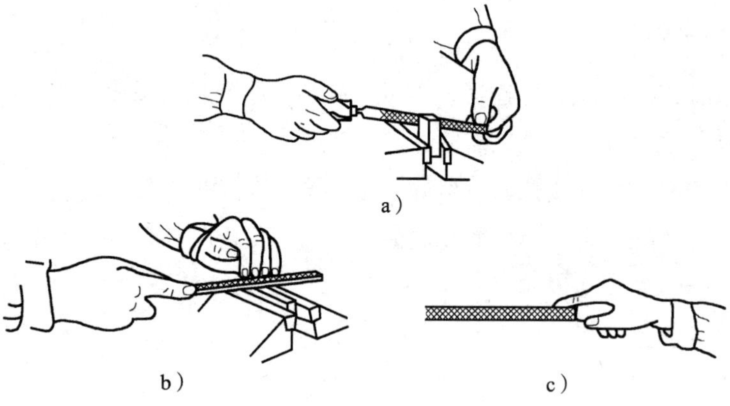

图 1-2-36　其他规格锉刀的握法

a）中型锉刀的握法　b）较小锉刀的握法　c）更小锉刀的握法

（3）较小（6 in 左右）的锉刀，由于需要施加的力量较小，故两手握法也有所不同，如图 1–2–36b 所示。这样的握法不易感到疲劳，锉刀也容易掌握平稳。

（4）更小（6 in 以下）的锉刀，只要用一只手握住即可（见图 1–2–36c），用两只手握反而不方便，甚至可能压断锉刀。

2. 锉削姿势

锉削时人的站立位置与錾削时相似。站立要自然并便于用力，以能适应不同的锉削要求为准。

锉削时身体的重心要落在左脚上，右膝伸直，左膝随锉削时的往复运动而屈伸。

锉刀向前锉削的动作过程中，身体和手臂的运动情况如图 1–2–37 所示。开始时身体向前倾斜 10° 左右，右肘尽量向后收缩（见图 1–2–37a）；最初 1/3 行程时，身体前倾到 15° 左右，左膝稍有弯曲（见图 1–2–37b）；中间 1/3 行程时，右肘向前推进锉刀，身体逐渐倾斜到 18° 左右（见图 1–2–37c）；最后 1/3 行程时，右肘继续向前推进锉刀，身体自然地退回到 15° 左右（见图 1–2–37d）；锉削行程结束后，手和身体都恢复到原来的姿势，同时锉刀略提起退回原位。

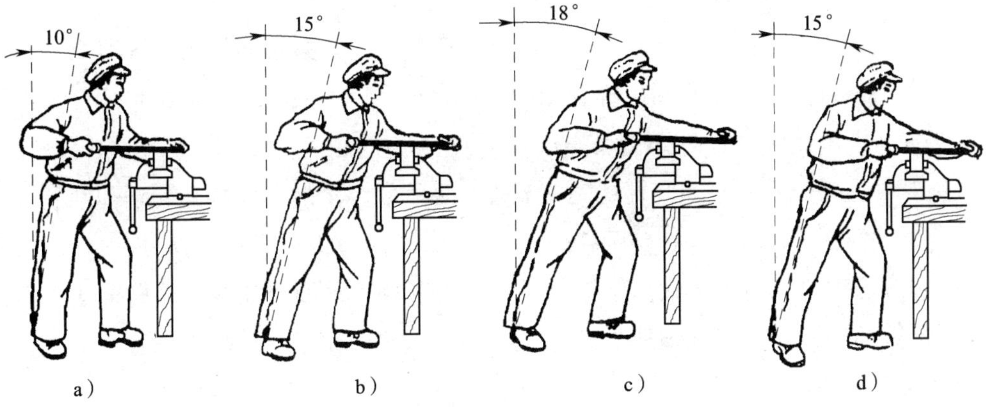

图 1–2–37　锉削姿势

a）锉削开始时　b）最初 1/3 行程　c）中间 1/3 行程　d）最后 1/3 行程

锉削力的运用和锉削速度。推进锉刀时，两手加在锉刀上的压力应保证锉刀平稳而不上下摆动，这样才能锉出完整的平面。

推进锉刀时的推力大小主要由右手控制，而压力的大小是由两手控制的。为了保持锉刀平稳地前进，应满足以下条件：锉刀在工件上任意位置时，锉刀前、后两端所受的力矩应相等。如图 1–2–38 所示，由于锉刀的位置是不断改变的，显然，要求两手所加的压力也要随之做相应的改变，即随着锉刀的推进，左手所加的压力由大逐渐减小，而右手所加的压力应由小逐渐增大。这就是锉削平面时最关键的技术要领，必须认真练习才能掌握好。

锉削时的速度一般为 30～60 次 /min。速度太快容易疲劳和加快锉齿磨损。

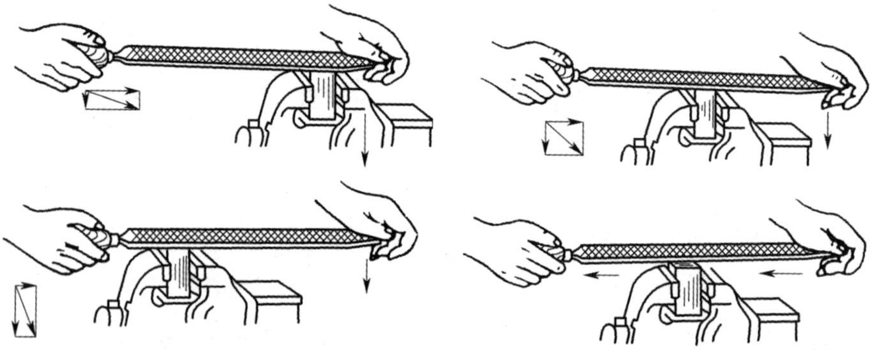

图 1-2-38　锉削力的运用

3. 平面的锉法

（1）顺向锉（见图 1-2-39）。顺向锉是最普通的锉削方法，不大的平面和最后锉光都用这种方法。顺向锉可得到正直的锉痕，比较整齐、美观。

（2）交叉锉（见图 1-2-40）。交叉锉时锉刀与工件的接触面增大，锉刀容易掌握平稳，同时从锉痕上可以判断出锉削面的高低情况，因此容易把平面锉平。交叉锉进行到平面将锉削完成之前，要改用顺向锉，使锉痕变为正直。

在锉平面时，不管是顺向锉还是交叉锉，为了使整个加工面能均匀地锉削到，一般在每次抽回锉刀时要向旁边略为移动。

（3）推锉（见图 1-2-41）。推锉一般用来锉削狭长平面，或在用顺向锉法锉刀推进受阻碍时采用。推锉不能充分发挥手的力量，切削效率不高，故只适宜在加工余量较小和修正尺寸时应用。

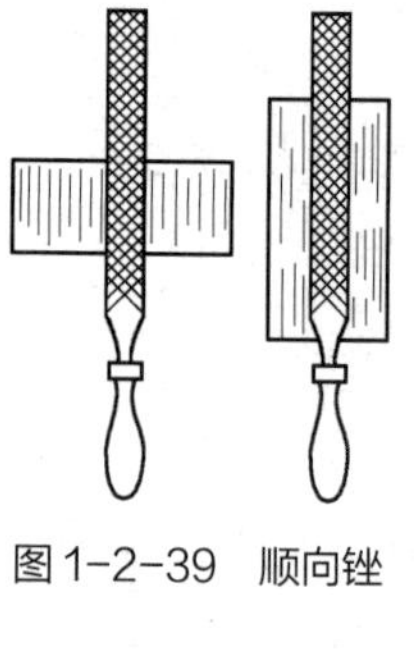

图 1-2-39　顺向锉

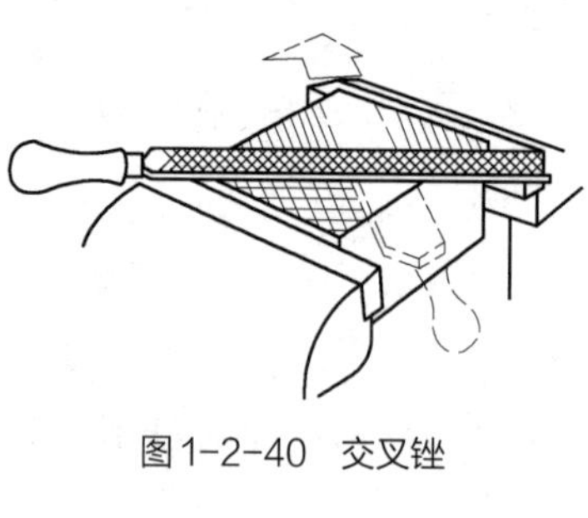

图 1-2-40　交叉锉

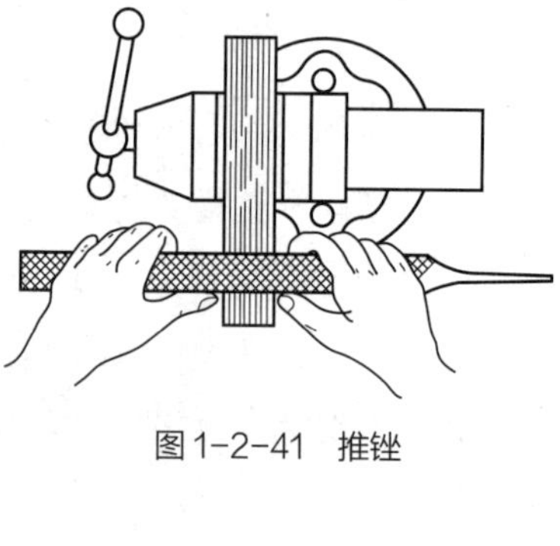

图 1-2-41　推锉

五、锉削质量的检测

1. 平面度的检测

通常采用刀口形直尺通过透光法来检测锉削面的平面度，如图 1–2–42a 所示。在工件检测面上，迎着亮光观察刀口形直尺与工件表面间的缝隙，若较均匀，有微弱的光线通过，则平面平直。若两端光线极微弱，中间光线很强，则表明工件表面中间凹，如图 1–2–42b 所示，误差值取检测部位中的最大直线度误差值。若中间光线极弱，两端光线较强，则表明工件表面中间凸，如图 1–2–42c 所示，其误差值应取两端检测部位中的最大直线度误差值。检测有一定宽度的工件的平面度时，要使其检测位置合理、全面，通常采用“米”字形逐一检测整个平面，如图 1–2–42d 所示。另外，也可以在标准平板上采用塞尺检测的方法。平面度误差值的确定，可在平板上用塞尺塞入检测，如图 1–2–42e 所示。

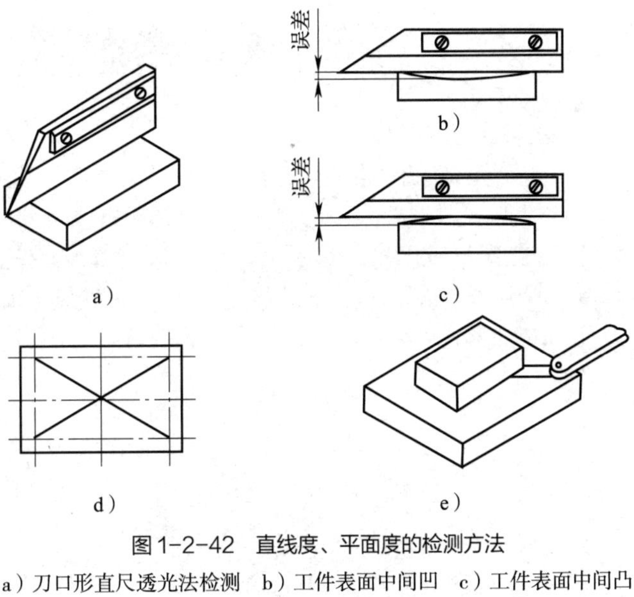

图 1–2–42　直线度、平面度的检测方法

a）刀口形直尺透光法检测　b）工件表面中间凹　c）工件表面中间凸
d）“米”字形检测整个平面　e）用塞尺检测

2. 垂直度的检测

垂直度误差用直角尺以透光法检测。如图 1–2–43 所示，检测时将直角尺的短边紧靠在基准平面 A 上，长边靠在待检测平面 B 上，如果平面 B 与平面 A 垂直，则直角

尺长边与平面 B 之间透过的光线微弱且在全长上分布是均匀的；如果两者不垂直，则将在较近的 c 处或较远的 d 处出现较大的缝隙。如果 c 处有缝隙，说明 c 处锉削得太多，A、B 两面的夹角大于 90°，应修锉 d 处；如果 d 处有缝隙，说明 d 处锉削得太多，A、B 两面的夹角小于 90°，应修锉 c 处。

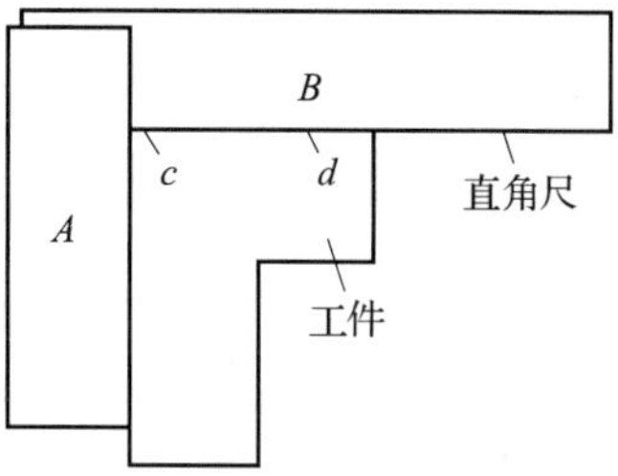

图 1-2-43　用直角尺检验垂直度

课程 1-3　孔加工和螺纹加工

学习内容

学习单元	课程内容	培训建议	课堂学时
（1）孔加工	1）钻头的种类和结构 2）标准麻花钻的组成与几何角度 3）扩孔钻与锪孔钻 4）标准麻花钻的刃磨 5）钻床与钻床夹具 6）钻床的操作 7）直孔加工	（1）方法：讲授法、演示法、讨论法 （2）重点：钻孔方法 （3）难点：铰孔加工操作	30
（2）螺纹加工	1）螺纹的标准 2）螺纹的尺寸计算 3）螺纹加工工具 4）攻螺纹的方法 5）套螺纹的方法	（1）方法：讲授法、演示法 （2）重点：螺纹的加工方法 （3）难点：螺纹的尺寸计算	30

学习单元1　孔　加　工

一、钻头的种类和结构

1. 依构造分类

（1）整体式钻头。钻顶、钻身、钻柄由同一材料整体制造而成。

（2）端焊式钻头。钻顶部位由碳化物焊接而成。

2. 依钻柄分类

（1）直柄钻头。钻头直径在 13.0 mm 以下均采用直柄。

（2）锥柄钻头。钻头柄为锥状，一般其锥度均采用莫氏锥度。

3. 依用途分类

（1）中心钻。一般用于钻中心孔，前端锥面有 60°、75°、90°等。

（2）麻花钻。是工业制造中使用最广泛的一种钻头，钻孔时一般使用的就是麻花钻。

（3）超硬钻头。钻身前端或全部以超硬合金刀具材料制成，用于硬材料的钻孔加工。

（4）油孔钻头。钻身有两道小孔，切削液经此小孔到达切削刃部位，以带走热量及切屑。使用油孔钻头时一般工件旋转而钻头静止。

（5）深孔钻头。最早用于枪管及炮管的钻孔加工，又称枪管钻头。深孔钻头为一直槽型，在一圆管中切除多于四分之一的部分以产生刃口及排屑。

（6）钻头铰刀。为了满足大量生产需要，其前端为钻头，后端为铰刀，钻头直径与铰刀直径只差铰孔预留量。也有钻头与丝锥混合使用的，故称为混合钻头。

（7）锥度钻头。当加工模具进料口时，可使用锥度钻头。

（8）圆柱孔钻头。又称沉头铣刀，此种钻头前端有一直径较小的部分称为刀杆。

（9）圆锥孔钻头。用于钻削圆锥孔，其前端角度有 90°、60°等。通常使用的倒角刀就是圆锥孔钻头的一种。

（10）三角钻头。一种专用于手电钻的钻头，其钻柄制成三角形，使用夹头可切实固定钻头。

二、标准麻花钻的组成与几何角度

1. 标准麻花钻的组成

图 1–3–1 所示为标准麻花钻的结构。它由工作部分、柄部和颈部组成。

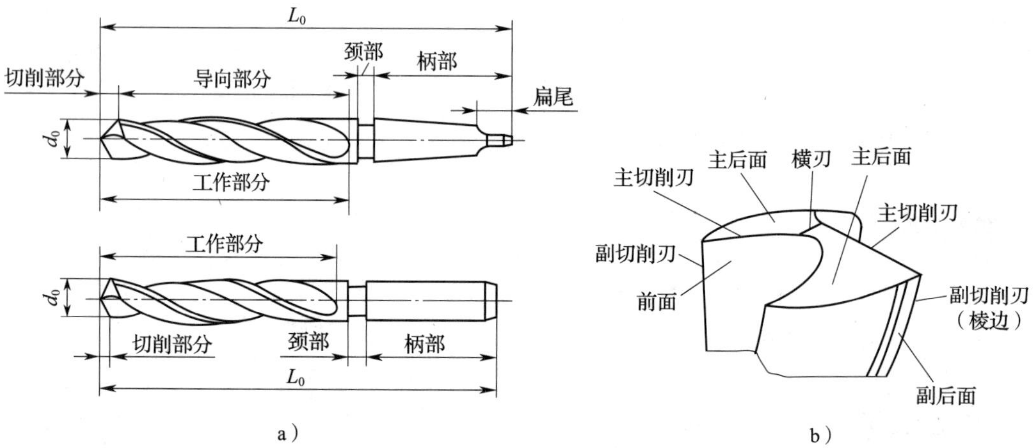

图 1–3–1　标准麻花钻的结构

（1）工作部分。麻花钻的工作部分分为切削部分和导向部分。

1）切削部分。如图 1–3–2 所示，麻花钻可看成两把内孔车刀组成的组合体，而这两把内孔车刀必须由一实心部分——钻心将两者连成一个整体。钻心使两条主切削刃不能直接相交于轴心处而相互错开，使钻心形成了独立的切削刃——横刃。因此，麻花钻的切削部分有两条主切削刃、两条副切削刃和一条横刃，如图 1–3–1b 所示。麻花钻的钻心直径取 0.125 ~ 0.15 mm。为了提高钻头的强度和刚度，把钻心做成正锥体，钻心从切削部分向尾部逐渐增大，其增大量每 100 mm 长度上为 1.4 ~ 2.0 mm。

两条主切削刃在与它们平行的平面上投影的夹角称为锋角 2φ。标准麻花钻的锋角 $2\varphi=118°$，此时两条主切削刃呈直线；若磨出的锋角 $2\varphi>118°$，则主切削刃呈凹形；若 $2\varphi<118°$，则主切削刃呈凸形。

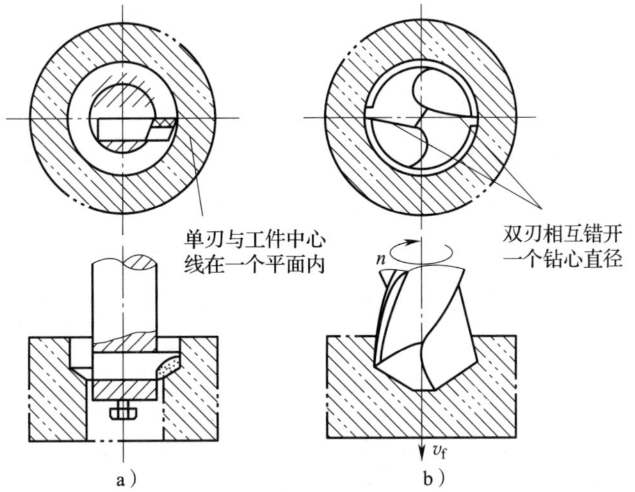

图 1-3-2　车孔和钻孔

a）车孔　b）钻孔

2）导向部分。导向部分在钻孔时起引导作用，也是切削部分的后备部分。

导向部分的两条螺旋槽形成钻头的前面，也是排屑、容屑和切削液流入的空间。螺旋槽的螺旋角 β 是指螺旋槽最外缘的螺旋线展开成直线后与钻头轴线之间的夹角，如图 1-3-3 所示。越靠近钻头中心螺旋角越小。螺旋角 β 增大，可获得较大的前角，因而切削轻快，易于排屑，但会削弱切削刃的强度和钻头的刚度。

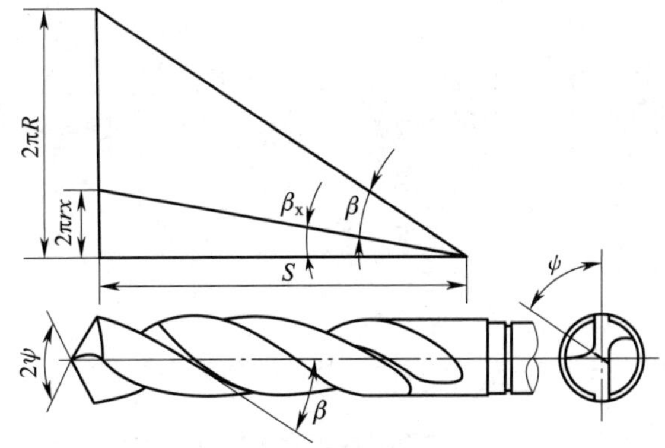

图 1-3-3　标准麻花钻的锋角和螺旋角

导向部分的棱边即为钻头的副切削刃，钻头后面呈狭窄的圆柱面。标准麻花钻导向部分直径向柄部方向逐渐减小，其减小量每 100 mm 长度上为 0.03 ~ 0.12 mm。螺旋角 β 可减小棱边与工件孔壁的摩擦，也形成了副偏角。

（2）柄部。柄部用来装夹钻头和传递转矩。钻头直径 d_0<13 mm 时常制成圆柱柄（直柄），钻头直径 d_0>13 mm 时常采用圆锥柄。

（3）颈部。颈部是柄部与工作部分的连接部分，并作为磨外圆时砂轮退刀和打印标记处。小直径钻头不做出颈部。

2. 麻花钻切削部分的几何角度

麻花钻实际上相当于正反安装的两把内孔车刀的组合刀具，只是这两把内孔车刀的主切削刃高于工件中心（因为有钻心而形成横刃的缘故）。

（1）基面和切削平面。在分析麻花钻的几何角度时，首先必须弄清楚钻头的基面和切削平面。

1）基面。切削刃上任一点的基面是通过该点且垂直于该点切削速度方向的平面，如图 1-3-4a 所示。在钻削时，如果忽略进给运动，钻头就只有圆周运动，主切削刃上每一点都绕钻头轴线做圆周运动，它的速度方向就是该点所在圆的切线方向，如图 1-3-4b 中 *A* 点的切削速度垂直于 *A* 点的半径方向，*B* 点的切削速度垂直于 *B* 点的半径方向。不难看出，切削刃上任一点的基面就是通过该点并包含钻头轴线的平面。由于切削刃上各点的切削速度方向不同，因此切削刃上各点的基面也就不同。

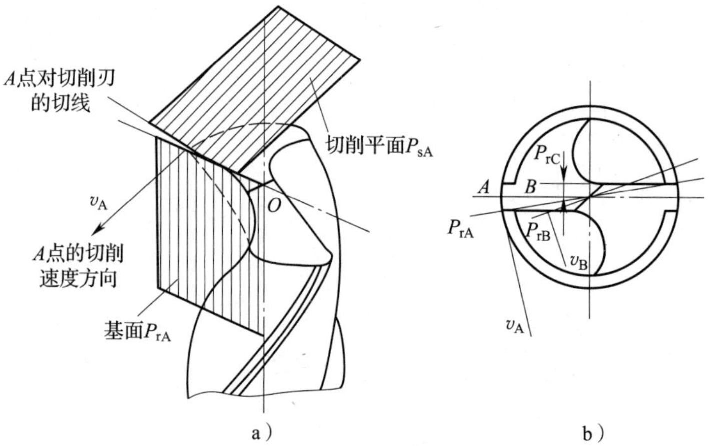

图 1-3-4　麻花钻切削刃上各点基面和切削平面的变化

2）切削平面。切削刃上任一点的切削平面是包含该点切削速度方向而又切于该点加工表面的平面。切削刃上各点的切削平面与基面在空间相互垂直，并且其位置是变化的。

（2）主切削刃的几何角度

1）端面刃倾角。为方便起见，钻头的刃倾角通常在端平面内表示。钻头主切削刃上某点的端面刃倾角是主切削刃在端平面的投影与该点基面之间的夹角。端面刃倾角的值总是负的，且主切削刃上各点的端面刃倾角是变化的，越靠近钻头中心端面刃倾角的绝对值越大。

2）主偏角。麻花钻主切削刃上某点的主偏角是该点基面上主切削刃的投影与钻头进给方向之间的夹角。由于主切削刃上各点的基面不同，各点的主偏角也随之改变。主切削刃上各点的主偏角是变化的，外缘处大，钻心处小。

3）前角。麻花钻的前角是正交平面内前面与基面间的夹角。由于主切削刃上各点的基面不同，因此主切削刃上各点的前角也是变化的，前角的值从外缘到钻心附近由 +30° 减小到 −30°，其切削条件很差。

4）后角。切削刃上任一点的后角是该点的切削平面与后面之间的夹角。钻头后角不在正交平面内度量，而是在假定工作平面（进给剖面）内度量。在钻削过程中，实际起作用的是这个后角，同时测量也方便。

钻头的后角是刃磨得到的，刃磨时要注意使其外缘处磨得小些（8° ~ 10°），靠近钻心处要磨得大些（20° ~ 30°）。这样刃磨的原因，首先是可以使后角与主切削刃前角的变化相适应，使各点的楔角大致相等，从而达到其锋利程度、强度、寿命相对平衡；其次能弥补由于钻头的轴向进给运动而使切削刃上各点实际工作后角减小一个该点的合成速度角 μ 所产生的影响；此外还能改变横刃处的切削条件。

（3）横刃的几何角度（见图 1–3–5）

1）横刃前角。由于横刃的基面位于刀具的实体内，故横刃前角为负值（−45° ~ −60°），因此钻削时在横刃处发生严重的挤压而造成很大的轴向力。

2）横刃后角。横刃后角为 30° ~ 35°。

3）横刃主偏角为 90°。

4）横刃刃倾角为 0°。

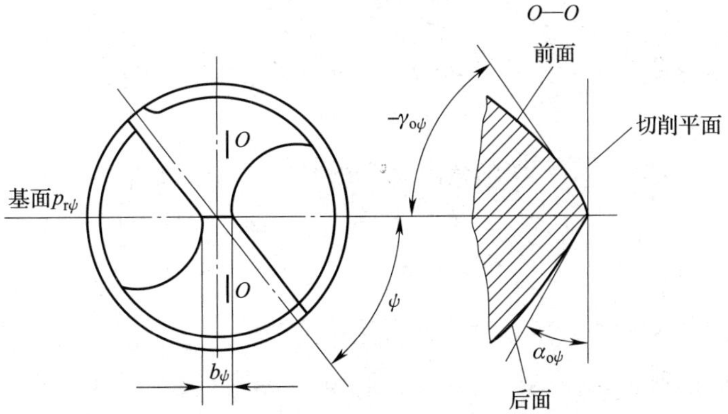

图 1–3–5　横刃的几何角度

5）横刃斜角 ψ。横刃斜角是在钻头的端面投影中横刃与主切削刃之间的夹角。它是刃磨钻头时自然形成的。锋角一定时，后角刃磨正确的标准麻花钻横刃斜角 ψ 为

47° ~ 55°，而后角越大则 ψ 越小，横刃的长度会增加。

三、扩孔钻与锪孔钻

1. 扩孔钻

扩孔是指用扩孔钻对工件上已有孔进行扩大的加工方法。由于扩孔切削条件大为改善，因此扩孔钻的结构与麻花钻相比有较大不同。如图 1–3–6 所示为扩孔钻工作部分的结构，其结构特点如下：

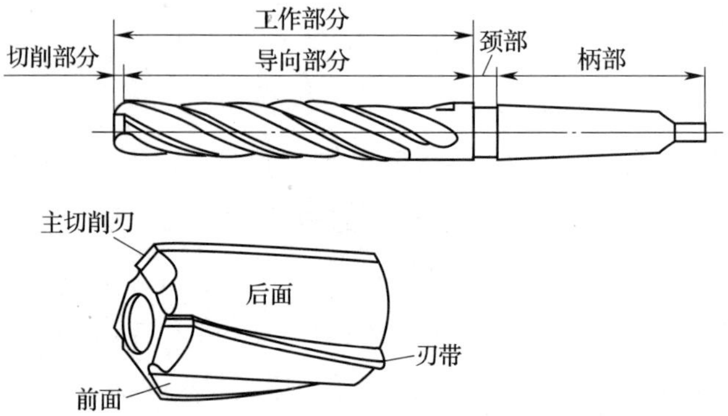

图 1–3–6　扩孔钻的结构

（1）由于中心不参与切削，没有横刃，切削刃只做成靠边缘的一段。

（2）由于扩孔产生的切屑体积小，不需大容屑槽，扩孔钻可以加粗钻心，提高刚度，工作平稳。

（3）由于容屑槽较小，扩孔钻可做出较多刀齿，增强导向作用。一般整体式扩孔钻为 3 ~ 4 齿。

（4）由于背吃刀量较小，切削角度可取较大值，使切削省力。

2. 锪孔钻

用锪削方法加工平底或锥形沉孔的方法称为锪孔。钻削中常用圆锥形锪钻锪圆锥形沉孔。圆锥形锪钻有 60°、90° 和 120° 等几种，如图 1–3–7 所示。60° 和 120° 锪钻用于锪削圆柱孔直径 d>6.3 mm 的中心孔的圆锥孔和扩锥，90° 锪钻用于孔口倒角或锪沉头螺钉孔。锪内圆锥时，为减小表面粗糙度值，应取进给量 $f \leqslant 0.05$ mm/r，切削速度 $v_c \leqslant 5$ m/min。

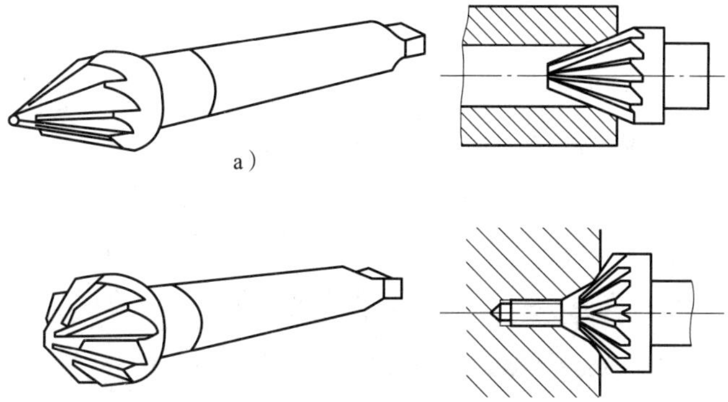

a）　b）　c）

图1-3-7　锪孔钻

a）60°锪钻　b）120°锪钻　c）锪钻工作情况

四、标准麻花钻的刃磨

1. 标准麻花钻的刃磨要求

（1）顶角为118°　±2°。

（2）外缘处的后角为10°～14°。

（3）横刃斜角为50°～55°。

（4）两条主切削刃长度以及与钻头轴线组成的两个角要相等。

（5）两个主后面要刃磨光滑。

2. 标准麻花钻的刃磨及检验方法

（1）两手握法。右手握住钻头的头部，左手握住柄部。

（2）钻头与砂轮的相对位置。钻头轴线与砂轮圆柱母线在水平面内的夹角等于钻头顶角的一半，被刃磨部分的主切削刃处于水平位置。

（3）刃磨动作。将主切削刃在略高于砂轮中心平面处先接触砂轮，右手缓慢地使钻头绕其轴线由下向上转动，同时施加适当的刃磨压力，这样可使整个后面都磨到。左手配合右手做缓慢的同步下压运动，刃磨压力逐渐加大，这样就便于磨出后角。下压速度及其幅度随要求的后角大小而变。为保证钻头近中心处磨出较大后角，还应做适当的右移运动。刃磨时两手动作的配合要协调、自然。按此不断反复，两后面经常轮换，直至达到刃磨要求。

（4）钻头冷却。钻头刃磨压力不宜过大，并要经常蘸水冷却，以防止因过热退火而降低硬度。

（5）砂轮选择。一般采用粒度为 46 ~ 80、硬度为中级的氧化铝砂轮为宜。砂轮旋转必须平稳，对跳动量大的砂轮必须进行修整。

（6）刃磨质量检验。钻头的几何角度及两主切削刃对称等要求可利用检验样板进行检验，但在刃磨过程中主要还是采用目测方法。目测检验时，把钻头切削部分向上竖立，两眼平视，由于两主切削刃一前一后会产生视差，往往感到左刃（前刃）高而右刃（后刃）低，因此要旋转 180° 后反复看几次，如果一样，就说明对称了。钻头外缘处的后角要求可通过控制横刃斜角的合理数值来保证。

3. 麻花钻横刃的修磨

标准麻花钻的横刃较长，且横刃处的前角存在较大的负值，因此，在钻孔时横刃处的切削为挤刮状态，轴向抗力较大；同时，横刃长，定心作用不好，钻头容易发生抖动。因此，对于直径在 6 mm 以上的钻头必须修短横刃，并适当增大近横刃处的前角。

（1）修磨要求。把横刃磨短成 0.5 ~ 1.5 mm，修磨后形成内刃，使内斜角为 20° ~ 30°，内刃处前角为 –15° ~ 0°。

（2）修磨时钻头与砂轮的相对位置。钻头轴线在水平面内与砂轮侧面左倾约 15° 夹角，在垂直平面内与刃磨点的砂轮半径方向约成 55° 下摆角。

五、钻床与钻床夹具

钻床是钳工常用的孔加工机床，在钻床上可进行钻孔、扩孔、锪孔、铰孔、攻螺纹、研磨等多项操作。钳工最常用的钻床有台式钻床、摇臂钻床和立式钻床等。

1. 台式钻床

台式钻床是一种小型钻床，工作台和主轴箱可以在立柱上垂直移动，用于加工中、小型工件，是装配钳工常用的钻孔设备，其结构如图 1–3–8 所示。台式钻床具有结构简单、操作方便等特点。

（1）台式钻床的结构与工作原理。台式钻床主要由电动机、立柱、主轴头架、保险环、锁紧装置、工作台、钻夹头、手柄等组成。图 1–3–9 所示为常用台式钻床的组成。

图1-3-8 Z4116型台式钻床

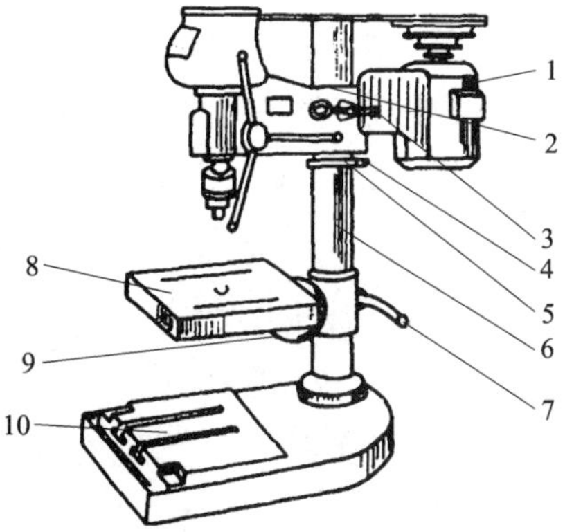

图1-3-9 台式钻床的组成

1—电动机 2—头架 3—手柄 4—紧定螺钉 5—保险环 6—立柱 7—锁紧手柄 8—工作台 9—锁紧螺钉 10—底座

电动机1通过五级变速带轮，使主轴可变五种转速。头架2可在立柱6上面上下移动，并可绕立柱中心转到任意位置进行加工，调整到适当位置后用手柄3锁紧。5是保险环，如头架要放低时，先把保险环调节到适当位置，用紧定螺钉4锁紧，然后略放松手柄3，靠头架自重落到保险环上，再把手柄3扳紧。工作台8可在立柱上面上下移动，并可绕立柱转动到任意位置。7是工作台的锁紧手柄。当松开锁紧螺钉9时，工作台在垂直平面还可左右倾斜45°角。工件较小时，可放在工作台上钻孔；当工件较大时，可把工作台转开，直接放在钻床底座上钻孔。

动力由电动机输出，通过塔式带轮变速传递给主轴。主轴最外面的是不会旋转、只会直线运动的套筒，上面有齿条，与齿轮配合组成纵向进给机构。主轴装在套筒里面，能自由地在套筒里面旋转，但套筒的上下移动会带动主轴上下移动。最里面有一个比较长的滑移花键，主轴能在花键上自由上下移动，但要和花键一起旋转。花键的上端固定了一个空心塔式带轮，钻头的动力就是通过花键传递给主轴的。

（2）台式钻床安全操作规程

1）使用前，认真检查易损部件，以便及时修理或更换；机器工作前必须锁紧应该锁紧的手柄。

2）安装、拆卸钻头应使用专用钥匙，不允许采用敲击的方法。

3）工件、工艺装备要正确固定，工件应可靠夹紧。

4）钻直径较大的孔时应用低速进行切削。钻孔时要保持钻头锋利，注意添加切削液。

5）钻薄板孔时，应刃磨薄板钻头，并采用较小的进给量。

6）孔即将钻通时应适当减小进给量。

7）切屑缠绕在工件或钻头上时，应提升钻头断屑，停钻后用专门的工具清除切屑。

8）必须在钻床工作范围内钻孔，不应使用超过额定直径的钻头。

9）更换 V 带位置变速时必须先切断电源。

10）严禁超负荷、超性能进行加工。不要进行超出最大切削能力的工作，以免机床超负荷工作。

11）机床运转中出现异常现象应立即停机，交专业人员检修，查明原因并及时处理，检修时应确保电源断开。

12）当发生事故时应立即切断电源，再进行维修。机床在工作或检修时，工作场地周围要装上防护罩。

13）装卸钻头应停车进行。装钻夹头及锥柄钻夹时，锥面要擦净，装夹要牢靠；卸下时用标准楔铁和铜锤轻敲，严禁用其他物品乱敲。

14）工作后，必须将各操纵手柄置于“停机”位置，切断电源。下班前必须把机床周围的切屑清理干净，机床上不准积存切屑，并做好设备的日常保养工作。

2. Z3040 型摇臂钻床

Z3040 型摇臂钻床如图 1–3–10 所示，适用于加工大、中型工件，可以进行钻孔、扩孔、铰孔、锪平面及攻螺纹等工作。它通过移动主轴来进行找正，因此使用方便、灵活。

（1）Z3040 型摇臂钻床的结构。摇臂钻床由底座、内立柱、外立柱、摇臂升降丝杠、摇臂主轴箱、主轴和工作台等组成。

（2）摇臂钻床安全操作规程

1）使用摇臂钻床时严禁戴手套。

2）钻孔前找正工件位置时，应将锁紧装置松开，进刀主轴伸出长度根据钻孔深度调整合适，然后将各锁紧装置锁紧。

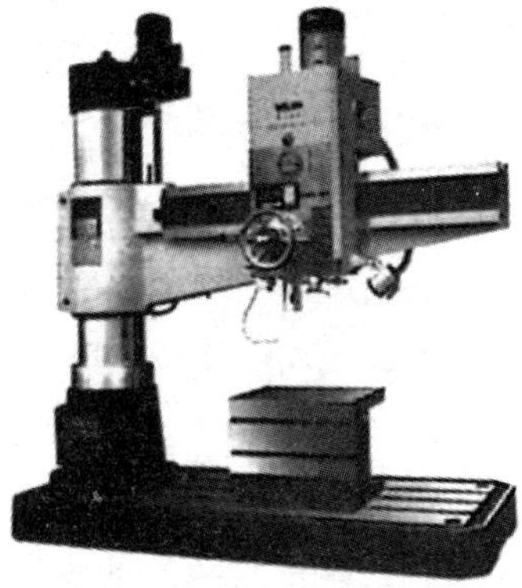

图 1–3–10　Z3040 型摇臂钻床

3）钻孔时，钻头必须装夹牢固，伸出长度合适。工件必须用台虎钳、夹具或压铁夹紧压牢，禁止用手拿着工件钻孔。钻薄板工件时下面要垫木板。

4）钻孔时，调整转速必须先停机，严禁不停机变速，否则将损坏变速箱内的齿轮。

5）不准在钻孔时用棉纱清除切屑，也不允许用嘴吹或者用手擦拭，应使用专用工具、刷子。

6）在钻孔开始或工件将要钻穿时要轻轻用力，以防钻头卡住使工件转动或甩出。

7）钻孔时进给要均匀。钻深孔时要及时清除切屑，以防钻头折断。

8）装卸工件或夹具时要将横臂移开，同时注意周围的人及物，避免发生碰撞事故。

9）工作后须将手柄置于非工作位置，工作台降到最低位置，并切断电源。

3. 立式钻床

（1）立式钻床的结构与功能。如图 1-3-11 所示，Z5040 型立式钻床由变速箱、主轴箱、立柱、工作台、托架、底座、电气箱等部件组成。变速箱组合在主轴箱上，主轴箱固定在立柱上，其位置处于机床的上方。工作台套装在托架上，托架套装在立柱中间，立柱安装在底座上。

Z5040 型立式钻床可用于钻孔、扩孔、铰孔、攻螺纹、锪平面等加工，具有钻孔能力大、可容纳被加工零件尺寸范围大等优点，因此，它不仅适用于零件加工车间，也适合在机修车间使用。机床的工作台托架既可沿立柱上下升降，又可绕立柱做 ±180° 转动；工作台在托架中也可做 ±180° 转动，且与托架座在横向平面内也可做 ±45° 转动，因此操作及使用轻便、灵活、可靠。

图 1-3-11　Z5040 型立式钻床

（2）立式钻床安全操作规程

1）操作人员操作时要穿工作服，一律不准戴手套，女同志须戴安全帽（将长发包住，否则易发生安全事故）。

2）按说明书规定，对机床各部位注油润滑，否则可能伤到机件。

3）钻削过程中不可用手清除切屑和触摸钻头，观察钻削情况时头部与钻头应保持一定距离，否则会危及人身安全。

4）严禁在机床运转过程中变换主轴转速和主轴进给量。

5）应根据工件材质及钻头直径合理选择转速和进给量，

否则易造成机床损坏。

6）在钻削过程中发生意外情况时，应立即按机床面板上的急停按钮，以免发生事故。

7）机床出现故障或处于危急状态时，应先按急停按钮停机，然后关断总电源开关。故障不解除，危险不排除，不准重新送电。

4. 钻床夹具

钻床夹具又称钻模，用于钻床上孔加工。钻模借助其上的钻套引导刀具和工件之间的相对位置，提高了加工精度和生产率，在成批大量生产中，已广泛采用钻模进行加工。常用的有固定式、回转式、移动式、翻转式、盖板式、滑柱式等类型。

（1）固定式钻模。钻孔位置精度较高，但只能进行单个孔的加工。

（2）回转式钻模。用于加工同一圆周上的平行孔系，或分布在圆周上的径向孔。

（3）移动式钻模。用于钻削中、小型工件同一表面上的多个孔。

（4）翻转式钻模。用于加工中、小型工件分布在不同表面上的孔。

（5）盖板式钻模。一般多用于加工大型工件上的小孔。

（6）滑柱式钻模。自锁性好，结构简单，操作迅速，具有通用可调的优点，广泛用于大批量和小批量生产。

六、钻床的操作

1. 钻头的夹持

（1）使用钻夹头。钻夹头用来装夹直径在 13 mm 以内的直柄钻头，其结构如图 1–3–12 所示。装拆直柄钻头时，将带有圆锥齿的钥匙插入钻夹头的钥匙孔中，旋转钥匙手柄，使钻夹头三爪同时伸出或缩回，钻头直柄部分被夹紧或松开，从而实现钻头的装拆。

（2）使用钻头套。钻头套（又称钻库、锥套）用来装夹钻头直径在 13 mm 以上的锥柄钻头，如图 1–3–13 所示。根据钻头锥柄莫氏锥度的号数选用相应的钻头套，一般立式钻床主轴的锥孔为 3 号或 4 号莫氏锥度，摇臂钻床主轴的锥孔为 4 号、5 号或 6 号莫氏锥度。当用较小直径的钻头钻孔时，用一个钻头套有时不能直接与钻床主轴的锥孔相配，此时就要把几个钻头套配接起来使用。

钻头套共有以下五种：

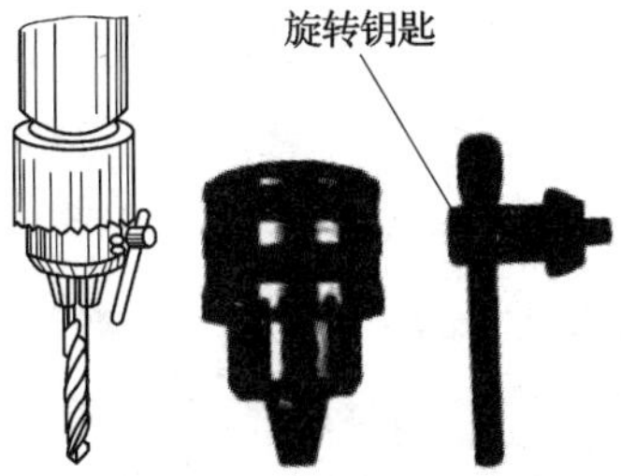

图 1-3-12　钻夹头的结构

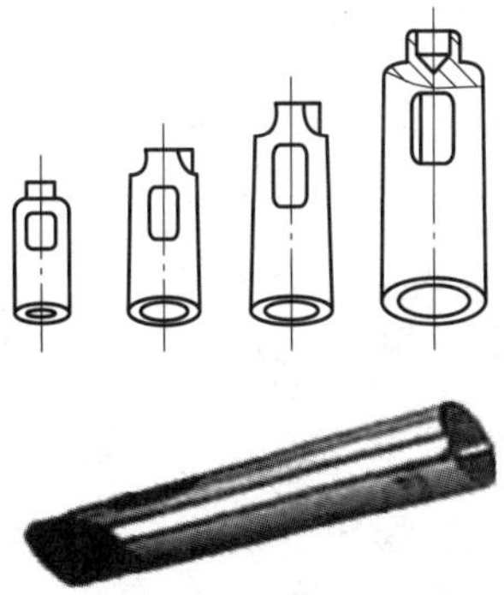
图 1-3-13　钻头套

1 号钻头套：内锥孔为 1 号莫氏锥度，外圆锥为 2 号莫氏锥度。

2 号钻头套：内锥孔为 2 号莫氏锥度，外圆锥为 3 号莫氏锥度。

3 号钻头套：内锥孔为 3 号莫氏锥度，外圆锥为 4 号莫氏锥度。

4 号钻头套：内锥孔为 4 号莫氏锥度，外圆锥为 5 号莫氏锥度。

5 号钻头套：内锥孔为 5 号莫氏锥度，外圆锥为 6 号莫氏锥度。

1）钻头的安装。首先根据钻头锥柄莫氏锥度的号数选用钻头套，然后将钻头锥柄插入钻头套中，再将钻头和钻头套一起向上插入钻床主轴锥孔中，操作方法如图 1-3-14 所示。

2）钻头的拆卸。将专用楔铁插入带圆弧槽的钻头套中，用锤子敲击楔铁，同时另一只手握着钻头，以免钻头掉下砸伤工件或工作台，即可将钻头拆卸下来，操作方法如图 1-3-15 所示。

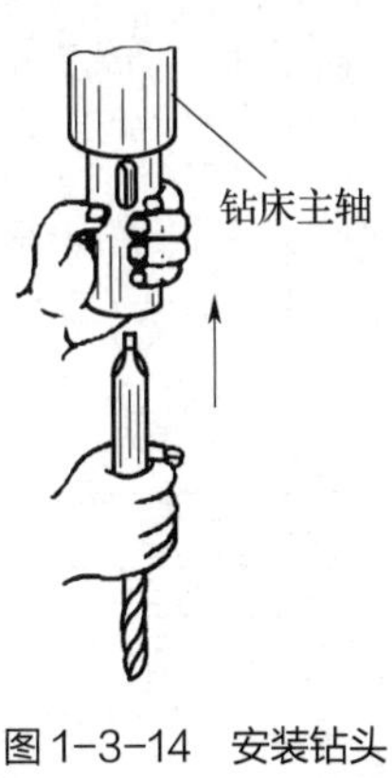

图 1-3-14　安装钻头

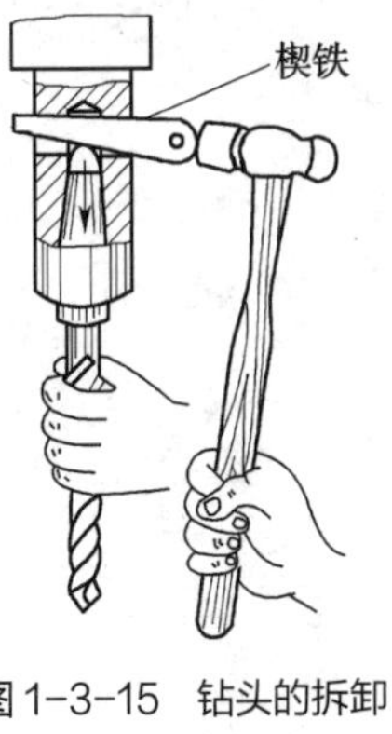

图 1-3-15　钻头的拆卸

（3）使用快换钻夹头。在钻床上加工同一工件时，往往需要调换直径不同的钻头或其他孔加工刀具，如用普通的钻夹头或钻头套来装夹刀具，需停机换刀，既不方便，又浪费时间，而且容易损坏刀具和钻头套，甚至影响钻床的精度，这时可采用快换钻夹头。

1）快换钻夹头的结构特点。夹头体的莫氏锥柄安装在钻床主轴的锥孔内，可换套根据孔加工的需要备有多个，并预先安装好所需的刀具。可换套的外圆表面有两个凹坑，钢球嵌入后便可传递动力。

2）快换钻夹头的使用方法。当需要更换刀具时，不必停机，只要用手把滑套向上推，两个钢球就因受离心力作用而贴于滑套端部的大孔表面。此时另一只手就可把装有刀具的可换套取出，把另一个可换套插入。放下滑套，两个钢球被重新压入可换套的凹坑内，带动钻头继续旋转。弹簧的作用是限制滑套上下的位置。由此可见，使用快换钻夹头可做到不停机换装刀具，从而大大提高了生产效率，也减小了对钻床精度的影响。

2. 台式钻床操作与维护

（1）Z4012 型台式钻床的使用方法

1）启动。打开电源转换开关，主轴启动，主轴正、反转由电源转换开关的正、反转旋钮控制。

2）主轴手动进给。逆时针转动进给手柄，主轴向下移动；顺时针转动进给手柄，主轴向上移动。

3）定程切削。松开锁紧螺母，调整定位杆位置至规定的行程。再拧紧锁紧螺母，转动进给手柄使主轴向下移动，此时定位杆随主轴向下移动，定位杆下移顶住工作台或钻模时，主轴下移受阻，实现定程切削。

4）头架的上下移动。转动手柄，松开锁紧螺栓，转动机头升降手柄，带动头架向上或向下移动。当移到规定的位置时，停止转动机头升降手柄，转动锁紧手柄，将头架锁紧在立柱上。

5）主轴变速。如图 1–3–16 所示，通过改变 V 带在带轮槽中的不同位置实现主轴变速，具体操作方法如下：

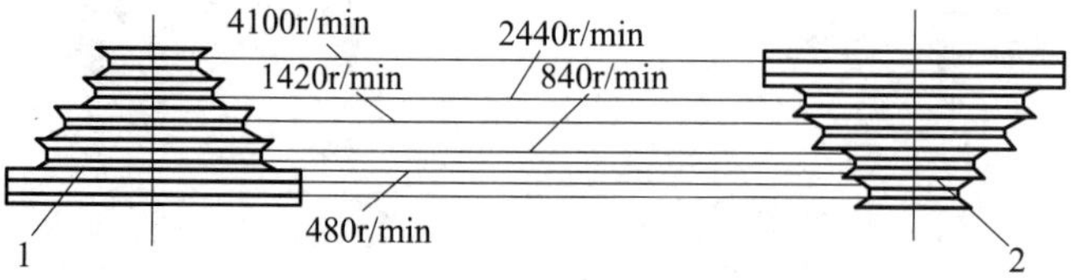

图 1–3–16　台式钻床主轴变速

1—钻床主轴　2—电动机轴

①使电动机停止转动，取下带轮防护罩。

②用手拉转 V 带，同时用一字旋具在带轮边缘向外拨动 V 带，即可将 V 带取下。

③根据所选主轴转速，再将 V 带套入相应的轮槽中。

④安装好 V 带防护罩。

（2）台式钻床的维护与保养。钻床运行三个月应进行周期性保养，保养时间为 1 ~ 2 h，以操作工为主，维修工人配合进行。首先切断电源，然后进行保养工作。钻床保养内容及要求如下：

1）外保养

①擦洗机床，确保无油污、无锈蚀。

②配齐螺钉、螺母。

2）传动系统。检查传动系统是否灵活，传动带松紧程度是否合适。

3）电器。擦拭电动机，检查、紧固接零装置。

4）主轴带轮轴承和主轴下的轴承。定期用润滑脂润滑（每年清洗一次，需卸下主轴带轮和花键套，将轴承从轴承座中取出，然后添加润滑脂）。

5）其他摩擦部分和轴承。用机油润滑主轴下面的轴承及将机油注入主轴带轮花键套中。

3. 摇臂钻床的操作与维护

（1）Z3040 型摇臂钻床的使用方法

1）接通电源。检查钻床各组成部分是否处于正常工作位置。正常之后，将电源总开关接通。

2）主轴启动。按下主轴启动按钮，当主轴启动按钮的指示灯亮后，将变速手柄转至正转或反转位置，主轴即按顺时针或逆时针方向转动。

3）主轴空挡。将变速手柄向上抬至空挡位置，此时可用手轻便地转动主轴。

4）主轴转速及进给量的变换。转动预选按钮，使所选择的主轴转速或进给量的数值对准上部箭头，将变速手柄向下压至变速位置，直到主轴开始转动后即可松手，变速手柄自动复位，主轴转速及进给量变换完成。

5）主轴进给

①机动进给。将机动进给手柄向下压至极限位置，再将主轴进给手柄向外拉出，机动进给接通。若使主轴正转，则主轴向下进给；若使主轴反转，则向下退刀。若需切断机动进给，将机动进给手柄抬起。

②手动进给。将主轴进给手柄向里推，顺时针或逆时针方向转动主轴进给手柄，即可带动主轴向上或向下移动。

③微动进给。将机动进给手柄抬至水平位置，再将主轴进给手柄向外拉出，转动微动进给手轮，即可实现微动进给。

④攻螺纹。其操作与手动进给相同。

⑤定行程切削。将主轴进给手柄1拉出，转动主轴进给手柄2到图1–3–17a所示位置，此时可转动刻度盘至所需的行程量值与箱体上的游标零线大致对齐，再转动主轴进给手柄2到图1–3–17b所示位置。最后进行微调，直至零线准确对齐，推动主轴进给手柄1，接通机动进给。当行程量达到所需值时，微动进给手柄自动抬起，断开机动进给，实现定行程切削。

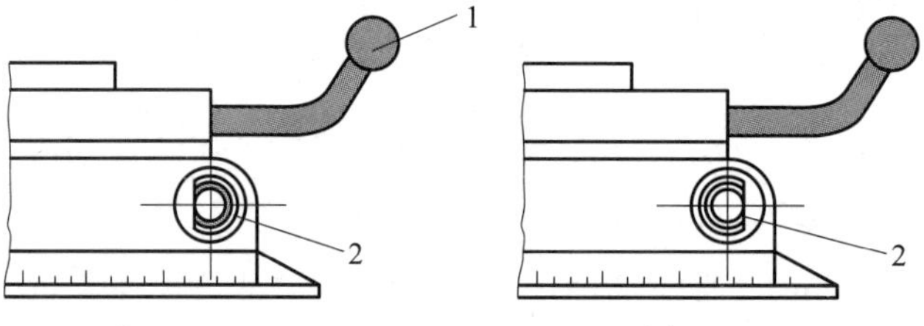

图1–3–17　主轴进给手柄的位置

6）主轴箱和立柱的夹紧。若使主轴箱和立柱夹紧，则可按主轴箱夹紧按钮，按钮指示灯亮表示夹紧动作完成，即可松开按钮。若指示灯不亮，可断续按动按钮，直至指示灯亮为止。若要使主轴箱和立柱松开，按主轴箱松开按钮，指示灯熄灭，表示主轴箱和立柱已松开。

7）摇臂升降。按摇臂上升按钮，摇臂上升；按摇臂下降按钮，摇臂下降；按停止按钮，上升或下降过程结束。

（2）摇臂钻床的维护与保养

1）摇臂钻床外部

①清洗机床外表及死角，拆洗各罩盖，要求内外清洁，无锈蚀，无黄袍，漆见本色铁见光。

②清洗导轨面及清除工作台面上的毛刺。

③检查并补齐螺钉、圆球手柄。

2）摇臂钻床主轴及进给箱

①油质保持良好，油量符合要求。清除主轴锥孔毛刺。

②清洗液压变速系统、滤油网，调整油压。

七、直孔加工

1. 钻削直孔

用钻头在实体材料上加工孔的操作叫作钻孔，如图1–3–18所示。各种零件的孔加工，除去一部分由车床、镗床、铣床等机床完成外，大部分是由钳工利用钻床完成的。在钻床上钻孔时，一般情况下，钻头应同时完成两个运动：主运动，即钻头绕轴线的旋转运动；进给运动，即钻头沿着轴线方向对着工件的直线运动。

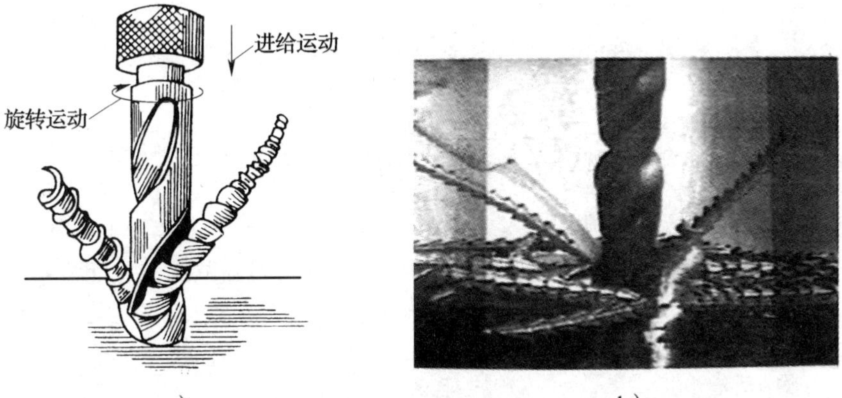

a）　b）

图1–3–18　直孔加工

（1）钻孔的划线方法

1）定位。按孔的位置、尺寸要求，划出孔位置的十字中心线，并打上中心样冲眼，样冲眼要小，位置要准，如图1–3–19所示。

2）根据孔的大小划出孔的参照圆周线，如图1–3–20所示。

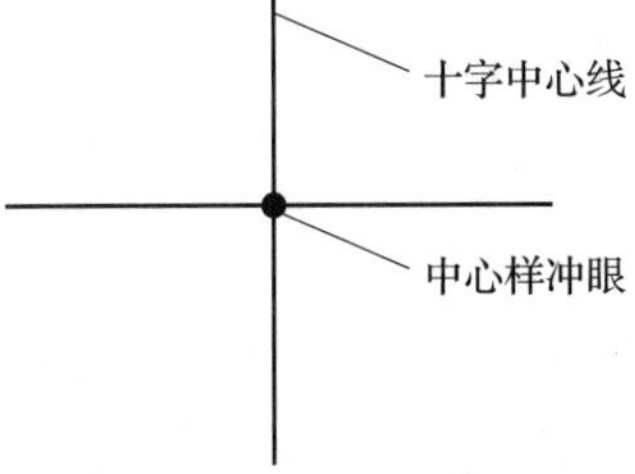

图1–3–19　定位

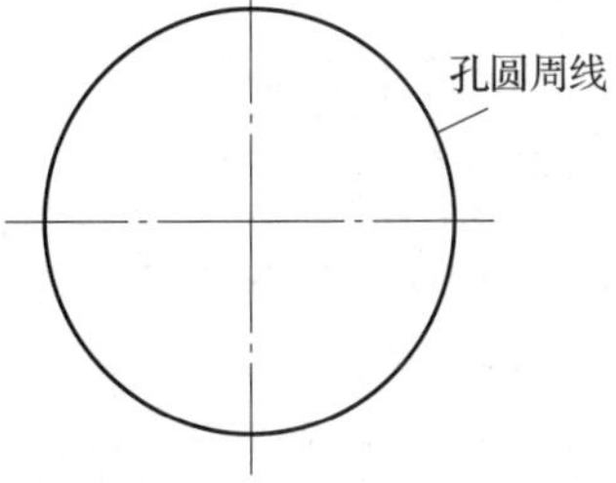

图1–3–20　划出圆周线

3）钻直径较大的孔时，还应划出几个大小不等的检查圆，用于检查和校正钻孔位置，如图 1–3–21 所示。

4）当钻孔的位置、尺寸精度要求较高时，为避免打中心样冲眼所产生的偏差，可直接划出以中心线为对称轴的几个大小不等的方格，作为钻孔时的检查线，然后将中心样冲眼敲大，以便准确落钻定心，如图 1–3–22 所示。

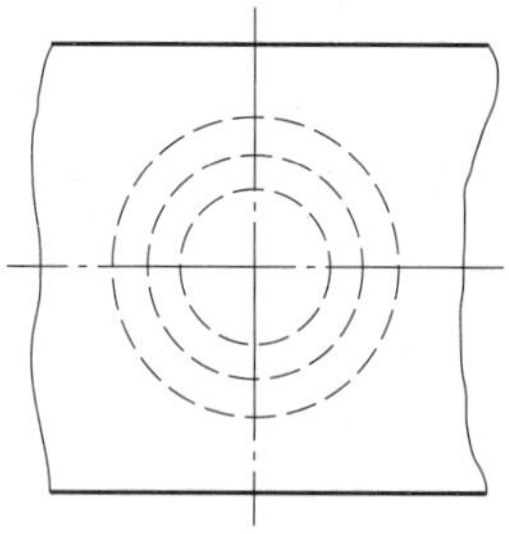

图 1–3–21　划出检查圆

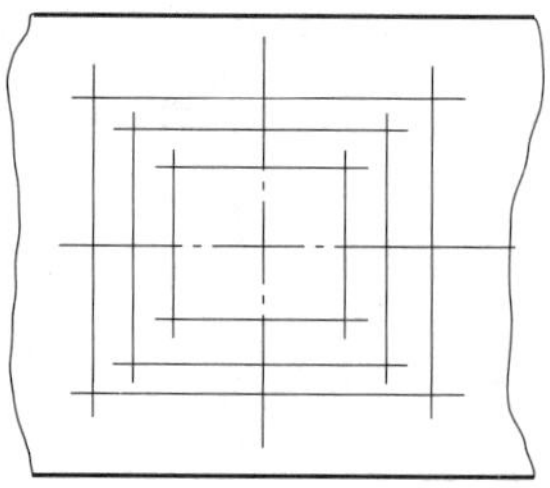

图 1–3–22　划出方格检查线

（2）工件装夹方法

1）平整工件的装夹。平整的工件用机床用平口虎钳装夹，如图 1–3–23 所示。装夹时工件表面与钻头垂直。钻直径大于 8 mm 的孔时，必须将机床用平口虎钳固定。

2）圆柱形工件的装夹。圆柱形工件可用 V 形块两斜面的对称平面定位夹持，如图 1–3–24 所示。

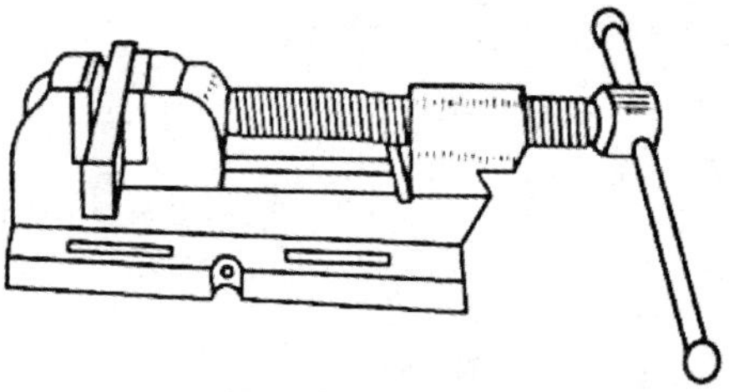

图 1–3–23　用机床用平口虎钳装夹平整的工件

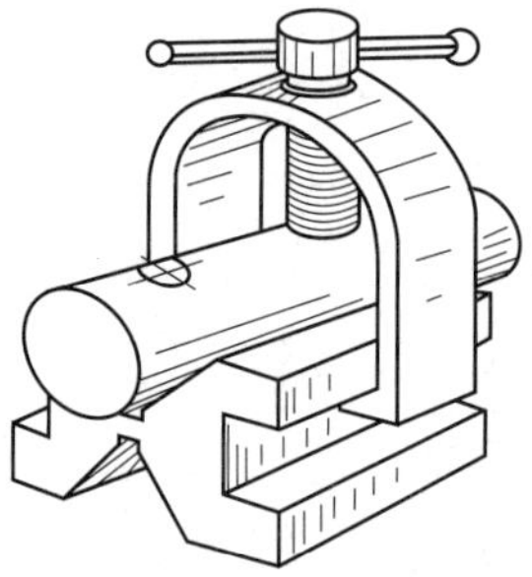

图 1–3–24　圆柱形工件的装夹

3）用三爪自定心卡盘装夹。装夹时，钻头中心线通过三爪自定心卡盘中心线，如图 1–3–25 所示。

4）用压板装夹。对较大工件且钻孔直径在 10 mm 以上时，可用压板装夹钻孔，如图 1–3–26 所示。装夹时，压板厚度与压紧螺栓直径的比例应适当，压板螺栓应尽量靠近工件，垫铁应比工件压紧表面稍高，以保证对工件有较大的压紧力。当压紧面已加工时，应垫上衬垫以防止压伤工件。

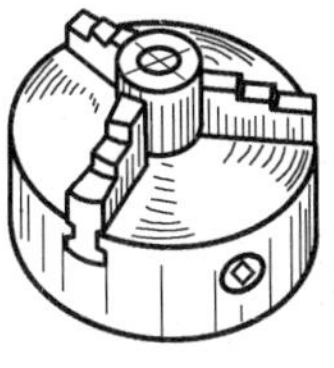

图1-3-25　用三爪自定心卡盘装夹圆柱形工件

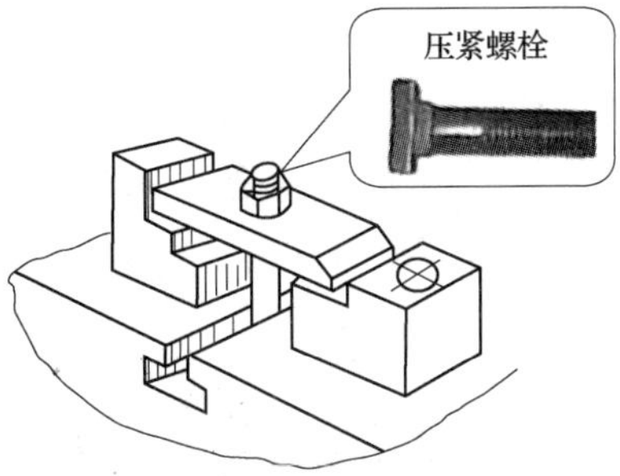

图1-3-26　使用压板装夹较大工件

（3）钻孔时的切削用量。切削用量是切削加工过程中的切削速度、进给量和背吃刀量的总称，又称切削三要素。

1）切削速度 v_c。钻孔时的切削速度是指钻削时钻头切削刃上最大直径处的线速度。钻孔时的切削速度 v_c 可由下式计算：

$$v_c=\frac{\pi dn}{1\,000}$$

式中　d——钻头直径，mm；

n——钻头的转速，r/min；

v_c——切削速度，m/min。

2）进给量 f。切削时主轴（或工件）每转一转或每往复一次，工件与刀具在进给方向的相对位移称为进给量。钻孔时的进给量 f 是指钻头每转一转沿进给方向移动的距离，单位为mm/r。

3）背吃刀量 a_p。背吃刀量是指工件已加工表面与待加工表面之间的垂直距离。钻削时的背吃刀量等于钻头的半径。

钻孔时的进给量和背吃刀量如图1-3-27所示。

（4）切削用量的选择原则。合理选择钻削用量，可提高钻孔精度和生产效率，并能防止机床过载损坏。由于钻孔的背吃刀量是由钻头直径所决定的，因此，钻孔的切削用量只需要选择切削速度和进给量。

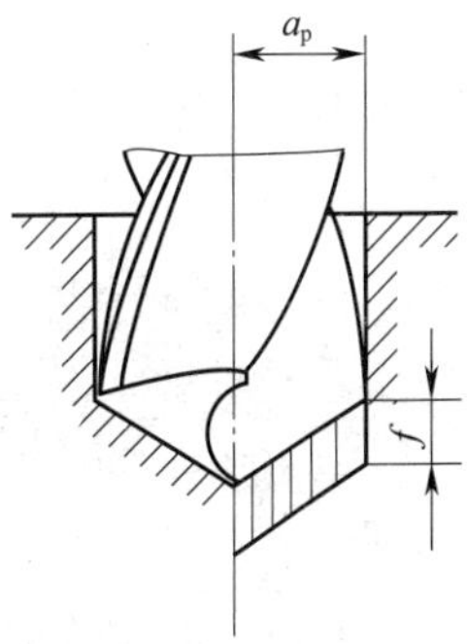

图1-3-27　钻孔时的进给量和背吃刀量

选择较高的切削速度和进给量都能提高生产效率，但是切削速度太高会造成剧烈的摩擦，缩短钻头使用寿命。如果进给量太大，将直接影响到已加工表面的残留面积，而残留面积越大，加工的表面越粗糙。对钻孔生产效率而言，v_c 和 f 的影响是相同的；对钻头使用寿命来说，v_c 比 f 的影响大；

对钻孔的表面粗糙度来说，f 比 v_c 的影响大。因此，钻孔的切削用量选择原则如下：在允许的范围内，尽量选择较大的 f；当 f 受到表面粗糙度和钻头刚度的限制时，再考虑选择较大的 v_c。具体选择时，应根据钻头的直径、材料，工件的材料、表面粗糙度等决定。一般情况下可查表 1–3–1。

表 1–3–1 钻孔的进给量 mm/r

钻头直径 d_0（mm）	钢 σ_b（Mpa）<800	钢 σ_b（Mpa）800–1 000	钢 σ_b（Mpa）>1 000	铸铁、铜及铝合金 HB ≤ 200	铸铁、铜及铝合金 HB>200
≤ 2	0.05 ~ 0.06	0.04 ~ 0.05	0.03 ~ 0.04	0.09 ~ 0.11	0.05 ~ 0.07
2 ~ 4	0.08 ~ 0.10	0.06 ~ 0.08	0.04 ~ 0.06	0.18 ~ 0.22	0.11 ~ 0.13
4 ~ 6	0.14 ~ 0.18	0.10 ~ 0.12	0.08 ~ 0.10	0.27 ~ 0.33	0.18 ~ 0.22
6 ~ 8	0.18 ~ 0.22	0.13 ~ 0.15	0.11 ~ 0.13	0.36 ~ 0.44	0.22 ~ 0.26
8 ~ 10	0.22 ~ 0.28	0.17 ~ 0.21	0.13 ~ 0.17	0.47 ~ 0.57	0.28 ~ 0.34
10 ~ 13	0.25 ~ 0.31	0.19 ~ 0.23	0.15 ~ 0.19	0.52 ~ 0.64	0.31 ~ 0.39
13 ~ 16	0.31 ~ 0.37	0.22 ~ 0.28	0.18 ~ 0.22	0.61 ~ 0.75	0.37 ~ 0.45
16 ~ 20	0.35 ~ 0.43	0.26 ~ 0.32	0.21 ~ 0.25	0.70 ~ 0.86	0.43 ~ 0.53
20 ~ 25	0.39 ~ 0.47	0.29 ~ 0.35	0.23 ~ 0.29	0.78 ~ 0.96	0.47 ~ 0.56
25 ~ 30	0.45 ~ 0.55	0.32 ~ 0.40	0.27 ~ 0.33	0.9 ~ 1.1	0.54 ~ 0.66
30 ~ 50	0.60 ~ 0.70	0.40 ~ 0.50	0.30 ~ 0.40	1.0 ~ 1.2	0.70 ~ 0.80

注：①表列数据适用于在大刚性零件上钻孔，精度在 H12–H13 级以下（或自由公差），钻孔后还用钻头、扩孔钻或刀加工，在下列条件下需乘修正系数：

i 在中等刚性零件上钻孔（箱体形状的薄壁零件、零件上薄的突出部分钻孔）时，乘系数 0.75；

ii 钻孔后要用铰刀加工的精确孔，低刚性零件上钻孔，斜面上钻孔，钻孔后用丝锥攻螺纹的孔，乘系数 0.50。

②钻孔深度大于 3 倍直径时应乘修正系数，见表 1–3–2。

表 1–3–2 钻孔深度大于 3 倍直径时的修正系数

钻孔深度（孔深以直径的倍数表示）	$3d_0$	$5d_0$	$7d_0$	$10d_0$
修正系数 K_f	1.0	0.9	0.8	0.75

③为避免钻头损坏，当刚要钻穿时应停止自动走刀而改用手动走刀。

（5）切削液的选择。钻头在钻削过程中，由于切削变形及钻头与工件摩擦所产生的切削热，严重影响钻头的切削能力和钻孔精度，甚至导致钻头退火，使钻削无法进行。因此，合理选择切削液非常重要。切削液主要有以下两种作用：

1）冷却作用。钻孔时注入切削液，有利于切削热的传导和散发，同时限制了积屑瘤的产生及防止已加工表面硬化，减小工件因受热变形而产生的尺寸误差。

2）润滑作用。钻孔时切削液流入钻头与工件的切削部分，形成吸附性的润滑油膜，起到减小摩擦的作用，降低了切削阻力和钻削温度，提高了钻头的切削能力和孔壁的表面质量。

由于钻孔是一种粗加工，因此钻孔时注入切削液的主要目的是冷却，以提高钻头的切削能力，延长其使用寿命。钻削各种材料所用的切削液见表 1–3–3。

表 1–3–3　钻削各种材料所用的切削液

工件材料	切削液（质量分数）
各种结构钢	3%～5% 的乳化液、7% 的硫化乳化液
不锈钢、耐热钢	3% 的肥皂加 2% 的亚麻油水溶液、硫化切削液
纯铜、黄铜、青铜	不用，或 5%～8% 的乳化液
铸铁	不用，或 5%～8% 的乳化液、煤油
铝合金	不用，或 5%～8% 的乳化液、煤油、煤油加柴油混合油
有机玻璃	5%～8% 的乳化液、煤油

2. 扩孔

扩孔是用扩孔钻对已钻出、铸出、锻出或冲出的孔进行扩大孔径的加工方法，如图 1–3–28 所示。

3. 铰削直孔

铰孔是指用铰刀从工件孔壁上切除微量金属层，以提高孔的尺寸精度和表面质量的方法，如图 1–3–29 所示。铰孔是孔的精加工方法之一，在生产中应用很广。

钻孔时，加工精度一般为 IT11～IT10，表面粗糙度为 $Ra25 \sim Ra12.5$ μm，属于粗加工。铰孔加工尺寸精度可达 IT9～IT7 级，表面粗糙度可达 $Ra3.2 \sim 0.8$ μm。对于较小的孔，相对于内圆磨削和精镗而言，铰孔是一种较为经济实用的加工方法。

（1）铰孔余量的确定。铰削余量是指上道工序（钻孔、扩孔）完成后，在直径方向所留下的加工余量。

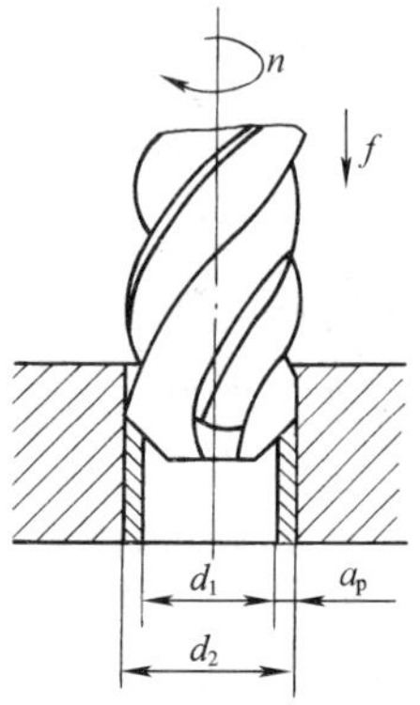

图1-3-28　扩孔

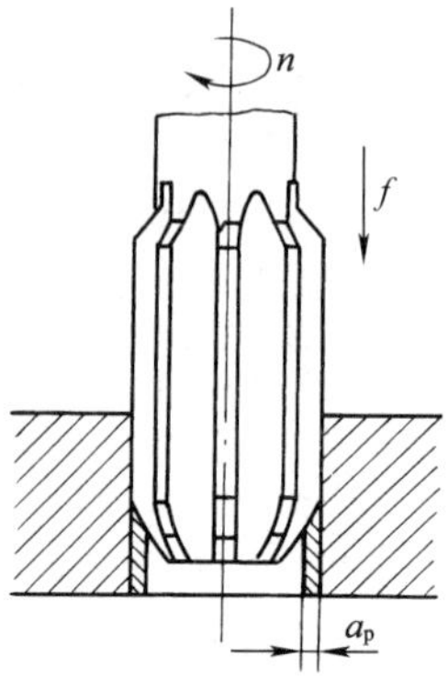

图1-3-29　铰孔

铰削余量不能太大或太小。铰削余量太小，上道工序残留变形和加工刀痕难以去除，铰孔的质量很难达到要求。同时，由于铰削余量太小，铰刀的啃刮现象及磨损会加剧，从而缩短铰刀的使用寿命。如果铰削余量太大，则会增加每一个刀齿的切削负荷，使刀齿表面切削热增加，铰刀直径扩大，孔径也随之扩大；同时切屑呈撕裂状态，使铰削表面粗糙。铰孔时，应根据孔径的大小，同时考虑铰孔的精度和表面粗糙度、材料的软硬和铰刀类型等多种因素正确选定铰削余量。铰削余量的选择见表1-3-4。

表1-3-4　铰削余量

mm

铰孔直径	<5	5~20	21~32	33~50	51~70
铰削余量	0.1~0.2	0.2~0.3	0.3	0.5	0.8

另外，铰削余量的确定与上道工序的加工质量有很大关系。因此，对于铰削精度要求较高的孔，必须经过扩孔或粗铰孔，才能保证最后的铰孔质量。

（2）机铰的切削速度和进给量。采用钻床、车床或铣床进行铰孔加工时，铰孔的切削速度和进给量要选择适当，过大或过小都将影响铰孔质量和铰刀的使用寿命。如用普通高速钢铰刀铰孔，当工件的材料为铸铁时，切削速度应不超过10 m/min，进给量在0.8 mm/r左右；当工件材料为钢时，切削速度应不超过8 m/min，进给量在0.4 mm/r左右。

（3）切削液的选择。铰削的切屑一般都很碎，容易黏附在切削刃上，甚至夹在孔壁与校准部分棱边之间将工件已加工表面拉毛。铰削过程中，热量积累过多也将引起工件和铰刀变形或孔径扩大，因此，铰削时必须采用适当的切削液，以减小摩擦和散发热量，同时将切屑及时冲掉。铰孔时切削液的选择见表1-3-5。

表 1-3-5　铰孔时切削液的选择

工件材料	切削液
钢	（1）体积分数为 10%～20%的乳化液 （2）铰孔要求较高时，可采用体积分数为 30%的菜籽油加 70%的乳化液 （3）高精度铰削时，可用柴油、菜籽油、猪油
铸铁	（1）不用 （2）煤油，但要引起孔径缩小（最大缩小量为 0.02～0.04 mm） （3）低浓度乳化液
铝	煤油
铜	乳化液

学习单元 2　螺 纹 加 工

一、螺纹的标准

1. 螺纹的种类

（1）按牙型分类。通常螺纹按牙型可分为三角形螺纹（普通螺纹）、矩形螺纹、梯形螺纹、锯齿形螺纹和圆弧形螺纹等，如图 1-3-30 所示。

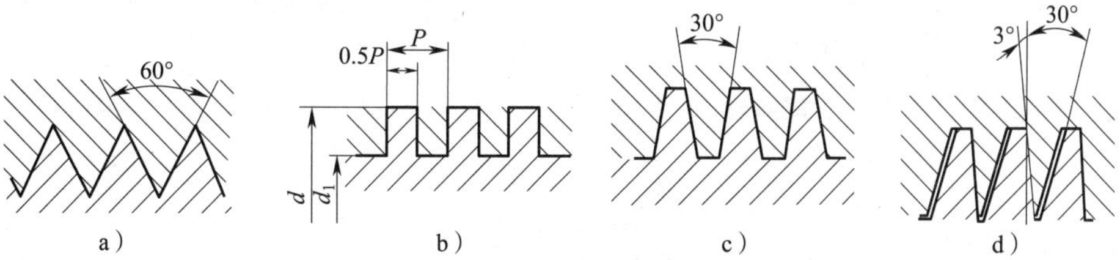

图 1-3-30　螺纹的牙型

a）三角形螺纹　b）矩形螺纹　c）梯形螺纹　d）锯齿形螺纹

三角形螺纹由于其根部强度较高，螺纹的自锁性好，主要用来连接零件，如螺杆、螺母等；梯形螺纹和矩形螺纹具有传动效率高、螺纹的强度也较高的特点，主要用来传递运动，如台虎钳和螺旋千斤顶上的螺杆采用矩形螺纹，各种机床上的传动丝杠采用梯形螺纹；锯齿形螺纹常用在承受单向轴向力的机械零件上；圆弧形螺纹由于配合时无径向间隙，主要用来连接管件。

钳工装配加工的螺纹大都是三角形螺纹。三角形螺纹有公制和英制两种。公制三角形螺纹的牙型角为 60°，分粗牙普通螺纹和细牙普通螺纹两种。细牙螺纹由于螺距小，螺旋升角小，自锁性好，常用于承受冲击、振动或变载荷的连接，也可用于调整机构。英制三角形螺纹的牙型角为 55°。

（2）按位置分类。在圆柱表面上形成的螺纹称为外螺纹，如螺栓的螺纹；在圆柱孔内壁上形成的螺纹称为内螺纹，如螺母的螺纹。

（3）按螺纹的绕行方向分类。螺纹可分为右旋螺纹（见图 1–3–31a）和左旋螺纹（见图 1–3–31b）。常用的是右旋螺纹，只有在特殊要求时才采用左旋螺纹。

（4）按线数分类。在一条螺旋线的基础上形成的螺纹称为单线螺纹，如图 1–3–32a 所示。若将圆柱体底面的圆周分成两等份，沿同一方向由其两分点向圆柱体上绕相同的三角形，形成两条等距螺旋线，可形成双线螺纹，如图 1–3–32b 所示。同理，若将圆柱体底面的圆周分成三等份、四等份，则可形成三线螺纹、四线螺纹。从便于制造考虑，很少采用四线以上的螺纹。单线螺纹通常用于连接，也用于传动，双线、三线、四线螺纹多用于传动。

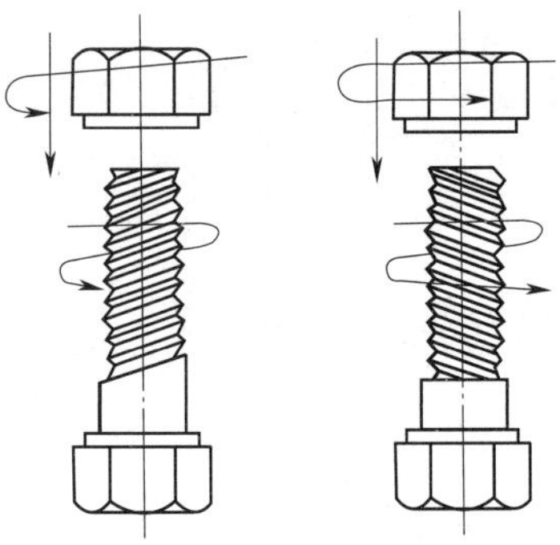

a）　　b）

图 1–3–31　左旋、右旋螺纹

a）右旋螺纹　b）左旋螺纹

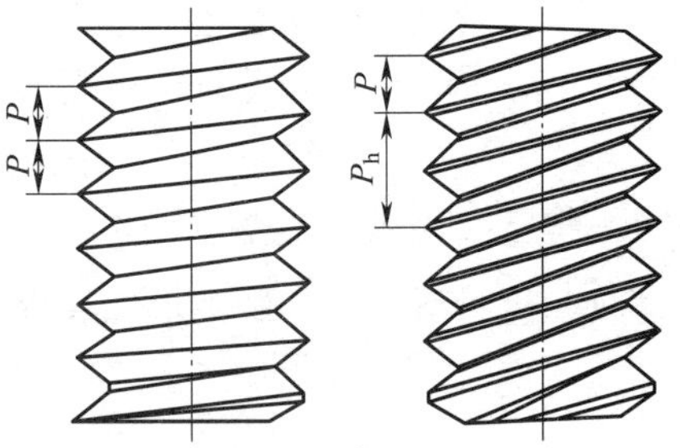

a）　　b）

图 1–3–32　不同线数的右旋螺纹

a）单线螺纹　b）双线螺纹

2. 螺纹基本尺寸

（1）螺纹要素。螺纹要素包括牙型、公称直径、螺距（或导程）、线数、精度和旋向等。

1）牙型。牙型是在通过螺纹轴线的剖面上螺纹的轮廓形状，有三角形、矩形、梯形、锯齿形和圆弧形等。各种螺纹的剖面形状如图 1–3–33 所示。

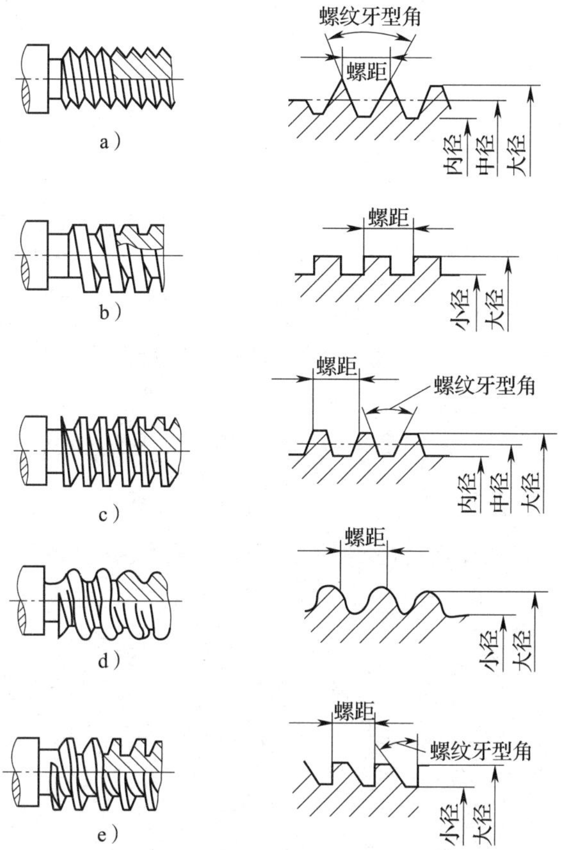

图 1-3-33　各种螺纹的剖面形状

a）三角形螺纹　b）矩形螺纹　c）梯形螺纹　d）圆弧形螺纹　e）锯齿形螺纹

2）公称直径。公称直径是代表螺纹尺寸的直径，指大径的公称尺寸。

3）线数（n）。线数是指一个螺纹上螺旋线的数目。螺纹可分单线、双线和多线。沿一条螺旋线所形成的螺纹称为单线螺纹，沿两条或两条以上在轴向等距分布的螺旋线所形成的螺纹称为双线或多线螺纹。

4）螺距（P）和导程（P_h）。螺距是相邻两牙在中径线上对应两点间的轴向距离。导程是指一条螺旋线上相邻两牙在中径线上对应两点间的轴向距离。单线螺纹 $P_h=P$，多线螺纹 $P_h=n\,P$。

5）螺纹精度。螺纹精度由螺纹公差带和旋合长度组成。螺纹公差带的位置由基本偏差决定，外螺纹的上极限偏差（es）和内螺纹的下极限偏差（EI）为基本偏差。

6）螺纹的旋向。螺纹旋向分左旋和右旋两种。顺时针旋转时旋入的螺纹称为右旋螺纹，逆时针旋转时旋入的螺纹称为左旋螺纹。判别螺纹旋向时，螺纹从左向右升高的为右旋螺纹，螺纹从右向左升高的为左旋螺纹。如图 1-3-34 所示为判别螺纹旋向的方法。

（2）螺纹代号。螺纹代号主要用来反映螺纹各基本要素。标准螺纹代号的表示顺序是牙型—公称直径 × 螺距（导程 / 线数）—精度等级—旋向。

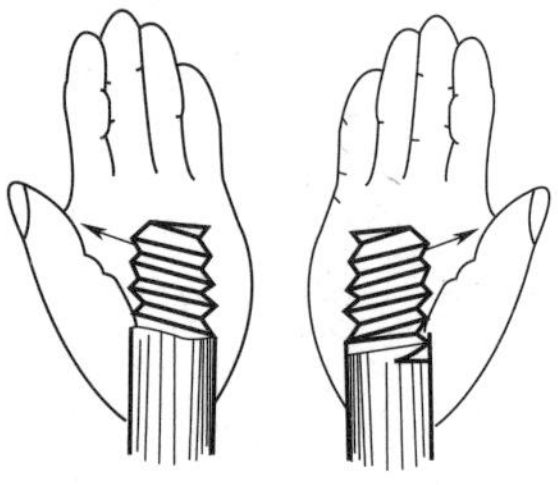

图 1–3–34　判别螺纹旋向的方法
a）左旋螺纹　b）右旋螺纹

普通螺纹代号应符合国家标准《普通螺纹　直径与螺距系列》（GB/T 193—2003）。粗牙普通螺纹用字母“M”及“公称直径”表示，细牙普通螺纹用字母“M”及“公称直径 × 螺距”表示。当螺纹为左旋时，在螺纹代号之后加写“LH”；右旋不注出。例如：

M12　　　　　　公称直径为 12 mm 的粗牙普通螺纹。

M12 × 1.5　　　　公称直径为 12 mm、螺距为 1.5 mm 的细牙普通螺纹。

M12 × 1.5 LH　　　公称直径为 12 mm、螺距为 1.5 mm 的左旋细牙普通螺纹。

（3）螺纹标记。螺纹完整标记由螺纹代号、螺纹公差带代号和螺纹旋合长度代号组成。螺纹公差带代号包括中径公差带代号和顶径（外螺纹大径和内螺纹小径）公差带代号。公差带代号由表示其大小的公差等级数字和表示其位置的字母组成，如 6 H、6 g 等。如两公差带相同，则只标注一个。螺纹公差带代号标注在螺纹代号之后，中间用“—”分开。

二、螺纹的尺寸计算

1. 螺纹的主要参数

各种螺纹（除矩形螺纹）的主要几何尺寸可查阅有关标准，图 1–3–35 所示为双头外螺纹的基本参数，包括外径（大径）内径（小径）、中径、螺距、导程、线数、螺旋升角和牙型角等。

（1）大径 d、D。大径是与外螺纹牙顶或内螺纹牙底相重合的假想圆柱面的直径。对外螺纹而言，大径为顶径；对内螺纹而言，大径为底径。普通螺纹大径为螺纹的公称直径。

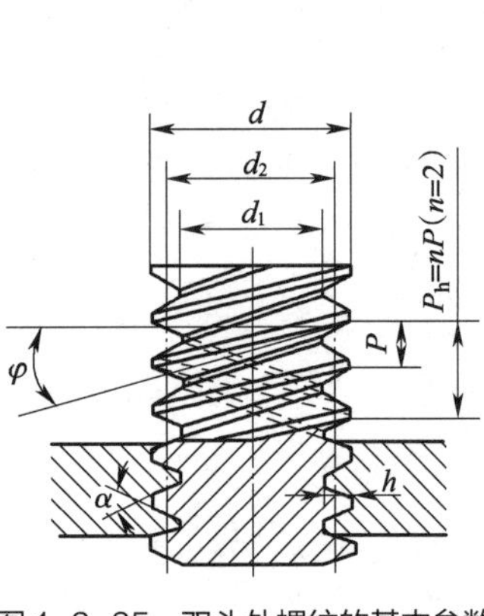

图 1–3–35　双头外螺纹的基本参数

（2）小径 d_1、D_1。小径是与外螺纹牙底或内螺纹牙顶相重合的假想圆柱面的直径，在强度计算中作为危险剖面的计算直径。对外螺纹而言，小径为底径；

对内螺纹而言，小径为顶径。

（3）中径 d_2、D_2。中径是在螺纹轴向剖面内牙厚与牙间宽相等处的假想圆柱面的直径，近似等于螺纹的平均直径［$d_2 \approx 0.5（d+d_1）$］。

（4）线数。在同一圆柱面上制造螺纹线的数目，为便于制造，一般 $n \leqslant 4$。

（5）螺旋升角 φ。螺旋升角是指在中径圆柱面上螺旋线的切线与垂直于螺旋线轴线的平面间的夹角。设 n 为螺纹线数，螺旋升角 φ 与螺距 P 和中径 d_2 之间的关系为：

$$\tan\varphi = nP/（\pi d_2）$$

（6）牙型角 α。牙型角是指螺纹轴向平面内螺纹牙型两侧边的夹角。牙型半角 $\alpha/2$ 是在螺纹牙型上牙侧与螺纹轴线的垂线间的夹角。公制普通螺纹的牙型角 $\alpha=60^{\circ}$，牙型半角 $\alpha/2=30^{\circ}$。

（7）牙型斜角 β。牙型斜角是指螺纹牙型的侧边与螺纹轴线的垂直平面间的夹角。

2. 管螺纹尺寸计算

管螺纹是位于管壁上用于连接的螺纹，有 55° 非密封管螺纹和 55° 密封管螺纹等。管螺纹主要用来进行管道的连接，使其内、外螺纹配合紧密，有圆柱管螺纹（见图 1-3-36）和圆锥管螺纹（见图 1-3-37）两种。

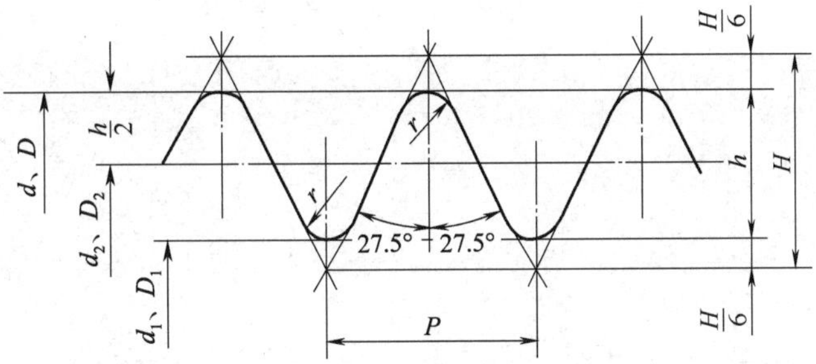

图1-3-36　55°圆柱管螺纹牙型

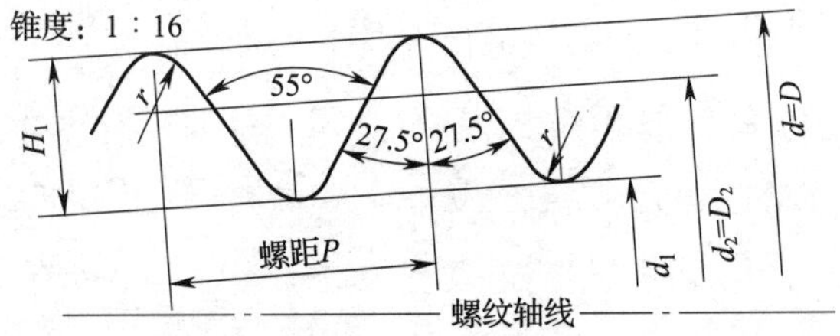

图1-3-37　55°圆锥管螺纹牙型

（1）圆柱管螺纹

1）圆柱管螺纹代号：G+ 公称尺寸（in）。

2）管螺纹的尺寸计算：

$$P=25.4/n$$

$$H=0.960\,491\,P$$

$$h=0.640\,327\,P$$

$$d_2=D_2=d-0.640\,327\,P$$

$$r=0.137\,329\,P$$

$$d_1=D_1=d-1.280\,654\,P$$

$$H/6=0.160\,082\,P$$

式中　P——螺距，mm；

n——每英寸（25.4 mm）内的牙数；

h（H）——牙型高度，mm；

d（D）——大径，mm；

d_2（D_2）——中径，mm；

d_1（D_1）——小径，mm；

r——圆弧半径，mm。

55° 圆柱管螺纹的尺寸见表 1-3-6。

表 1-3-6　55° 圆柱管螺纹尺寸

螺纹代号	公称尺寸 /in	每英寸牙数 n	螺距 P/mm	牙高 h/mm	圆弧半径 $r\approx$ /mm	基本直径		
						大径 $d=D$ /mm	中径 $d_2=D_2$ /mm	小径 $d_1=D_1$ /mm
G 1/16	1/16	28	0.907	0.581	0.125	7.723	7.142	6.561
G 1/8	1/8	28	0.907	0.581	0.125	9.728	9.147	8.566
G 1/4	1/4	19	1.337	0.856	0.184	13.157	12.301	11.445
G 3/8	3/8	19	1.337	0.856	0.184	16.662	15.806	14.950
G 1/2	1/2	14	1.814	1.162	0.249	20.955	19.793	18.631
G 5/8	5/8	14	1.814	1.162	0.249	22.911	21.749	20.587
G 3/4	3/4	14	1.814	1.162	0.249	26.441	25.279	24.117
G 7/8	7/8	14	1.814	1.162	0.249	30.201	29.039	27.877
G 1	1	11	2.309	1.479	0.317	33.249	31.770	30.291

续表

螺纹代号	公称尺寸 /in	每英寸牙数 n	螺距 P/mm	牙高 h/mm	圆弧半径 $r\approx$ /mm	基本直径		
						大径 $d=D$ /mm	中径 $d_2=D_2$ /mm	小径 $d_1=D_1$ /mm
G 1（1/8）	1（1/8）	11	2.309	1.479	0.317	37.897	36.418	34.939
G 1（1/4）	1（1/4）	11	2.309	1.479	0.317	41.910	40.431	38.952
G 1（1/2）	1（1/2）	11	2.309	1.479	0.317	47.803	46.324	44.845
G 1（3/4）	1（3/4）	11	2.309	1.479	0.317	53.746	52.267	50.788
G 2	2	11	2.309	1.479	0.317	59.614	58.135	56.656
G 2（1/4）	2（1/4）	11	2.309	1.479	0.317	65.710	64.231	62.752
G 2（1/2）	2（1/2）	11	2.309	1.479	0.317	75.184	73.705	72.226
G 2（3/4）	2（3/4）	11	2.309	1.479	0.317	81.534	80.055	78.576
G 3	3	11	2.309	1.479	0.317	87.884	86.405	84.926
G 3（1/2）	3（1/2）	11	2.309	1.479	0.317	100.330	98.851	97.372
G 4	4	11	2.309	1.479	0.317	113.030	111.551	110.072
G 4（1/2）	4（1/2）	11	2.309	1.479	0.317	125.730	124.251	122.772
G 5	5	11	2.309	1.479	0.317	138.430	136.951	135.472
G 5（1/2）	5（1/2）	11	2.309	1.479	0.317	151.130	149.651	148.172
G 6	6	11	2.309	1.479	0.317	163.830	162.351	160.872

（2）圆锥管螺纹

1）圆锥管螺纹代号：R+ 公称尺寸（in）。

2）60° 圆锥管螺纹的牙型如图 1–3–38 所示，尺寸见表 1–3–7。

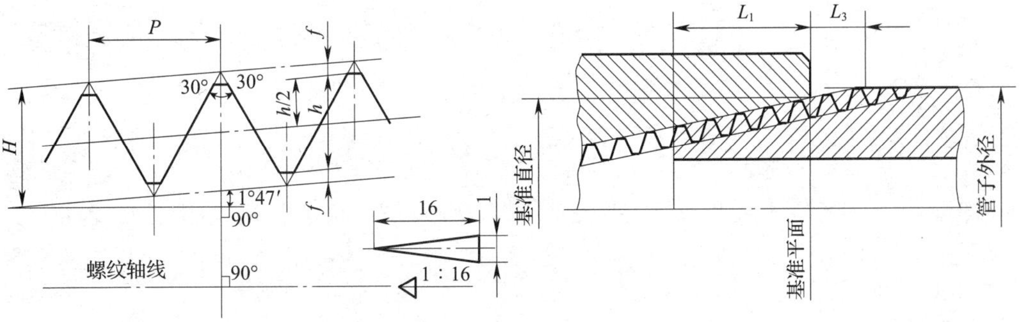

图 1–3–38　60° 圆锥管螺纹的牙型

表 1-3-7　60° 圆锥管螺纹尺寸

mm

螺纹代号	每英寸螺纹牙数 n	基面上的公称直径			基准距离 L_1		装配余量 L_3		管子外径	圆锥外螺纹小端面处的螺纹小径
		大径（基准直径）$d=D$	中径 $d_2=D_2$	小径 $d_1=D_1$	距离	牙数	距离	牙数		
R1/16	27	7.895	7.142	6.389	4.064	4.32	2.822	3	7.938	6.135
R1/8	27	10.242	9.489	8.736	4.102	4.36	2.822	3	10.287	8.480
R1/4	18	13.616	12.487	11.358	5.786	4.10	4.234	3	13.716	10.997
R3/8	18	17.055	15.926	14.797	6.096	4.32	4.234	3	17.145	14.416
R1/2	14	21.223	19.772	18.321	8.128	4.48	5.443	3	21.336	17.813
R3/4	14	26.568	25.117	23.666	8.611	4.75	5.443	3	26.670	23.128
R1	11.5	33.228	31.461	29.694	10.160	4.60	6.627	3	33.401	29.059
R 1（1/4）	11.5	41.985	40.218	38.451	10.668	4.83	6.627	3	42.164	37.784
R 1（1/2）	11.5	48.054	46.287	44.520	10.688	4.83	6.627	3	48.260	43.854
R2	11.5	60.092	58.325	56.558	11.074	5.01	6.627	3	60.325	55.866
R 2（1/2）	8	72.699	70.159	67.619	17.323	5.46	6.350	2	73.025	66.536
R3	8	88.608	86.068	83.528	19.456	6.13	6.350	2	88.900	82.312
R 3（1/2）	8	101.316	98.776	96.236	20.853	6.57	6.350	2	101.600	94.932
R4	8	113.973	111.433	108.893	21.438	6.75	6.350	2	114.300	107.553
R5	8	140.952	138.412	135.872	23.800	7.50	6.350	2	141.300	134.384
R6	8	167.792	165.252	162.712	24.333	7.66	6.350	2	168.275	161.191
R8	8	218.441	215.901	213.361	27.000	8.50	6.350	2	219.075	211.673
R10	8	272.312	269.772	267.232	30.734	9.68	6.350	2	273.050	265.311
R12	8	323.032	320.492	317.952	34.544	10.88	6.350	2	323.850	315.793

三、螺纹加工工具

1. 攻螺纹工具

丝锥是一种加工内螺纹的刀具，常用高速钢、碳素工具钢或合金工具钢制成，因其制造简单、使用方便，所以应用很广泛。

（1）丝锥的分类

1）按使用方法不同，可分为手用丝锥和机用丝锥两大类。

手用丝锥是手工攻螺纹时用的一种丝锥（见图 1–3–39a），常用于单件、小批量生产及各种修配工作中。手用丝锥制造时一般都不经磨削，工作时的切削速度较低，通常用 9 SiCr、GCr9 钢制造。

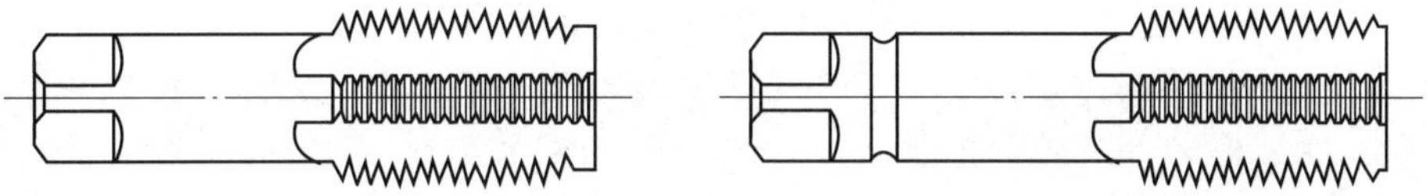

a）　　　　b）

图 1–3–39　丝锥

a）手用丝锥　b）机用丝锥

机用丝锥是通过攻螺纹夹头装夹在机床上使用的一种丝锥，如图 1–3–39b 所示。它的形状与手用丝锥相仿，不同的是其柄部除铣有方榫外，还割有一条环槽。因机用丝锥攻螺纹时的切削速度较高，故常采用高速钢 W18 Cr4 V 制造。

2）按用途不同，丝锥又可以分为普通螺纹丝锥、英制螺纹丝锥、圆柱管螺纹丝锥、圆锥管螺纹丝锥、校准丝锥及特殊螺纹丝锥（如梯形螺纹丝锥）等。其中普通螺纹丝锥、圆柱管螺纹丝锥和圆锥管螺纹丝锥是常用的三种丝锥。

普通螺纹丝锥是最常用的丝锥（见图 1–3–39a），分粗牙和细牙两种，可用来攻通孔或不通孔的螺纹。

圆柱管螺纹丝锥的外形与普通螺纹丝锥相仿，如图 1–3–40a 所示，但其工作部分较短，可用来攻圆柱管螺纹。常见的圆柱管螺纹丝锥是两支一套的手用丝锥。

圆锥管螺纹丝锥是用来攻圆锥管螺纹的丝锥，其直径从头部到尾部逐渐增大，但螺纹牙型始终与丝锥轴线垂直，以保证内、外螺纹牙型两边有良好的接触。圆锥管螺纹丝锥攻螺纹时切削量很大。通常圆锥管螺纹丝锥是两支一套的，但也有一支一套的。

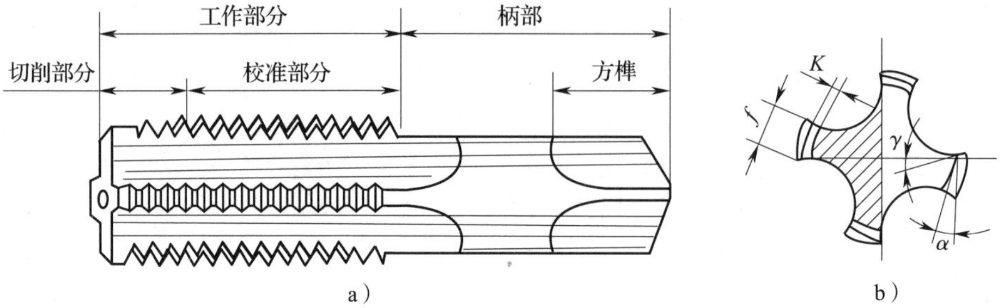

图 1-3-40　丝锥的结构

a）外形　b）切削部分和校准部分的角度

（2）丝锥的几何参数

1）前角、后角和倒锥。丝锥的工作部分沿轴向有几条容屑槽，以容纳切屑，同时形成切削刃和前角 γ（见图 1-3-40b）。为了适应不同的材料，前角可以在必要时做适当增减，见表 1-3-8。

表 1-3-8　丝锥前角的选择

被加工材料	铸青铜	铸铁	硬钢	黄铜	中碳钢	低碳钢	不锈钢	铝合金
前角 γ	0°	5°	5°	10°	10°	15°	15° ~ 20°	20° ~ 30°

在切削部分的锥面上铲磨出后角 α，一般手用丝锥 α =6° ~ 8°，机用丝锥 α =10° ~ 12°，齿侧为 0°。在丝锥的校准部分，手用丝锥没有后角。机用丝锥的螺纹是磨过的，对 M12 以上的齿宽 f 上铲磨出 K =0.01 ~ 0.025 mm，以形成很小的后角。为了减小校准部分与螺纹孔的摩擦，也为了减小攻出螺纹孔的扩张量，丝锥校准部分的大径、中径、小径均有（0.05 ~ 0.12）mm/100 mm 的倒锥。

2）容屑槽。M8 以下的丝锥一般是三条容屑槽，M8 ~ M12 的丝锥容屑槽有三条的也有四条的，M12 以上的丝锥一般是四条容屑槽。较大的手用丝锥、机用丝锥及管螺纹丝锥也有六条容屑槽的。标准丝锥一般都是直槽的，以便于制造和刃磨。为了控制排屑方向，有些专用丝锥做成左旋槽（见图 1-3-41a），用来加工通孔，使切屑顺利地向下排出；也有做成右旋的（见图 1-3-41b），用来加工不通孔，使切屑能向上排出。在加工通孔时，为了使排屑顺利，也可对直槽标准丝锥的切削部分前端加以修磨，以形成刃倾角 λ =-5° ~ -15°，如图 1-3-42 所示。

（3）丝锥的载荷分配。对于成套丝锥，为了提高丝锥的使用寿命和螺纹质量，攻螺纹时将整个切削载荷加以合理分配，由几支丝锥来承担。丝锥载荷的分配一般有锥形分配（见图 1-3-43）和柱形分配（见图 1-3-44）两种形式。

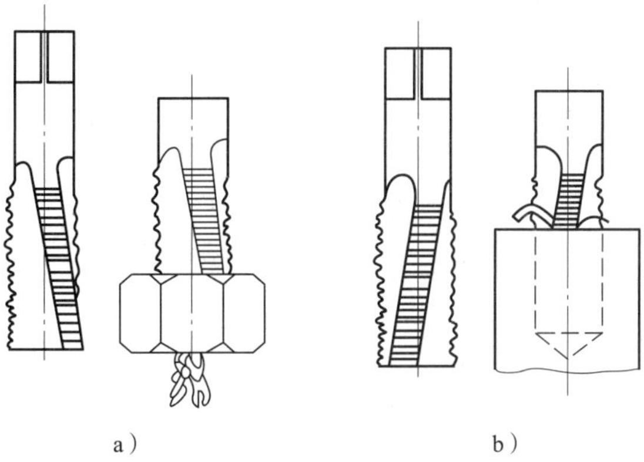

图 1-3-41　容屑槽的方向
a）左旋　b）右旋

图 1-3-42　修磨出负的刃倾角

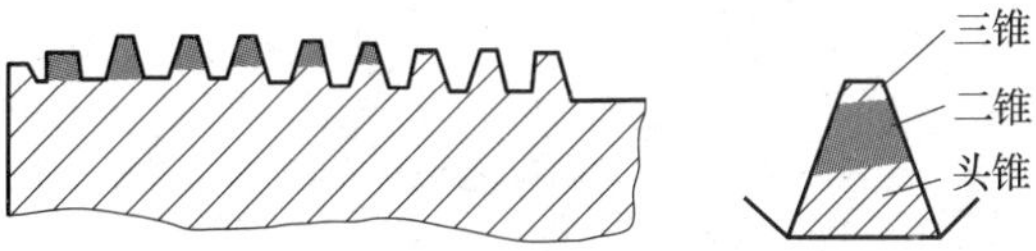

图 1-3-43　成套丝锥的锥形分配

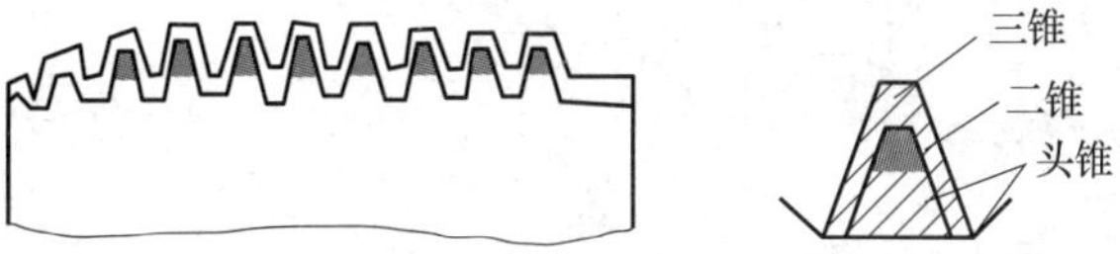

图 1-3-44　成套丝锥的柱形分配

1）锥形分配。锥形分配（等径丝锥）其每套丝锥的大径、中径、小径都相等，只是切削部分的长度及偏角不同。头锥的切削部分长度为 5 ~ 7 个螺距，二锥的切削部分长度为 2.5 ~ 4 个螺距，三锥的切削部分长度为 1.5 ~ 2 个螺距。

2）柱形分配。柱形分配（不等径丝锥）其第一粗锥、第二粗锥的大径、中径、小径都比精锥小。第一粗锥、第二粗锥的螺纹中径一样，大径不一样。第一粗锥的大径小，第二粗锥的大径大。因此这种丝锥的切削量分配比较合理，三支一套的丝锥按 6 : 3 : 1 的比例分担切削量，两支一套的丝锥则按 75 : 25 分担切削量。这样分配可使各丝锥磨损均匀，使用寿命较长，攻螺纹时也较省力。同时因精锥的两侧刃也参加切削，所以加工的螺纹表面粗糙度值小，但丝锥的制造成本较高。攻通孔螺纹时要攻两次或三次，丝锥的顺序也不能搞错。因此，对于直径小于 M12 的丝锥采用锥形分配，而对于直径较大的丝锥则采用柱形分配。所以，攻 M12 或 M12 以上的通孔螺纹时一定要用最末一支丝锥攻过，才能得到正确的螺纹直径。

机用丝锥一套也有两支。攻通孔螺纹时，一般都用切削部分较长的初锥一次攻出。只有攻不通孔螺纹时才用精锥再攻一次，以增加螺纹的有效长度。

2. 套螺纹工具

套螺纹要使用圆板牙、圆板牙架等工具。

（1）圆板牙。圆板牙是加工外螺纹的工具，它由切削部分、校准部分和排屑孔组成。其本身就像一个圆螺母，在它上面钻有几个排屑孔而形成刃口，如图 1–3–45 所示。

1）切削部分。圆板牙的切削部分为两端的锥角（2φ）部分。它不是圆锥面，而是经铲磨而成的阿基米得螺旋面，形成的后角 $\alpha=7° \sim 9°$，锥角 $\varphi=20° \sim 25°$。圆板牙前面是圆孔，因此前角大小沿着切削刃而变化，小径处前角 γ 最大，大径处前角 γ_0 最小（见图 1–3–46），一般 $\gamma_0= 8° \sim 12°$。

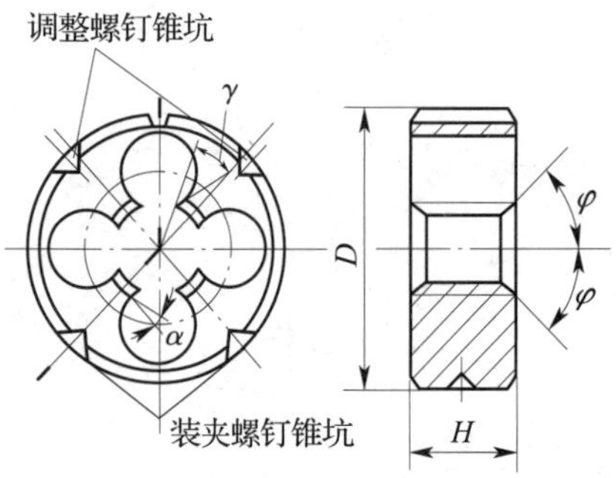

图 1–3–45　圆板牙

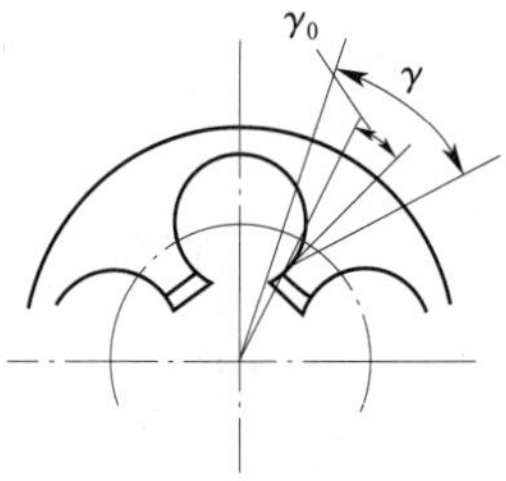

图 1–3–46　前角大小的变化

圆板牙两端面都有切削部分，一端磨损后可换另一端使用。

2）校准部分。圆板牙的中间一段是校准部分，也是套螺纹时的导向部分。

圆板牙的校准部分因套螺纹时的磨损会使螺纹尺寸变大而超出公差范围，为延长圆板牙的使用寿命，M3.5 以上的圆板牙，其外圆上有一条 V 形槽，当尺寸变大超差时，可用片状砂轮沿 V 形槽切出一条通槽，用圆板牙架上的两个螺钉顶入圆板牙上面的两个偏心锥坑内，使圆板牙尺寸缩小，其调节范围为 0.1 ~ 0.25 mm。若在 V 形槽开口处旋入螺钉能使圆板牙直径增大。将螺钉拧入圆板牙下部两个轴线通过圆板牙中心的螺钉锥坑，可将圆板牙固定在圆板牙架中并用来传递转矩。

管螺纹圆板牙可分为圆柱管螺纹圆板牙和圆锥管螺纹圆板牙，其结构与圆板牙基本相同。但圆锥管螺纹圆板牙只是在单面制成切削锥（见图 1–3–47），故圆锥管螺纹圆板牙只能单面使用。圆锥管螺纹圆板牙所有切削刃均参加切削，所以切削时很费力。圆锥管螺纹圆板牙的切削长度影响圆锥管螺纹的牙型尺寸，因此套螺纹时要经常检查，不能使切削长度超过太多，只要相配件旋入能满足要求即可。

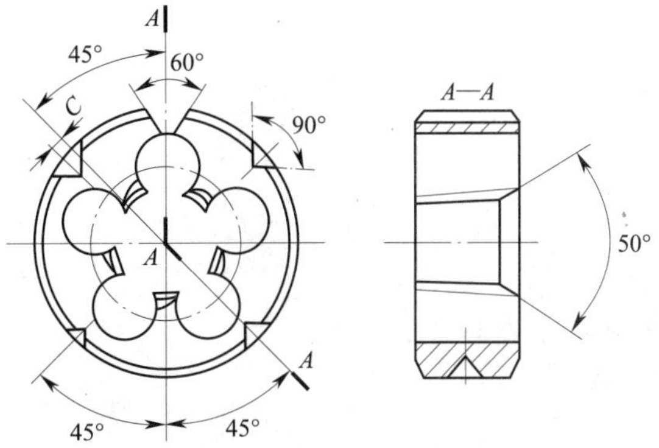

图1–3–47　管螺纹圆板牙

（2）圆板牙架。圆板牙架是用来安装、夹持圆板牙，带动圆板牙旋转进行切削的工具。圆板牙架通常为固定式，每一种圆板牙对应一种圆板牙架，如图 1–3–48 所示。

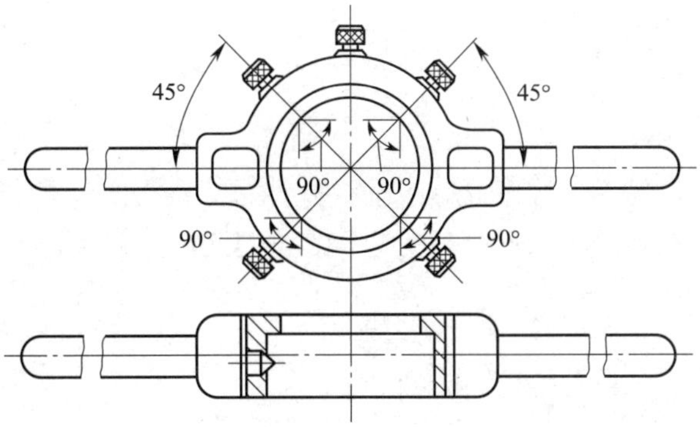

图1–3–48　圆板牙架

四、攻螺纹的方法

1. 螺纹底孔直径的确定

攻螺纹前首先应确定螺纹底孔直径。

攻螺纹时，每个切削刃一方面在切削金属，另一方面也在挤压金属，因而会产生金属凸起并向牙尖流动的现象，如图 1-3-49 所示。被丝锥挤出的金属会卡住丝锥甚至将其折断，因此，底孔直径应比螺纹小径略大，这样挤出的金属流向牙尖正好形成完整的螺纹，又不易卡住丝锥。

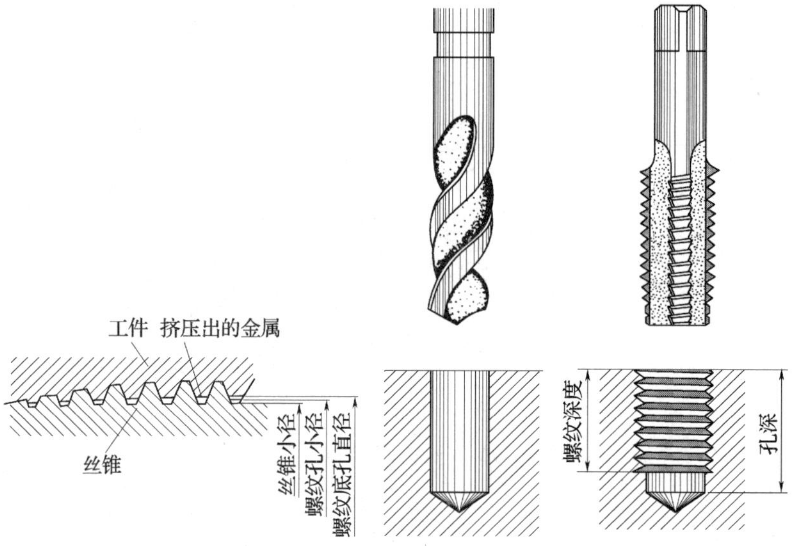

图 1-3-49　攻螺纹时的挤压现象

确定螺纹底孔直径的大小要根据工件材料和螺纹直径来考虑，见表 1-3-9 和表 1-3-10 中的经验公式。

表 1-3-9　攻普通螺纹前钻底孔钻头直径的计算公式　mm

被加工材料和扩展量	钻头直径计算公式
钢和其他塑性大的材料，扩展量中等	$d_0=D-P$
铸铁和其他塑性小的材料，扩展量较小	$d_0=D-(1.05\sim1.1)P$

表 1-3-10　攻管螺纹钻底孔钻头直径的计算公式

螺纹公称直径（in）	钻铸铁与青铜时钻头直径（mm）	钻钢和黄铜时钻头直径（mm）
$\frac{3}{16}\sim\frac{5}{8}$	$D_{钻}=25\left(D-\frac{1}{n}\right)$	$D_{钻}=25\left(D-\frac{1}{n}\right)+0.1$
$\frac{3}{4}\sim1\frac{1}{2}$	$D_{钻}=25\left(D-\frac{1}{n}\right)$	$D_{钻}=25\left(D-\frac{1}{n}\right)+0.2$

2. 攻螺纹的操作要点及注意事项

（1）攻螺纹的基本步骤（见图 1-3-50）

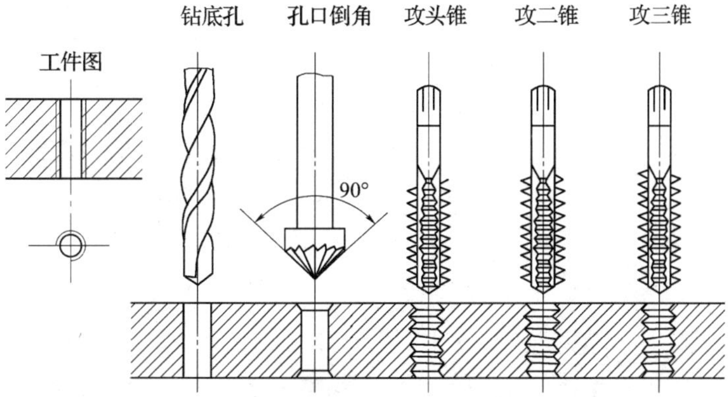

图 1-3-50　攻螺纹的基本步骤

1）钻底孔。确定底孔直径，选用钻头，钻底孔。

2）孔口倒角。钻孔后孔口倒角（攻通孔时两面孔口都应倒角）。用 90° 锪钻倒角，使倒角的最大直径和螺纹的公称直径相等，便于起攻，并使最后一道螺纹不至于在丝锥穿出时崩裂。

3）装夹工件。通常将工件夹持在台虎钳上攻螺纹。但较小的工件可以放平，左手握紧工件，右手使用铰杠攻螺纹。

4）选铰杠。按照丝锥柄部的方头尺寸选用铰杠。

5）攻头锥。攻螺纹时丝锥必须尽量放正，与工件表面垂直，其找正方法如图 1-3-51 所示。攻螺纹开始时，用手掌按住丝锥中心，适当施加压力并转动铰杠，如图 1-3-52a 所示。开始起攻时，两手要加适当压力，并按顺时针方向（右旋螺纹）将丝锥旋入孔内。当切削刃切进后，两手不要再加压力，只用平稳的旋转力将螺纹攻出。

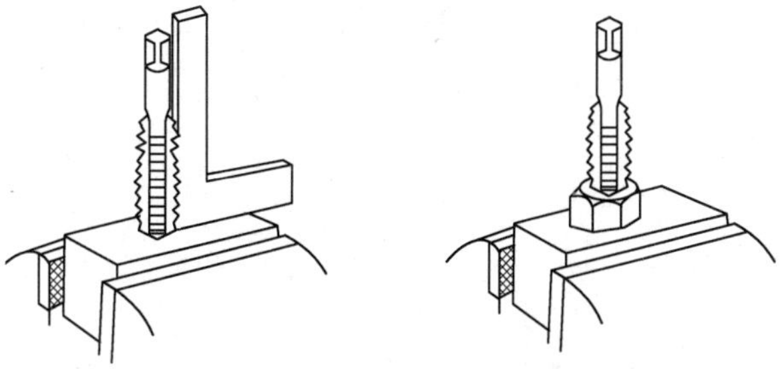

a）　　b）

图 1-3-51　丝锥找正方法

在攻螺纹中，两手用力要均衡，旋转要平稳，每旋转 1/2 ~ 1 周时，将丝锥反转 1/4 周，以割断和排出切屑，防止切屑堵塞容屑槽而造成丝锥损坏和折断，如图 1–3–52b 所示。

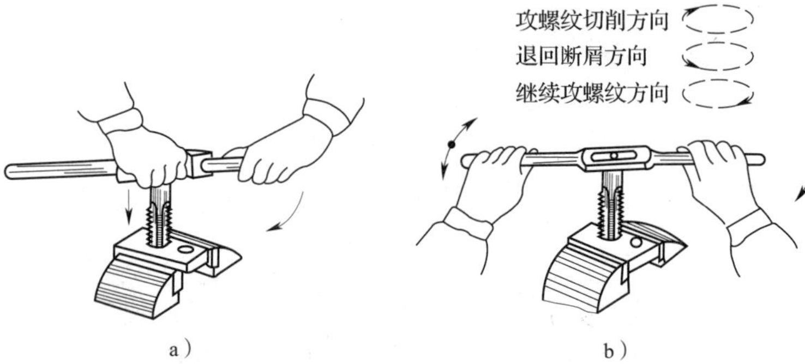

图 1–3–52　攻螺纹方法

6）攻二锥、三锥。头锥攻过后，再攻二锥、三锥，以扩大及修光螺纹。攻二锥、三锥时，必须先用手将丝锥旋进头锥已攻过的螺纹中，使其得到良好的引导后再用铰杠继续攻螺纹。按照上述方法，直到攻螺纹完成为止。

7）丝锥退出。退出丝锥时，应先用铰杠带动丝锥平稳地反向转动。当能用手直接旋动丝锥时，应停止使用铰杠，以防铰杠带动丝锥退出时产生摇摆和振动，破坏螺纹表面质量。

（2）攻不通孔螺纹。攻不通孔螺纹时，要经常退出丝锥，排出孔中切屑。当要攻到孔底时，更应及时排出孔底积屑，以免攻到孔底丝锥被轧住。

（3）攻通孔螺纹。攻通孔螺纹时，丝锥校准部分不应全部攻出头，否则会扩大或损坏孔口最后几道螺纹。

（4）攻塑性材料的螺纹。攻塑性材料的螺纹时要加切削液，以减小切削阻力和提高螺纹的表面质量，延长丝锥的使用寿命。一般用润滑油或浓度较高的乳化液，要求高的螺纹也可用菜籽油或二硫化钼等。

五、套螺纹的方法

1. 圆杆直径的确定

与用丝锥攻螺纹一样，用圆板牙在工件上套螺纹时，材料同样因受到挤压而变形，牙顶将被挤高一些，因此圆杆直径应稍小于螺纹大径。圆杆直径可根据工件材料和螺纹直径确定，一般硬质材料直径可大些，软质材料可稍小些。

套螺纹圆杆直径也可用以下经验公式来确定：

$$d_{杆}=d-0.13P$$

式中　$d_{杆}$——套螺纹前圆杆直径，mm；

d——螺纹大径，mm；

P——螺距，mm。

2. 套螺纹的操作要点及注意事项

（1）准备。圆杆应装夹在用硬木制成的 V 形钳口或用铜板制成的衬垫中，（见图 1–3–53），并尽量靠近钳口。因为套螺纹时切削力矩较大，若圆杆夹持不牢固则易出现偏斜和夹出痕迹。

为使圆板牙容易切入工件，在起套前应将圆杆端部加工出 15°～20° 的倒角（见图 1–3–54），且倒角小端直径应小于螺纹小径，可避免攻出的螺纹出现锋口和卷边而影响螺母拧入。

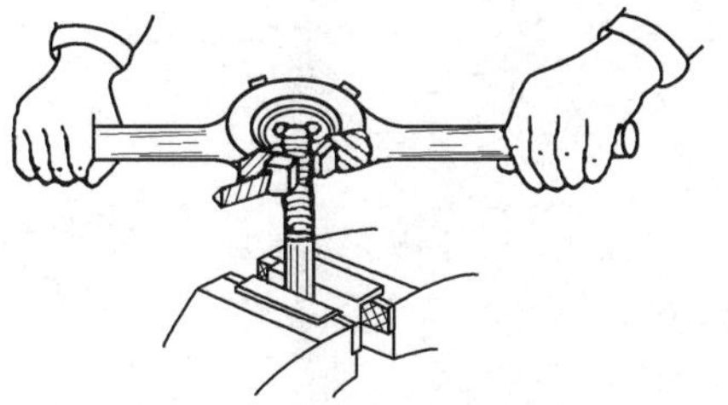

图 1–3–53　圆杆的固定

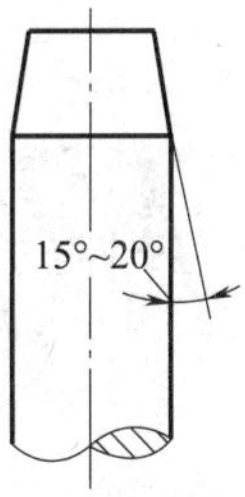

图 1–3–54　圆杆顶端角度

（2）起套。套螺纹起套方法与攻螺纹起攻方法是一样的，用一只手的手掌按住圆板牙架中部，沿圆杆轴线方向用力加压，另一只手配合做顺时针旋转，动作要慢，压力要大，同时保证圆板牙端面与圆杆轴线垂直，在圆板牙切入圆杆两圈时及时校正。

（3）断屑。圆板牙切入四圈后不能再对其施加压力，让圆板牙自然引进。套螺纹过程中要不断倒转断屑。

（4）加入切削液。在钢件上套螺纹时应加切削液，以降低螺纹表面粗糙度值和延长圆板牙使用寿命。一般选用润滑油作为切削液。

（5）检验。套螺纹完成后，选用公称直径相对应的螺母与加工好的螺杆进行旋合，以检测加工好的螺纹是否满足使用要求。

课程 1-4 刮削和研磨

学习内容

学习单元	课程内容	培训建议	课堂学时
（1）刮削加工	1）刮削工具和材料 2）刮刀的刃磨 3）刮削方法 4）原始平板和大平板的刮削	（1）方法：讲授法、演示法 （2）重点：平面的刮削 （3）难点：刮刀的刃磨	12
（2）研磨加工	1）研磨的目的、原理和余量 2）研具和研磨剂 3）平面研磨	（1）方法：讲授法、演示法 （2）重点：研磨方法 （3）难点：平面研磨	12

学习单元 1 刮 削 加 工

一、刮削工具和材料

刮削前，为了知道工件表面高低不平的程度，通常是用标准工具加上适当的显示剂进行对磨，使工件表面高出的部分显示出来，以便有的放矢地使用刮刀进行刮削。

1. 刮刀

刮刀是刮削用的主要工具，其刀头必须具有足够的硬度，刃口应保持锋利。刮刀的材料一般采用碳素工具钢（T8、T10、T12、T12A）或轴承钢（GCr15）锻制而成。当刮削硬质材料时，也可将硬质合金刀片镶在刀杆上使用。根据刮削工件的外形不同，刮刀可分为平面刮刀和曲面刮刀两大类。

（1）平面刮刀。平面刮刀又分为普通平面刮刀和活头平面刮刀两种，其结构和形状如图 1-4-1 所示。

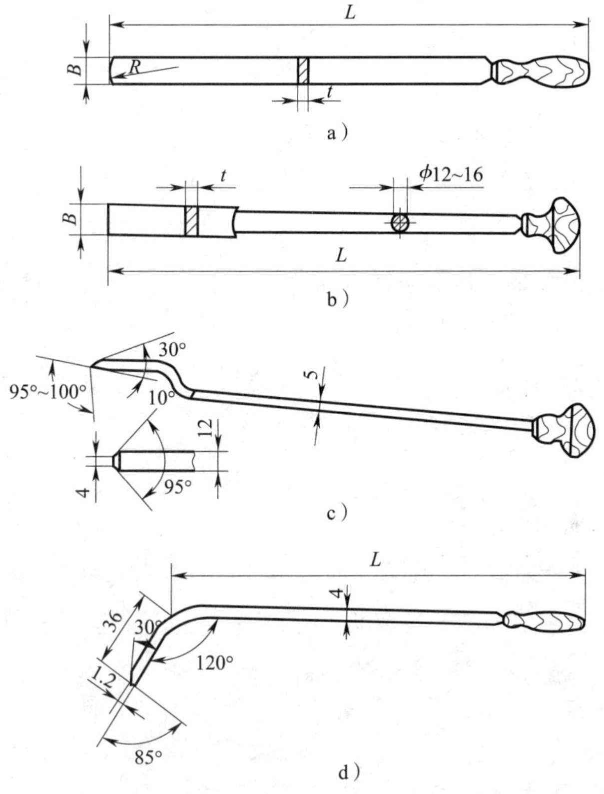

图 1-4-1　平面刮刀

a）手握刮刀　b）挺刮刀　c）精刮刀　d）钩头刮刀

1）手握刮刀。一般用废旧锉刀磨光两面锉齿改制而成，刀体较短，刮削时由双手一前一后握持着推压前进。

2）挺刮刀。刀片与刀体用铜焊焊接，具有良好的弹性。刮削时将刀柄放在小腹右下侧肌肉处，双手握住刀身，左手下压刀杆，利用腿部和臀部的力量使刮刀向前推挤。挺刮刀一般用于粗刮。

3）精刮刀和压花刀。刀体呈曲形，头部小，角度大，弹性较大，使用方法与挺刮刀相同。精刮刀和压花刀常用于精刮和刮花。

4）钩头刮刀。头部呈钩状，刮削时用左手紧握钩头部分用力向下压，右手抓住刀柄用力往后拉。

（2）曲面刮刀。曲面刮刀主要用来刮削内曲面，种类较多，常用的曲面刮刀有三角刮刀和蛇头刮刀两种，其结构和形状如图 1–4–2 所示。

1）三角刮刀。一般可用旧三角锉刀磨去锉齿改制而成，也可用高速钢车刀（又称白钢刀）磨制或用碳素工具钢直接锻制而成。三角刮刀的断面为三角形，其三条尖棱就是三个呈弧形的切削刃。

2）蛇头刮刀。常用碳素工具钢锻制而成。刀头部分具有四个带圆弧形的切削刃，两平面内边磨有凹槽。使用蛇头刮刀刮削时，两圆弧切削刃可以交错使用，其切削刃圆弧的大小应根据被刮削工件粗刮、精刮而定。粗刮刀的圆弧曲率半径大，目的是加大切削刃与工件的接触面积，以便提高刮削速度。精刮刀的圆弧曲率半径小，便于修刮研点，并且使刮出的凹坑深度加深，以利于储油。

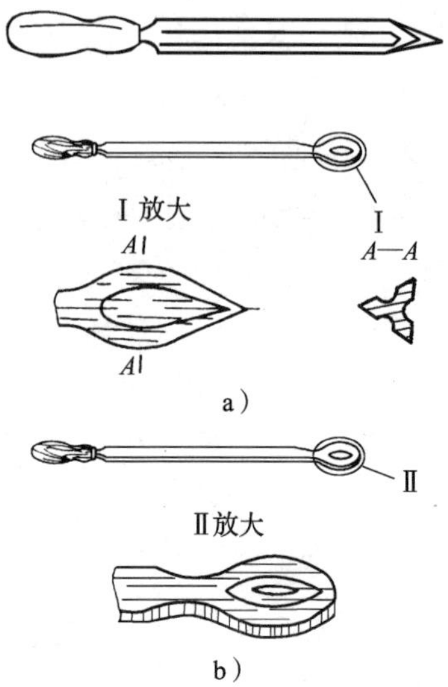

图 1–4–2　曲面刮刀
a）三角刮刀　b）蛇头刮刀

2. 校准工具

校准工具是用来检验刮削面准确性的一种工具。常用的校准工具有以下几种：

（1）标准平板。适用于检验较宽的工件平面。一般标准平板是用具有较高耐磨性和组织紧密的铸铁制成的，其外形如图 1–4–3 所示。

图 1–4–3　标准平板

（2）平面校准平尺。适用于检验长而窄的工作面，如图 1–4–4a 所示。

（3）三棱检验尺。刮削互成角度的棱面时使用，如图 1–4–4b 所示。

（4）检验轴。刮削曲面、孔表面时，一般多采用与孔相配的轴来作为检验轴。如果没有现成的轴，就要制造一根标准的心棒来校准。

（5）水平仪。用来检验工件表面的水平度和垂直度。

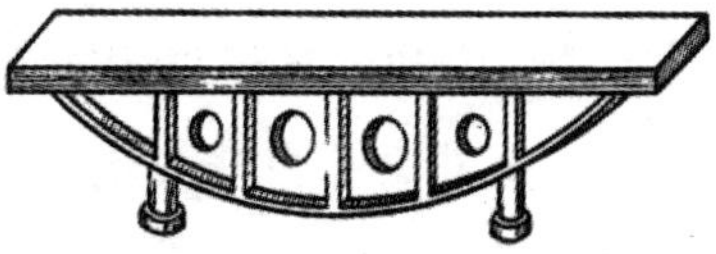

a）　　　　　　　　　　b）

图 1-4-4　校准平尺

a）平面校准平尺　b）三棱检验尺

3. 刮削用显示剂

在需要刮削的工件表面和检验工具（研具）表面涂上一种辅助材料，用来显示工件表面与检验工具表面之间相互接触面的大小，这种辅助材料叫作显示剂。

（1）常用显示剂及使用注意事项

1）红丹粉。分为红褐色铁丹和橘红色铅丹，用润滑油调和，用于铸铁和钢件。

2）蓝油。由普鲁士蓝粉和蓖麻油加适量润滑油调和而成，用于铜或巴氏合金等软金属。

粗刮时显示剂可调得稀些，涂层可略厚些，以增加显点面积；精刮时应调得稠些，涂层薄而均匀，从而保证显点小而清晰；刮削接近符合要求时，显示剂涂层应更薄，把工件在刮削后的剩余显示剂涂抹均匀即可。显示剂在使用过程中应注意清洁，避免砂粒、切屑和其他污物划伤工件表面。

（2）显示研点方法。显点的方法应根据不同形状和刮削面积大小有所区别。

1）中、小型工件的显点。校准平板固定不动，工件被刮削面在平板上推研，推研时压力要均匀，防止显示失真，操作方法如图 1-4-5 所示。如工件被刮削面小于平板面，推研时最好不超出平板；如被刮削面等于或稍大于平板面，允许工件超出平板，但超出部分应小于工件长度的 1/3。应在整个平板上推研，防止平板局部磨损。

a）　　　　　　　　　　b）

图 1-4-5　中、小型工件的显点

a）推研　b）显点

2）大型工件的显点。将工件固定，平板在工件的被刮削面上推研，操作方法如图 1–4–6 所示。推研时，平板超出工件被刮削面的长度应小于平板长度的 1/5。对面积大、刚度低的工件，平板的质量应尽可能减小，必要时还可采用卸荷推研。

3）质量不对称工件的显点。推研时，应在工件某部位托或压，但用力大小应适当、均匀，操作方法如图 1–4–7 所示。如两次显点有矛盾，应分析原因，认真检查推研方法，慎重处理。

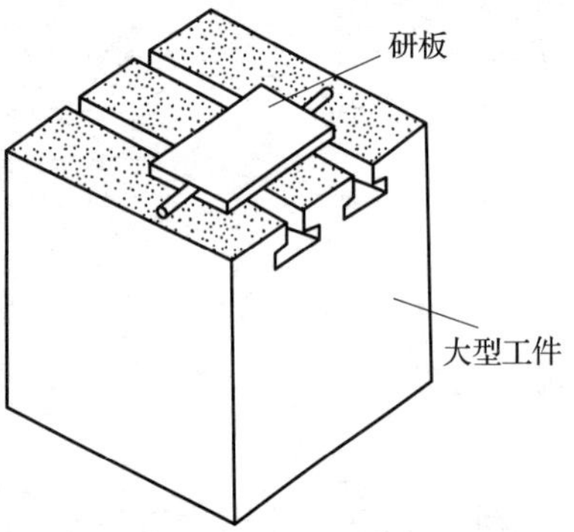

图 1–4–6　大型工件的显点

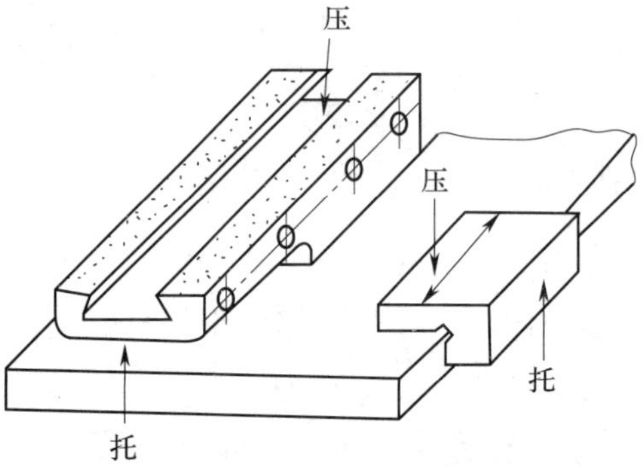

图 1–4–7　质量不对称工件的显点

二、刮刀的刃磨

为了更好地进行刮削，要求刮刀的刀刃保持光滑而锋利，因此需要经常刃磨刮刀。刃磨刮刀的方法如下：

1. 平面刮刀刃磨

（1）粗磨平面刮刀（铲刀）。如图 1–4–8 所示，启动砂轮，把淬硬的刮刀顶端搁在砂轮搁架上，沿着砂轮侧面及外圆线来回移动，使刃口窄侧面及宽平面互成平行或垂直（刃口可磨成稍带弧形），磨的时候要注意用水冷却，避免刮刀退火。

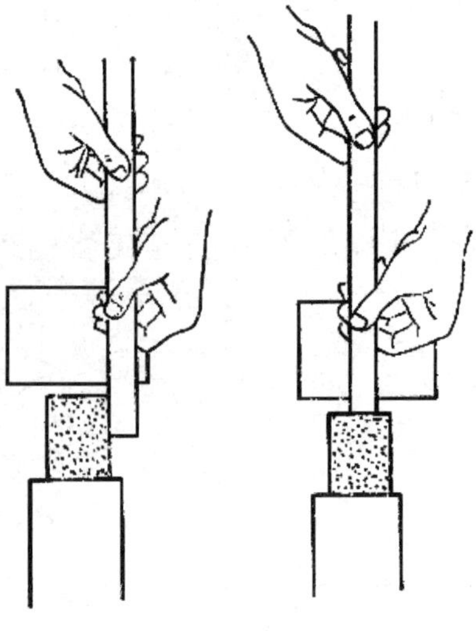
图 1–4–8　在砂轮上粗磨平面刮刀

（2）细磨刮刀。经砂轮粗磨后的刮刀刃口仍然存在细微的凹痕并带有毛刺，还要进一步在油石或放有研磨剂的平板上进行细磨。在油石上细磨时，需放适量的柴油或润滑油。如图 1–4–9 所示，刃磨时，刮刀的刀身要垂直于油石表面，两个宽平面和切削刃顶端面要交替刃磨，注意两切削刃应在两宽平面上，不能出现负前角，否则将不锋利而失去刃磨的意义。条件许可的，刮刀的两宽平面最好在平面磨床上磨光。刮刀在使用中需要刃磨时，只需垂直地刃磨切削刃顶端面即可，这样可以保证刮刀刃口平整和锋利，工作起来也方便。同时，为了避免刃磨时刮刀的刃口钩住油石，刃口和运动方向应形成一个较小的角度。

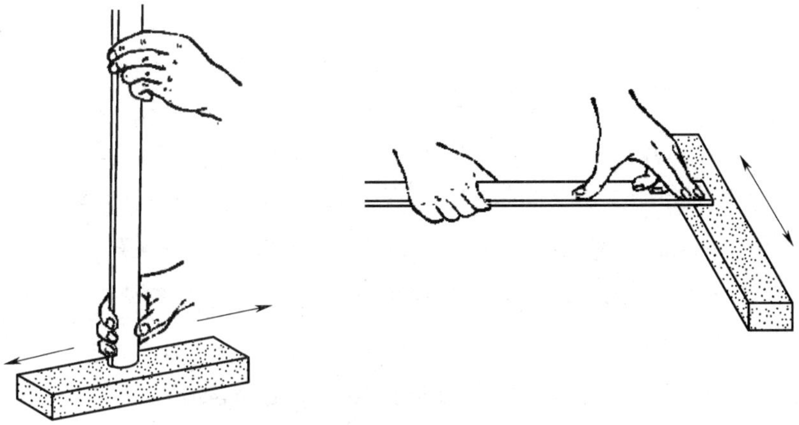

图 1-4-9　在油石上细磨平面刮刀

2. 三角刮刀刃磨

三角刮刀的刃磨和平面刮刀的刃磨相似，也分粗磨和细磨两个步骤。

（1）粗磨三角刮刀。如图 1-4-10 所示，以左手把刃口轻压在砂轮上，右手握住刮刀柄，并使刮刀在砂轮上左右移动。刃磨中，注意检查刮刀横截面的三条棱边，看是否保持等边三角形。同时，可在刮刀的三个面上各磨出一条纵槽，以便于细磨。

（2）细磨三角刮刀。为了能获得平整和锋利的刃口，所使用的油石表面必须平整，刃磨方法如图 1-4-11 所示。刮刀与油石的夹角为 45°～60°。要充分地使用油石的整个

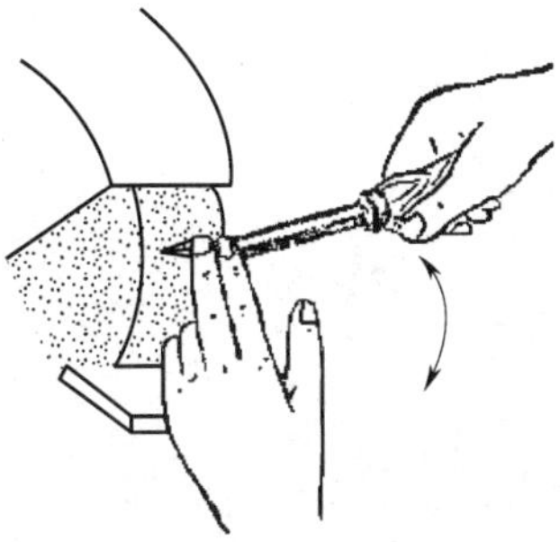

图 1-4-10　在砂轮上粗磨三角刮刀

图 1-4-11　在油石上细磨三角刮刀

平面进行刃磨，以防止油石局部位置过早地凹陷或起槽，否则，既缩短油石的使用寿命，也无法磨好刮刀。

三、刮削方法

1. 刮削时的角度和刮刀的握法

刮削平面时，刮刀的运动是往复直线运动。刮刀推出去时起切削作用，返回时是空行程。刮削时，刮刀与工件平面斜交一角度，斜交的角度一般为 25° ~ 30°。刃口锋利的刮刀，与工件斜交的角度可稍小些，刮削一段时间后，刃口变钝时角度应略增大。如图 1–4–12 所示，使用普通平面刮刀工作时，左手放在靠近刀头的杆上，起引导刮刀方向并施加一定压力的作用；右手握住刀柄，并使刀柄抵住掌心，用力向前推进。使用长柄刮刀时，为了减轻疲劳，可把刀柄顶着髋骨侧部，两手压着刮刀的头部，利用人的重力做前后惯性运动，推动切削刃进行刮削，这样操作既省力又能提高工效。

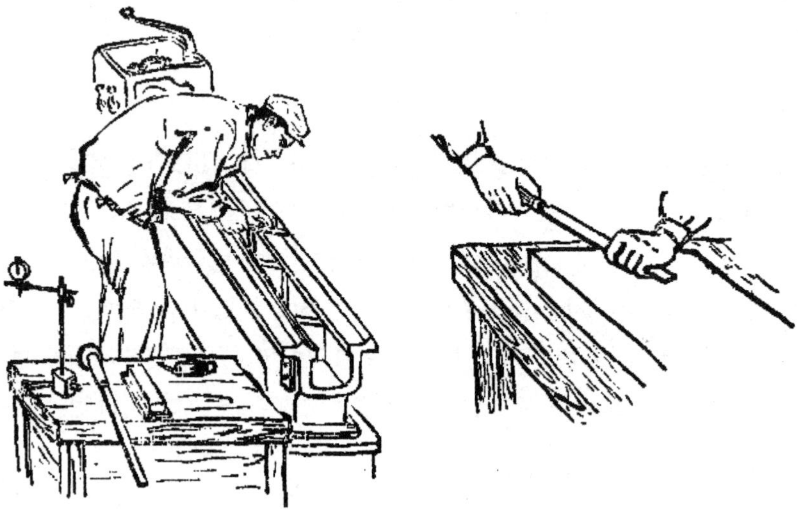

a）　　　　b）

图 1–4–12　刮削的姿势

a）长刮刀的使用　b）短刮刀的握法

2. 刮削步骤

小型工件可夹持在台虎钳上进行刮削，但必须防止工件变形。刮削较大型的工件时，可将其水平牢靠地放在地面上进行。目前许多企业床身导轨、床鞍燕尾槽均不刮削，直接用导轨磨床磨出，但有些企业还采用刮削方式。刮削工作从开始到完成，可分为粗刮、细刮、精刮三个步骤。

（1）粗刮。刮削前，首先要把已经车削、铣削、刨削等加工的工件，用刮刀、锉刀或修边器等去掉周边毛刺、锐边、锐角，以防止碰伤手，并用刮刀全面地刮去机械加工后留下的刀痕，然后涂上显示剂（或工件表面不涂色，在校准平板等校准工具上涂色），与校准平板进行对磨。对磨后，常有以下三种接触情况：一是工件的四周边缘接触而中间位置不接触；二是工件只有中间一部分接触，而其他位置不接触；三是工件的平面一边接触，而另一边不接触或只有对角位置接触等。粗刮前，细心观察和分析平面对磨后的接触情况是很重要的，只有在掌握了接触情况后，才能正确地进行刮削工作。

粗刮时要刮去相当厚的切屑（去粗皮），所以刮削压力要大些，这样去屑更快些。粗刮所使用的刮刀端部必须平，一般多采用长刮刀进行刮削，刮削时刀痕要连成一片，不可重复，以防止平面高低相差过多。经粗刮后，当每 25 mm × 25 mm 正方形面积内有 4 ~ 6 处接触点时，就可进入细刮。

（2）细刮（点刮）。细刮是把已经贴合的点轻轻地一个一个地刮去，使对磨时工件平面原来不接触位置逐渐接触，不断地增加贴合点的数目，以达到所要求的表面质量。经过一段时间的细刮，磨出来的点子相互间的距离渐近，这时可以从工件表面看出三种深浅不同颜色的斑点（见图 1–4–13）：亮而反光的地方就是工件表面较高之处；显出黑色点的地方是平面高低适中的地方，不需刮去；不着色的地方是平面较低之处，所以对磨时与校准平板不接触。此外，刮削中还要掌握以下要领，即“点子越疏散，需刮去的点子面积越大；点子越集中，则刮去的点子面积越小”，才能又快又好地完成刮削工序。当工件平面每 25 mm × 25 mm 正方形内有 15 ~ 20 个贴合点时，就可以进行精刮了。

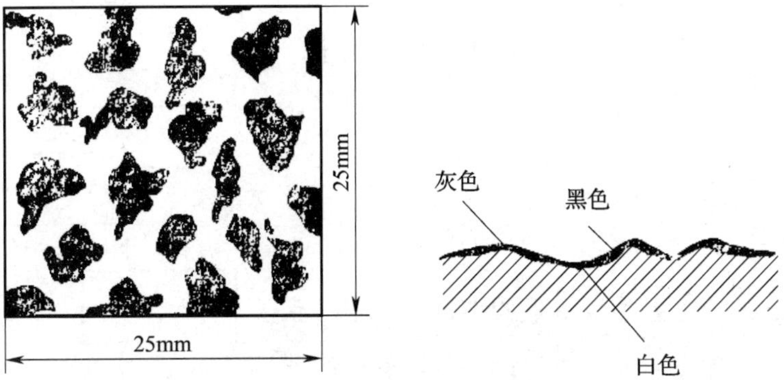

图 1–4–13　细刮时的点子图形

（3）精刮。精刮的目的是在细刮的基础上再经过一番修整，进一步提高工件的表面质量。精刮所使用的刮刀要特别锋利，一般用小刮刀。刮削时，为了减小刮刀刃口与工件平面的接触面积，更准确地刮在点子上，可把刮刀的顶端磨成稍带圆弧形。进行精刮工作时，精神要集中，每刀刮在点子上，点子越多刀痕越小，刮削时所用的力要轻。

当点子逐渐增大时，可将点子分成三种情况进行刮削，最大最亮的点子要全部刮去，中等的点子刮去一小片，小点子留着不刮。这样，大点子就可分成许多小点子，中等的点子又分成几个小点子，直到每 25 mm × 25 mm 正方形内有 20 ~ 25 个贴合点为止。

四、原始平板和大平板的刮削

1. 原始平板的刮削

如果工作中遇到没有校准平板作基准面，但要求刮出几块较精密的平板时，可采用三块平板互相配刮的方法（俗称三块互刮法），能获得理想的平面，其原理与工作步骤如图 1–4–14 所示。三块平板用号码 1、2、3 表示。假设以 1 号平板为基准刮削另外两块，如果 1 号是凹心，则 2 号、3 号两块平板必将刮成凸心。然后，将 2 号和 3 号两块平板对磨点子，从 2 号、3 号平板只有中间位置有贴合点的情况中可以分析出 1 号平板是凹心的，于是刮削 2 号和 3 号平板，彼此配合，则 2 号和 3 号平板凸出部分将刮去，而逐渐成为平面。再以 2 号平板为基础刮削 1 号平板，则 1 号平板四周凸出部分将刮去，也逐渐成为平面。继续刮削 1 号和 3 号平板，彼此配合，接着以 3 号平板为基准刮削 2 号平板，最后三块平板彼此配刮，便可以获得理想的平面。不论三块平板原来的平面形状如何，只要按以上顺序轮换互刮，都是可以获得理想的平面的。

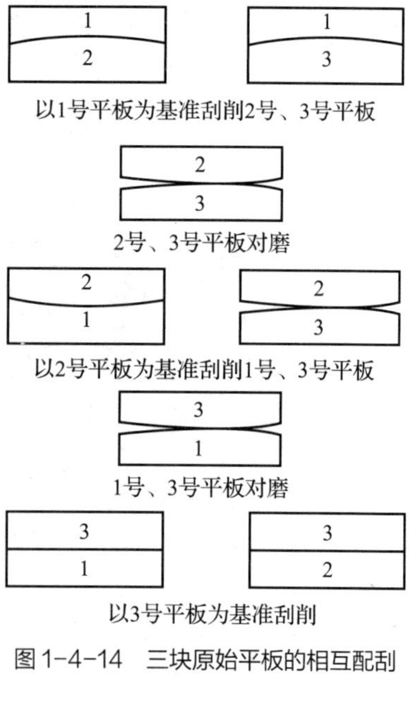

图 1–4–14　三块原始平板的相互配刮

2. 利用水平仪刮削大平板

刮削前，必须将大平板水平校准，然后根据水平仪在平板上所测得的数据进行刮削。校准与刮削平板的方法较多，这里介绍通常所采用的一种。如

图1–4–15所示，利用水平仪刮削长1 400 mm、宽1 000 mm的平板时，首先把水平仪安放在平板中央位置的纵向和横向方位上，测出大致水平，然后逐步调整四角的可调节支承，使平板中央位置保持水平，校好后再把水平仪安放在平板的 *a*、*b*、*c*、*d* 四个位置上，进一步进行水平校准。平板经过初步水平校准后，再用水平仪检查平板是否有扭曲或凹凸等现象。用水平仪检查平板直线度时，通常是沿着平板的四周和对角线进行的，检查时应注意记清平板的左右、上下和水平仪的移动方向，并画出直线度曲线图，从曲线图中便可以分析出平板的形状。这时，可对平板水平做最后的调整，使平板水平度达到最小误差。

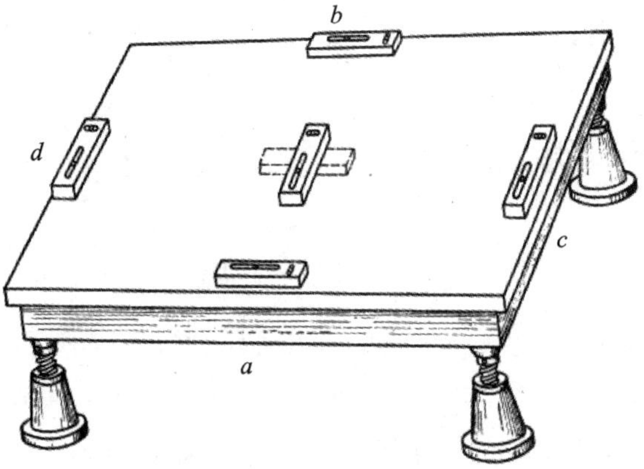

图1–4–15　平板水平度的调整

在测量时，依次移动水平仪，使每次测量位置互相衔接，这样才能测绘出与平板面直线度实际形状相接近的连续曲线。通常将平板面在全长上划分为若干段（一般以使用的水平仪工作面长度为一段），水平仪依次由一段移至另一段，从而测量每段平板对起始段延长线的角度误差。

学习单元2　研 磨 加 工

研磨是使用研具和研磨剂从工件表面去除极薄的金属层，使工件达到精确的尺寸、准确的几何形状和很小的表面粗糙度值的加工方法。

一、研磨的目的、原理和余量

1. 研磨的目的

（1）获得较小的表面粗糙度值。经研磨后的表面，一般情况下表面粗糙度值可达到 $Ra0.8$ ~ 0.05 μm，最小可达到 $Ra0.006$ μm。

（2）达到精确的尺寸精度。工件经研磨后，尺寸误差可控制在 0.001 ~ 0.005 mm。

（3）提高工件的几何精度。工件在一般机械加工方法中产生的几何误差可通过研磨的方法来校正。经研磨加工后，几何误差可小于 0.005 mm。

（4）经研磨的工件，表面粗糙度值很小，形状准确，所以工件的耐磨性、耐腐蚀和疲劳强度也相应得到提高，从而可延长工件的使用寿命。

2. 研磨原理

研磨是一种微量的金属切削运动，它的基本原理包括物理和化学的综合作用。

（1）物理作用。即磨料对工件的切削作用。研磨要求研具材料比工件材料要软。当受到一定压力后，研磨剂中的微小颗粒（磨料）被压嵌在研具的表面，成为无数个切削刃，由于研具和工件的相对运动，磨料对工件产生微量的切削与挤压，工件表面被切削去一层极薄的切屑。

（2）化学作用。采用氧化铬、硬脂酸等化学研磨剂时，与空气接触的工件表面很快形成一层极薄的氧化膜，而氧化膜又很快被研磨掉，这就是研磨的化学作用。在研磨过程中，氧化膜迅速形成（化学作用），又不断被磨掉（物理作用），经过这样多次反复，工件的加工表面很快就达到了预期的精度要求。

3. 研磨余量

研磨的加工量很小，一般每研磨一遍所去除的金属层厚度约为 0.002 mm，所以研磨余量不能太大，否则会使研磨时间增加，且研磨工具的使用寿命会缩短。通常研磨余量在 0.005 ~ 0.03 mm 比较适宜。研磨余量的大小应根据工件加工面尺寸和精度要求而确定，有时研磨余量就留在工件的公差内。

二、研具和研磨剂

1. 研具材料

研具材料必须比工件稍软，但不可太软，否则磨料会全部嵌进研具而失去研磨作用。研具材料的组织需细密、均匀，否则会使研具产生不均匀磨损而影响工件质量。研具材料主要有灰铸铁、球墨铸铁、低碳钢和铜等。

（1）灰铸铁是常用的研具材料，它具有润滑性能好、磨耗较慢、硬度适中、研磨剂在其表面容易涂均匀等优点。

（2）球墨铸铁比灰铸铁更容易嵌存磨料且嵌得均匀牢固，同时由于其强度高，还能延长研具的使用寿命，目前已得到广泛使用。

（3）低碳钢的韧性较好，不容易折断，常用于制作小型研具，如研磨螺纹和细小的工件等。

（4）铜的性质较软，表面容易嵌存磨料，适于制作软钢研磨加工范围内的研具。

2. 研具类型

常用的研具有研磨平板、研磨环和研磨棒等。

（1）研磨平板。研磨平板主要用来研磨平面，如量块、精密量具的测量面及精密机械的导轨等，也可使用研磨平板对外圆柱或外圆锥工件进行抛光加工。它分为有槽的和光滑的两种，有槽的研磨平板用于粗研，研磨时易于将工件压平，防止将工件磨成凸起的弧面；光滑的研磨平板用于精研。研磨平板如图 1–4–16 所示。

（2）研磨环。研磨环主要用来研磨外圆柱表面和外圆锥表面。研磨环的内径通常比工件的外径大 0.025 ~ 0.05 mm。经过一段时间的研磨后，其内径增大，这时可通过拧紧调节螺钉使孔径缩小，以保持所需的间隙。研磨环如图 1–4–17 所示。

（3）研磨棒。研磨棒主要用来研磨圆柱孔和圆锥孔，有固定式（见图 1–4–18）和可调式（见图 1–4–19）两种。

固定式研磨棒制造容易，但外径磨损后无法补偿。因此，对每个工件某一孔径的研磨，需要 2 ~ 3 个预先制好的有粗、半精、精研磨余量的研磨棒。工件孔的精度要求越高，则研磨棒的数量越多。其中带槽的研磨棒用于粗磨，光滑研磨棒用于精磨。

可调式研磨棒因为能在一定的尺寸范围内进行调整，适用于批量生产中对工件孔的研磨，但制造时间长，成本较高。

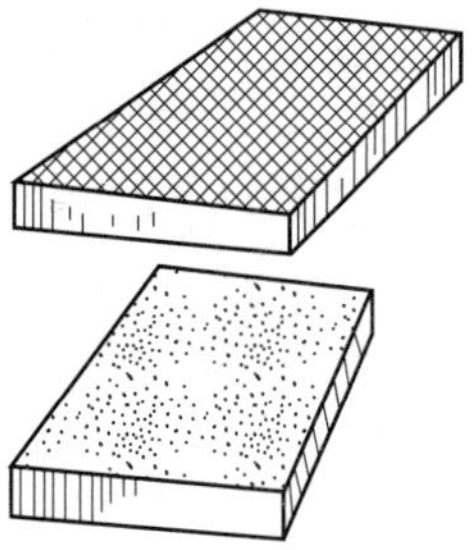

图 1-4-16　研磨平板

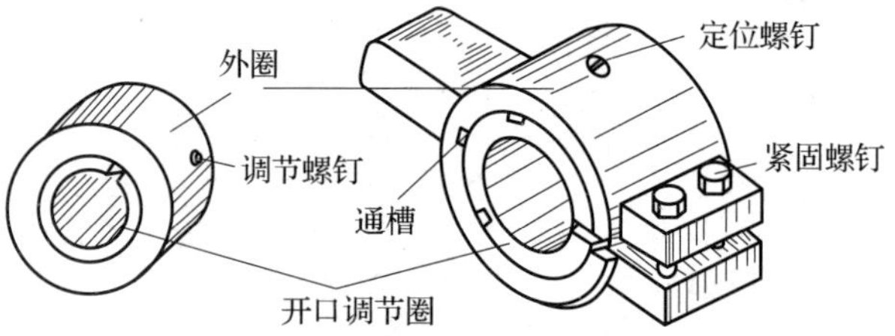

图 1-4-17　研磨环

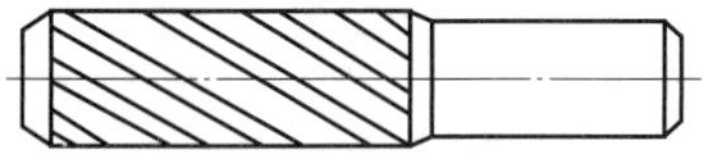

图 1-4-18　固定式研磨棒

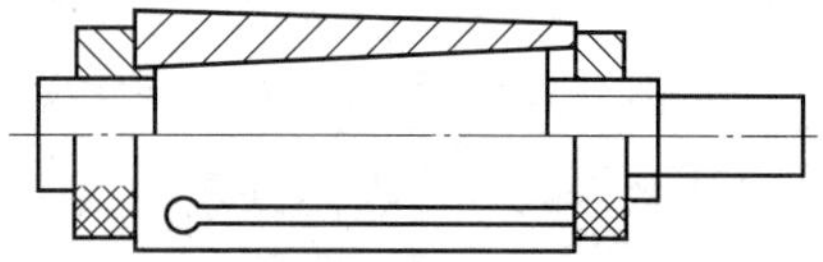

图 1-4-19　可调式研磨棒

3. 研磨剂

（1）研磨剂的成分。研磨剂是由磨料和研磨液调和而成的混合剂。

1）磨料。磨料在研磨中起切削作用，它与研磨工作的效率、精度、表面粗糙度及研磨成本等都有密切关系。常用的磨料有以下三类：

①氧化物磨料（即刚玉类磨料）。它主要用于碳素工具钢、合金工具钢、高速钢和铸铁工件的研磨。

②碳化物磨料。它的硬度高于氧化物磨料，除了可用于一般钢铁制件的研磨外，主要用于研磨硬质合金、陶瓷之类的高硬度工件。

③金刚石磨料。分人造和天然两种。它的切削能力和硬度比前两类都高，实用效果好，但价格昂贵，一般只用于硬质合金、硬铬、宝石、玛瑙和陶瓷等高硬度工件的研磨加工。

2）研磨液。研磨液在研磨加工中起调和磨料、冷却和润滑的作用。研磨液应具有一定的黏度和稀释能力，有良好的冷却和润滑作用，对工件无腐蚀性，且不影响人体健康。

常用的研磨液有煤油、汽油、L—AN15、L—AN22 号全损耗系统用油（俗称机油，以下简称“机油”）、工业用甘油、汽轮机油及熟猪油等。另外，根据需要在研磨液中再加入适量的石蜡、蜂蜡等填料和黏性较大而氧化作用较强的油酸、硬脂酸等，研磨效果会更好。

（2）研磨剂的选用。磨料的粗细用粒度表示，一般分为磨粉和微粉两个组别。其中磨粉的粒度以号数标注，如 F100、280 等，号数越大磨料越细；微粉的粒度用微粉尺寸的数之前加“W”表示，如 W40、W0.5 等，号数越小磨料越细。使用时应根据研磨精度的高低来选择粒度号数的大小。

研磨剂一般可分为液态和固态两种。液态研磨剂一般适用于大批量的专业化研磨生产，使用时根据被研磨工件的硬度和表面粗糙度要求，由研磨粉、硬脂酸和汽油等按一定比例配制。固态研磨剂一般是指成品研磨膏，使用时根据工件研磨精度要求来选用不同的硬度和粒度规格，将少量的研磨膏放于容器内，再加入适量的机油等稀释后，即可进行研磨。

三、平面研磨

1. 平面研磨的操作方法

平面研磨分为粗磨和细磨，如图 1-4-20 所示。具体操作方法如下：

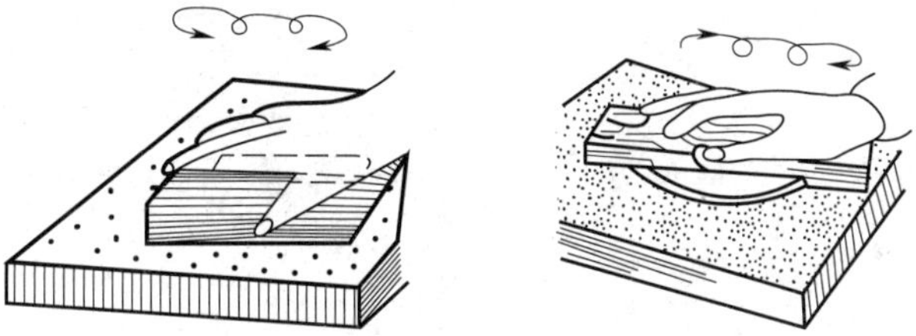

a）　　　　b）

图 1-4-20　平面研磨

a）粗磨　b）细磨

（1）研磨前，先用煤油或汽油把研磨平板的工作表面清洗干净并擦干，然后在研磨平板上涂上适当的研磨剂，把工件放在研磨平板上，用手按住进行研磨。

（2）先在有槽的平板上粗研，再用光滑平板精研。

（3）各种平面工件研磨的运动轨迹形式

1）一般平面研磨时采用 8 字形或螺旋线轨迹，如图 1-4-21、图 1-4-22 所示。

2）窄平面研磨时，用金属块作导向靠铁（金属块和平面相互垂直），并与金属块一起采用直线往复轨迹法研磨，如图 1-4-23 所示。

3）半径为 R 的圆角研磨采用摆动式直线研磨轨迹法，如图 1-4-24 所示。

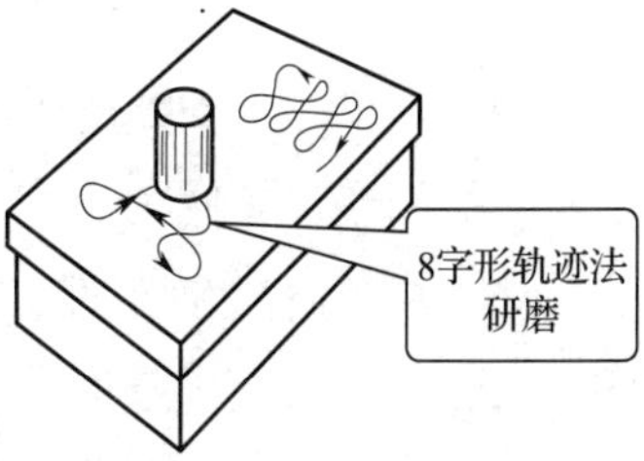

图 1-4-21　8 字形轨迹法

4）多数目工件及小型工件研磨时，采用C形夹头将工件夹在一起研磨，如图 1-4-25 所示。

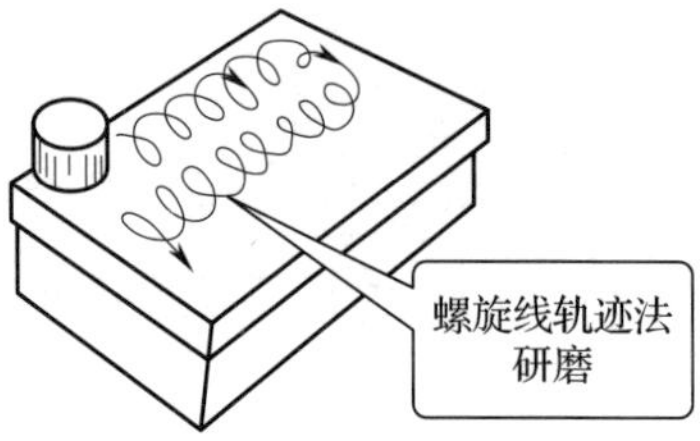

图 1-4-22　螺旋线轨迹法

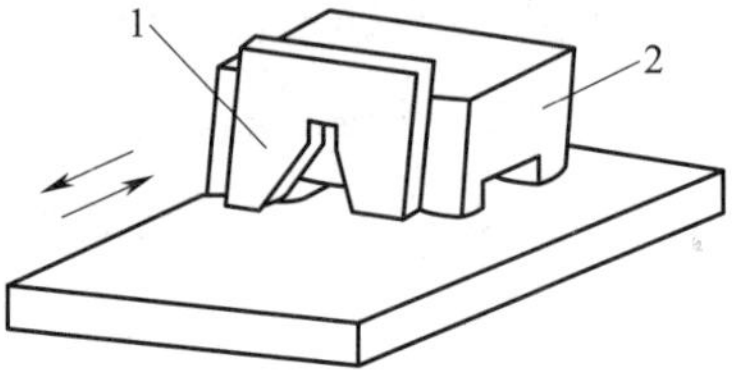

图 1-4-23　窄平面研磨

1—工件　2—靠铁

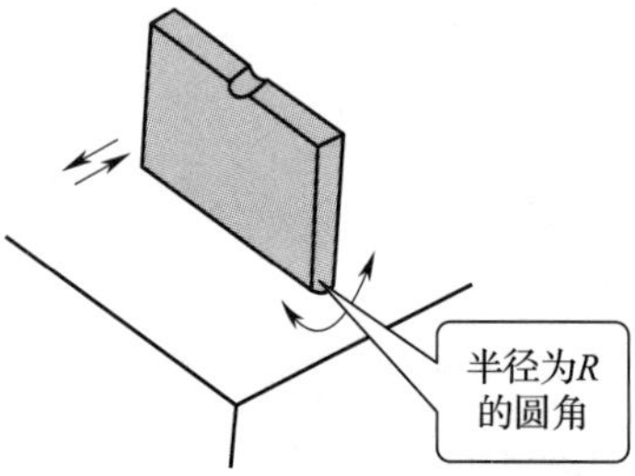

图 1-4-24　摆动式直线研磨轨迹法

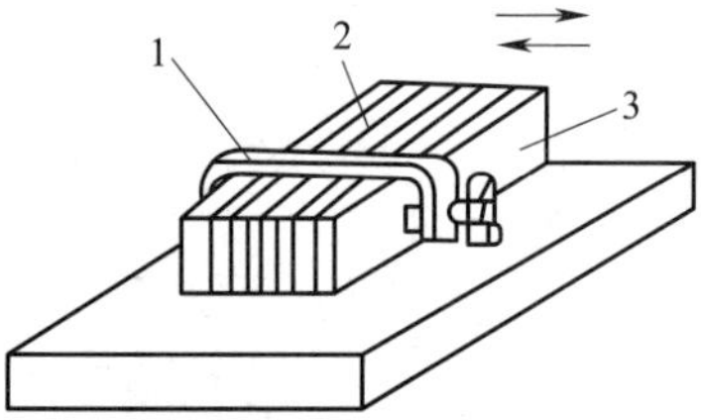

图 1-4-25　用 C 形夹头夹紧工件一起研磨

1—C 形夹头　2—工件　3—靠铁（两端）

（4）研磨时压力要适中，粗研时压力可大些，速度为 40 ~ 60 次 /mim；精研时压力可小些，速度为 20 ~ 40 次 /mim。

2. 研磨加工时的注意事项

（1）粗研、精研工作要分开进行，若粗研、精研采用同一块平板作研具，在改变研磨工序时必须全面清洗，以清除上道工序所留下的较粗磨粒。

（2）研磨剂每次上料不宜太多，并要分布均匀，以免将工件边缘研坏。

（3）研磨时要特别注意清洁工作，不要使研磨剂中混入杂质，以免反复研磨时划伤工件表面。

（4）研磨窄平面要采用靠铁，研磨时要使工件靠紧，保持研磨平面与侧面垂直，以避免倾斜和产生圆角。

（5）应经常改变工件在研具上的研磨位置，以防止因研具磨损而降低研磨质量。同时为了使工件均匀受压，应在研磨一段时间后将工件掉头研磨。

模块2 机械装配

课程设置

课程	学习单元	课堂学时
2-1　零件清洗与防护	零件清洗与防护	8
2-2　固定连接装配	(1)螺纹连接的装配与拆卸	8
	(2)键连接的装配与拆卸	6
	(3)销连接的装配与拆卸	6
2-3　传动机构装配	(1)带轮和带传动的装配与拆卸	6
	(2)链传动的装配	6
	(3)圆柱齿轮传动机构的装配	8
2-4　轴承和轴组装配	(1)0级滚动轴承的装配	6
	(2)整体式滑动轴承的装配	8
	(3)轴承润滑部分和密封件的装配	6
2-5　液压传动装配	(1)液压管接头拆装	6
	(2)金属管的扩口与装配	4
2-6　部件和整机装配	(1)普通机床部件装配	12
	(2)小型机械设备总装	24

课程 2-1　零件清洗与防护

学习内容

学习单元	课程内容	培训建议	课堂学时
零件清洗与防护	1)清洗剂的种类与选用 2)金属腐蚀与防护 3)零件清洗工艺 4)零件防护工艺	(1)方法：讲授法、演示法、讨论法、实训法 (2)重点：零件清洗与防护操作 (3)难点：零件清洗与防护流程的选择	8

学习单元　零件清洗与防护

一、清洗剂的种类与选用

清洗的主要目的是清除零件表面或部件中的油污或机械杂质。零件在装配前，必须对在用零件和新换零件进行清洗，这是机械设备装配中的一个重要环节，它对延长产品使用寿命具有重要意义，特别是对于轴承、精密配合件、液压件、密封件以及有特殊要求的零件更为重要。

清洗零件时，若油垢过厚，应先将其擦除；材质不同的零件不宜放在一起清洗；零件清洗后，应用水冲洗或漂洗干净，并及时使其干燥，以防残液损伤零件表面。

1. 清洗剂的种类

清洗剂可分为有机溶剂和化学清洗剂两类。有机溶剂包括煤油、柴油、工业汽油、酒精、丙酮、乙醚、苯及四氯化碳等。其中，汽油、酒精、丙酮、乙醚、苯及四氯化碳的去污、去油能力都很强，清洗质量好，挥发快，适用于清洗较为精密的零部件。

化学清洗剂中的合成清洗剂对油脂、水溶性污垢有良好的清洗能力，且无毒、无公害、不燃烧、无腐蚀、成本低，以水代油可节约能源，应用广泛。

2. 清洗剂的选用

常用清洗剂的特性与清洗方法见表 2–1–1。

表 2–1–1　常用清洗剂的特性与清洗方法

溶剂分类	清洗剂名称	适用范围	特性	清洗方法
石油溶剂	汽油	用于钢、铁、有色金属的清洗	易挥发，易燃烧，去除油脂能力强，是最常用的清洗剂	一般用浸洗、擦洗等方法

续表

溶剂分类	清洗剂名称	适用范围	特性	清洗方法
石油溶剂	煤油或轻柴油	可用于一般零件的清洗	易燃烧，挥发后常留下微量油迹	可用于浸洗、喷洗
	含添加剂的汽油	对钢、铜合金零件有短期的防锈作用	易燃烧，去污力强于汽油，能除去无机盐油脂等	主要用于超声波清洗精密零件
氯化碳氢溶剂	三氯乙烯	适用于钢铁零件除油脱脂，一些不能与油类相接触的产品零件可用它清洗	沸点低，易挥发，无燃烧性，不与空气形成可爆性混合气体，但有一定毒性	大多数用清洗机清洗
	四氯化碳	有很强的脱脂能力，常用于小批量的零件除油	沸点低，易挥发，无燃烧性，不与空气形成可爆性混合气体，但有一定毒性	适用于冷浸洗、擦洗
碱性清洗剂	强碱性清洗剂	适用于一般钢件除油	强碱性，加热的溶液能清洗矿物油、植物油及钠基脂	先加热溶液至60 ~ 90℃，浸洗或喷洗5 ~ 10 min，再用冷水漂洗
	中碱性清洗剂	适用于钢铁及铝合金等零件的清洗	碱性较弱，加热的溶液有除油能力，对金属腐蚀性较低	先加热溶液至60 ~ 95℃，浸洗或喷洗5 ~ 10 min，再用冷水漂洗
	弱碱性清洗剂	适用于精加工、抛光后的钢质零件和铝合金等零件的清洗	碱性更弱，加热的溶液有除油能力，对金属腐蚀性较低	先加热溶液至60 ~ 95℃，浸洗或喷洗5 ~ 10 min，再用冷水漂洗
合成清洗剂	含非离子型表面活性清洗剂	适用于精密轴承装配及成品的清洗等	微碱性，有较强的脱脂能力，防锈性能好，对钢质零件清洗后3 ~ 5天不生锈	用时将溶液加热到65 ~ 75℃，浸洗1 ~ 2 min

二、金属腐蚀与防护

1. 金属腐蚀的种类

金属有许多优良的性质，如导电性、导热性、强度、韧性、可塑性、耐磨性、可铸造性等。金属材料至今仍然是最重要的结构材料，广泛应用于生产、生活和科技工作的各个方面。金属制品在生产和使用过程中常会受到各种损坏，如机械磨损、生物性破坏、腐蚀等。

按照金属的腐蚀机理，可以将金属腐蚀分为化学腐蚀和电化学腐蚀两大类。化学腐蚀就是金属接触到某类物质直接发生氧化还原反应而被氧化损耗的过程；电化学腐蚀就是铁和氧形成两个电极，组成腐蚀原电池，进而发生腐蚀。不管是化学腐蚀还是电化学腐蚀，金属腐蚀的实质都是金属原子被氧化转化成金属阳离子的过程。

2. 金属防护的概念

金属防护的目的在于控制构成金属制品的金属材料因腐蚀而引起的消耗，防止金属制品的破坏，从而延长其使用寿命。因此，除了防止金属腐蚀外，还包含有保护金属的意义，所以称为金属的防护。为了达到防护目的而采取的综合的方法和手段叫作防护技术。

3. 防护材料的选用

金属防护除应正确选用金属材料和合理进行设计外，主要采用表面防护层、电化学保护及腐蚀介质处理等方法。

（1）缓蚀剂。缓蚀剂是一种以适当的浓度和形式存在环境中（介质）时，可以防止或减缓腐蚀的化学物质或几种化学物质的混合物。一般来说，加入微量或少量这类化学物质，可使金属材料在该介质中的腐蚀速度明显降低，同时还能保持金属材料原来的物理、化学性能不变。缓蚀剂的种类繁多，按其化学组成可以分为无机缓蚀剂和有机缓蚀剂。

（2）金属涂镀层。金属表面采用覆盖层，尽量避免金属和腐蚀介质直接接触，是金属材料的主要防护技术。金属表面的覆盖层可分为两类，即金属镀层和非金属镀层。

三、零件清洗工艺

1. 清洗的概念

物体表面受到物理、化学或生物作用而形成的污染物或覆盖层称为污垢，去除这些污染物或覆盖层而使其恢复到原表面状况的过程称为清洗。

2. 清洗的分类

按清洗的作用和原理不同可以将其分为以下三类：

（1）化学清洗。化学清洗是采用一种或几种化学药剂（或其水溶液）清除设备工艺侧或水侧表面污垢的方法。它是借助清洗剂对物体表面污染物或覆盖层进行化学转化、溶解、剥离，以达到脱脂、除锈和去污的效果。

（2）物理清洗。物理清洗是借助各种机械外力和能量使污垢粉碎、分解并剥离而离开物体表面，达到清洗的效果。现在常用的物理清洗方法有喷淋清洗、高压水射流清洗、超声波清洗、搅动清洗、激光清洗和爆破清洗等。

（3）微生物清洗。微生物清洗是利用微生物将设备表面附着的油污分解，转化成为无毒、无害的水溶性物质的方法。这种清洗能把污染物（如油类等）和有机物彻底分解，是一种真正意义上的环保型清洗技术。

3. 机械装配前清洗的步骤

（1）初步清洗。初步清洗包括去除零件表面的旧油、铁锈等工作，通过初步清洗先除去大部分的污物。

（2）用清洗剂或热油冲洗。零件经过除锈后，应用清洗剂将加工表面的污物冲洗干净。原有润滑脂的零件，经初步清洗后，如仍有大量的润滑脂存在，可用热油烫洗，但油温不得超过 120℃。

（3）净洗。零件表面的旧油、锈层和漆皮洗去后，先用压缩空气吹（以节省汽油），再用煤油或汽油彻底冲洗干净。

四、零件防护工艺

金属防腐蚀的方法很多，主要有改善金属的本质，把被保护金属与腐蚀介质隔开，或对金属进行表面处理，改善腐蚀环境以及电化学保护等。

1. 改善金属的本质

改善金属的本质，即根据不同的用途选择不同的材料组成耐腐蚀合金，或在金属中添加合金元素，以阻碍金属表面层上微电池起作用，提高其耐腐蚀性，可以防止或减缓金属的腐蚀。例如，在钢中加入镍制成不锈钢可以增强防腐蚀能力。

2. 使用表面防护层

在金属表面施用防护层，把被保护金属与腐蚀性介质隔开，是防止金属腐蚀最普遍而重要的方法。在工业上应用最广泛的防护层有四类，即金属防护层、非金属防护层、用化学和电化学方法形成的转化膜层以及暂时性防护层。

（1）金属的磷化处理。钢铁制品去油、除锈后，放入特定组成的磷酸盐溶液中浸泡，即可在金属表面形成一层不溶于水的磷酸盐薄膜，这种过程叫作磷化处理。磷化膜呈暗灰色至黑灰色，厚度一般为 5 ~ 20μm，在大气中有较好的耐腐蚀性。膜是微孔结构，对油漆等吸附能力强，如用作油漆底层，耐腐蚀性可进一步提高。

（2）金属的氧化处理。将钢铁制品放到 NaOH 和 $NaNO_2$ 的混合溶液中加热处理，其表面即可形成一层厚度为 0.5 ~ 1.5μm 的蓝色氧化膜（主要成分为 Fe_3O_4），以达到钢铁防腐蚀的目的，此过程称为发蓝处理，简称发蓝。这种氧化膜具有较好的弹性和润滑性，不影响零件的精度，故精密仪器和光学仪器的部件，弹簧钢、薄钢片、细钢丝等常用发蓝处理。

（3）非金属涂层。用非金属物质（如油漆、塑料、搪瓷、矿物性油脂等）涂覆在金属表面形成保护层，称为非金属涂层，也可达到防腐蚀的目的。例如，船身、车厢、水桶等常涂油漆，汽车外壳常喷漆，机器常涂矿物油脂等。用塑料（如聚乙烯、聚氯乙烯、聚氨酯等）喷涂金属表面，比喷漆效果更佳。塑料覆盖层致密光洁，色泽艳丽，兼具防腐蚀与装饰的双重功能。搪瓷是含 SiO_2 量较高的玻璃瓷釉，有极好的耐腐蚀性能，因此作为耐腐蚀非金属涂层，广泛用于石油化工、医药、仪器等工业部门和日常生活用品中。

（4）金属保护层。它是以一种金属镀在被保护的另一种金属制品表面上所形成的保护镀层。前一种金属常称为镀层金属。金属镀层的形成，除电镀、化学镀外，还有热浸镀、热喷镀、渗镀、真空镀等方法。

3. 改善腐蚀环境

改善环境对减少和防止腐蚀有重要意义。例如，减少腐蚀介质的浓度，除去介质中的氧，控制环境温度、湿度等，都可以减少和防止金属腐蚀。也可以通过在腐蚀介质中添加能降低腐蚀速率的物质（缓蚀剂）来减少和防止金属腐蚀。

4. 电化学保护法

电化学保护法是根据电化学原理在金属设备上采取措施。用直流电将被保护的金属进行极化，从而使腐蚀减缓或停止的保护方法叫作电化学保护。这类保护方法有外电源阴极保护法、保护器保护法和阳极保护法等。

5. 表面渗碳处理

表面渗碳是一种常见的热处理方法。渗碳可以使零件表层得到高含碳量和一定的浓度梯度，提高表面的硬度、耐磨性及疲劳强度，而心部仍保持良好的塑性及韧性。渗碳主要用于表面耐磨而承受冲击载荷的零件，处理低碳钢及低碳合金钢零件，如机床主轴、汽车齿轮等。一般常见渗碳方式有以下三种：

（1）固体渗碳。将零件和固体渗碳剂装入密封的渗碳箱中，在炉中加热至900 ~ 950℃，保温足够长时间，活性碳原子渗入零件表层形成一定厚度的渗碳层。

（2）气体渗碳。将零件置于密封的渗碳炉中，加热至900 ~ 950℃，向炉内加入易分解的有机液体（如煤油、苯、甲醇等）或直接通入渗碳气体（如煤气、石油液化气等），产生活性碳原子渗入钢中形成渗碳表面。

（3）液体渗碳。用液体介质（如碳化硅、成品渗碳剂等）进行渗碳。

【综合实训】

【实训任务】

清洗如图 2-1-1 所示的滚动轴承。

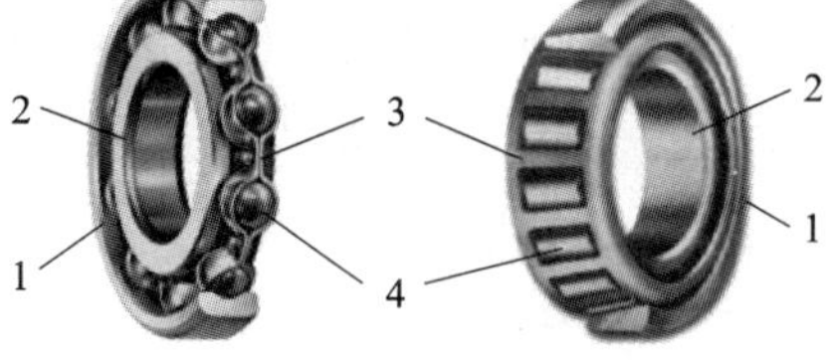

图 2-1-1　滚动轴承的结构

1—外圈　2—内圈　3—保持架　4—滚动体

【操作准备】

1. 材料准备

需清洗的滚动轴承，200 号汽油、120 号汽油等。

2. 工具准备

软金属片、浸泡滚动轴承的油桶等。

3. 设备准备

喷枪、加热油的电热装置。

【操作步骤】

步骤 1　分析零件结构，确定清洗流程。滚动轴承由外圈 1、内圈 2、保持架 3 和滚动体 4 组成。在内圈外面和外圈的内面有凹下去的滚道，滚动体在滚道内滚动。保持架的作用是隔开两相邻的滚动体，以减小摩擦和磨损。该零件属精密机件，清洗时要特别仔细。

步骤 2　清洗表面油脂。用玻璃纸擦拭零件表面的润滑脂。注意不要转动轴承的内圈和外圈，以防止杂质划伤滚道或滚动体。

步骤 3　检查轴承是否有锈蚀、斑痕。对于轴承端面的锈蚀，可用粒度较细的砂布手工打磨除锈；对于轴承内、外圈表面的锈蚀，可先用细砂布蘸机油擦拭，再用研磨膏除去锈痕；对于轴承滚道及滚动体上的锈蚀，可用机油将氧化铬粉调成糊状，涂于毛毡或呢绒上，在锈蚀处交叉、均匀擦拭即可将锈蚀除去。擦时要从多方向交叉进行，以免产生擦痕。

步骤 4　将轴承浸泡在 200 号汽油桶里 5 ~ 10 min，将 120 号汽油加热到 35 ~ 55℃备用。注意只能使用电热装置加热，加热温度不能超过 60℃。

步骤 5　把热油注入喷枪，从轴承内圈与外圈之间冲洗轴承，去除旧油脂。

步骤 6　油脂去除后，把 200 号汽油注入喷枪，再次喷洗零件，直至将内部余油完全除净。

步骤 7　经检查零件清洗干净，滚道内无杂质，滚动体转动灵活后，放置通风处干燥备用。如不立即装配，应涂上保护油包装。

【注意事项】

（1）擦洗表面油脂时，最好不要转动轴承内圈，以防杂质进入保持架，损伤滚道和滚动体，影响轴承精度。

（2）用汽油浸洗时，严禁使用棉纱擦洗。

（3）加热汽油时，必须严格控制油温，以免发生火灾。

课程 2-2　固定连接装配

学习内容

学习单元	课程内容	培训建议	课堂学时
（1）螺纹连接的装配与拆卸	1）常用螺纹的形成 2）螺纹连接的基本类型 3）螺纹连接装配的技术要求 4）螺纹连接工具选用 5）螺纹连接的防松 6）螺纹连接的装拆	（1）方法：讲授法、演示法、讨论法 、实训法 （2）重点：螺纹连接的装拆	8
（2）键连接的装配与拆卸	1）键的种类与特点 2）平键的规格与代号 3）平键连接的装拆	（1）方法：讲授法、演示法、讨论法、练习法 （2）重点与难点：平键连接的装拆	8
（3）销连接的装配与拆卸	1）销连接的作用 2）销的种类及应用 3）销的装拆	（1）方法：讲授法、演示法、讨论法、练习法 （2）重点：圆柱销和圆锥销的装拆	6

学习单元 1　螺纹连接的装配与拆卸

在设备维修工作中，拆卸和装配工作占 50% ~ 60%，而在各种零件的连接当中，螺纹连接又占绝大多数。因此，正确掌握螺纹连接件拆卸与装配操作，是保证维修质量的重要前提，否则，可能会影响机械的正常工作，甚至酿成重大的机械事故。

一、螺纹的形成

如图 2–2–1 所示，将一直角三角形绕于直径为 d_2 的圆柱体上，三角形的底边与圆柱底面对齐，三角形的斜边就在圆柱表面形成一条螺旋线。三角形斜边与底边的夹角称为螺旋升角。取一平面图形，使其沿着螺旋线运动，运动时保持其通过圆柱体轴线，则该平面图形在空间形成一个螺旋形体，即得到了螺纹。

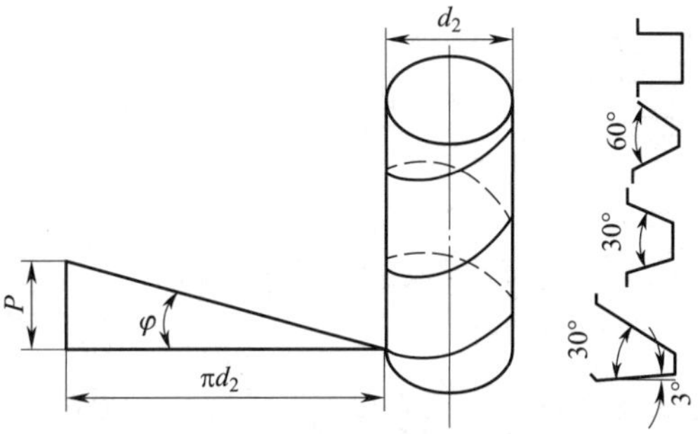

图 2–2–1　螺纹的形成

螺纹连接是利用螺纹连接件（又称螺纹紧固件）连接被连接件而构成的一种可拆连接，应用广泛。

二、螺纹连接的基本类型

螺纹连接是由带螺纹的零件（即螺纹紧固件）和被连接件组成的。常用螺纹连接的基本类型有普通螺栓连接、铰制孔螺栓连接、双头螺柱连接、螺钉连接、紧定螺钉连接等，如图 2–2–2 所示。合理选择螺纹连接，需要了解常用螺纹连接的特点及应用场合，正确选用螺纹连接类型。

三、螺纹连接装配的技术要求

1. 保证有一定的预紧力

（1）预紧力的作用。螺纹连接为达到连接可靠和紧固的目的，装配时应有一定的拧紧力，使螺纹间产生足够的预紧力和摩擦力。一般紧固螺纹连接没有预紧力要求，可采用普通扳手、风动或电动扳手（见图 2–2–3）。

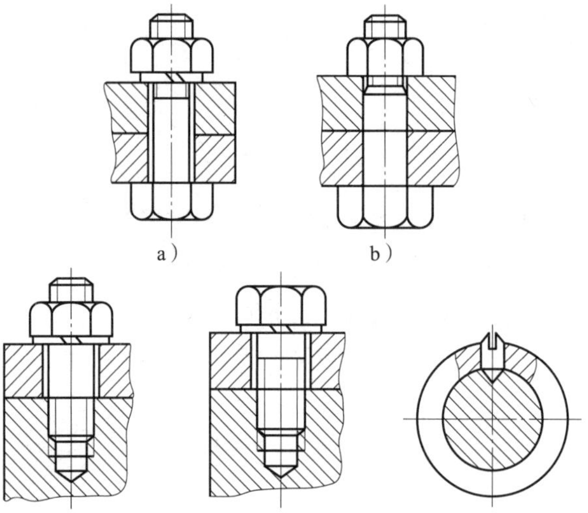

a）　b）　c）　d）　e）

图 2-2-2　螺纹连接的类型

a）普通螺栓连接　b）铰制孔螺栓连接　c）双头螺柱连接　d）螺钉连接　e）紧定螺钉连接

（2）预紧力大小的控制。螺纹连接的拧紧并非拧得越紧越好。下面简单分析螺栓的受力情况。拧紧螺母时，外部施加拧紧力矩 T，并形成螺纹的预紧力 F'，经换算后可得 $F'=(60\sim75)F$，即螺纹所受的预紧力 F' 是施加外力 F 的 60 ~ 75 倍，该力对于普通螺栓来说已足够大。

图 2-2-3　电动扳手

如果拧得过紧，即螺栓所受的预紧力过大，虽然没能将螺栓拧断，但在工作中受到振动或冲击时，螺栓就会折断。拆卸时，当用普通扳手不能拆卸时，应检查螺纹本身是否损坏或锈蚀，如只是单纯地加长杠杆或使用扭力扳手，则往往会将螺栓拧断。

拧紧力矩或预紧力的大小是根据要求确定的。规定预紧力的螺纹连接常用控制扭矩法、控制扭角法、控制螺栓伸长法来保证准确的预紧力。用扭力扳手或定扭矩扳手控制拧紧力矩的大小，使预紧力达到给定值，这种方法简便但误差较大，适用于中、小型螺栓的紧固。

1）扭力扳手（见图 2-2-4）。扭力扳手为控制力矩的测力扳手。它有一个长的弹性把手，一端装有设定旋钮，另一端装有带方头的柱体，方头上套装有一个可更换的梅花套筒（用于拧紧螺栓或螺母）。柱体下还装有一个长指针，刻度盘固定在柄座上。工作时由于把手和刻度盘一起向旋转的方向弯曲，指针就在刻度盘上指出拧紧力矩的大小。

2）定扭矩扳手（见图 2-2-5）。为控制力矩，定扭矩扳手需要事先对扭矩进行设置。通过旋转扳手手柄轴尾端上的销子可以设定所需要的扭矩值，通过手柄的刻度盘

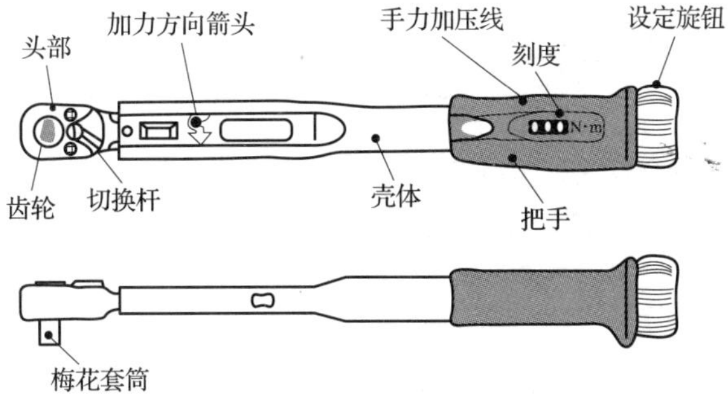

图 2-2-4　扭力扳手

可以读出扭矩值。扳手的另一端装有带方头的柱体，可以安装套筒。在拧紧螺母时，当扭矩达到设定值时，操作人员会听到扳手发出响声并有所感觉，从而停止操作。这种扳手的优点是可以预先设定拧紧力矩，操作人员需要在操作过程中读数。操作完毕，应将定扭矩扳手的扭矩设定为零。

3）定扭角扳手（见图 2-2-6）。控制扭矩法的两种扳手的缺点是大部分扭矩都用来克服螺纹摩擦力及螺栓、螺母、零件之间接触面的摩擦力。使用定扭角扳手时，通过控制螺母拧紧时应转过的角度来控制预紧力。操作时，先用定扭角扳手对螺母施加一定的预紧力矩，使夹紧零件紧密地接触。然后在角度刻度盘上将角度设定为零，再将螺母扭转一定角度来控制预紧力。使用这种扳手时，螺母和螺栓之间的摩擦力不会对操作产生影响。这种扳手主要用于汽车制造以及钢制结构中螺栓的预紧。

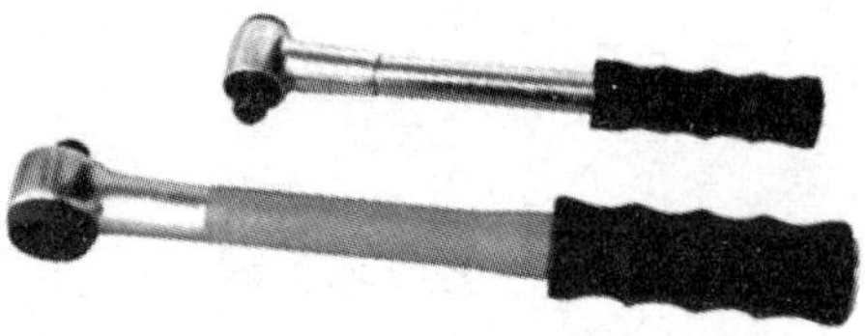

图 2-2-5　定扭矩扳手

图 2-2-6　定扭角扳手

2. 合理确定螺纹的拧紧程度和拧紧次序

螺纹的拧紧程度和拧紧次序对装配精度和机器使用寿命影响很大。螺母的紧定要按一定顺序进行，对于螺母数量很多的条形、方形或圆形部件（如气缸盖、气门室盖等），均应从内到外、从左至右、从上至下、从前至后（防止漏掉个别隐蔽处的螺栓、螺母和锁销）进行拧紧。螺纹连接的拧紧顺序示例如图 2-2-7 所示。

先分别将螺栓拧到靠近部件但不要加力，然后分三次拧紧：第一次从中间到两边对角交叉依次拧到 1/3 左右，第二次按同样的顺序拧到 2/3 左右，最后再按顺序全部拧紧。这样才能使全部螺栓的拧紧度一致，同时被连接的部件不会变形。安装长螺栓

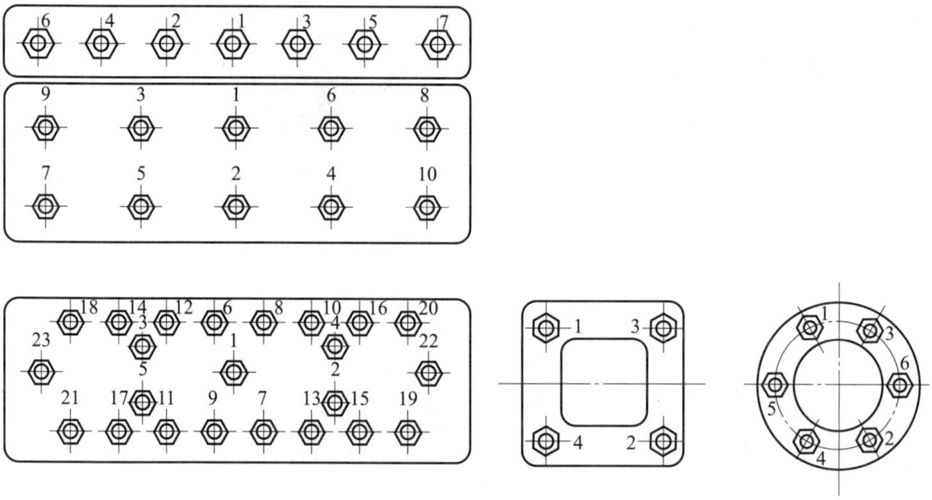

图 2-2-7　螺母拧紧顺序

时，其长度应适当，不得露出过长或旋入部分过短。技术要求较高的螺栓、螺母不得代用。

成组螺栓或螺母在拧紧时，应根据零件形状、螺栓的分布情况，按一定的顺序拧紧螺母。在拧紧长方形布置的成组螺母时，应从中间开始，逐步向两边对称地扩展。在拧紧圆形或方形布置的成组螺母时，必须对称地进行（如有定位销，应从靠近定位销的螺栓开始拧紧，防止螺栓受力不一致而产生变形）。

四、螺纹连接工具选用

在用螺纹连接时，由于螺栓、螺柱以及螺钉的种类繁多，因此其装拆工具较多，主要有螺钉旋具和各种扳手等。扳手主要用来旋紧六角形、正方形螺栓、螺钉及各种螺母，它常用工具钢、合金钢或可锻铸铁制成，其开口要求光整、耐磨。扳手主要分为通用扳手、专用扳手和特殊扳手三大类。

1. 通用扳手

通用扳手又称活扳手，如图 2-2-8 所示。使用活扳手时，必须尽量让其固定钳口承受主要作用力。活扳手可用于六角形、方形螺栓、螺钉及螺母的装拆，其头部有调节螺母，可根据螺栓、螺钉或螺母对边间距尺寸变化，在一定范围内对活动钳口进行调节，不需要经常更换，遇到非标准的螺纹连接件时更能发挥其作用。它的规格以全长和最大开口表示。通用扳手长度不可随意加长，以免拧紧力矩过大而损坏扳手或螺母。

2. 专用扳手

专用扳手只能用于装拆一个尺寸的螺栓、螺母或螺钉。专用扳手使用方便，适合批量装配生产和机件结构中不易装拆的部位。因其结构特点，一般需成套配备。

（1）开口扳手。如图 2–2–9 所示，这种扳手可以从螺栓、螺母或螺钉的一侧插入拧紧或松开，一般分为双头和单头两种。开口扳手常用在机械较窄部位的螺栓上。由于它的柄与头部有一定角度（15° ~ 45°），使活动距离增大，使用很方便。开口扳手的头部开口尺寸与螺栓头、螺母的尺寸相对应，规格在手柄部分有标注。

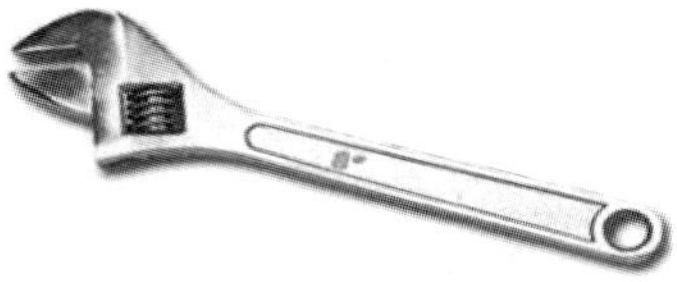

图 2–2–8　通用扳手

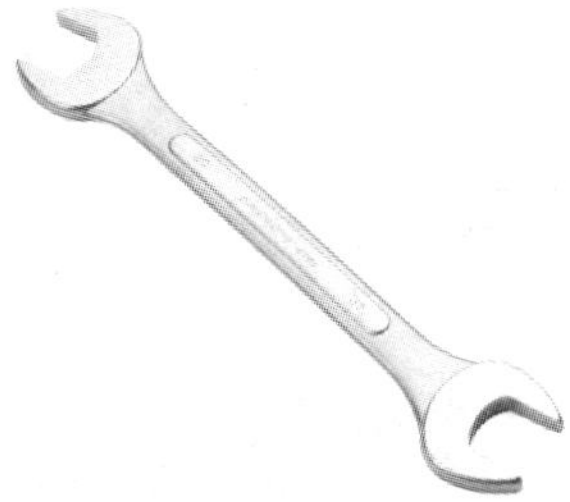

图 2–2–9　开口扳手

（2）整体扳手。整体扳手可分为正方形、六角形和梅花扳手等（见图 2–2–10），使用时从螺栓、螺母或螺钉头部套入，特别适用于工作间距狭小、不能容纳普通扳手的工作场合。

梅花扳手又称星形扳手（见图 2–2–11），它的规格按星形内孔的平行边来确定。梅花扳手分公制和英制两种，从外形分有双头、单头、弯头三种。

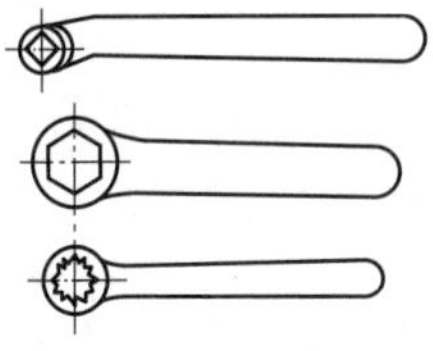

图 2–2–10　整体扳手

图 2–2–11　梅花扳手

（3）套筒扳手。套筒扳手是装拆工作中不可缺少的成套扳手，它适用于开口扳手使用不便的地方，如图 2–2–12 所示。套筒扳手有从小到大一系列的星形扳头，扳头上方标有对应的尺寸，供工作时选用。套筒扳手备有可滑动手把、曲柄式手把、棘轮手把和万向接头。可滑动手把通过套筒的套头部分进行调整，曲柄式手把可以加快扳转速度，使用棘轮手把可在狭窄的地方连续作业，使用万向接头可以方便地拆装隐蔽部位的螺栓、螺母或螺钉。

图 2-2-12　套筒扳手

（4）内六角扳手。内六角扳手专门用于装拆内六角螺钉，一般成套制作，如图 2-2-13 所示。它的预紧力小于其他种类的扳手。

（5）棘轮扳手。工作时正转手柄，套筒便随之转动而拧紧螺母或螺钉；当扳手反转时，棘爪从套筒斜面上滑过去，因此螺母不会随之反转，于是可以反复摆动手柄，连续而快速地拧紧螺母或螺钉。棘轮扳手如图 2-2-14 所示。

图 2-2-13　内六角扳手

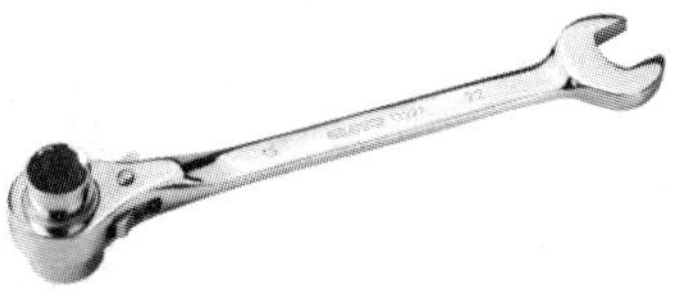

图 2-2-14　棘轮扳手

3. 特殊扳手

特殊扳手是根据某些特殊要求制作的，适用于狭窄的地方。特殊扳手有许多种形式，有专门用来装圆板形螺母的钩头扳手，有圆头、U 形、销头扳手等。

4. 螺钉旋具

螺钉旋具（俗称螺丝刀）的工作部分用碳素工具钢制成，并经淬火处理，它主要用于装拆头部带有沟槽的螺钉或螺栓。螺钉旋具包括一字槽、十字槽和专用螺钉旋具等。使用时，将旋具头部与螺钉或螺栓头部上的沟槽相对应插入，正向或反向转动手柄部分即可完成对螺钉或螺栓的拧紧和松开。

（1）一字槽螺钉旋具。一字槽螺钉旋具又称平口螺丝刀，如图 2-2-15a 所示。常用规格有 100 mm、150 mm、200 mm、300 mm、400 mm 等。

（2）十字槽螺钉旋具。十字槽螺钉旋具如图 2–2–15b 所示，其规格与一字槽螺钉旋具相同。

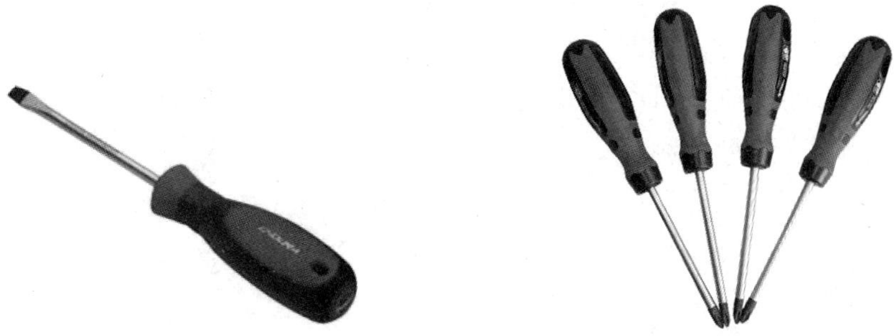

a）　　　　b）

图 2–2–15　螺钉旋具

a）一字槽螺钉旋具　b）十字槽螺钉旋具

（3）专用螺钉旋具。专用螺钉旋具如图 2–2–16 所示，主要有弯头螺钉旋具、快速螺钉旋具、冲击螺钉旋具等。

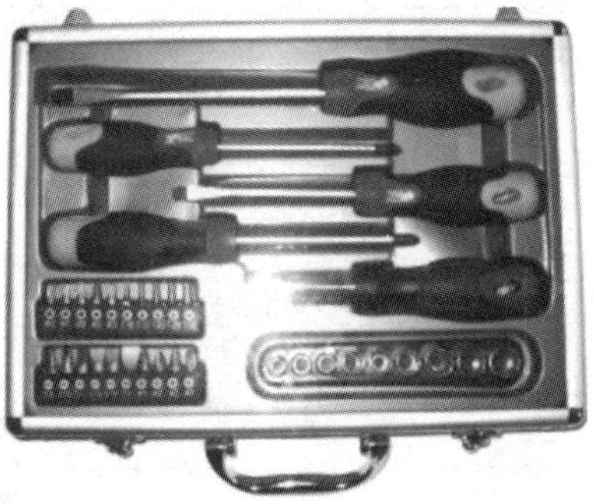

图 2–2–16　专用螺钉旋具

现在快换式旋具已经大量应用。快换式旋具由通用手柄和成套的可换旋具头组成，改变了旋具使用的局限性，提高了装配生产效率；大批量装配生产中已经配备了气动、电动螺钉旋具，由气动、电动装置和各种规格的可换旋具头组成，提高了装配速度。

五、螺纹连接的防松

螺纹连接一般都具有自锁性，在静载荷作用下和工作温度变化不大时不会松动，但在冲击、振动、交变载荷作用下，或工作温度变化很大时，螺纹连接件可能松动。螺纹连接件松动会失去紧固作用，轻者可能使气、液泄漏，重者会造成零件脱落而发生事故。为了保证连接可靠，必须采用防松装置。常用螺纹防松装置有两类，即用附加摩擦力的防松装置和机械方法防松装置。

1. 用附加摩擦力的防松装置

（1）双螺母锁紧。如图 2–2–17 所示，使用两个螺母，先将主螺母拧紧至预定位置，然后再拧紧副螺母。从图中可以看出，当拧紧副螺母后，主、副螺母间螺栓受力伸长，而使螺纹接触面和主、副螺母接触面上产生正压力及附加摩擦力，当螺栓受到某一方向的突变载荷时，能够保持足够的摩擦力，起到防松的作用。

（2）弹簧垫圈锁紧。如图 2–2–18 所示，弹簧垫圈放在螺母下面，拧紧螺母时使垫圈受压。垫圈的弹性作用顶住螺母，使螺栓受到轴向力，从而在螺纹接触面上产生附加摩擦力，阻止螺母回松。

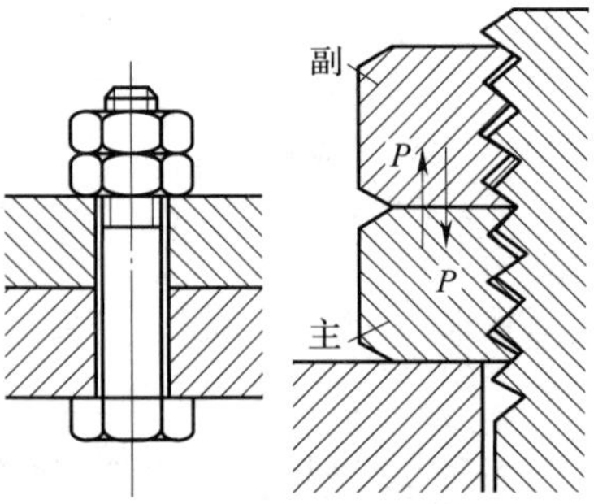

图 2–2–17　双螺母锁紧

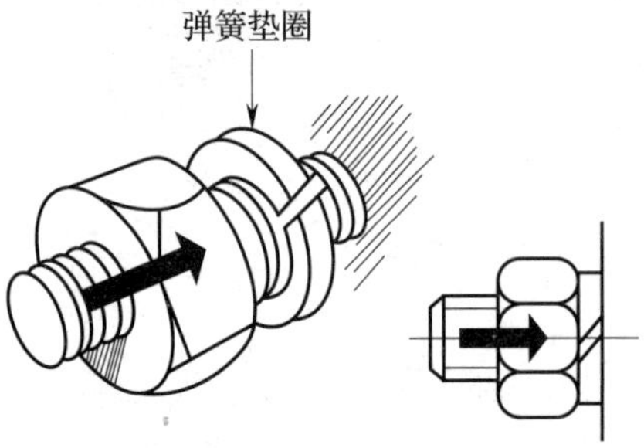

图 2–2–18　弹簧垫圈锁紧

2. 常用机械方法防松装置

（1）开口销与带槽螺母防松。如图 2–2–19 所示，在螺栓上钻孔，穿入开口销，把螺母锁紧在螺栓上，这种方法防松可靠，大多用于承受冲击、振动的地方。

（2）圆螺母与止动垫圈防松。如图 2–2–20 所示，装配时先将垫圈内侧插入螺栓槽中，拧紧螺母后再把外侧弯入螺母缺口内。

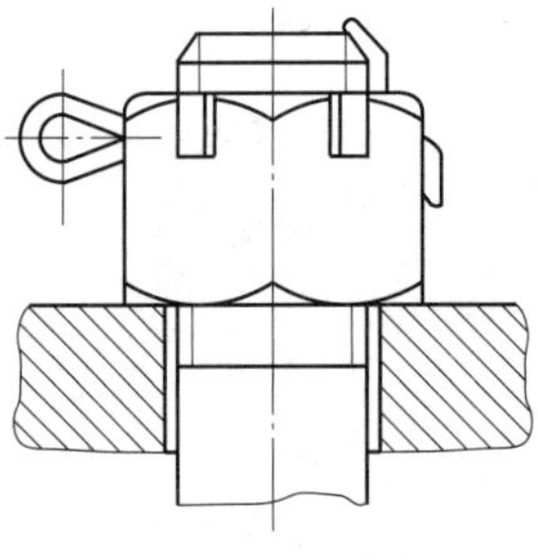

图 2–2–19　开口销与带槽螺母

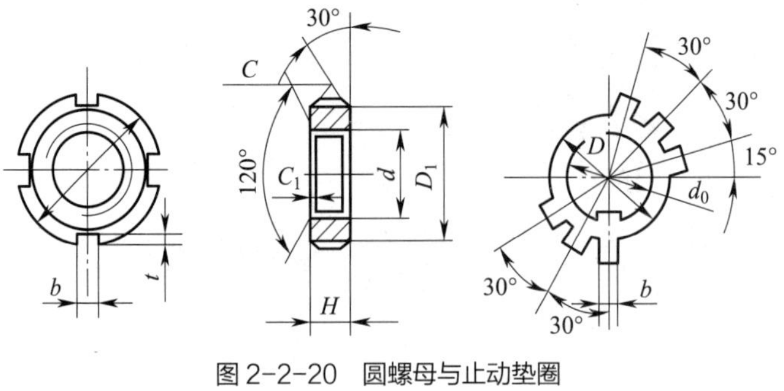

图 2–2–20　圆螺母与止动垫圈

（3）六角螺母与止动垫圈防松。如图 2–2–21 所示，先将垫圈单耳向下敲弯，使之与被连接件的一边贴紧，再将垫圈的另一单耳向上弯折，使其与螺母贴紧而起到防松作用。

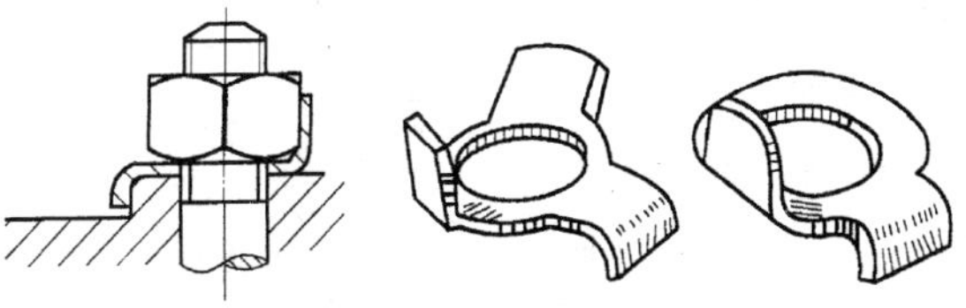

图 2-2-21　六角螺母与止动垫圈

（4）串联钢丝防松。如图 2-2-22 所示，用钢丝连续穿过螺钉（或螺母、螺栓）头部上的小孔，利用拉紧的钢丝来防松。装配时应注意钢丝的穿绕方向，否则起不到防松作用。

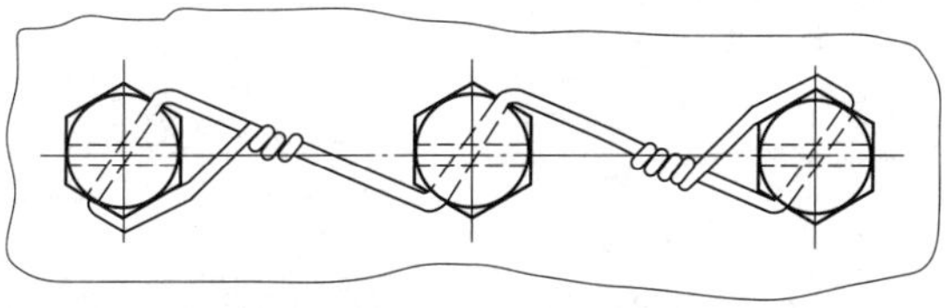

图 2-2-22　串联钢丝防松

（5）冲点防松。如图 2-2-23 所示。装配时先将螺母或螺钉拧紧，然后用样冲在其端面、侧面、头部等部位冲点来防止螺母或螺钉回松。

（6）黏结防松。一般用厌氧胶黏剂涂于螺纹旋合表面，拧紧后胶黏剂能自行固化，从而达到防松的目的。

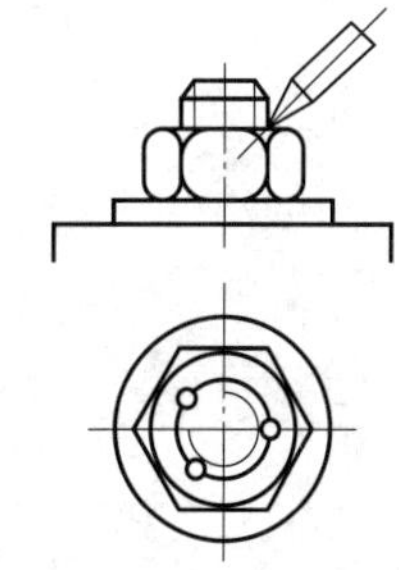

图 2-2-23　冲点防松

六、螺纹连接的装拆

1. 螺纹连接的装配

（1）螺钉、螺栓、螺母的装配

1）将螺栓、螺母、螺钉及连接件表面清理干净，除去杂物、碎屑和毛刺。

2）在螺纹连接部分涂上润滑油。

3）将螺栓穿入连接孔中，套上垫圈，拧上螺母，并将螺母旋紧。

4）拧紧成组螺栓或螺母时应按一定的顺序进行，做到分次、对称、逐步拧紧，一般分三次拧紧。

（2）双头螺柱的装配

1）将螺纹及连接部分的杂物和毛刺清理干净。

2）在螺纹的连接部分涂上润滑油。

3）把双头螺柱拧紧在机体上，其拧紧方法如下：

①用两个螺母拧紧。先将双头螺柱的一端旋入机体螺孔内，再把两个螺母互相锁紧在螺柱的另一端，然后用扳手扳动上面的一个螺母，即可将双头螺柱拧紧在机体内。

②用长螺母拧紧。先将双头螺柱的一端旋入机体螺孔内，再把长螺母拧入螺柱的另一端，然后将止动螺钉拧入长螺母中，并顶紧在螺柱端面上，最后用扳手扳动长螺母将双头螺柱拧紧在机体上。当双头螺柱拧紧后，再把止动螺钉旋松并将长螺母从双头螺柱上旋出。

③用专用工具拧紧。先将双头螺柱一端拧入专用工具内，按一定方向旋转专用工具即可将双头螺柱拧紧。当双头螺柱拧紧后，反方向旋转即可将专用工具取出。

注意事项：

螺母和螺钉装配除了要按一定的拧紧力矩来拧紧外，还应注意以下几点：

（1）螺杆不得产生弯曲变形，螺钉头部、螺母底面应与连接件接触良好。

（2）被连接件应均匀受压，互相紧密贴合，连接牢固。

（3）拧紧成组螺栓或螺母时，应根据被连接件形状和螺栓的分布情况，按一定的顺序逐次（一般为 2 ～ 3 次）拧紧螺母。

2. 螺纹连接的拆卸

（1）一般螺纹连接的拆卸。对一般螺纹连接件的拆卸，使用合适的工具和施加一定的力矩非常重要，许多螺纹连接的损坏往往都是忽视了这两点所引起的。不合适的工具往往易将螺母的六角揉圆，导致扳头滑转，无法扳紧，过大的拧紧力则会使螺钉折断。对一般的螺纹连接件，应选用合适的双头呆扳手或套筒扳手（最好不要用活扳手），按螺纹旋向逆向拧出；双头螺柱应用专用工具拆出。在拆卸螺纹连接件有困难时，应分析原因，采取措施，切勿强扳硬拧。

（2）锈死螺纹连接件的拆卸。锈死的螺纹连接件一般是由于长期压力作用下产生吸附啮合现象，或由于氧化生锈而使两者黏合在一起。为此，要拆卸锈死螺纹连接件时，可用煤油浸渍、锤击松动或加热膨胀等方法使两者松动而拧出。煤油的渗透性很强，经煤油浸渍后，煤油能深入渗透到锈层中，使锈层变松，易于拆卸。敲击螺母四周，使锈层松动，也易于拆卸。经煤油渗透或敲击松动后，弄清楚螺旋方向，最好先拧紧又拧松，这样反复进退几次，就可逐渐拧出螺栓。也可用锤子敲击螺栓及螺母四周，将螺纹振松，然后再拧松螺栓或螺母（但在敲击的过程中不要敲坏螺纹）。用敲击法难以拆卸的螺母，可用喷灯或氧—乙炔焰加热，使螺母受热膨胀，迅速将螺母拧出。

对难以拆卸的双头螺柱用煤油浸渍后，可用管钳卡在中间光杆位置上拧出。

（3）双头螺柱的拆卸。当要拆卸双头螺柱时，用上扳手将上螺母拧紧，下扳手用力将下螺母逆时针方向转动，螺栓就会拧出。如果双头螺柱为左旋的，用上扳手拧紧螺母，下扳手用力将螺母顺时针方向拧出。当要把双头螺柱装配到阀件上时，下扳手压紧下螺母，上扳手顺时针方向旋转螺母就可拧紧双头螺柱。双头螺柱的拆卸也可用特制的螺母，上面有一个螺钉，起到并紧双头螺柱的作用，螺母的螺纹与双头螺柱同一规格。用时将双头螺柱旋入螺母中，并紧螺钉，然后拧转螺母，就可拧转双头螺柱。另外，双头螺柱也可用双头螺柱拆卸器拆下。

（4）断头螺栓的拆卸。若螺栓折断在螺孔中，首先要在断头螺栓上造成一个能承受力矩的部位，然后将其拧出。如断头螺栓在螺孔中露出 5 mm 以上高度，可锉扁口，用扳手拧出。用上述方法无法取出螺栓时，用钻孔攻螺纹法，即先将螺栓断面整平，打样冲眼后，用比螺纹内径稍小的钻头钻孔，按原螺纹攻螺纹用反扣丝锥带出，也可向所钻孔内楔入多棱锥体将其拧出，以及在断头螺栓上焊牢一个螺母然后将其拧出。

注意事项：

（1）在拆装前应弄清楚螺纹的旋向、规格，对重要连接的螺栓与螺母应打上记号，装配时尽量按原来的要求装上。

（2）使用合适的拆装工具。在拆装螺栓、螺母时应选用适宜的开口扳手、梅花扳手、套筒扳手等。

（3）按规定扭矩拧紧螺栓、螺母。不能任意加长扳手手柄长度，否则容易拧断螺栓或使机体变形。

（4）正确地拆装成组的螺栓、螺母。为保证零件间压力一致，在拧紧成组的螺母时，必须按照从内到外的顺序，对称、交叉、分次逐步旋紧，以避免因受力不均匀而使机体翘曲，造成接合面处漏水、漏油、漏气等现象。在拆卸时则应从外到里，按对角线交叉分次、逐步拧松，以防止零件变形。

（5）装配双头螺柱时，必须注意螺柱对机体表面的垂直度。

（6）双头螺柱和机体的连接必须采用过盈配合。

（7）对于有拧紧力矩要求的螺纹连接，必须用指针式扭力扳手（又称测力扳手）按技术要求旋紧。

（8）拆卸断在螺孔内的螺柱时用力要均匀。

（9）在断在螺孔内的螺柱上钻孔时，钻头应尽量与原螺孔轴线同轴，否则会损伤原螺孔。

（10）遵守安全操作规程，避免人身、设备事故的发生。

【综合实训】

【实训任务】

识读端盖零件图（见图2-2-24），分析装配工艺要求，确定装配方案，完成端盖的装配。

【操作准备】

1. 材料准备

装配用端盖及底板机件，M12六角螺栓，清洗零件用的煤油等。

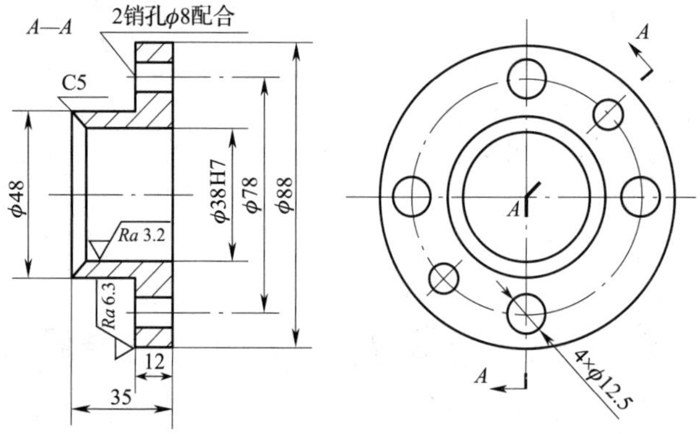

图2-2-24　端盖零件图

2. 工具准备

活扳手、锉刀、刮刀、毛刷等。

3. 设备准备

工作平板、台虎钳。

【操作步骤】

步骤1　装配工艺分析

该端盖底面4个 ϕ12.5 mm 的孔为与底板机件连接用的装配孔，连接方式为用六角螺栓穿过连接过孔与底板机件上相对应的螺孔做可拆卸螺纹连接，可一次性完成连接。

步骤2　装配前的准备工作

（1）根据六角螺栓头部尺寸及装配要求选用活扳手。

（2）根据零件图检查零件加工尺寸及位置尺寸。

（3）使用毛刷、锉刀、刮刀清理零件表面及孔口和加工面的毛刺。

（4）使用煤油对零件装配面进行清洗。

步骤 3　装配

（1）将清洗干净的端盖零件放在底板机件相对应的正确装配位置上。

（2）把六角螺栓穿过端盖底面 4 个 ϕ12.5 mm 的孔，对正底板机件对应的 M12 螺孔，用手旋动螺栓将端盖和底板机件连接在一起。

（3）正确使用活扳手把螺栓拧紧，完成装配工作。

【注意事项】

（1）使用扳手时，必须尽量让其固定钳口承受主要作用力，错误的使用方法易损坏扳手，缩短工具的使用寿命，如图 2-2-25 所示。

（2）调整扳手开口大小时，固定钳口应紧贴螺栓的一边，再转动扳手上的调整螺母，以保证扳手开口与螺栓对边尺寸一致，防止扳手钳口开口过大，造成工作时扳手滑落伤人。

（3）使用扳手对圆形零件进行对称连接时，必须在其对称的装配螺栓上对称地分步（一般分 2 ～ 3 步）逐渐拧紧，避免不对称拧紧造成零件扭曲变形，损坏零件。

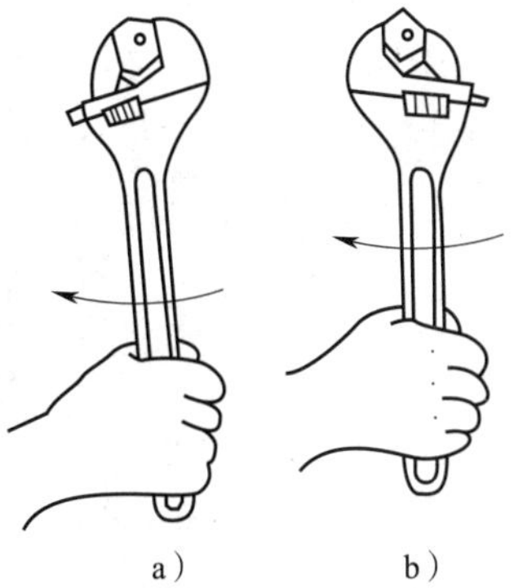

图 2-2-25　扳手使用方法

a）正确　b）错误

学习单元 2　键连接的装配与拆卸

键是用来连接轴和轴上零件，主要用于周向固定以传递转矩的一种机械零件。齿轮、带轮、联轴器等在轴上的固定大多用键连接。键连接具有结构简单、工作可靠、装卸方便等优点，应用广泛。如图 2-2-26 所示为键连接的应用。

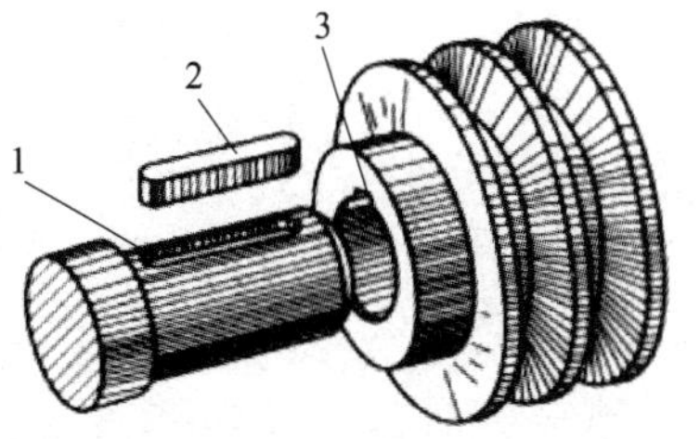

图 2-2-26　键连接的应用

1—轴上的键槽　2—键　3—带轮上的键槽

一、键的种类与特点

1. 键的种类

根据结构和用途不同，键可分为普通平键、导向平键、半圆键、楔形键、切向键、花键等。

（1）普通平键。普通平键是最常用的一种平键，用于固定位置并传递转矩，轴上零件不能移动，其位置可以在轴端部、轴中部任意设置。普通平键如图 2–2–27 所示。

（2）导向平键。导向平键适用于有沿轴向移动的键连接，如有换挡要求的齿轮等。轴上零件可以沿轴向滑动，同时可以传递转矩。导向平键如图 2–2–28 所示。

图 2–2–27　普通平键

图 2–2–28　导向平键

（3）半圆键。一般是在锥轴表面设置半圆键。半圆键如图 2–2–29 所示。

（4）楔形键。楔形键一般做成钩头形式，设置在轴端，靠楔形面定位，同轴度精度没有平键高。楔形键如图 2–2–30 所示。

图 2–2–29　半圆键

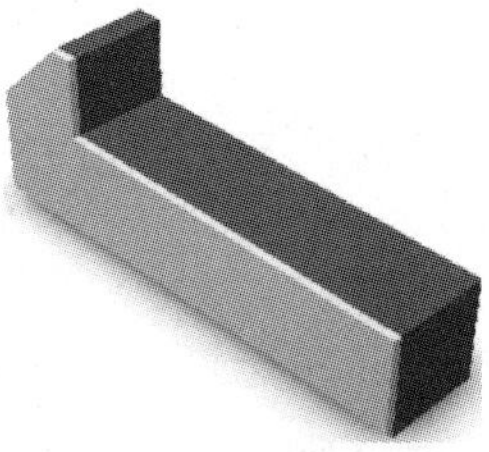

图 2–2–30　楔形键

（5）切向键。单切向键承受单向重载荷，双切向键承受双向载荷，如图 2–2–31 所示。

（6）花键。适用范围同平键，但载荷分布比平键好，同轴度精度高，但是花键对轴的强度有较大削弱，因此，在设计时比平键连接的轴直径大，适合于高速轴、同轴度要求高的机构。按轴端齿形分，花键又分为矩形花键、渐开线花键等；按纵向齿形分，花键又分为常用的直齿花键和特殊的螺旋齿花键。花键如图 2–2–32 所示。

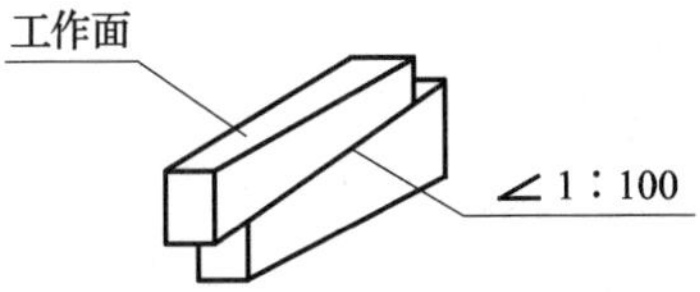

图 2-2-31　切向键

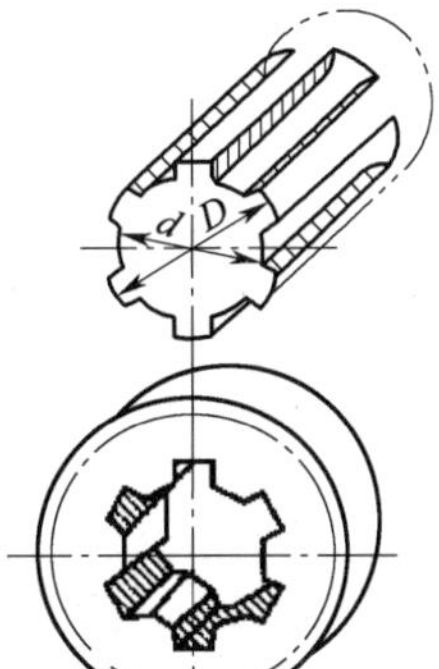

图 2-2-32　花键

2. 键连接的特点及应用

（1）平键连接。平键一般用于松键连接，即靠键的两侧面作为工作表面来传递转矩。它只能进行周向固定。按形状可分为半圆头平键、方头平键和双圆头平键；按连接方式，主要分为普通平键连接、导向平键连接和滑动平键连接。

1）普通平键连接。普通平键连接常用于精度高及传递重载荷、冲击载荷和双向转矩的场合，如图 2-2-33 所示。

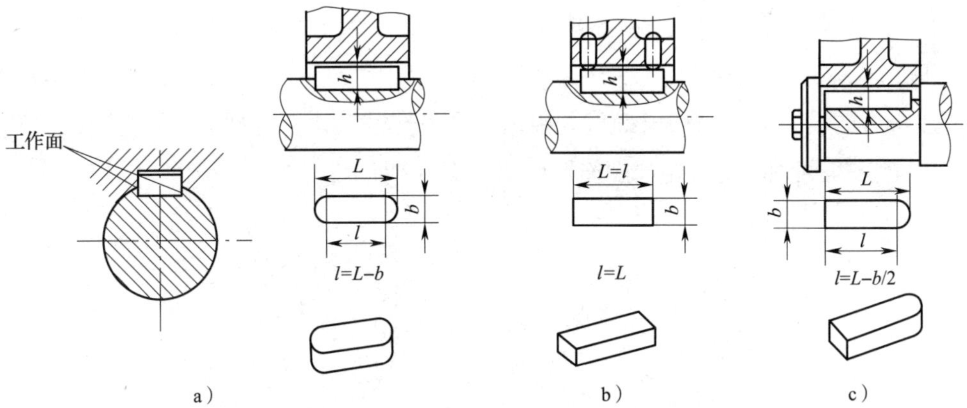

图 2-2-33　普通平键连接

a）圆头 A 型　b）方头 B 型　c）半圆头 C 型

2）导向平键连接。导向平键轴向尺寸较长，轴上零件可以沿导向平键做轴向移动。为了拆卸方便，导向平键上常设有起键螺钉孔，如图 2-2-34 所示。导向平键连接常用于轴上零件轴向移动量不大的场合，如变速箱中的滑移齿轮等。

3）滑动平键连接。键固定在轮毂槽中，轴上零件能带动键一起做轴向移动，如图 2-2-35 所示。滑动平键连接一般用于零件的轴向移动量较大的场合。

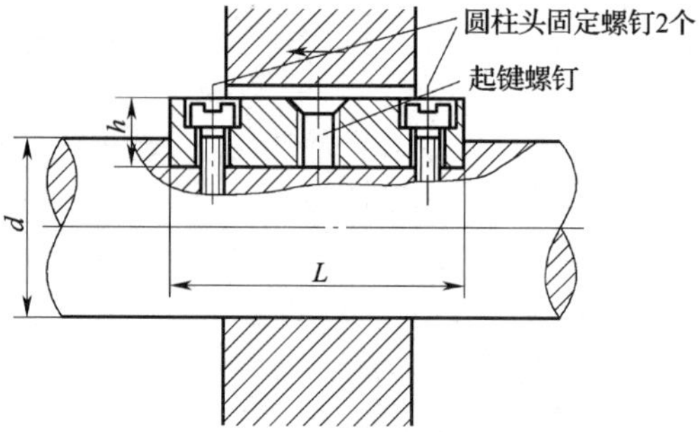

图 2-2-34　导向平键连接

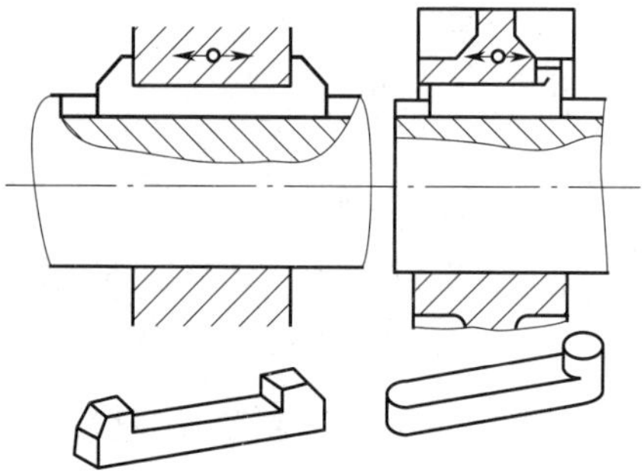

图 2-2-35　滑动平键连接

（2）切向键连接

1）切向键连接的特点。切向键连接由两个斜度为 1∶100 的楔键组成。其上下两面为工作面，其中的一面在通过轴线的平面内。工作面上的压力沿轴的切线方向作用，能传递很大的转矩。一个切向键只能传递一个方向的转矩；传递双向转矩时，须用成 120° ~ 130° 角的两个键。切向键连接如图 2-2-36 所示。

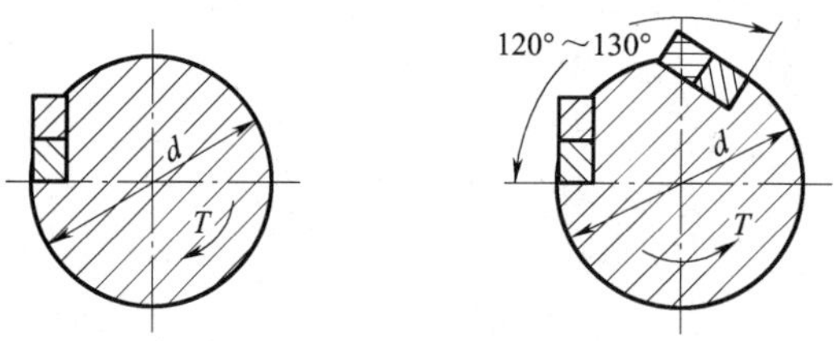

图 2-2-36　切向键连接

2）切向键连接的应用。切向键连接用于载荷很大、对中要求不严的场合，如大型带轮及飞轮、矿用大型绞车的卷筒及齿轮等与轴的连接。由于键槽对轴削弱较大，故常用于直径大于 100 mm 的轴上。

（3）花键连接

1）花键连接的优点

①因为在轴上和毂孔上直接而匀称地制出较多的齿与槽，故连接受力较为均匀。

②由于槽较浅，齿根处应力集中较小，轴与毂的强度削弱较小。

③齿数较多，总接触面积较大，可承受较大的载荷。

④轴上零件与轴的对中性好（用于高速及精密机器）。

⑤导向性较好。

⑥可用磨削的方法提高加工精度及连接质量。

2）花键连接的缺点。齿根仍有应力集中；需用专门的设备进行加工，成本较高。

3）花键连接的应用。矩形花键一般应用于机械传动装置等，渐开线花键一般用于载荷较大、定心精度要求较高、尺寸较大的连接。

二、平键的规格与代号

键的材料常用 45 钢；当轮毂为有色金属或非金属时，可用 20 钢或 Q235 钢。平键是标准件，只需根据用途、轮毂长度等选取键的类型和尺寸。普通平键的主要尺寸是键宽 b、键高 h 和键长 L。

普通平键的标记形式为：键　GB/T 1096　键宽 $b\times$ 键高 $h\times$ 键长 L。其中 A 型普通平键的 A 可以省略不注。

如 A 型普通平键，b=8 mm，h=7 mm，L=25 mm，标记为：GB/T 1096　键 $8\times7\times25$。如为 B 型普通平键，尺寸同上，则标记为：GB/T　键 B $8\times7\times25$。

三、平键连接的装拆

1. 平键连接的配合要求

平键连接的两侧面为过渡配合，键的底面应与槽底接触，顶面应留有较大的间隙，在键长方向也应留有一定的间隙。

键与轴槽和轮毂槽的配合性质一般取决于机构的工作要求。由于键是标准件，各种不同性质配合的获得要靠改变轴槽、轮毂槽的极限尺寸来得到。如普通平键连接，键与轴槽采用$\frac{P8}{h8}$或$\frac{N9}{h8}$配合，键与轮毂槽的配合为$\frac{S9}{h9}$或$\frac{P9}{h9}$，即键在轴上和轮毂上均固定，这种连接应用广泛，常用于高精度及传递重载荷、冲击载荷和双向转矩的场合。

2. 平键连接的装配要求

（1）清理平键和键槽各表面上的污物和毛刺，以防装配时造成过大的过盈。

（2）试装配轴和轴上的配件（先不装入平键），以检查轴和孔的配合状况，避免装配时轴与孔配合过紧；对于重要的键连接，装配前应检查键的直线度、键槽对轴线的对称度及平行度等。

（3）锉配平键的两端面，保证键与键槽的配合要求。一般在长度方向允许有 0.1 mm 间隙，高度方向允许键顶面与其配合面有 0.3 ~ 0.5 mm 间隙。

（4）试配并安装配件。若侧面配合过紧，则应拆下配件，根据键槽上的接触印痕修整配件键槽的两侧面，但不允许有松动，以避免传递动力时产生冲击及振动。

（5）清洗键槽和平键并加注润滑油，用台虎钳（钳口必须垫铜片）将键压入键槽内，使键与键槽底面贴合。也可垫铜皮用锤子将键敲入键槽内，或直接用铜棒将键敲入键槽内。

（6）试配并安装套件（如齿轮、带轮等），装配后要求套件在轴上不得有左右摆动现象。

【综合实训】

【实训任务】

平键连接的装配操作。图 2-2-37 所示为齿轮与轴的键连接装配结构。齿轮 3 左端用轴肩、右端用挡圈 4 和螺母 5 固定其轴向位置；齿轮 3 与轴 1 的连接采用键连接，以固定其周向位置。

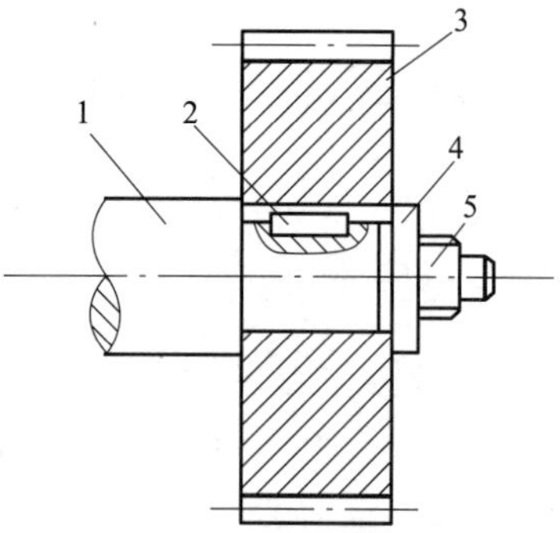

图 2-2-37 平键连接
1—轴 2—平键 3—齿轮 4—挡圈 5—螺母

【操作准备】

1. 材料准备

装配用机油、润滑油、垫圈、螺母等。

2. 工具准备

游标卡尺、内径百分表、锉刀、刮刀、铰刀、扳手、齿轮等。

3. 设备准备

工作平板、台虎钳。

【操作步骤】

步骤 1　用游标卡尺、内径百分表检测轴和配合件的配合尺寸，如图 2–2–38 所示。若配合尺寸不合格，应通过磨削、刮削、铰削加工修复至合格。

a）　　　　　　　　　　　　b）

图 2–2–38　零件的检测

a）用游标卡尺检测　b）用百分表检测

步骤 2　按照平键的尺寸，用锉刀修整轴槽和轮毂槽的尺寸。平键与轴槽的配合要求稍紧，键长方向上键与轴槽留有 0.1 mm 左右间隙；平键与轮毂槽的配合，以用手稍用力能将平键推过去为宜，如图 2–2–39 所示。然后去除键槽上的锐边，以防装配时造成过大的过盈。

步骤 3　装配时先不装入平键，将轴与轴上配件试装，以检查轴和孔的配合状况，避免装配时轴与孔配合过紧。

步骤 4　在平键和轴槽配合面上加注机油，将平键安装于轴的键槽中，用放有软钳口的台虎钳夹紧或用铜棒敲击，把平键压入轴槽内，并与槽底紧贴，如图 2–2–40 所示。测量平键装入的高度，测量孔与槽的最大极限尺寸，装入平键后的高度尺寸应小于孔内键槽尺寸，误差允许在 0.3 ~ 0.5 mm 范围内，如图 2–2–41 所示。

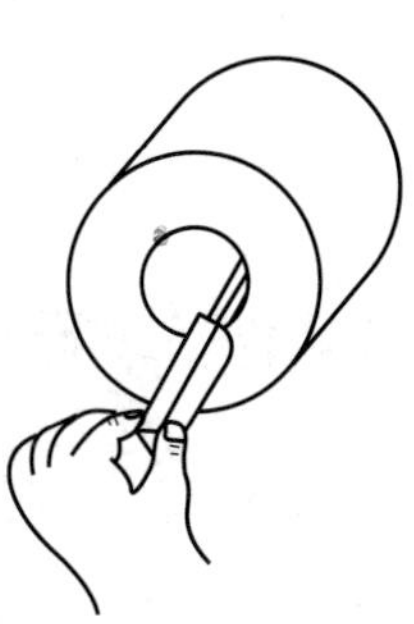

图 2–2–39　平键的试装

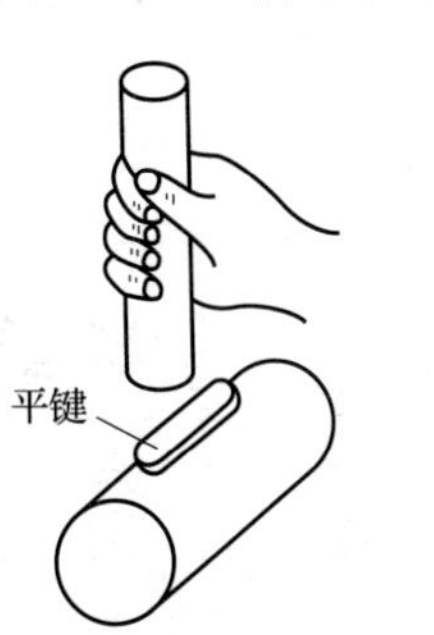

图 2–2–40　平键的安装

步骤 5　将装配完平键的轴夹在钳口带有软钳口的台虎钳上，并在轴和孔表面加注润滑油，如图 2–2–42 所示。

步骤 6 把齿轮上的键槽对准平键，目测齿轮端面与轴的轴线垂直后，用铜棒、锤子敲击齿轮，慢慢地将其装入到位（应在 *A*、*B* 两点处轮换敲击），如图 2-2-43 所示。

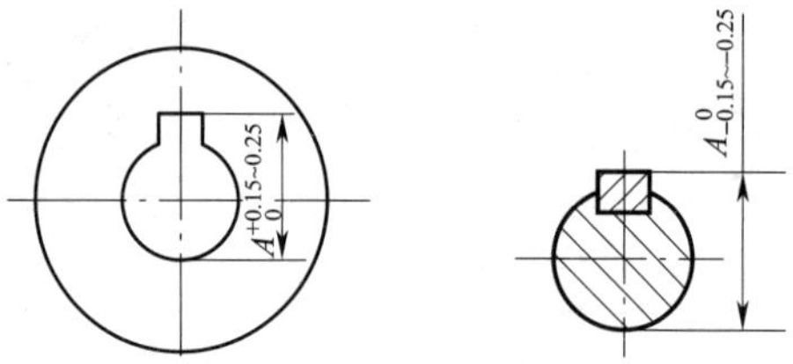

图 2-2-41 尺寸的检验

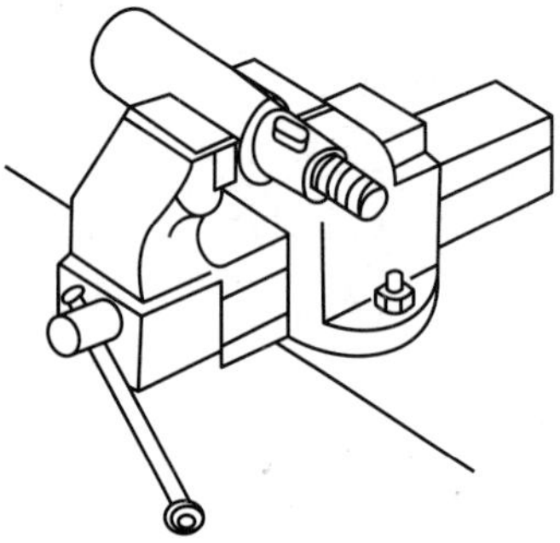

图 2-2-42 加注润滑油

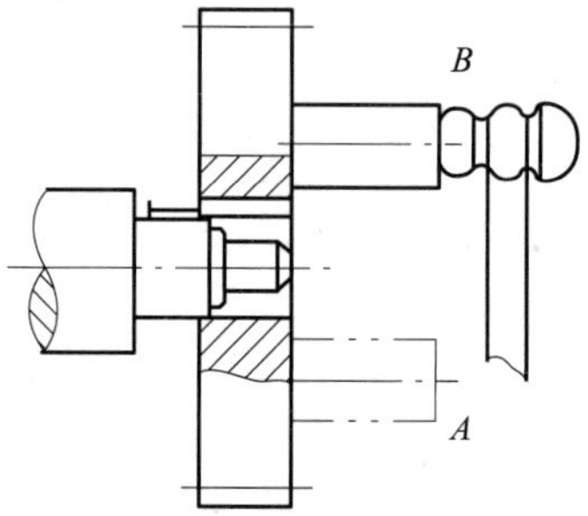

图 2-2-43 齿轮的安装

步骤 7 装上垫圈，旋上螺母。

步骤 8 拆卸时，用扳手松开螺母，取下挡圈，将齿轮用拉拔工具拆下即可。

【注意事项】

（1）清理键与键槽的毛刺，以免影响装配的可靠性。

（2）装配前应检查键侧直线度、键槽对轴线的对称度。

（3）用键与键槽试配，保证其配合性质。锉配键长和键头时，保留 0.1 mm 的间隙。

（4）配合面上加机油后将键压入轴槽中，使键与槽底接触良好。

学习单元 3 销连接的装配与拆卸

一、销连接的作用

用销钉将机件连接起来称为销连接。销连接可以使机件之间不能相互转动或移动，而且具有装拆容易、迅速的特点。销连接的作用一般是定位、连接或者锁定零件，有时作为安全装置中的过载剪断零件，如图 2–2–44 所示。

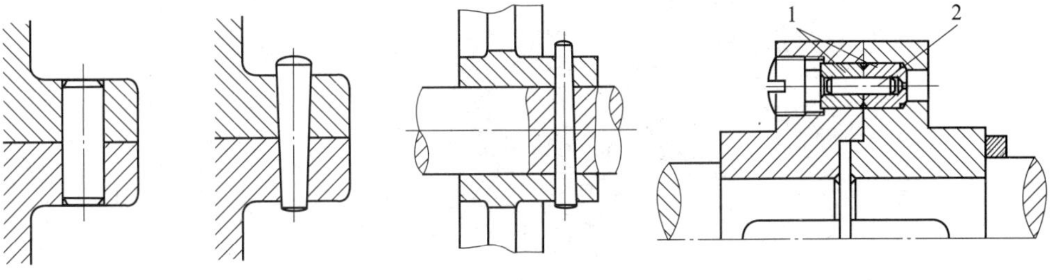

a）　b）　c）　d）

图 2–2–44　销的种类与应用

a）、b）定位作用　c）连接作用　d）过载保护作用

1—销套　2—安全销

二、销的种类及应用

销作为一种标准件，种类较多，其中应用较为广泛的是圆柱销和圆锥销。

1. 圆柱销

圆柱销的种类及应用见表 2–2–1。

表 2–2–1　圆柱销的种类及应用

种类	结构形式	特点及应用
普通圆柱销		直径公差带有 u8、m6、h8、h11 四种，以满足不同使用要求。主要用于定位，也可用于连接
内螺纹圆柱销		直径公差带只有 m6 一种。内螺纹供拆卸用。有 A、B 两种类型。B 型有通气平面，用于盲孔
外螺纹圆柱销		直径公差带较大，定位精度低，用于精度要求不高的场合

续表

种类	结构形式	特点及应用
弹性圆柱销		具有弹性，装入销孔后与孔壁压紧，不易松脱，销孔精度要求较低。互换性好，可多次装拆，但刚度较低。适用于有冲击、振动的场合，但不适用于精确定位场合

2. 圆锥销

圆锥销的种类及应用见表 2–2–2。

表 2–2–2　圆锥销的种类及应用

种类	结构形式	特点及应用
普通圆锥销		主要用于定位，也可用于固定零件、传递动力，多用于经常装拆的场合
内螺纹圆锥销	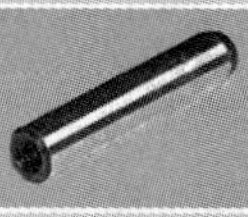	螺纹供拆卸用，内螺纹圆锥销多用于盲孔
螺尾圆锥销	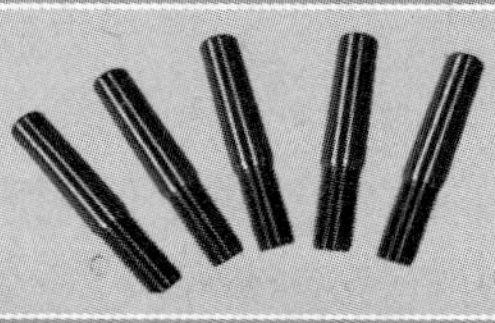	螺纹供拆卸用，多用于拆卸困难的场合
开尾圆锥销		开尾圆锥销打入销孔后，末端可稍张开，以防止松脱，多用于有冲击、振动的场合

三、销的装拆

1. 圆柱销的装拆

圆柱销一般依靠过盈固定在孔中。国家标准中规定有不同直径的圆柱销，每种销可按 n6、g6、h8 和 h9 四种公差带制造，并根据不同的配合要求选用。用圆柱销定位时，为了保证连接质量，被连接件的两孔应同时钻、铰，对销孔尺寸、形状、表面质量要求很高，孔壁的表面粗糙度 *Ra* 值应低于 1.6μm，以保证连接质量。圆柱销装配时，应在销表面涂上机油，用铜棒轻轻打入销孔。

由于圆柱销孔经过铰削加工，多次装拆会降低定位的精度和连接的紧固性，故圆柱销不宜多次装拆。

（1）将两连接件装配到一起并固定。小的连接件可用 C 形夹头固定，大的连接件需用螺栓或压板固定。

（2）将连接件放到钻床的工作台上，根据圆柱销的尺寸在规定位置上钻、铰圆柱销孔成形。

（3）将销孔和圆柱销清理（或清洗）干净，涂上润滑油，用铜棒或 C 形夹头将圆柱销打入或压入销孔。

2. 圆锥销的装拆

标准圆锥销锥度一般为 1∶50，它以小端直径和长度代表其规格，钻孔时以小端直径选用钻头。圆锥销定位准确，装拆方便，在横向力作用下可保证自锁，一般多用作定位，常用于要求经常装拆的场合。

圆锥销装配时，被连接件的两孔应同时钻、铰，用 1∶50 的锥度铰刀铰孔，用试装法控制孔径，以圆锥销自由地插入全长的 80% ~ 85% 为宜。然后用锤子将圆锥销敲入，圆锥销的大端可稍微露出，或与被连接件表面平齐。

（1）装配

1）将两连接件装配到一起，使两连接件处于正确的装配位置。

2）将两连接件放在钻床的工作台上，在规定的位置上根据圆锥销的尺寸钻、铰圆锥销孔。钻削、铰削圆锥销孔的步骤如下：

①按圆锥销小端直径选择钻头，再根据圆锥销的长度尺寸钻适当深度的孔（应略大于圆锥销的长度）

②选用 1∶50 的锥度铰刀铰削圆锥孔。

③用试配法控制铰孔深度，以圆锥销自由插入全长的 80% ~ 85%为宜。

④将圆锥销和销孔清理干净，涂润滑油后用铜棒（或锤子）将圆锥销敲入锥孔。圆锥销定位后大端可露出孔外一点或与孔端面平齐。

（2）拆卸

1）带螺尾的圆锥销拆卸方法一般有两种，一种是用带有内螺纹拔销头的拔销器拔出，另一种是用螺母旋入拔出。

2）带内螺纹的圆锥销或圆柱销可用拔销器直接拔出。

3）对于不带螺纹的圆锥销或圆柱销，常用敲击的方法拆卸。圆锥销应从小端敲击。

3. 销连接的修理

（1）当圆柱销磨损或剪断时，应先将磨损或剪断的圆柱销从销孔中取出，然后配制新的圆柱销。

（2）当销孔损坏时，应先把销孔中的销子取出，重新铰削销孔，然后根据铰削后销孔的实际尺寸配制新的销子即可。

注意事项:

（1）在不通孔（又称盲孔）内装配圆柱销时，圆柱销的表面上应磨有通气槽；否则圆柱销很可能装配不到预定的位置。

（2）铰削圆锥销孔时，第一次铰削的深度不能太深，应根据圆锥销的长度进行试配，根据试配的情况逐步将圆锥销孔铰削成形。

（3）采用圆锥销连接时，装配后大端不允许进入销孔内。

（4）过盈配合的圆柱销拆卸后，应更换新销，旧销不得继续使用。

（5）铰削销孔时，要合理选用切削液，铰削后销孔表面粗糙度 Ra 值应小于 1.6 μm。

（6）用敲击法实现圆锥销过盈连接时，不能将圆锥销头部敲打变形，敲击时用力要适当，最好用铜棒敲击，或垫上铜垫后用锤子敲击。

课程 2-3　传动机构装配

学习内容

学习单元	课程内容	培训建议	课堂学时
（1）带轮和带传动的装配与拆卸	1）带传动的类型 2）带传动的特点及应用 3）V 带传动 4）传动带的参数选用 5）带传动机构的装配与调整	（1）方法：讲授法、演示法、讨论法 （2）重点与难点：带传动机构的装配	6

续表

学习单元	课程内容	培训建议	课堂学时
（2）链传动的装配	1）链传动的组成与链结构的类型 2）链轮和链条的主要参数 3）链传动机构的装配	（1）方法：讲授法、演示法、讨论法、练习法 （2）重点与难点：链传动机构的装配	6
（3）圆柱齿轮传动机构的装配	1）齿轮机构的类型 2）圆柱齿轮机构的传动特点 3）圆柱齿轮机构主要参数计算 4）标准直齿圆柱齿轮几何尺寸计算 5）圆柱齿轮传动装置装配技术要求 6）圆柱齿轮传动装置的装配	（1）方法：讲授法、演示法、讨论法、练习法 （2）重点：圆柱齿轮传动装置的装配 （3）难点：圆柱齿轮机构主要参数计算	8

学习单元 1　带轮和带传动的装配与拆卸

一、带传动的类型

根据工作原理不同，带传动可分为摩擦型带传动和啮合型带传动两类。

1. 摩擦型带传动

摩擦型带传动是依靠带与带轮之间的摩擦力传递运动的。按带的横截面形状不同，摩擦型带传动可分为四种类型，如图 2–3–1 所示。

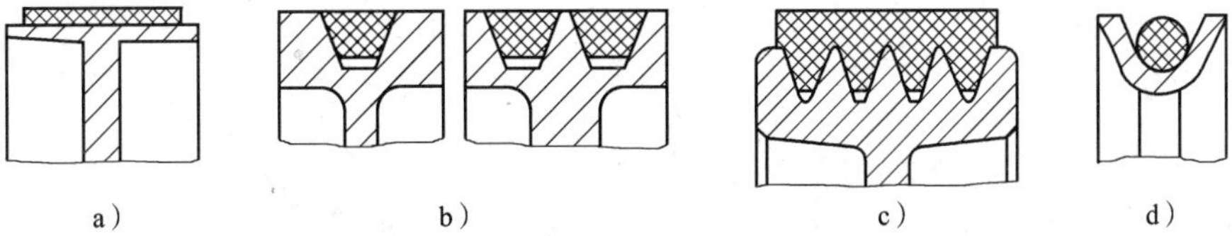

图 2–3–1　带传动的类型

a）平带　b）V 带　c）多楔带　d）圆带

（1）平带传动。平带的横截面为扁平矩形（见图 2–3–1a），内表面与轮缘接触为工作面。常用的平带有普通平带（胶帆布带）、皮革平带和棉布带等，其中以普通平带应用最广泛。在高速传动中常使用麻织带和丝织带。平带可用于平行轴交叉传动和交错轴的半交叉传动，如图 2–3–2 所示。

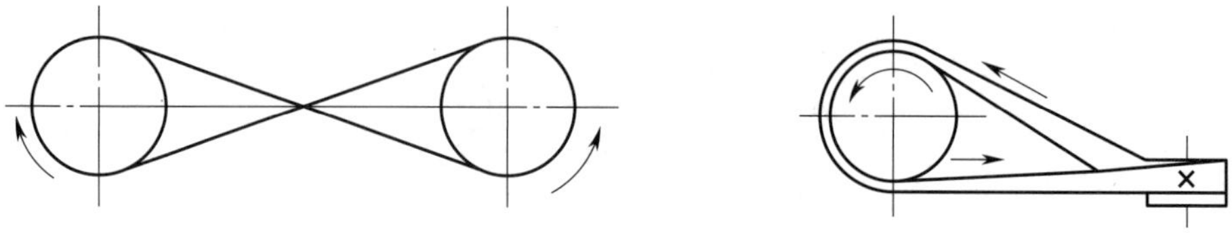

图 2–3–2　平带的交叉和半交叉传动

（2）V 带传动。V 带的横截面为梯形，两侧面为工作面（见图 2–3–1b），工作时 V 带与带轮槽两侧面接触，在同样压力的作用下，V 带传动的摩擦力约为平带传动的三倍，故能传递较大的载荷。

（3）多楔带传动。多楔带是若干 V 带的组合（见图 2–3–1c），可避免多根 V 带长度不等、传力不均匀的缺点。

（4）圆形带传动。圆形带的横截面为圆形（见图 2–3–1d），常用皮革或棉绳制成，只用于小功率传动。

2. 啮合型带传动

啮合型带传动依靠带轮上的齿与带上的齿或孔啮合传递运动和动力，如图 2–3–3 所示。带与带轮间为啮合传动，没有相对滑动，可保持主、从动轮线速度同步。

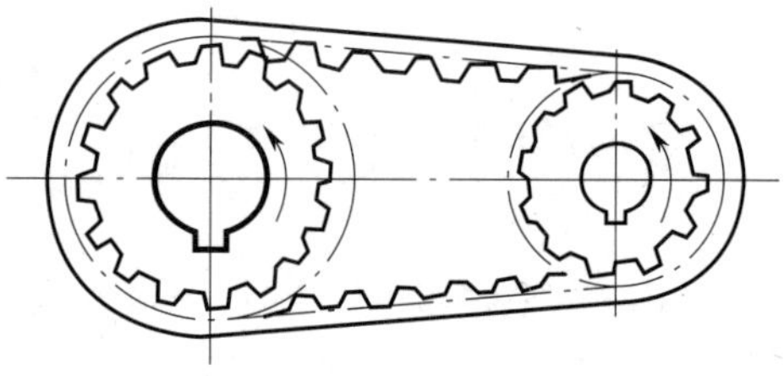

图 2–3–3　啮合型带传动

二、带传动的特点及应用

1. 带传动的特点

（1）结构简单，适用于两轴中心距较大的场合。

（2）胶带富有弹性，能缓冲吸振，传动平稳、无噪声。

（3）过载时可产生打滑，能防止薄弱零件损坏，起安全保护作用。

（4）带传动不能保持准确的传动比。

（5）传动带需张紧在带轮上，对轴和轴承的压力较大。

（6）外廓尺寸大，传动效率低（一般为 0.94 ~ 0.96）。

2. 带传动的应用

根据上述特点，带传动多用于以下场合：

（1）中、小功率传动（通常不大于 100 kW）。

（2）电动机输出轴的第一级传动（工作速度一般为 5 ~ 25 m/s）。

（3）传动比要求不十分准确的机械。

三、V 带传动

V 带传动是由一条或数条 V 带和 V 带轮组成的摩擦型带传动。

带传动一般安装在与电动机轴直接相连接的传动轴上。相同条件下 V 带传递功率是平带的三倍左右，因此 V 带应用最广泛，如汽车发动机、数控车床的进给电动机传动均用的是 V 带传动。

1. V 带

（1）外形。V 带是一种无接头的环形带，其横截面为等腰梯形，工作面是与轮槽相接触的两侧面，带与轮槽底面不接触。

（2）分类。按结构不同可以分为帘布芯带和绳芯带。

（3）组成。标准 V 带都制成无接头的环形，其横截面由强力层 1、伸张层 2、压缩层 3 和包布层 4 构成，如图 2-3-4 所示。伸张层和压缩层均由胶料组成。包布层由胶帆布组成。强力层是承受载荷的主体，分为帘布结构（由胶帘布组成）和线绳结构（由胶线绳组成）两种。

（4）特点。帘布芯带制造简单，抗拉强度高，价格低，应用广泛。绳芯带柔韧性好，弯曲疲劳强度较高，但拉伸强度低，常用于载荷不大、直径较小的带轮和转速较高的场合。

2. V 带轮

V 带轮一般由轮缘 1、轮辐 2 和轮毂 3 组成，如图 2-3-5 所示。常用结构有实心式、腹板式、孔板式和轮辐式。基准直径较小时采用实心式带轮；当基准直径大于 300 mm 时，采用轮辐式带轮。

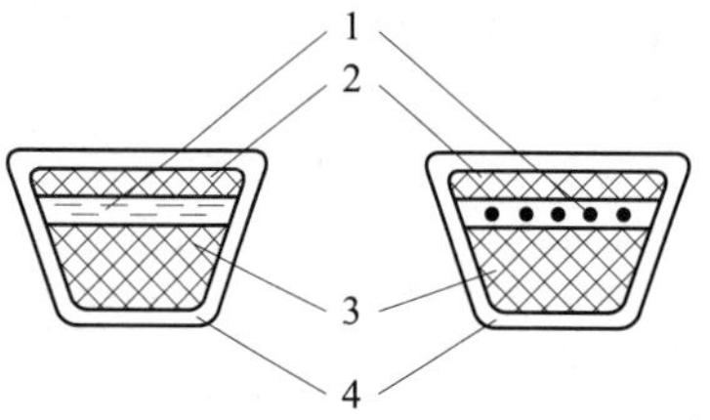

图 2-3-4　V 带的结构

1—强力层　2—伸张层　3—压缩层　4—包布层

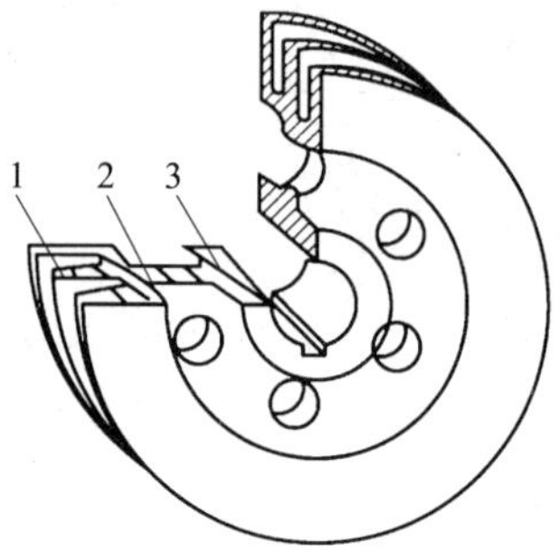

图 2-3-5　V 带轮的结构

1—轮缘　2—轮辐　3—轮毂

带轮是带传动的重要零件。V 带轮必须具有足够的强度，质量小且分布均匀，对轮槽的工作面有较高的表面质量要求，既要能与带产生足够的摩擦力，又要减少对带的磨损。V 带轮的材料常用灰铸铁 HT150、HT200，转速高时用铸钢、钢的焊接结构，低速、小功率时用铝合金、塑料。

实心式：当带轮直径 $d \leqslant (2.5 \sim 3)d_s$（$d_s$ 为带轮轴孔直径）时采用。

腹板式：当带轮直径 $d \leqslant 300$ mm 时采用。

孔板式：当轮毂和轮缘之间的距离超过 100 mm 时采用。

轮辐式：当带轮直径 $d \geqslant 300$ mm 时采用。

四、传动带的参数选用

V 带在规定张紧力下弯绕在带轮上时外层受拉伸变长，内层受压缩变短，两层之间存在一长度不变的中性层，沿中性层形成的面称为节面。节面的宽度称为节宽 b_p，节面的周长为带的基准长度 L_d。

1. 带的型号

根据国家标准，V 带横截面的梯形截面尺寸分为 Y、Z、A、B、C、D、E 七种型号，截面尺寸各不相同，相对应的带轮轮槽截面也各不相同。对于线绳结构的 V 带，目前主要生产的有 Y、Z、A、B 四种型号。Y 型 V 带的节宽、顶宽和高度尺寸最小（即截面积最小），E 型 V 带的节宽、顶宽和高度尺寸最大（即截面积最大）。生产中使用最多的 V 带是 Z、A、B 三种型号。

在相同条件下，横截面尺寸越大，则传递的功率越大。V 带型号的选用原则是根据传动功率和小带轮的转速选取，见表 2-3-1。

表 2-3-1　普通 V 带截面尺寸

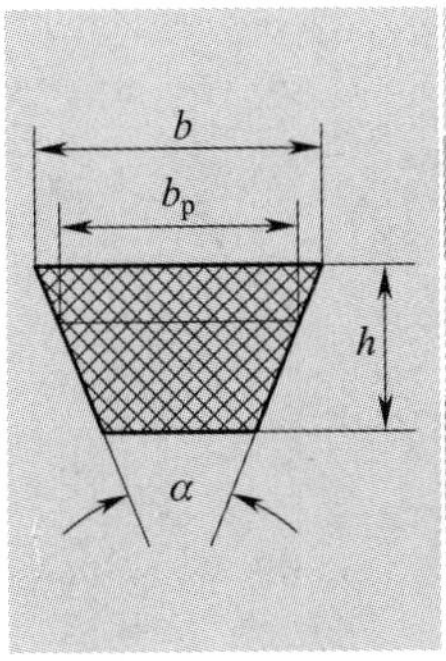

V 带型号	Y	Z	A	B	C	D	E
顶宽 b	6	10	13	17	22	32	38
节宽 b_p	5.3	8.5	11	14	19	27	32
高度 h	4	6	8	11	14	19	23
楔角 α	40°						

2. 带轮基准直径 d_d

V 带带轮的基准直径 d_d 是带轮上与所配用 V 带的节宽 b_p 相对应处的直径。在带传动中，带轮基准直径越小，传动时带在带轮上的弯曲变形越严重，V 带的弯曲应力越大，从而会缩短带的使用寿命。为了延长带的使用寿命，对各型号普通 V 带都规定了最小的基准直径 d_{min}。

3. 中心距 a

中心距是指两带轮中心连线的长度。两带轮中心距越大，传动能力越高，但中心距过大，又会使整个传动尺寸不够紧凑，在高速时易发生振动，反而会使带的传动能力下降。因此，两带轮中心距一般在（0.7 ~ 2）（$d_{d1}+d_{d2}$）范围内。

4. 传动比 i

$$i=\frac{n_1}{n_2}=\frac{d_{d2}}{d_{d1}}$$

式中　n_1——主动轮的转速，r/min；

n_2——从动轮的转速，r/min；

d_{d1}——主动轮基准直径，mm；

d_{d2}——从动轮基准直径，mm。

通常 V 带传动比 $i \leqslant 7$，常用 2 ~ 7。

5. 小带轮的包角 α_1

包角是带与带轮接触弧所对应的圆心角，如图 2-3-6 所示。包角的大小反映了带与带轮轮缘表面间接触弧的长短。两带轮中心距越大，小带轮包角就越大，带与带轮接触弧也越长，带能传递的功率也越大；反之，带能传递的功率就越小。为了使带传动可靠，一般要求小带轮包角大于或等于 120°。包角计算公式如下：

$$\alpha_1 \approx 180° - \frac{(d_{d2}-d_{d1})}{a} \times 57.3°$$

$$\alpha_2 \approx 180° + \frac{(d_{d2}-d_{d1})}{a} \times 57.3°$$

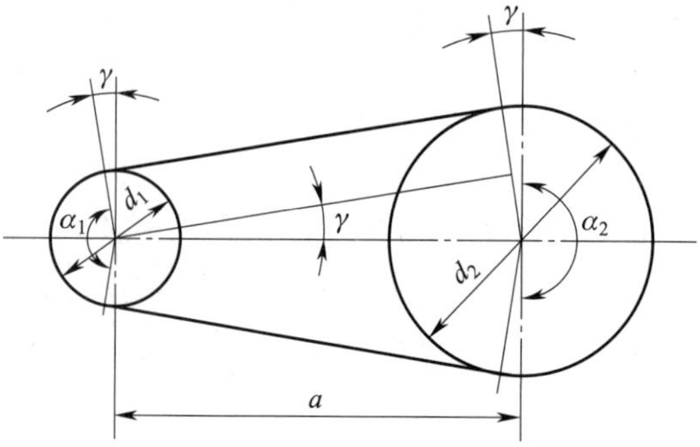

图 2-3-6　带传动的主要尺寸参数

6. 带速 v

带速太低，传动尺寸大，不经济；带速太高，离心力又会使带与带轮间的压紧程度减弱，传动能力降低。因此，带速一般取 5 ~ 25 m/s。

7. 根数 z

V 带的根数影响带的传动能力，根数越多，传动功率越大。V 带传动中所需要的 V 带根数应根据传动功率大小而定，但为了使各根带受力比较均匀，带的根数不宜过多，通常带的根数应小于 7。

五、带传动机构的装配与调整

1. 带轮的装配

（1）清除带轮孔、轮缘、轮槽表面上的污物和毛刺。

（2）检验带轮的径向圆跳动和端面圆跳动误差。

1）将检验棒插入带轮孔中，用两顶尖支顶检验棒。

2）将百分表测头置于带轮圆柱面和带轮端面靠近轮缘处。

3）旋转带轮一周，百分表在圆柱面上的最大读数差即为带轮的径向圆跳动误差，百分表在端面上的最大读数差即为带轮端面的圆跳动误差。

（3）将带轮孔、轴颈清洗干净，涂上润滑油。

（4）装配带轮时，使带轮键槽与轴颈上的键对准，当孔与轴的轴线同轴后，用铜棒敲击带轮靠近孔端面处，将带轮装配到轴颈上。

（5）检查两带轮的相互位置精度

1）当两带轮的中心距较小时，可用较长的钢直尺紧贴一个带轮的端面，观察另一个带轮端面是否与该带轮端面平行或在同一平面内。若检验结果不符合技术要求，可通过调整电动机的位置来解决。

2）当两带轮的中心距较大无法用钢直尺检验时，可用拉线法检查。使拉线紧贴一个带轮的端面，以此为射线延长至另一个带轮端面，观察两带轮端面是否平行或在同一平面内。

2. V 带的安装

（1）正确选择 V 带的型号。

（2）V 带的安装

1）将 V 带套入小带轮最外端的第一个轮槽中。

2）将 V 带套入大带轮轮槽，左手按住大带轮上的 V 带，右手握住 V 带往上拉，在拉力作用下，V 带沿着转动的方向即可全部进入大带轮的轮槽内。

3）用一字旋具撬起大带轮（或小带轮）上的 V 带，旋转带轮，即可使 V 带进入大带轮（或小带轮）的第二个轮槽内。

4）重复步骤 3），即可将第一根 V 带逐步拨到两个带轮的最后一个轮槽中。

5）检查 V 带装入轮槽中的位置是否正确。安装好的 V 带在槽中的正确位置应是 V 带与轮槽工作面之间充分接触，顶部对齐，如图 2–3–7 所示。

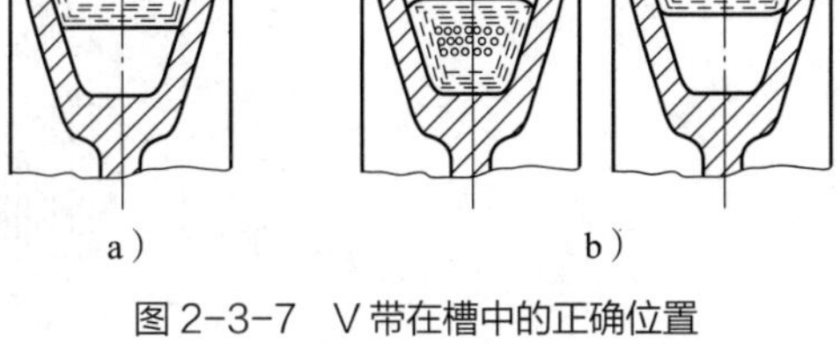

a）　　　　　　　　b）

图 2–3–7　V 带在槽中的正确位置

a）正确　b）错误

（3）带传动张紧力的检查与调整。传动带使用一段时间后会松弛，长度会伸长，使带与带轮之间的贴紧程度减弱，包角减小，降低传动能力，因此，必须对带进行张紧调整。常用的张紧方法有两种，即调整中心距和使用张紧轮。

1）调整中心距，如图 2–3–8 所示。

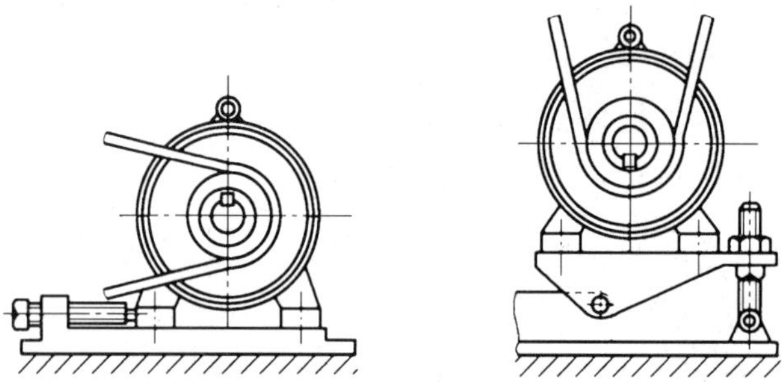

图 2–3–8　调整中心距

2）使用张紧轮。当中心距不能调节时，可采用张紧轮将带张紧，如图 2–3–9 所示。张紧轮一般放在松边内侧，使带只受到单向弯曲，并要靠近大轮，以保证小带轮有较大的包角，其直径宜小于小带轮直径。

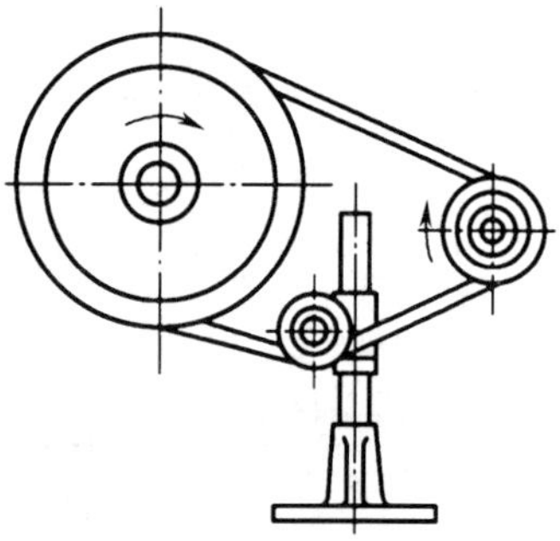

图 2–3–9　使用张紧轮

如果带张力过低，可能使带跳动，传动精确度差，带打滑，加速缩短带的使用寿命，增加能量浪费，产生噪声，缩短轴承和轴的使用寿命，因此需要对带张力进行测定。

对于中等中心距的带传动，也可凭经验安装，带的张紧程度以拇指能将带按下 15 mm 为宜，如图 2–3–10 所示。新带使用前，最好预先拉紧一段时间后再使用。

（4）检查带轮跳动量。带轮装在轴上后，检查带轮的径向圆跳动和端面圆跳动，如图 2–3–11 所示。一般用划线盘检查，要求较高时可采用百分表检查，以保证带轮在轴上安装的正确性。

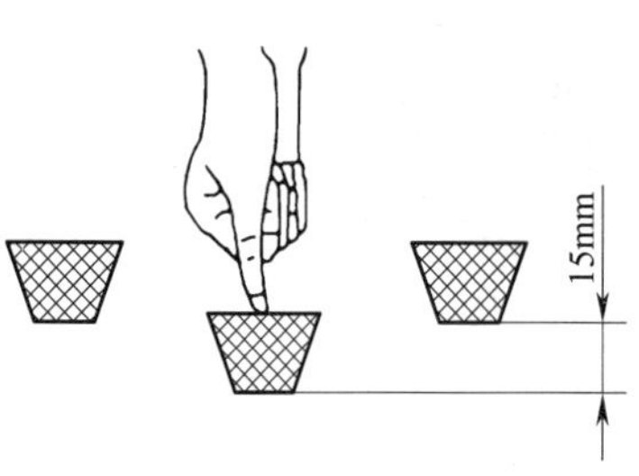

图 2–3–10　带张力的测定方法

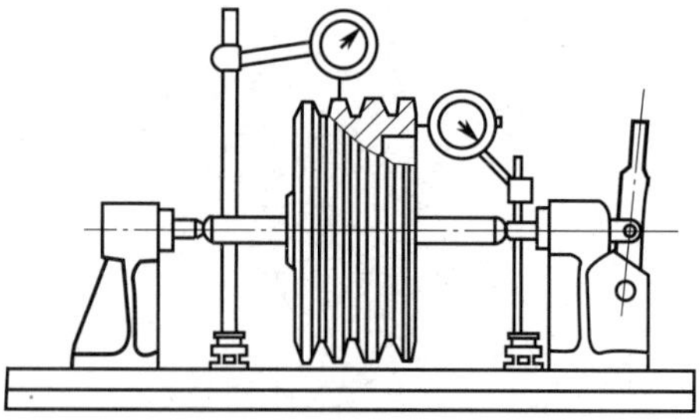

图 2–3–11　检查带轮跳动量

（5）检查带轮的相互位置。中心距不大时用钢直尺测量，中心距较大时采用拉线法测量，如图 2–3–12 所示。

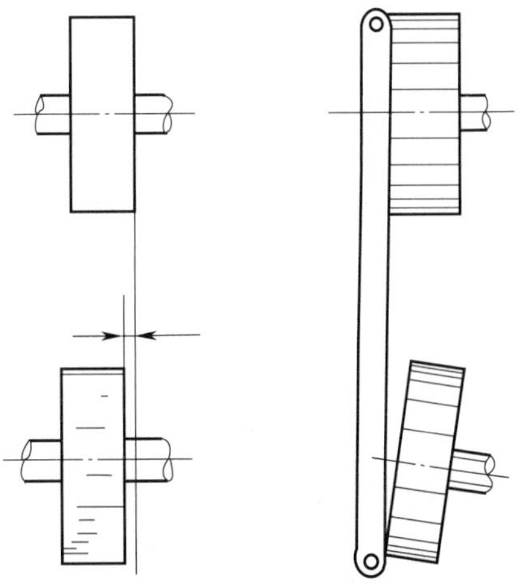

图 2–3–12　带轮相互位置正确性的检查

3. 注意事项

（1）带轮装配时，若发现轴和孔的配合尺寸不合格（如过紧），应采用磨削轴或刮削孔等方法进行修复，待修复后再装配，切记不能强行装配。

（2）键装入轴上键槽后与孔中键槽配合时必须满足配合要求，必要时可对带轮孔中的键槽进行修复。

（3）当带轮孔与轴颈配合的过盈量较大时，采用压入法装配后，还必须对带轮（特别是直径较大的带轮）的径向圆跳动和端面圆跳动进行检查。

（4）质量较大或转速较高的带轮装配后要进行平衡处理。

（5）安装 V 带时，要防止手指被挤入带轮槽中。

（6）安装 V 带时，同一带轮组上几根 V 带的实际长度要尽可能一样（保证同组 V 带的型号、基准长度、公差和生产厂家相同），以使传动平稳，传动带受力一致。

（7）定期检查，及时调整，发现不宜继续使用的 V 带应及时更换。使用时，如果一根带松弛或损坏，应全部同时更换，以免因新旧带长短不一而加速新带磨损。

（8）V 带传动应安装防护罩（见图 2–3–13），以防止发生伤人事故，防止润滑油等飞溅到 V 带上，露天作业时还可防止烈日暴晒导致 V 带过早老化。

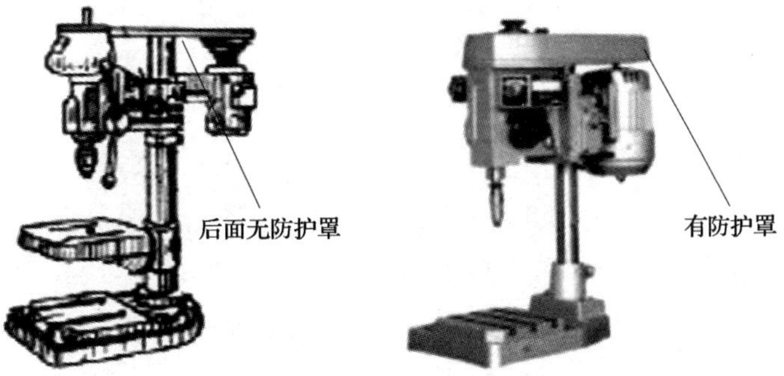

a）　　b）

图 2–3–13　V 带传动的防护罩

学习单元 2　链传动的装配

一、链传动的组成与链结构的类型

1. 链传动的组成及类型

链传动是一种应用较为广泛的机械传动，它由链条、主动链轮和从动链轮等组成，如图 2–3–14 所示。

按照用途不同，链可分为起重链、牵引链和传动链三大类。起重链主要用于起重机械中提起重物，其工作速度 $v \leqslant 0.25$ m/s；牵引链主要用于链式输送机中移动重物，其工作速度 $v \leqslant 4$ m/s；传动链用于一般机械中传递运动和动力，通常工作速度 $v \leqslant 15$ m/s。

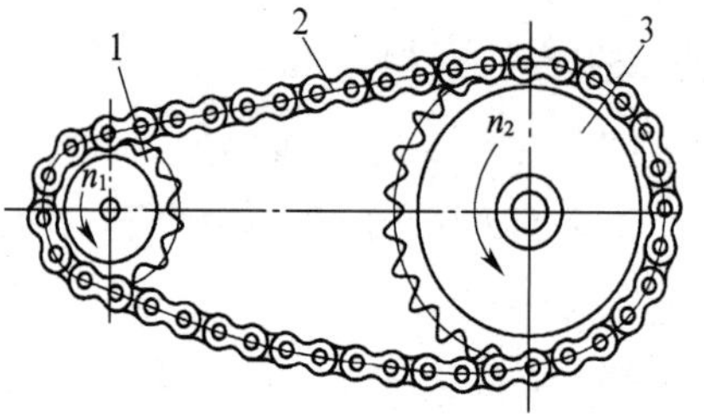

图 2–3–14　链传动

1—主动链轮　2—链条　3—从动链轮

2. 链结构的类型

常用的传动链，按其结构的不同主要有滚子链和齿形链两种。

（1）滚子链。滚子链是由内链板、外链板、销轴、套筒和滚子组成的，如图 2–3–15 所示。其中内链板紧固在套筒两端，外链板与销轴铆牢，分别称为内、外链节。这样，内、外链节就组成一个铰链。滚子与套筒、套筒与销轴均为间隙配合。

当链与链轮啮合时，内、外链节相对转动；同时，滚子与链轮齿面之间形成滚动摩擦，可减小链与轮齿的磨损。为了减轻链的质量，并使链板各截面的强度大致相等，内、外链板均制成“8”字形。滚子链上相邻两销轴中心的距离称为链的节距，以 p 表示，是链条的主要参数。节距越大，链条各零件尺寸也就越大，所能传递的功率也越大，但其质量也随之增大。因此在传递较大动力时，若要求链传动的外廓尺寸较小，可采用多排链，如双排链或三排链，如图 2–3–16 所示。

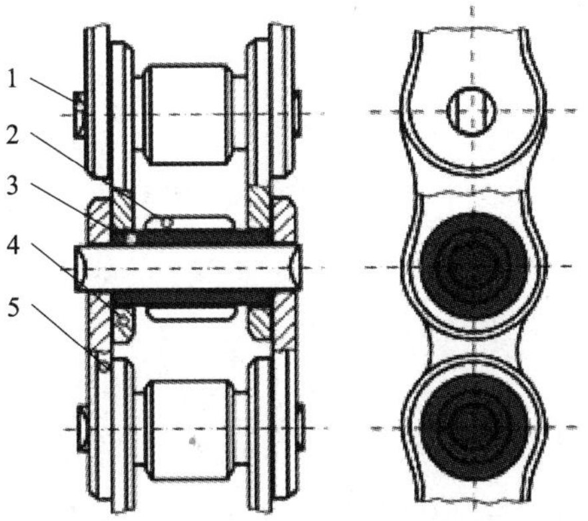

图 2–3–15　滚子链的结构

1—销轴　2—滚子　3—套筒　4—内链板　5—外链板

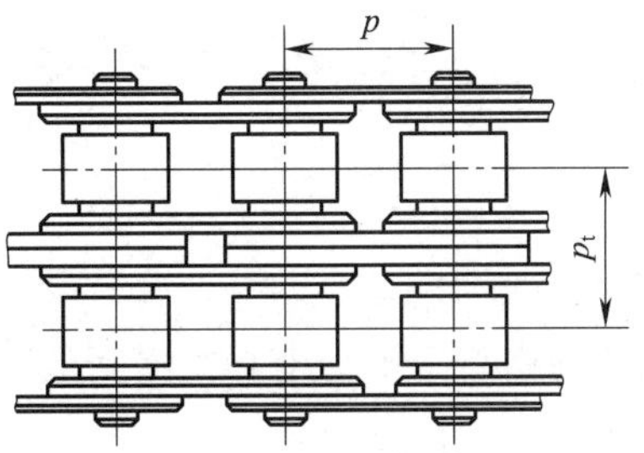

图 2–3–16　双排滚子链的结构

滚子链已标准化，分为 A、B 两个系列，A 系列用于重载高速和重要的传动，B 系列用于一般传动。

链条长度用链节数来表示。链节数最好为偶数，以便使接头处正好是内、外链板相接，可用开口销或弹簧夹锁紧。若链节数为奇数，则必须采用过渡链节。过渡链节在链条工作时，其链板要产生附加弯曲应力，故应避免采用奇数链节。滚子链的接头形式如图 2–3–17 所示。

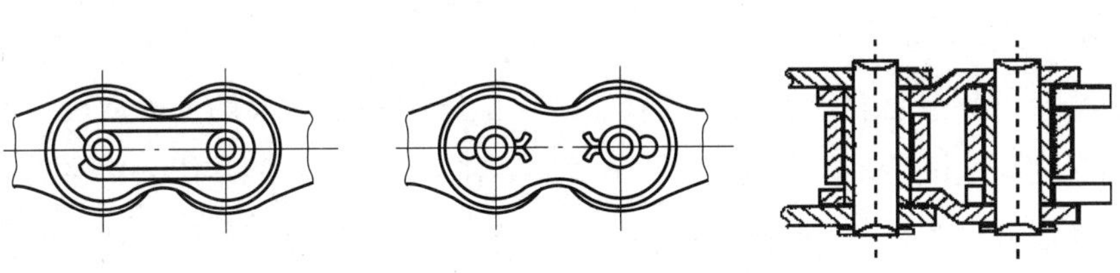

a）　b）　c）

图 2–3–17　滚子链的接头形式

a）弹簧夹　b）开口销　c）过渡链节

（2）齿形链。齿形链由许多齿形链板铰接而成，如图 2–3–18 所示。与滚子链相比，齿形链具有传动平稳、噪声小及承受冲击载荷能力强等优点，但结构复杂，质量大，价格贵，故多用于高速（链速可达 40 m/s）或运动精度要求较高的传动中。

链轮的齿形应保证链节能平稳、顺利地进入和退出啮合，并便于加工。国家标准规定了链轮端面齿形的齿槽形状，其齿廓由两段光滑的圆弧组成。标准中仅规定了链轮齿槽的齿面圆弧半径、齿沟圆弧半径及齿沟角的最大和最小值，各种链轮的实际齿槽形状应在规定的最大齿槽形状和最小齿槽形状的范围内。

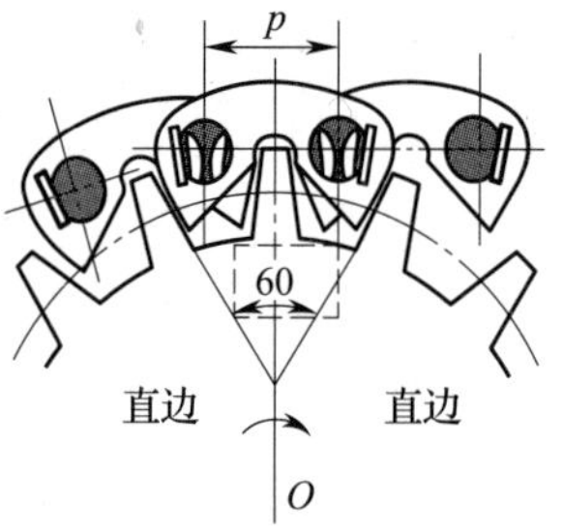

图 2-3-18　齿形链

二、链轮和链条的主要参数

1. 节距

链条相邻两销轴中心线之间的距离称为节距，用 p 表示。节距越大，链传动各部分尺寸越大，传动能力越强，但传动的平稳性越差，冲击、振动和噪声也越严重。因此，选用链传动时，在满足传递功率的前提下，应选用较小节距的单排链，在高速传动时可选小节距多排链。

2. 链轮齿数

链轮齿数对传动的平稳性和使用寿命都有很大影响。齿数选得越少，传动越不平稳，冲击、振动越剧烈。链轮齿数太多除使传动尺寸增大外，还会因链条磨损严重而导致节距变大，易引起脱链。

3. 传动比

由于链轮的齿数是有限制的，链条受链轮上的包角不能太小及传动尺寸不能太大等条件的制约，故链传动的传动比 $i \leqslant 6$，最好在 2 ~ 3.5 之间。传动比过大，包角减小，啮合齿数减少，易产生磨损、跳齿。

4. 链速

为了防止链传动因链速变化而产生过大的冲击、振动和噪声，必须对链速加以限制，通常滚子链的链速应小于 12 m/s。

5. 中心距

在链速不变的情况下，中心距过小会使链节在单位时间里承受载荷的次数增多，加剧疲劳和磨损，同时小链轮的包角减小，受力的齿数也减少，使轮齿受力增大；反之，若中心距过大，由于链条自重而产生的垂度增大，致使松边易发生过大的上下颤动而使传动不平稳。一般取 $a=(30\sim50)p$，而且 p 要圆整并取偶数。

6. 链节数

当链节数为偶数时，连接方式采用可拆卸的外链板连接，接头处用开口销或弹簧夹固定。当链节数取奇数时，需用过渡链节。过渡链节的链板工作时会受到附加的弯矩作用，故链节数应尽量取偶数，以避免使用过渡链节。

三、链传动机构的装配

1. 链轮的装配

链轮在轴上的固定方法有两种，一种是键连接后再用螺钉固定，另一种是过盈连接后再用圆柱销固定。链轮的装配步骤如下：

（1）清除链轮孔、链轮轴及键表面的污物和毛刺。

（2）将各配合表面清洗干净后涂润滑油。

（3）用锤击法或压入法将链轮压入轴的固定位置，拧紧紧定螺钉。

（4）对于用圆柱销固定的链轮，当链轮压入轴上后，按规定位置钻、铰圆柱销孔，将销孔清洗干净，将圆柱销涂润滑油后敲入销孔至配合要求。

（5）检查链轮装配后的径向圆跳动和端面圆跳动。链轮的跳动量应适合表 2–3–2 所列数值的要求。

（6）检查链轮装配后两链轮轴线的平行度和轴向偏移量。两链轮的轴向偏移量必须在要求范围内。一般当中心距小于 500 mm 时，允许偏移量为 1 mm；当中心距大于 500 mm 时，允许偏移量为 2 mm。

表 2–3–2　链轮允许跳动量　　mm

链轮的直径	套筒滚子链的链轮跳动量	
	径向圆跳动量	端面圆跳动量
<100	0.25	0.3
100 ~ 200	0.5	0.5
200 ~ 300	0.75	0.8
300 ~ 400	1.0	1.0
>400	1.2	1.5

2. 链条的装配

套筒滚子链的精度分为 A 级和 B 级，A 级用于重载或重要传动，B 级用于普通传动。当两轮中心连线倾斜角大于 60° 时，通常设有张紧装置。链条的装配步骤如下：

（1）将链条及接头零件用煤油清洗干净，并用干净的抹布擦干。

（2）先将链条套在链轮上，再将链条的接头引到便于装配的位置。

（3）用链条拉紧工具拉链条首尾到位，使链条首尾对齐。链条的下垂度要适当。链条过紧会加剧磨损，过松则容易产生脱链或振动。一般水平传动时下垂度 f 应不大于 $0.2a$，链垂直放置时 f 应不大于 $0.002a$，（a 为两链轮的中心距），如图 2-3-19 所示。

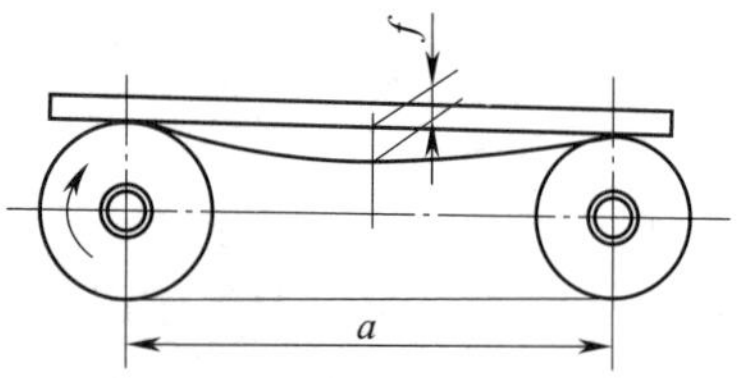

图 2-3-19　链条下垂度的检查方法

链传动中心距可调时，调节中心距以控制张紧程度；中心距不可调时，可设置张紧轮，或在链条磨损变长后取掉 1 ~ 2 个链节以恢复原来的长度。张紧轮一般紧压在松边靠近小链轮处。张紧轮可以是链轮，也可以是无齿的滚轮。张紧轮的直径与小链轮的直径接近。张紧轮分为自动张紧（用弹簧、吊重等自动张紧装置）和定期调整张紧（用螺旋、偏心等调整装置），另外还可用压板和托板张紧。链条的张紧方法如图 2-3-20 所示。

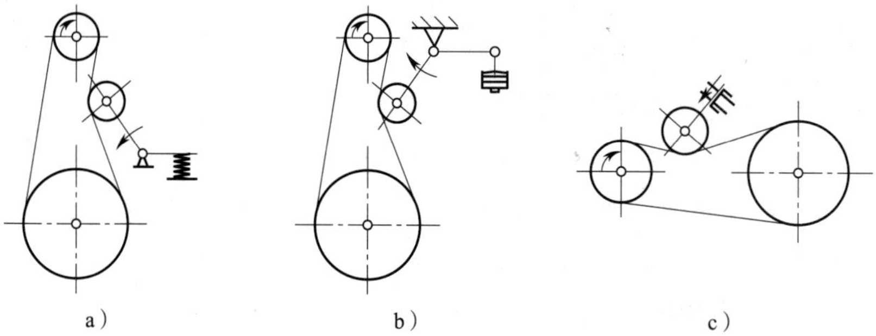

图 2-3-20　链条的张紧方法

a）弹簧张紧　b）砝码张紧　c）定期调整张紧

（4）用尖嘴钳将接头零件中的圆柱销组件、挡板及弹簧夹装配到位。

3. 装配注意事项

（1）链轮与轴的连接应牢固、可靠，既要保证链轮在轴上定位准确，还要保证传递足够转矩的要求。

（2）当链轮与轴的配合尺寸不合格时，不能强行装配，不能修复的应报废。

（3）调整两链轮相对位置时，一般只调整其中一个链轮，当一个链轮调整到极限位置仍不能满足要求时，可同时调整两个链轮，直至达到要求为止。

（4）套筒滚子链的接头仅在链条节数为偶数时才能使用。

（5）安装套筒滚子链接头上的弹簧夹时一定要注意方向，弹簧夹的开口方向应与链条运动方向相反。

（6）装配及修理中要注意安全，防止发生事故。

学习单元 3　圆柱齿轮传动机构的装配

一、齿轮机构的类型

齿轮的分类方法很多，按照两轴线的相对位置不同，可分为平面齿轮传动和空间齿轮传动。

1. 平面齿轮传动

平面齿轮传动的两齿轮轴线相互平行，常见的有直齿圆柱齿轮传动、斜齿圆柱齿轮传动和人字齿轮传动。此外，按啮合方式区分，前两种齿轮传动又可分为外啮合传动、内啮合传动和齿轮齿条传动，如图 2-3-21 所示。

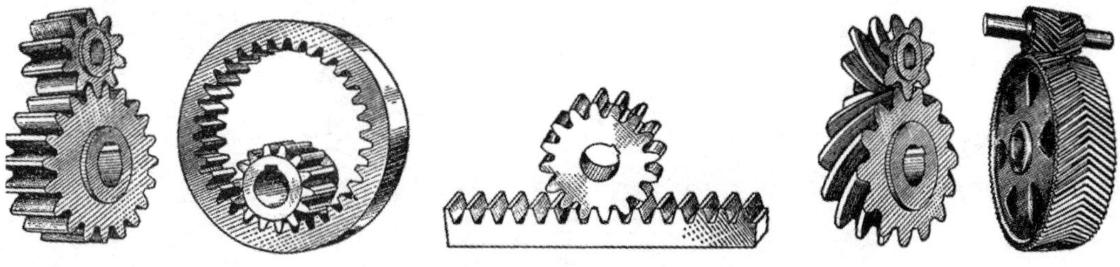

a）　b）　c）　d）　e）

图 2-3-21　平面齿轮传动

a）外啮合　b）内啮合　c）齿轮齿条传动　d）斜齿　e）人字齿

2. 空间齿轮传动

两轴线不平行的齿轮传动称为空间齿轮传动，常见的有直齿锥齿轮传动、交错轴斜齿轮传动和蜗轮蜗杆传动，如图 2–3–22 所示。

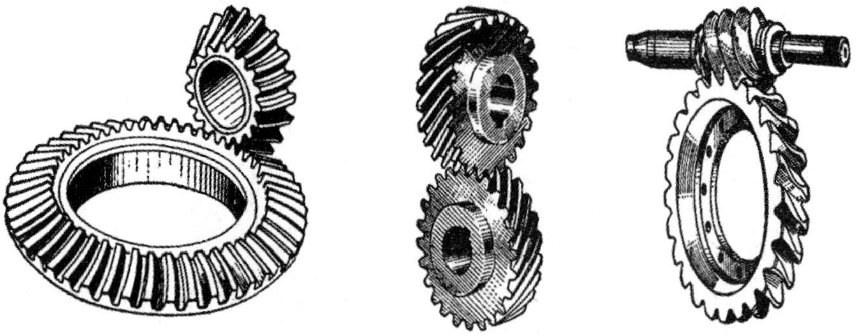

a） b） c）

图 2–3–22 空间齿轮传动

a）锥齿轮传动 b）交错轴斜齿轮传动 c）蜗轮蜗杆传动

按照一对齿轮传动的传动比是否恒定，可将齿轮传动分为非圆齿轮传动及圆形齿轮传动两大类；按照工作条件的不同，齿轮传动分为开式传动和闭式传动；按照齿廓表面硬度的不同，齿轮传动可分为软齿面齿轮传动和硬齿面齿轮传动；按照齿轮的圆周速度不同，齿轮传动可分为低速传动（v<3 m/s）、中速传动（v 为 3 ～ 15 m/s）、高速传动（v>15 m/s）。

二、圆柱齿轮机构的传动特点

齿轮传动是近代机械传动中用得最多的传动形式之一。它不仅可用于传递运动，如各种仪表机构，而且可用于传递动力，如常见的各种减速装置、机床传动系统等。

1. 优点

（1）保证传动比恒定不变。

（2）适用的载荷与速度范围很广泛，传递的功率可由很小到几万千瓦，圆周速度可达 150 m/s。

（3）结构紧凑。

（4）效率高，一般效率 $\eta = 0.94 \sim 0.99$。

（5）工作可靠且使用寿命长。

2. 缺点

（1）对制造及安装精度要求较高。

（2）当两轴间距离较远时，采用齿轮传动较笨重。

三、圆柱齿轮机构主要参数计算

1. 直齿圆柱齿轮各部分的名称及主要尺寸（见图 2-3-23）

（1）齿数。齿轮圆周上轮齿的数目称为齿数，用 z 表示，$z=\pi m=\pi d/p$。

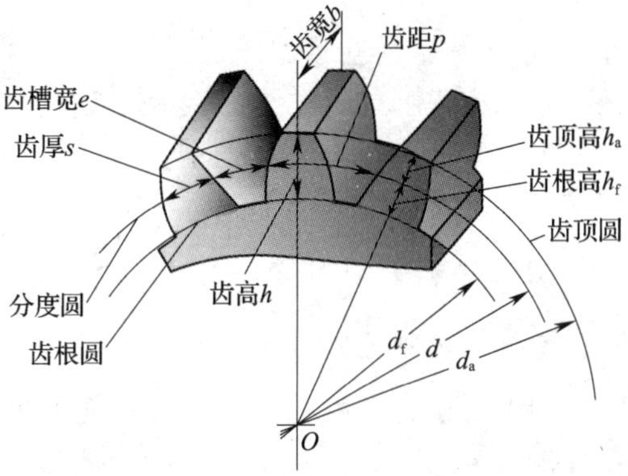

图 2-3-23　直齿圆柱齿轮各部分的名称及主要尺寸

（2）齿顶圆。由齿顶所确定的圆称为齿顶圆，其直径用 d_a 表示。

（3）齿根圆。由齿槽底部所确定的圆称为齿根圆，其直径用 d_f 表示。

（4）齿槽宽。相邻两齿之间的空间称为齿槽。在任意 d_k 的圆周上，轮齿槽两侧齿廓之间的弧线长称为该圆的齿槽宽，用 e_k 表示，其中节圆上的齿槽宽，用 e 表示。

（5）齿厚。轮齿两侧齿廓之间的弧长称为该圆的齿厚，在任意 d_k 的圆周上的齿厚，用 s_k 表示，其中节圆上的齿厚，用 s 表示。

（6）齿距。相邻的两齿同侧齿廓之间的弧长称为该圆的齿距，用 p_k 表示，$p_k=s_k+e_k$。s_k 不一定等于 e_k。节圆上的齿距，用 p 表示，$p=s+e=\pi m=\pi d/z$。

（7）分度圆。为了便于设计、制造及互换，将齿轮上某一圆周上的模数和该圆上的压力角均设定为标准值，这个圆就称为分度圆，以 d 表示。

（8）齿顶高。在轮齿上，介于齿顶圆和分度圆之间的部分称为齿顶，其径向高度称为齿顶高，用 h_a 表示。

（9）齿根高。介于齿根圆和分度圆之间的部分称为齿根，其径向高度称为齿根高，用 h_f 表示。

（10）全齿高。齿顶圆与齿根圆之间轮齿的径向高度称为全齿高，用 h 表示，$h=h_a+h_f$。

（11）齿顶高系数 h_a^* 和径向间隙系数 c^*。$h_a=h_a^*m$，$h_f=(h_a^*+c^*)m$。

2. 圆柱标准齿轮的基本参数

（1）齿数。齿轮轮齿的总数称为齿数，用 z 表示。

（2）模数。模数是指相邻两齿同侧齿廓间的齿距 p 与圆周率 π 的比值，即$m=\frac{p}{\pi}$，以毫米为单位。模数是齿轮几何计算的基础，m 越大，则 p 越大，即轮齿就越大。齿轮模数已标准化，我国常用的标准模数见表 2–3–3。

表 2–3–3　常用的标准模数 m（摘自 GB/T1357 — 2008）　mm

第一系列	1　1.25　1.5　2　2.5　3　4　5　6 8　10　12　16　20　25　32　40　50
第二系列	1.125　1.375　1.75　2.25　2.75　3.5　4.5　5.5（6.5） 7　9　11　14　18　22　28　36　45

注：本表适用于渐开线圆柱齿轮。对斜齿轮是指法向模数。优先采用第一系列，括号内的数尽量不用。

（3）压力角。通常所说的齿轮压力角是指齿轮分度圆上的压力角，用 α 表示。α 小，传力特性好，但齿根变薄，弯曲强度低；α 大，传力特性变差。标准值 $\alpha=20°$ 。只有分度圆上的模数才是标准值。

（4）齿顶高系数 h_a^*。为了使齿轮的齿形匀称，齿顶高和齿根高与 m 成正比，对于标准齿轮，规定 $h_a=h_a^*m$（h_a^* 为齿顶高系数）。国家标准规定，正常齿 $h_a^*=1$。

（5）顶隙系数 c^*。当一对齿轮啮合时，为使一个齿轮的齿顶面不与另一个齿轮的齿槽底面相抵触，轮齿的齿根高应该大于齿顶高，即应留有一定的径向间隙，称为顶隙，用 c 表示。对于标准齿轮，规定 $c=c^*m$（c^*为顶隙系数）。国家标准规定，正常齿 $c^*=0.25$。标准齿轮是指 m、α 、h_a^*、c^* 均取标准值，具有标准的齿顶高和齿根高，且分度圆齿厚等于齿槽宽的齿轮。

四、标准直齿圆柱齿轮几何尺寸计算

标准直齿圆柱齿轮的几何尺寸按表 2–3–4 进行计算。

表 2–3–4　标准直齿圆柱齿轮各部分尺寸的几何关系

名称	符号	公式		
		外齿轮	内齿轮	齿条
模数	m	强度计算后获得		
分度圆直径	d	$d=mz$		

续表

名称	符号	公式		
		外齿轮	内齿轮	齿条
齿顶高	h_a	$h_a=h^*_a m$		
齿根高	h_f	$h_f=(h_a^*+c^*)m$		
全齿高	h	$h=(2h_a^*+c^*)m$		
齿顶圆直径	d_a	$d_a=(z+2h_a^*)m$	$d_a=(z-2h_a^*)m$	∞
齿根圆直径	d_f	$d_f=(z-2h_a^*-2c^*)m$	$d_f=(z+2h_a^*+2c^*)m$	∞
中心距	a	$a=(d_1+d_2)/2$	$a=(d_1-d_2)/2$	∞
基圆直径	d_b	$d_b=d\cos\alpha$		∞
齿距	p	$p=\pi m$		
齿厚	s	$s=\pi m/2$		
齿槽宽	e	$e=\pi m/2$		

对于一对模数、压力角相等的标准齿轮，由于其分度圆上的齿厚与齿槽宽相等，因此，正确安装时分度圆与节圆重合，可看成两齿轮的分度圆相切做纯滚动。标准齿轮的这种安装称为标准安装，其中心距称为标准中心距。

对于单个齿轮而言，节圆、啮合角都是不存在的。只有当一对齿轮互相啮合时，节圆和啮合角才有意义。这时，节圆可能与分度圆重合，也可能不重合，须视两齿轮的安装是否正确而定。对于正确安装的一对齿轮，其啮合角 α' 等于分度圆上的压力角 α。

五、圆柱齿轮传动装置装配技术要求

齿轮传动装置正确装配的基本要求如下：正确装配和固定，精确保持相对位置，具有啮合间隙，保证工作表面良好接触；装配正确的齿轮运转时速度均匀，无振动和噪声。图 2–3–24 所示是变速箱的齿轮传动机构。

齿轮传动装置装配的基本步骤如下：

（1）对零件进行清洗，去除毛刺，并按图样要求检查零件的尺寸精度、几何精度及表面粗糙度等。

（2）对装配式齿轮，先进行齿轮自身装配，并固定。

图 2-3-24　变速箱的齿轮传动机构

（3）将齿轮装于轴上，并装配好滚动轴承。

（4）检查安装后齿轮的接触质量（如啮合间隙、接触面积等）。

六、圆柱齿轮传动装置的装配

齿轮与轴的连接形式有固定连接、空套连接和滑动连接三种形式。固定连接主要有键连接、螺栓法兰盘连接和固定铆接等；滑动连接主要采用的是花键连接，传递转矩较小时也可采用滑键连接。圆柱齿轮的装配一般分为两步，即先把齿轮装在轴上，再把齿轮轴装入箱体中。

1. 齿轮与轴的装配

（1）清除齿轮与轴配合面上的污物和毛刺。

（2）对于采用固定键连接的，应根据键槽尺寸认真锉配键，使其达到键连接要求。

（3）清洗并擦干净配合面，涂润滑油后将齿轮装到轴上。

1）当齿轮和轴是滑动连接时，装配后的齿轮在轴上不得有晃动现象，滑动时不应有阻滞和卡死现象，滑移量及定位要准确，齿轮啮合错位量不得超过规定值。

2）对于过盈量不大或过渡配合的齿轮与轴的装配，可采用锤击法或专用工具压入法将齿轮装配到轴上。

3）对于过盈量较大的齿轮固定连接的装配，应采用温差法，即通过加热齿轮（或冷却轴颈）的方法将齿轮装配到规定的位置。

4）当齿轮用法兰盘和轴固定连接时，装配齿轮和法兰盘后必须将螺钉紧固；采用固定铆接方法时，齿轮装配后必须用铆钉铆接牢固。

（4）对于精度要求较高的齿轮与轴的装配，齿轮装配后必须对其装配精度进行严格检查，检查方法如下：

1）直接观察法检查。

2）齿轮径向圆跳动检查。

3）齿轮端面圆跳动检查。

2. 检查齿轮安装精度

对装配好的齿轮，检查齿轮齿圈的径向圆跳动和端面圆跳动，检查两啮合齿轮的中心距和轴线平行度。

（1）中心距的检查。在齿轮轴装入齿轮箱之前，可以用特制的游标卡尺来测量两轴承座孔的中心距，或利用检验心轴和内径千分尺或游标卡尺进行测量。

（2）啮合间隙的检查。齿轮啮合间隙的功用是储存润滑油，补偿齿轮尺寸的加工误差和中心距的装配误差，补偿齿轮和齿轮箱在工作时的热变形和弹性变形。一般正常啮合圆柱齿轮的顶隙 $c=0.25\ m$。

齿轮啮合间隙的检查方法有以下三种：

1）用塞尺可以直接测量出齿轮的顶隙和侧隙。

2）用千分表可以间接测量出直齿圆柱齿轮的侧隙。

3）压铅法。压铅法是测量顶隙和侧隙最常用的方法。测量时，先将铅丝放置在齿轮上，然后使齿轮啮合滚压，压扁后的铅丝厚度就相当于顶隙和侧隙的数值，其值可以用游标卡尺或千分尺测量，铅丝最厚部分的厚度为顶隙 c，相邻两较薄部分的厚度之和为侧隙。

对于大型的宽齿轮，必须放置两条以上的铅丝，才能正确地测量出啮合间隙。此时不仅可以检查间隙，而且还能检查齿轮轴线的平行度。

3. 齿轮啮合接触面积的检查与调整

检查方法一般采用涂色法，即将红铅油均匀地涂在主动齿轮的轮齿面上，用其来驱动从动齿轮数圈后，则颜色印记显现出来，可以判定齿轮啮合接触面是否正确。装配正确的齿轮啮合接触面必须均匀地分布在节线上下，接触面积应符合要求。

为了纠正不正确的啮合接触，可采用改变齿轮中心线的位置、研刮轴瓦或加工齿形等方法来修正。当齿轮啮合位置正确而接触面积太小时，可在齿面上加研磨剂，并使两齿轮转动进行研磨，使其达到足够的接触面积。

4. 装配注意事项

（1）装配齿轮时，要防止齿轮歪斜、变形及端面未靠紧等现象发生。

（2）空套齿轮与轴的装配，其径向间隙和轴向间隙是由加工精度保证的，装配前应严格检查，合格后方能进行装配。

（3）滑动齿轮与轴的装配，其径向间隙也是由加工精度保证的，所以装配前也应该进行严格检查。

（4）在齿轮轴组件装入箱体的过程中，不得将污物、杂物掉落在箱体内。

（5）齿轮轴组件的装配必须到位，需要靠紧的必须靠紧。

（6）装配后的齿轮轴组件经过调整应达到装配技术要求。

（7）装配和修理过程中要注意安全，避免事故的发生。

课程 2-4　轴承和轴组装配

学习内容

学习单元	课程内容	培训建议	课堂学时
（1）0 级滚动轴承的装配	1）滚动轴承的选用 2）轴承的装调方法 3）滚动轴承的装配	（1）方法：讲授法、演示法、讨论法 （2）重点与难点：滚动轴承的装配	6
（2）整体式滑动轴承的装配	1）滑动轴承的结构特点与类型 2）滑动轴承的轴瓦及轴承座材料 3）滑动轴承的间隙和油槽 4）滑动轴承的装配	（1）方法：讲授法、演示法、讨论法 （2）重点与难点：滑动轴承的装配	8
（3）轴承润滑部分和密封件的装配	1）常用润滑剂 2）轴承润滑装置 3）轴承密封件的结构特点 4）轴承密封件的装配	（1）方法：讲授法、演示法、讨论法 （2）重点与难点：轴承密封件的装配	6

学习单元 1　0 级滚动轴承的装配

滚动轴承是标准件，一般由轴承厂家大批量生产，其代号一般压在滚动轴承外圈端面的外沿上。滚动轴承的外圈与机器上的孔配合，内圈与轴配合，滚动体通过保持架在滚道内旋转，起到传递机械动力的作用，在机械设备中应用广泛。

一、滚动轴承的选用

1. 滚动轴承的结构

滚动轴承是滚动摩擦性质的轴承。如图 2–4–1 所示，滚动轴承一般由外圈、内圈、滚动体和保持架组成，与轴承座配套使用（见图 2–4–2）。在内、外圈上有光滑的凹槽滚道，滚动体可沿着滚道滚动，形成滚动摩擦。滚动轴承具有摩擦小、效率高、轴向尺寸小、装拆方便等特点。滚动轴承是标准件，轴承内圈与轴的配合是基孔制，轴承外圈与轴承孔的配合是基轴制，配合的松紧程度由轴和轴承孔的尺寸公差来保证。

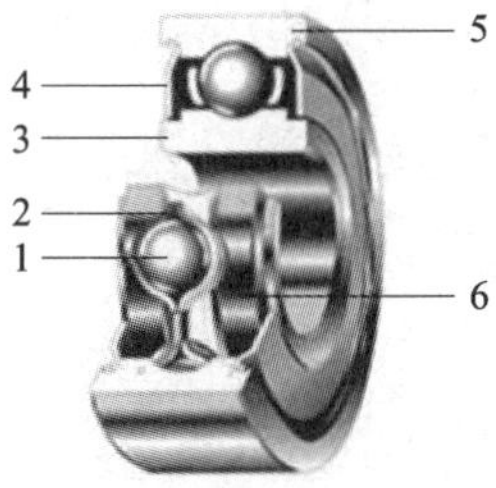

图 2–4–1　滚动轴承的结构

1—滚动体　2—保持架　3—轴承内圈

4—防尘盖　5—轴承外圈　6—润滑脂

图 2–4–2　滚动轴承座

滚动体的形状如图 2–4–3 所示，除球体外，还有圆柱滚子、滚针、圆锥滚子及鼓形球面滚子等。从几何学讲，滚动体与内、外圈滚道是点（球）或线（滚子）接触。滚动体在内、外圈滚道面上做滚动并公转。

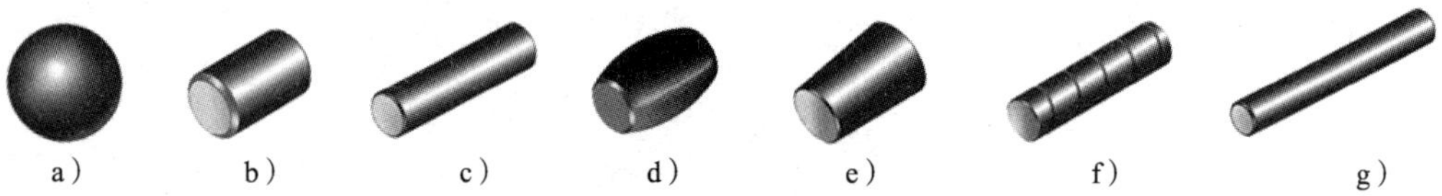

图 2-4-3　滚动体的形状

a）球　b）、c）圆柱滚子　d）鼓形球面滚子

e）圆锥滚子　f）、g）滚针

滚动体与内、外圈滚道面接触，支承轴承所承担的负荷。保持架并不直接承受负荷，只是用以保持滚动体的正确位置及等间距，同时防止安装轴承时滚动体脱落。

2. 滚动轴承的特点

滚动轴承是利用滚动体在支承座圈之间滚动的原理制成的。它用滚动摩擦代替滑动摩擦。与滑动轴承相比，滚动轴承的特点如下：

（1）优点

1）在一般使用条件下摩擦因数低，运转时摩擦力矩小，效率高。

2）可用预紧的方法提高支承刚度及旋转精度。

3）对相同尺寸的轴颈，滚动轴承的宽度小，可使机器的轴向尺寸紧凑。

4）润滑方法简单，轴承损坏易于更换。

（2）缺点

1）承受冲击载荷的能力较差。

2）高速运转时噪声大。

3）比滑动轴承径向尺寸大。

4）与滑动轴承比，使用寿命较短。

滚动轴承能在较广泛的载荷、转速及精度范围内工作，安装、维修都比较方便。滚动轴承为标准化、系列化零件，可组织专业化大规模生产，价格便宜。因此，在很多场合逐渐取代了滑动轴承而得到广泛的应用。

3. 滚动轴承的分类

（1）按滚动体形状可分为球轴承和滚子轴承。球轴承按套圈结构可分为深沟球轴承、向心推力球轴承、推力球轴承等；滚子轴承按滚子形状可分为圆柱滚子轴承、滚针轴承、圆锥滚子轴承、自动调心滚子轴承等。

（2）按承受负荷方向可分为承受径向负荷的向心轴承和承受轴向负荷的推力轴承。

（3）按滚动体列数分为单列、双列、四列滚动轴承等。

（4）按内圈或外圈能否分离而分为分离形和非分离形滚动轴承。

部分滚动轴承如图 2–4–4 所示。

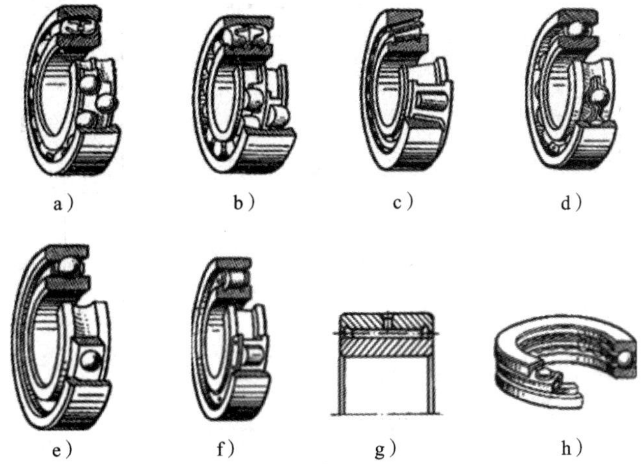

图 2–4–4　滚动轴承的种类

a）调心球轴承　b）调心滚子轴承　c）圆锥滚子轴承　d）深沟球轴承

e）角接触球轴承　f）外圈无挡边圆柱滚子轴承　g）滚针轴承　h）推力球轴承

4. 滚动轴承的代号

滚动轴承分为 13 种类型，每种类型又有不同的结构、尺寸精度和技术要求。为便于组织生产和选用，国家标准规定了轴承代号的表示方法，并打印在轴承端面上。表 2–4–1、表 2–4–2 分别为滚动轴承前置代号与基本代号、后置代号的表示方法。

表 2–4–1　滚珠轴承前置代号与基本代号

前置代号	基本代号				
轴承分部件代号	代号中的数字位置（从右向左）				
	五	四	三	二	一
	类型代号	宽（高）度系列代号	直径系列代号	内径系列代号	

表 2–4–2　滚珠轴承后置代号

后置代号							
各组的排列顺序自左向右							
1	2	3	4	5	6	7	8
内部结构	密封套圈与防尘变形	保持架及其材料	轴承材料	公差等级	游隙	配置	其他

（1）基本代号。基本代号表示轴承的基本类型、结构和尺寸，是轴承代号的基础。基本代号主要由类型代号、尺寸系列代号和内径系列代号三部分组成。

1）类型代号。图 2-4-5 所示为常见滚动轴承（代号），表 2-4-3 列出了最常用的滚动轴承类型的代号。在角接触球轴承（7 类）中，又可分为三类，其中 70000 C 表示公称接触角 α 为 15°，70000 AC 表示公称接触角 α 为 25°，70000 B 表示公称接触角 α 为 40°。

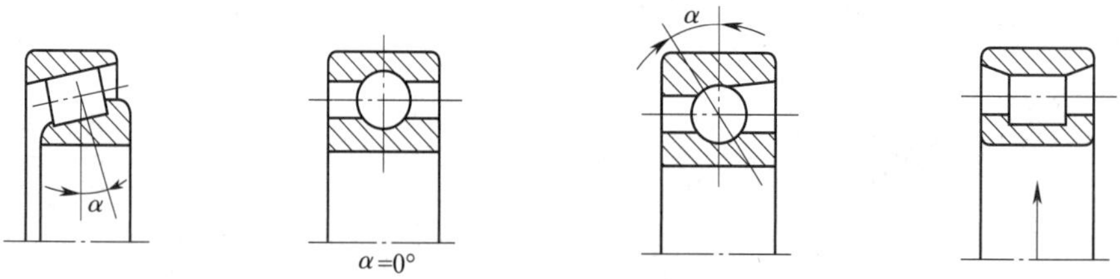

图 2-4-5　常见滚动轴承（代号）

a）圆锥滚子轴承　b）深沟球轴承　c）角接触球轴承　d）外圈无挡边圆柱滚子轴承（N）

表 2-4-3　轴承的类型代号

轴承类型	代号	轴承类型	代号
双列角接触球轴承	0	深沟球轴承	6
调心轴承	1	角接触球轴承	7
调心滚子轴承	2	推力圆柱滚子轴承	8
推力调心滚子轴承	2	圆柱滚子轴承	N
圆锥滚子轴承	3	双列圆柱滚子轴承	NN
双列深沟球轴承	4	外球面球轴承	U
推力球轴承	5	四点接触球轴承	QJ

2）尺寸系列代号。由轴承的宽（高）度系列代号和直径系列代号组合而成，用两位阿拉伯数字表示，它的主要作用是区别内径相同而宽（高）度和外径不同的轴承。

①宽（高）度系列代号。对于向心轴承为宽度系列代号，表示轴承的内、外径相同而宽度不同；对于推力轴承为高度系列代号，表示同一直径系列推力轴承的高度变化。表 2-4-4 所列为滚动轴承的宽（高）度系列代号，表 2-4-5 所列为滚动轴承的尺寸系列代号。

表 2-4-4　滚动轴承的宽（高）度系列代号

向心轴承	特窄	窄	正常	宽	特宽	推力轴承	特低	低	正常
	8	0	1	2	3、4、5、6		7	9	1、2

注：当宽度代号为 0 时可不写出，但调心滚子轴承和圆锥滚子轴承除外。

表 2-4-5　滚动轴承的尺寸系列代号

直径系列代号	向心轴承							推力轴承			
	宽度系列代号							高度系列代号			
	窄 0	正常 1	宽 2	特宽 3	特宽 4	特宽 5	特宽 6	特宽 7	低 9	正常 1	正常 2
	尺寸系列代号										
7（超特轻）	—	17	—	37	—	—	—	—	—	—	—
8（特轻）	08	18	28	38	48	58	68	—	—	—	—
9（特轻）	09	19	29	39	49	59	69	—	—	—	—
0（特轻）	00	10	20	30	40	50	60	70	90	10	—
1（特轻）	01	11	21	31	41	51	61	71	91	11	—
2（轻）	02	12	22	32	42	52	62	72	92	12	22
3（中）	03	13	23	33	—	—	63	73	93	13	23
4（重）	04	—	24	—	—	—	—	74	94	14	34
5（特重）	—	—	—	—	—	—	—	—	95	—	—

②直径系列代号。表示轴承内径相同而外径不同。

3）内径系列代号。滚动轴承的内径系列代号见表 2-4-6。

表 2-4-6　滚动轴承的内径系列代号

内径代号	00	01	02	03	04 ~ 99
内径尺寸（mm）	10	12	15	17	代号 ×5

4）滚动轴承的尺寸代号示例

6303：内径尺寸为 17 mm，中窄系列的深沟球轴承。

30208：内径尺寸为 40 mm，轻窄系列的圆锥滚子轴承。

7004 AC：公称接触角 $\alpha = 25°$，内径尺寸为 20 mm，特轻窄系列的角接触球轴承。

（2）前置代号。前置代号用字母表示，表示轴承的结构特点，位于基本代号的前面。

（3）后置代号。后置代号用字母或字母加数字表示。

（4）滚动轴承的公差代号。具体表示方法见表 2–4–7。

表 2–4–7　滚动轴承的公差代号

公差等级	0	6	6 X	5	4	2
公差代号	/P0	/P6	/P6 X	/P5	/P4	/P2

其中公差等级为 0 级又称普通级，可不标出。本课程主要讨论 0 级滚动轴承的装配。6 X 级仅适用于圆锥滚子轴承。

举例：

30312/P6 X：公差等级为 6 X 级，内径为 60 mm 的中窄系列圆锥滚子轴承。

6207：公差等级为 0 级，内径为 35 mm 的轻窄系列深沟球轴承。

5. 滚动轴承的选用

各种类型的滚动轴承有不同的结构和特点，适用于不同的使用条件，因此，必须综合考虑轴承的使用要求和工作条件，合理选择轴承的类型。

为了保证轴承在机器中正常工作，除正确选择轴承的类型尺寸外，还必须对轴承组合进行合理的结构设计，解决轴承的轴向固定、组合方式、间隙调整、配合、装拆等问题。

（1）选择轴承类型。综合考虑载荷等因素选择轴承类型。

1）载荷。载荷是选择轴承最主要的依据，通常应根据载荷的大小、方向和性质选择轴承。

①载荷大小。一般情况下，滚子轴承由于是线接触，承载能力大，适用于承受较大载荷；球轴承由于是点接触，承载能力小，适用于轻、中等载荷。各种轴承载荷能力一般用额定载荷比表示。

②载荷方向。纯径向力作用，宜选用深沟球轴承、圆柱滚子轴承和滚针轴承，也可考虑选用调心轴承。纯轴向载荷作用，宜选用推力球轴承或推力滚子轴承。径向载荷和轴向载荷联合作用时，一般选用角接触球轴承或圆锥滚子轴承，这两种轴承随接触角 α 增大，承受轴向载荷能力提高。若径向载荷较大而轴向载荷较小时，也可选用深沟球轴承和内、外圈都有挡边的圆柱滚子轴承。若轴向载荷较大而径向载荷较小时，可选用推力角接触球轴承、推力圆锥滚子轴承。

③载荷性质。有冲击载荷时，宜选用滚子轴承。

2）高速性能。一般摩擦力矩小、发热量小的轴承高速性能好。球轴承比滚子轴承有较高的极限转速，故转速高时应优先考虑选用球轴承。径向载荷小时，选用深沟球轴承；径向载荷大时，选用圆柱滚子轴承。对联合载荷，载荷小时，选用角接触球轴承；载荷大时，宜选用圆锥滚子轴承或圆柱滚子轴承与角接触轴承组合。在相同内径时，外径越小，滚动体越轻、小，运转时滚动体作用在外圈上的离心力也越小，因此更适于较高转速下工作。

3）轴向游动性能。一般机械工作时，因机械摩擦或工作介质的关系而使轴发热，从而产生热胀冷缩。在选择轴承结构类型时，应使其轴有轴向游动的可能性。因此，常在轴的某一端选用一内圈或一外圈无挡边的圆柱滚子轴承或滚针轴承，以适应由于热胀冷缩而引起的轴的伸长或缩短。

4）调心性能。当轴两端轴承孔同轴度误差大（制造误差或安装误差所致）或轴的刚度低、变形较大，以及多支点轴承，均要求轴承调心性好，这时应选用调心球轴承或调心滚子轴承。

5）允许的空间。在机械设计中，一般都是先确定轴的尺寸，然后根据轴的尺寸来确定轴承的尺寸。小轴选用球轴承，大轴选用滚子轴承；在内径尺寸已确定，其径向尺寸受限时，可选用滚针轴承或直径系列为 8、9、0、1 的轴承；若宽度尺寸受限，可选用宽度系列为 8、0 的轴承。

6）安装与拆卸方便。轴承使用寿命一般难以等同于主机使用寿命，在实际中轴承作为易损件要经常装拆，因此，在选用轴承结构类型时应要求装拆方便。可分离型的角接触球轴承、圆柱滚子轴承、圆锥滚子轴承、推力轴承、内圈为锥孔且带紧定套或退卸套的调心滚子轴承、调心球轴承等具有装拆方便的性能。

（2）选择轴承尺寸。主要根据轴承所承受的载荷、轴承的使用寿命及可靠性等要求选择轴承尺寸。

（3）验算极限转速。轴承的工作转速应低于轴承实际使用中的许用转速。当轴承许用转速不能满足使用要求时，可以采取某些改进措施，如改变润滑方式等。

（4）选择轴承游隙。应考虑轴承与轴、轴承座的配合、工作温度、载荷引起原始游隙的变化来选择轴承的游隙组别。

（5）选择轴承预紧。为降低轴承振动、噪声，提高支承刚度和运转平稳性，可对轴承进行适当预紧。

（6）选择轴承精度等级。一般情况下优先选用 0 级轴承。对轴的旋转精度、振动、噪声、摩擦温升有特殊要求的场合，应选择高精度的轴承。

（7）选择润滑剂和润滑方法。一般选用润滑脂润滑。高速和要求温升低的场合以及某些传动装置，因工作需要选用润滑油润滑。

（8）选择密封方式。为防止外界杂质侵入和润滑脂泄漏，可选用带密封圈或防尘盖的轴承。如选用开式轴承，应在轴和轴承座之间设置密封装置。

（9）选择轴和轴承座的配合。考虑载荷种类和大小，选择轴与轴承内孔、轴承座孔与轴承外径相配合表面的配合种类和公差。

（10）进行载荷运算。对圆锥滚子轴承进行最小径向载荷验算，对推力轴承进行最小轴向载荷验算。

二、轴承的装调方法

为防止滚动轴承在轴上和外壳孔内发生不必要的轴向移动，轴承内圈或外圈应做轴向紧固，包括轴向定位和轴向固定。

1. 滚动轴承支承结构形式

一般轴多采用双支承结构，轴的径向位置由两个支承共同限定，每个支承处应有起径向定位作用的向心或角接触轴承；轴向位置可由两个支承各限制一个方向的轴向位移，也可由一个支承限制两个方向的轴向位移。一般情况下，不同的轴向定位方式可得到不同的运转精度。根据支承限定轴向位移的能力，滚动轴承支承结构可分为以下三种基本类型：

（1）单向限位支承。只能限定单向轴向位移和承受单向轴向力。

（2）双向限位支承。限定轴的两个方向的轴向位移并承受双向轴向力的支承，又称固定支承，轴承的配置可以是一个或两个。双向限位支承的结构应使轴承相对于轴和外壳双向固定。为方便装拆和轴向位置的调整，双向限位支承大多采用套杯结构。

（3）游动支承。只起径向定位、只能承受径向载荷的支承称为游动支承，它不能轴向定位和承受任何方向的轴向力。其采用内、外圈不可分离的轴承时，内圈双向紧固在轴上或外圈双向紧固在外壳孔中，轴承随轴一起在外壳孔中轴向游动或轴相对轴承内孔轴向游动。若采用圆柱滚子轴承，轴承内、外圈的轴向位置均能调整，以补偿加工、装配中的误差。

2. 轴承的固定

轴承的轴向固定是为了使轴承始终处于定位面所限定的位置上。因此，轴承的轴向固定包括内圈在轴上的固定和外圈在外壳孔内的固定。尽管轴承的内、外圈都要求准确定位，但并不一定要同时轴向固定。在两端固定的支承结构中，每个支承端只受单向轴向载荷，故只需从一个方向加以轴向固定。在固定—游动支承中，固定端承受双向轴向载荷，故需双向轴向固定。

（1）单个轴承的固定

1）内圈固定。轴承内圈常采用四种固定方法，如图 2-4-6 所示。最常用的是轴肩固定轴承内圈。轴向载荷 F_a 不同时，轴承内圈的固定方法各异。

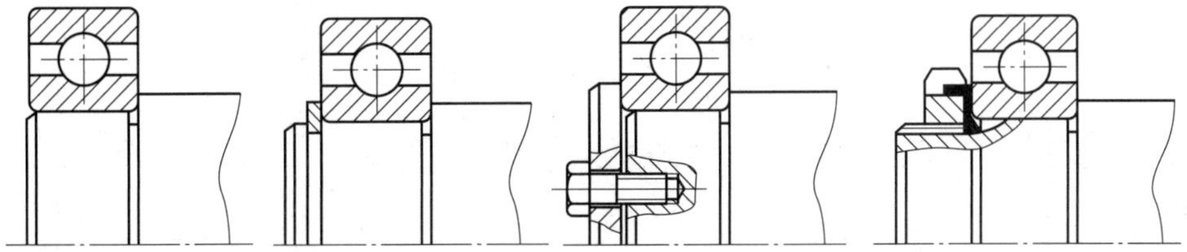

图 2-4-6　滚动轴承内圈的固定方法

a）轴肩固定法　b）轴肩 + 轴用弹性挡圈固定法

c）轴肩 + 轴端挡圈与螺栓固定法　d）轴肩 + 圆螺母与止动垫圈固定法

F_a =0 或 F_a 较小时，采用轴肩固定法；F_a 不大时，采用轴肩 + 轴用弹性挡圈固定法；F_a 较大时，采用轴肩 + 轴端挡圈与螺栓固定法。

2）外圈固定。如图 2-4-7 所示，轴承外圈常用三种固定方法，最常用的是轴承端盖固定外圈。F_a 较大时，采用轴承端盖固定法；F_a 不大时，采用轴承端盖 + 座孔凸肩固定法；F_a 较小时，采用孔用弹性挡圈 + 座孔凸肩固定法。

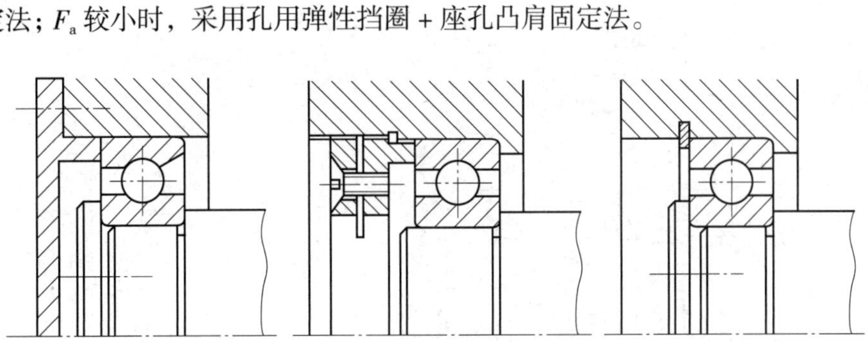

图 2-4-7　滚动轴承外圈的固定方法

a）轴承端盖固定法　b）轴承端盖 + 座孔凸肩固定法　c）孔用弹性挡圈 + 座孔凸肩固定法

（2）轴承组合的固定。可分为双支点单向固定和单支点双向固定。

1）双支点单向固定。特点是轴承内、外圈均为单向固定，又称两端固定，如图 2-4-8 所示，一般适用于短轴、温升不高的场合。考虑轴受热伸长，在一端应留有间隙（c 为 0.2 ~ 0.4 mm）。

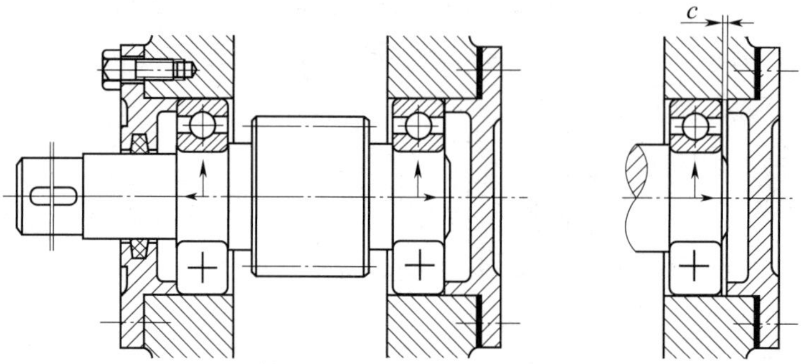

图 2-4-8　双支点单向固定

2）单支点双向固定。特点是一个轴承内、外圈均匀双向固定（称为固定端），另一轴承内圈双向固定、外圈不固定（称为游动端），又称一端固定、一端游动。一般适用于长轴、工作温度较高的场合。但选用内圈或外圈无挡边的短圆柱滚子轴承或滚针轴承作游动支承时，因为这两类轴承内部有游隙，不需另外留间隙，对它们的内、外圈都要双向固定。

3. 轴承组合的调整

一套轴承内同时由两种轴承结构形式组合而成的滚动轴承称为轴承组合。轴承组合主要是对轴承与轴承盖的间隙、相对位置进行调整，以保证轴承能够正常工作。

（1）轴承与轴承盖间隙的调整。主要注意轴承与轴承盖的间隙，一般加调整垫片或用调整螺钉进行调整，如图 2-4-9、图 2-4-10 所示。

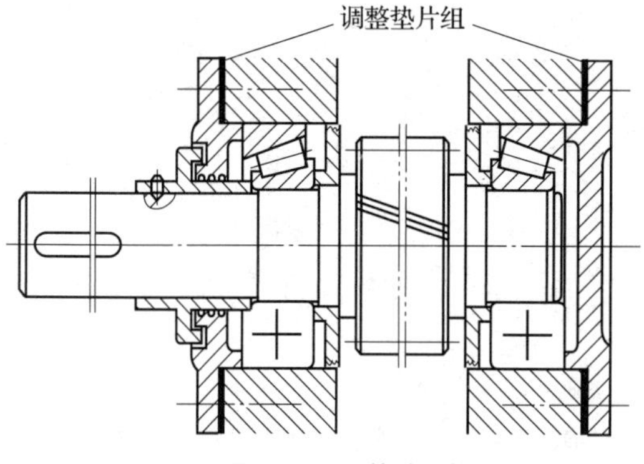

图 2-4-9　垫片调整

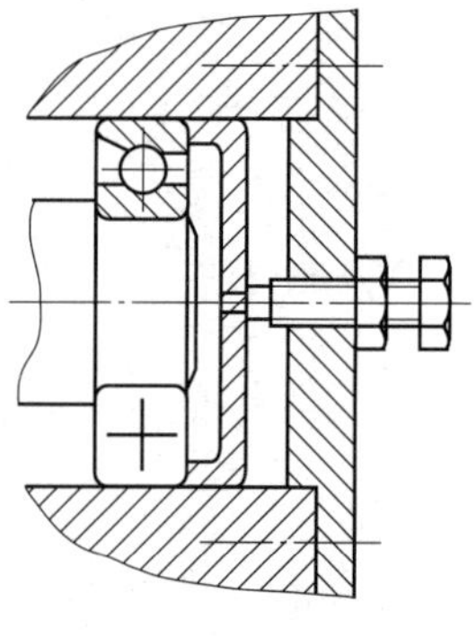

图 2-4-10　螺钉调整

（2）轴承的预紧。轴承预紧的目的是提高轴承的精度和刚度，以满足机器的要求。在安装轴承时要加一定的轴向预紧力，消除轴承内部游隙，并使套圈与滚动体产生预变形，在承受外载荷后仍不出现游隙。预紧的方法有两种，可在一对轴承套圈之间加金属垫片或磨窄外圈，如图 2–4–11、图 2–4–12 所示。

（3）轴承组合位置的调整。锥齿轮锥顶应重合，否则轮齿不能正确啮合，要求整个轴承组合的轴向位置能够调整，如图 2–4–13 所示。

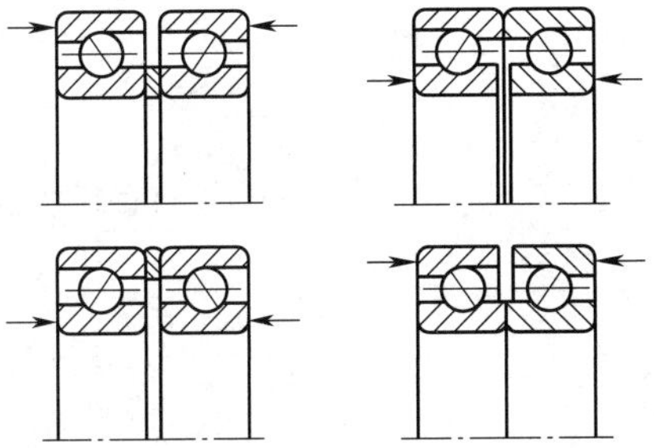

图 2–4–11 加金属垫片 图 2–4–12 磨窄外圈

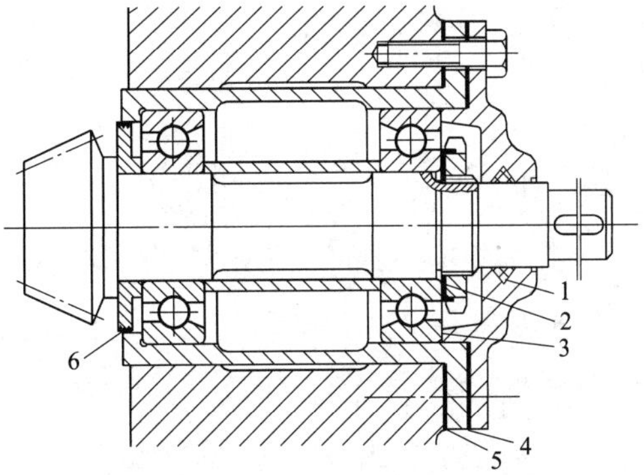

图 2–4–13 轴承组合位置的调整

1—梯形槽密封圈 2—放松垫圈 3—角接触轴承

4、5—垫片 6—密封圈

4. 轴承的配合

轴承配合选择的基本原则如下：

（1）配合基准。滚动轴承内圈与轴的配合采用基孔制，外圈与外壳孔的配合采用基轴制。由于轴承的内、外径上极限偏差均为零，故在配合种类相同的情况下，内圈与轴颈的配合较紧，外圈与外壳孔的配合较松。

（2）轴承套圈相对于载荷的状况。相对于载荷方向旋转或摆动的套圈，应选择过盈配合或过渡配合。相对于载荷方向固定的套圈，应选择间隙配合；当以不可分离型轴承作游动支承时，则应以相对于载荷方向为固定的套圈作为游动套圈，选择间隙配合或过渡配合。

（3）载荷的类型和大小。当受冲击载荷或重载荷时，一般应选择比正常、轻载荷时更紧密的配合，载荷越大，配合过盈越大。

（4）轴承尺寸的大小。随着轴承尺寸的增大，选择过盈配合时过盈越大，选择间隙配合时间隙越小。

（5）轴承游隙。采用过盈配合会导致轴承游隙减小，应检验安装后轴承的游隙是否满足使用要求，以便正确选择配合及轴承游隙。

（6）公差等级的选择。与轴承配合的轴或外壳孔的公差等级与轴承精度有关。一般轴的加工精度取轴承同级精度或高一级精度，外壳孔则取低一级精度或同级精度。与 0、6（6 X）级公差轴承配合的轴，其公差等级一般为 IT6，外壳孔一般为 IT7。

（7）其他因素。包括轴和轴承座的材料、强度和导热性能，从外部进入轴承的以及轴承中产生的热的导热途径和热量，支承安装和调整性能等影响配合的因素。

三、滚动轴承的装配

1. 装配前的准备

滚动轴承是一种精密部件，若装配时质量达不到要求，会使轴承工作能力下降，产生噪声及发热，加快轴承磨损。因此，认真做好滚动轴承装配前的准备工作，对保证装配质量和提高装配工作效率十分重要。

（1）准备装配滚动轴承所需要的工具、量具。

（2）按要求检查与轴承配套的零部件，如轴颈、轴承箱孔、泵轴等端面是否有毛刺、锈蚀、钝边、凹陷、裂纹及固体颗粒，用锉刀和砂布打磨并洗净。

（3）检查轴承型号是否与图样一致。

（4）检查轴承外观，表面应无缺陷；固定内圈，转动外圈，应转动灵活，无阻滞，无杂音。

（5）清洗轴承。先把轴承上的防锈油或润滑脂清除干净。对用防锈油封存的轴承可用煤油清洗；对用防锈油脂防锈的轴承，可把轴承放入机油中加热（油温不高于95℃），待防锈油脂融化，取出冷却后用煤油清洗，清洗完用清洁的抹布将轴承擦拭干净待用。

2. 滚动轴承的装配方法及要求

（1）滚动轴承的装配方法。为了使轴承正常工作，采用正确的安装方法至关重要。轴承装配有三种基本方法，即压入法、冷装法和热装法。

1）压入法。轴承内圈与轴是紧配合、外圈与轴承座孔是较松配合时，可用压力机将轴承先压在轴上，然后将轴连同轴承一起装入轴承座孔内。压装时，在轴承内圈端面上垫一软金属材料（铜或软钢）制作的装配套管。装配套管的内径应比轴颈直径略大，外径应比轴承内圈挡边略小，以免压在保持架上。

轴承外圈与轴承座孔为紧配合、内圈与轴为较松配合时，可将轴承先压入轴承座孔内，这时装配套管的外径应略小于座孔的直径。

如果轴承套圈与轴及轴承座孔都是紧配合，安装时内圈和外圈要同时压入轴和轴承座孔，装配套管的结构应能同时压紧轴承内圈和外圈的端面。

2）冷装法。对于过盈较小的配合可采用锤击法。其操作方法是装配前对各部分数据检查完毕且合格后，在轴颈上涂抹润滑油，将清洗干净的轴承平稳垂直地套在轴颈上，然后用铜棒在轴承的内端面对称地敲打，直到轴承到位。

3）热装法。热装法是指通过加热轴承或轴承座，利用热膨胀将紧配合转变为松配合的安装方法，是一种常用和省力的安装方法。对于过盈量较大的配合常采用这种方法。将清洗干净的轴承放到带有网格的润滑油中加热，油温控制在不高于 95℃；当轴承加热到所需温度时，将轴承迅速取出，立即用干净的抹布将轴承表面的油迹和附着物擦拭干净，将轴承推入或锤入轴肩位置。装配时应边装入边轻微转动轴承，防止轴承卡死。这种轴承是背对背安装，在放上一个轴承后放调整垫片，而后放另一个轴承，然后拧上螺母，待冷却后再拧紧。

用油箱加热轴承时，在距箱底一定距离处应用一网栅，或者用钩子吊着轴承，轴承不能放到箱底上，以防沉淀杂质进入轴承内或加热不均匀。油箱中必须有温度计，严格控制油温，不得超过 100℃，以防止发生回火效应，使套圈的硬度降低。

还有一种方法是用加热器加热，将清洗完毕并擦拭干净的轴承放在轴承架上进行加热，温度同样控制在 95℃以下，不能过热。

（2）滚动轴承的装配要求

1）轴承内、外圈的定位高度应低于内、外圈的高度，如图 2-4-14 所示。

2）装配轴承时可先加热再套在轴上，一般可加套筒，再通过压力机或用锤子装配。拆卸时要用专门的轴承拆卸工具，如图 2-4-15 所示。

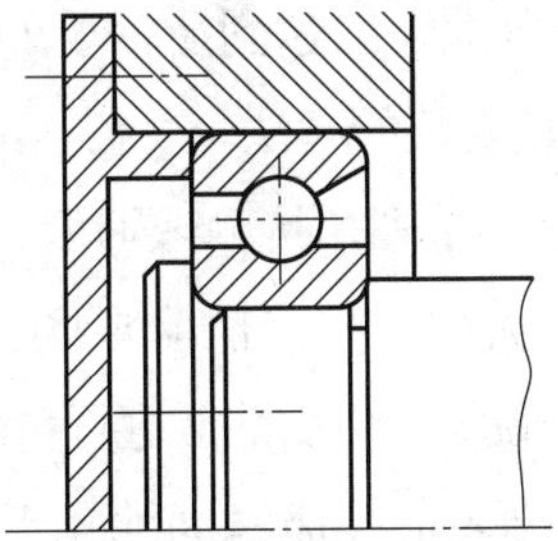

图 2-4-14　内、外圈的定位

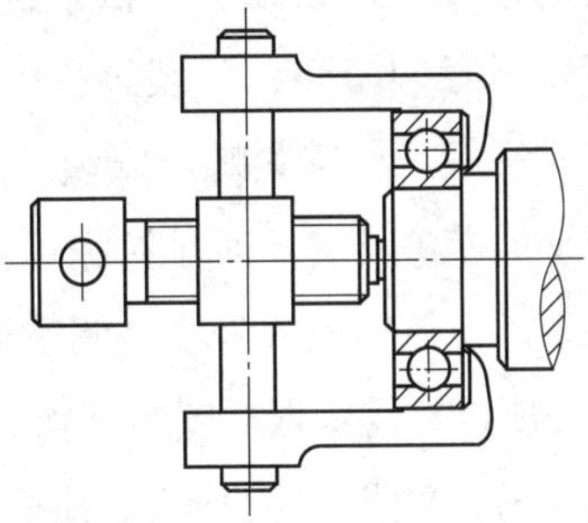

图 2-4-15　轴承的拆卸

3）轴承外圈应留拆卸高度或设计拆卸螺孔。

4）其他注意事项

①轴承内圈 R 大于轴肩处 r。

②轴承定位高度不宜过高，以确保拆卸时不损坏。

③安装轴承的轴段不宜过长，这样易装易拆。

3. 轴承的装配与调整

（1）圆柱孔轴承的安装

1）压入法。对于圆柱形内孔且又必须与配合件过盈配合的小型轴承，可用机械或液压的方法将轴承压装到轴上或壳体中，安装压力应直接施加于过盈配合的轴承套圈端面上，不允许施加于非过盈配合套圈通过滚动体来传递压力，否则会在轴承工作表面上造成压伤，损坏轴承。

若轴承套圈与轴及外壳孔都是过盈配合，装配时轴承内、外圈要同时压入轴和壳体内，此时，装配环的形状应能同时压紧轴承内、外圈的端面。

对于可分离的圆柱滚子轴承、圆锥滚子轴承、推力球轴承等，可将内（轴）圈、外（座）圈分别安装到轴和壳体上。将已安装内圈的轴放入已装好外圈的轴承壳体中时应保持对中。

2）加热法或冷却法。当轴承尺寸较大或过盈量较大时，所需安装力会增大，因此，可利用热胀冷缩原理来安装。轴承套圈与轴或壳体之间安装所需温差取决于过盈量和轴承尺寸，一般采用油浴加热或感应加热器加热等方法。较为适宜的加热温度范围为 80 ~ 100℃，最高不能超过 100℃。

所装轴承冷却后，宽度方向将收缩，因此要用螺母或其他适当的方法使之紧固，以防止套圈端面与轴肩之间产生间隙。

（2）圆锥孔轴承的安装。圆锥孔轴承可以直接装在有锥度的轴颈上，或装在紧定套和退卸套的锥面上，其配合的松紧程度可用轴承径向游隙减小量来衡量。因此，安装前应测量轴承径向游隙，安装过程中应经常测量游隙，以达到所需要的游隙减小量为止。安装时一般采用锁紧螺母安装，也可采用加热安装的方法。

（3）轴承的游隙调整。对于游隙可调整的轴承，如单列角接触球轴承、圆锥滚子轴承、推力轴承，安装的最后阶段是调整轴承的游隙。游隙关系到轴承的使用寿命和机器的正常工作，所以，需要根据安装结构、载荷、工作温度及轴承性能进行精确调整。

可利用千分表测量轴承游隙。检查时将带有千分表的支座稳固地置于机身上或壳体内，把千分表测头顶在轴的光洁表面上，向两个方向推轴时，表针指示的界限偏差即为其轴向游隙值。

轴向游隙可在壳体上加衬垫或用壳体上或轴上的螺母进行调整。轴承装到位后，测量轴承外端面到轴承压盖接合面的尺寸减去轴承压盖到凸台或凹台的尺寸，如果是正值说明两端面有间隙，如果是负值则表明两端面有过盈。根据测量结果加减压盖端面和轴承端面之间的垫片，将轴向间隙控制在 0.02 ~ 0.06 mm。

（4）轴承的拆卸。若轴承拆下后还将再次使用，则不允许通过滚动体传递拆卸力，否则滚动体和滚道会被压伤。对非分离型轴承，首先从较松配合面将轴承拆出，然后使用压力机将轴承从紧配合表面压出。拆卸可分离型单列圆柱滚子轴承时，轴承外圈与保持架、滚动体为一体，与轴承内圈分离。轴承内圈与轴一般都采用紧配合，若从轴上拆卸内圈需要加很大的力并且有时会把轴或轴承内孔表面损坏，若采用轴承感应加热器加热轴承内圈，在其热膨胀的状态下拆卸便容易进行。

拆卸小型带紧定套的轴承时，将螺母转松几圈后，使用垫块用锤子敲打拆卸。作业困难时，在螺母圆周上设置螺钉孔，依靠顶螺钉来拉拔退卸套。

对大型轴承的拆卸，一般利用液压的方法，在锥形轴上的油孔中加压送油，使内圈膨胀，拆卸轴承。操作中必须设置某种形式的止动装置，如螺母或端盖等，以限制轴承的轴向脱出。

学习单元 2　整体式滑动轴承的装配

滑动轴承是在滑动摩擦下工作的轴承，如图 2–4–16 所示。滑动轴承工作平稳可靠、无噪声，在液体润滑条件下，滑动表面被润滑油分开而不发生直接接触，可以大大减小摩擦损失和表面磨损，油膜还具有一定的吸振能力。轴被轴承支承的部分称为轴颈，与轴颈相配的零件称为轴瓦。为了改善轴瓦表面的摩擦性质而在其内表面上浇注的减摩材料层称为轴承衬。轴瓦和轴承衬的材料统称为滑动轴承材料。

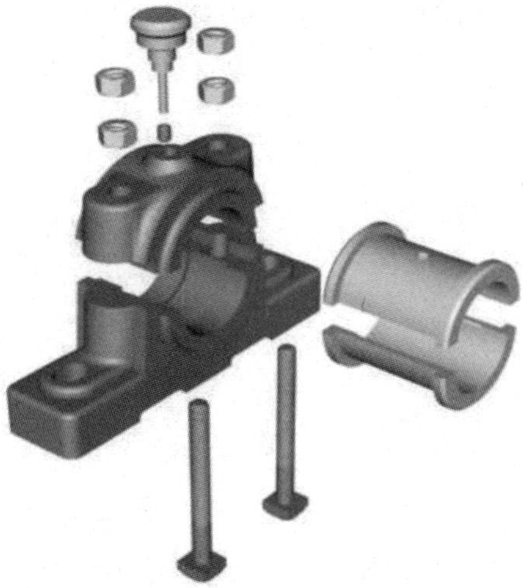

图 2–4–16　滑动轴承

一、滑动轴承的结构特点与类型

1. 滑动轴承的特点

（1）滑动轴承的主要优点

1）普通滑动轴承结构简单，制造、装拆方便。

2）具有良好的耐冲击性和吸振性；运转平稳，旋转精度高。

3）高速时比滚动轴承的使用寿命长。

4）可做成剖分式。

（2）滑动轴承的主要缺点

1）维护复杂。

2）对润滑条件要求高。

3）边界润滑时轴承的摩擦损耗较大。

2. 滑动轴承的类型

滑动轴承按照承受载荷的方向不同，主要分为向心式滑动轴承（又称径向滑动轴承）和推力滑动轴承。向心式滑动轴承主要承受径向载荷，推力滑动轴承主要承受轴向载荷。

滑动轴承按结构不同，可分为整体式滑动轴承和剖分式滑动轴承。滑动轴承的装配方法取决于轴承的结构形式。

（1）向心式滑动轴承

1）整体式向心滑动轴承。整体式滑动轴承由轴承座和轴承套组成，如图 2–4–17 所示。轴承套压装在轴承座孔中，一般配合为 H8/s7。轴承座用螺栓与机座连接，顶部设有安装注油油杯的螺纹孔。轴套上开有油孔，并在其内表面开油沟以输送润滑油。这种轴承结构简单，制造成本低，但当滑动表面磨损后无法修整，而且装拆轴时只能沿轴向移动，有时很不方便，有些粗重的轴和中间具有轴颈的轴（如内燃机的曲轴）就不便或无法安装。所以，整体式滑动轴承多用于低速、轻载和间歇工作的场合，如手动机械、农业机械等。

图 2–4–17　整体式滑动轴承与轴承座

2）剖分式向心滑动轴承。剖分式滑动轴承由轴承盖、轴承座、剖分轴瓦和连接螺栓等组成，如图 2–4–18 所示。轴承中直接支承轴颈的零件是轴瓦。为了安装时容易对心，在轴承盖与轴承座的中分面上做出阶梯形的梯口。轴承盖应当适度压紧轴瓦，使轴瓦不能在轴承孔中转动。轴承盖上制有螺纹孔，以便安装油杯或油管。

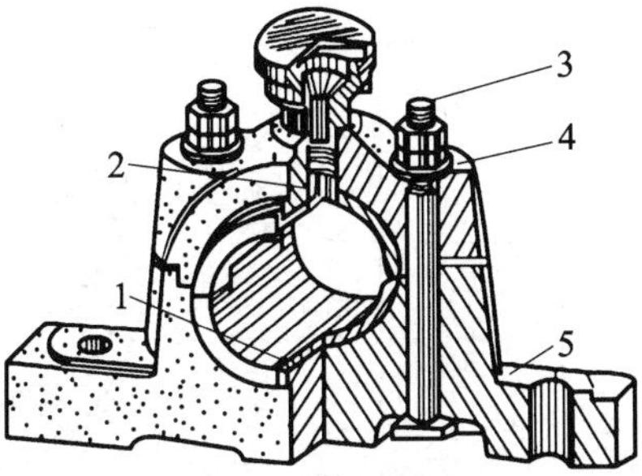

图 2-4-18　剖分式滑动轴承与轴承座

1—轴瓦　2—套管　3—螺栓　4—轴承盖　5—轴承座

（2）推力滑动轴承。轴上的轴向力应用推力轴承来承受。止推面可以利用轴的端面，也可在轴的中段做出凸肩或装上推力圆盘。两平行平面之间是不能形成动压油膜的，因此，须沿轴承止推面按若干块扇形面积开出楔形。图 2-4-19a 所示为固定式推力轴承，其楔形的倾斜角固定不变，在楔形顶部留出平台，用来承受停车后的轴向载荷。图 2-4-19b 所示为可倾式推力轴承，其扇形块的倾斜角能随载荷、转速的改变而自行调整，因此性能更为优越。扇形块数一般为 6 ~ 12。

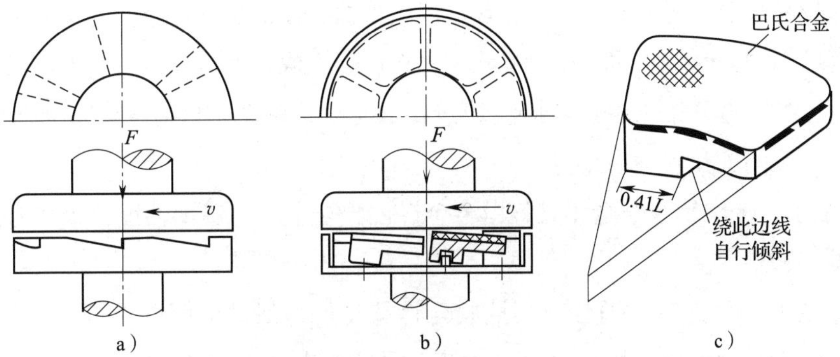

图 2-4-19　推力轴承种类与扇形块

a）固定式推力轴承　b）可倾式推力轴承　c）扇形块

二、滑动轴承的轴瓦及轴承座材料

1. 轴瓦结构

轴瓦是滑动轴承中直接与轴颈接触的重要零件，其结构是否合理，对轴承性能的影响很大。常用的轴瓦有整体式和剖分式两种。整体式轴瓦又称轴套。如图 2-4-20 所示为径向滑动轴承轴瓦。

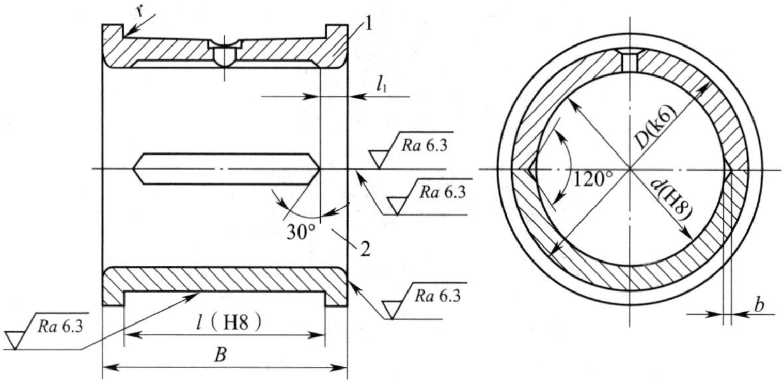

图 2-4-20　径向滑动轴承轴瓦

1—上瓦　2—下瓦

2. 轴瓦及轴承座材料

（1）轴瓦材料要求。根据轴承的工作情况，要求轴瓦材料具备下述性能：摩擦因数小；导热性好，热膨胀系数小；耐磨、耐腐蚀、抗胶合能力强；要有足够的强度和可塑性。

能同时满足上述要求的材料很难找，但应根据具体情况满足主要使用要求。较常见的是用两层不同金属做成的轴瓦，两种金属在性能上取长补短。在工艺上可以用浇注或压合的方法，将薄层材料黏附在轴瓦基体上，黏附上去的薄层材料通常称为轴承衬材料。

（2）常用的轴瓦和轴承衬材料

1）轴承合金。轴承合金（又称白合金、巴氏合金）有锡锑轴承合金和铅锑轴承合金两大类。

锡锑轴承合金的摩擦因数小，抗胶合性能良好，对油的吸附性强，耐腐蚀性好，易跑合，是优良的轴承材料，常用于高速、重载的轴承。但它的价格较贵且强度较低，因此只能作为轴承衬材料浇注在钢、铸铁或青铜轴瓦上。用青铜作为轴瓦基体是因其导热性良好。这种轴承合金的熔点比较低，为了安全，在设计、运行中常将温度控制在 110 ~ 120℃之间。

铅锑轴承合金各方面的性能与锡锑轴承合金相近，但这种材料较脆，不宜承受较大的冲击载荷。它一般用于中速、中载的轴承。

2）青铜。青铜的强度高，承载能力大，耐磨性与导热性都优于轴承合金，可以在较高的温度（250℃）下工作。但它的可塑性差，不易跑合，与之相配的轴颈必须淬硬。

青铜可以单独做成轴瓦。为了节省有色金属，也可将青铜浇注在钢或铸铁轴瓦内壁上。用作轴瓦材料的青铜主要有锡青铜、铅青铜和铝青铜。在一般情况下，它们分别用于中速重载、中速中载和低速重载的轴承上。

3）铝基轴承合金。铝基轴承合金在许多国家获得了广泛的应用。它有相当好的耐腐蚀性和较高的疲劳强度，摩擦性也较好。这些品质使铝基轴承合金在部分领域取代了较贵的轴承合金和青铜。铝基轴承合金可以制成单金属零件（如轴套、轴承等），也可以制成双金属零件。

4）灰铸铁和耐磨铸铁。普通灰铸铁，或加有镍、铬、钛等合金成分的耐磨灰铸铁，或球墨铸铁，都可以用作轴承材料。这类材料中的片状或球状石墨在材料表面上覆盖后，可以形成一层起润滑作用的石墨层，故具有一定的减摩性和耐磨性。此外，石墨能吸附碳氢化合物，有助于提高边界润滑性能，故采用灰铸铁作轴承材料时应加润滑油。由于铸铁性脆，磨合性能差，故只适用于轻载低速和不受冲击载荷的场合。

5）粉末冶金材料。用粉末冶金法（经制粉、成型、烧结等工艺）做成的轴承具有多孔性组织，孔隙内可以储存润滑油，常称为含油轴承。运转时，轴瓦温度升高，由于油的膨胀系数比金属大，因而自动进入摩擦表面起到润滑作用。含油轴承加一次油可以使用较长时间，常用于加油不方便的场合。

6）多孔质金属材料。这是不同金属粉末经压制、烧结而成的轴承材料。这种材料是多孔结构的，孔隙占体积的 10% ~ 35%。使用前先把轴瓦在加热的油中浸渍数小时，使孔隙中充满润滑油，因而通常把这种材料制成的轴承称为含油轴承。它具有自润滑性。工作时，由于轴颈转动的抽吸作用及轴承发热时油的膨胀作用，油便进入摩擦表面间起润滑作用；不工作时，因毛细管作用，油被吸到轴承内部，故在相当长的时间内，即使不加油，仍能较好地工作。如果定期供油，则使用效果更好。但由于其韧性较小，故宜用于平稳、无冲击载荷及中、低速情况。常用的有多孔铁和多孔质青铜。多孔铁常用来制作磨粉机轴套、机床油泵衬套、内燃机凸轮轴衬套等，多孔质青铜常用来制作电唱机、电风扇、纺织机械及汽车发电机的轴承。我国也有专门制造含油轴承的生产厂家，需用时可根据设计手册选用。

7）非金属材料。非金属材料中应用最广泛的是各种塑料，如酚醛树脂、尼龙、聚四氟乙烯等。聚合物的特性如下：与许多化学物质不起反应，耐腐蚀性好，如聚四氟乙烯（PTEE）能抗强酸和弱碱；具有一定的自润滑性，可以在无润滑条件下工作，在高温条件下具有一定的润滑能力；具有包容异物的能力（嵌入性好），不宜擦伤配合零件表面；减摩性及耐磨性比较好。

塑料轴承具有摩擦因数低，可塑性、跑合性良好，耐磨，耐腐蚀，可以用水、油及化学溶液润滑等优点。但它的导热性差，膨胀系数较大，容易变形。为改善缺陷，可将薄层塑料作为轴承衬材料黏附在金属轴瓦上使用。

选择聚合物作轴承材料时必须注意以下问题：由于聚合物的热传导能力差，只有钢的百分之几，因此必须考虑摩擦热的消散问题，它严格限制着聚合物轴承的工作转速及压力值。又由于聚合物的线膨胀系数比钢大很多，因此，聚合物轴承与钢制轴颈的间隙比金属轴承的间隙大。此外聚合物材料的屈服强度较低，因而在装配和工作时能承受的载荷有限。另外，聚合物在常温下会产生蠕变现象，故不宜用来制作间隙要求严格的轴承。

碳—石墨是电动机电刷的常用材料，也是不良环境中的轴承材料。碳—石墨是由不同量的碳和石墨构成的人造材料，石墨含量越多，材料越软，摩擦因数越小。可在碳—石墨材料中加入金属、聚四氟乙烯或二硫化钼组分，也可以浸渍液体润滑剂。碳—石墨轴承具有自润滑性，它的自润滑性和减摩性取决于吸附的水蒸气量。碳—石墨和含有碳氢化合物的润滑剂有亲和力，加入润滑剂有助于提高其边界润滑性能。此外，它还可以作为水润滑的轴承材料。

橡胶轴承具有较大的弹性，能减轻振动而使运转平稳，可以用水润滑，主要用于以水作润滑剂或环境较脏污之处，常用于潜水泵、沙石清洗机、钻机等有泥沙的场合。橡胶轴承内壁上带有纵向沟槽，便于润滑剂流通，以加强冷却效果。

木材具有多孔质结构，可用填充剂来改善其性能。填充聚合物能提高木材的尺寸稳定性和减少吸湿量，并能提高强度。采用木材（以溶于润滑油的聚乙烯作填充剂）制成的轴承可在灰尘极多的条件下工作，如用作建筑、农业中使用的带式输送机支承滚子的滑动轴承。

三、滑动轴承的间隙和油槽

滑动轴承的间隙是指轴颈和轴瓦之间的空隙，包括径向间隙和轴向间隙。为使轴颈与轴瓦间形成一层油膜将两者金属表面隔开，避免直接摩擦而产生磨损，在轴颈与轴瓦间必须具有一定的径向间隙；为了防止机器运转时因转轴与轴瓦热膨胀量不一致或转轴的轴向窜动引起轴肩端面与轴瓦端面接触摩擦，则需要具有一定的轴向间隙；为了保证润滑油的正常供给，轴瓦需要开设必要而正确的油槽、供油孔。轴承间隙、油槽、供油孔都是影响油膜形成和轴瓦使用寿命的结构要素。

径向间隙（包括顶间隙和侧间隙）是为了轴承能够得到足够的润滑，使润滑油能顺利流到轴颈与轴瓦之间，通过旋转形成油膜而达到全液体摩擦。径向间隙的大小直接影响着设备的旋转精度，虽然间隙越小精度越高，但间隙太小就不能使轴承中的润滑油形成油膜，从而增大了轴颈与轴承的摩擦阻力，轴承就会发热，温度升高，甚至损坏。

滑动轴承的轴向间隙可按图样或安装技术要求调整和检验。若缺乏具体安装数据，一些滑动轴承的轴向间隙可参考以下要求确定：空压机曲轴轴颈和曲轴轴瓦的轴向间隙一般要求为 0.1 ～ 2 mm，其他机器在轴自由伸缩端的滑动轴承与轴肩端面的轴向间隙一般多在 0.5 ～ 1.5 mm。

四、滑动轴承的装配

滑动轴承的装配程序可因机器不同而存在差异，但主要操作环节基本相同，一般包括零件检查与清洗，轴承座的安装及校正，轴瓦的装配及刮研，润滑、密封和冷却装置等附件的安装及检验，连接紧固件的紧固，以及最后检查等基本环节。每一环节都必须遵从各自的操作原则，才能使装配顺利进行，质量达到要求。

1. 零件检查及清洗

在装配前，应对滑动轴承各零件仔细检查：零件的接触表面必须光滑，不得有毛刺；新换零件应符合尺寸及公差要求；轴瓦不得有裂纹、砂眼、孔洞及轴承合金脱壳等缺陷；轴瓦的油孔、油槽开设应正确；润滑、密封和冷却装置中的各零件应齐全并符合规格和质量要求。与此同时，还应用煤油或汽油对零件进行清洗。检查及清洗的先后顺序、清洗的次数应根据需要而定，最终应保证零件合格，在装配时具有清洁、干净的表面。

2. 主件安装

轴承安装应正确选择、使用工具和器具，避免零件损坏。安装人员在安装前应仔细阅读图样和安装说明书，熟悉轴承结构、各项具体安装要求及调整检验数据。

（1）主件安装的操作原则

1）安装轴承座时，必须先把轴瓦装在轴承座上，并按轴瓦的中心进行校正，所有轴承的中心应在同一直线上，同轴度误差应在要求范围内；轴线为水平位置的，其水平度也应在要求范围之内；轴瓦与轴肩之间的轴向间隙应符合要求；轴承座底面与其支承面的接触应均匀、紧密，其连接固定必须牢靠，设备运转时不得产生松动和位移；轴瓦的装配、刮研必须保证其与轴颈之间具有合理的间隙，接触面积和单位面积上的接触点数应达到要求；轴瓦背面与瓦座、瓦盖的接触必须良好，在机器运转时不得产生滑动。

2）剖分式向心滑动轴承主要用在重载大、中型机器上，如冶金矿山机械、大型发电机、球磨机、活塞式压缩机及运输车辆等，其材料主要为巴氏合金，少数情况下采用铜基轴承合金。在装配时，一般都采用刮削的方法来达到其精度要求，保证其使用性能，因此，刮削的质量对机器的运转至关重要。刮削质量不好，机器在试车时就很容易在极短的时间内使轴瓦由局部黏损而达到大部分黏损，直至轴被黏着咬死，轴瓦损坏不能使用，所以，在刮削轴瓦时都由技术经验丰富的装配钳工操作。

（2）轴瓦、瓦座和瓦盖的接触要求

1）如图 2–4–21 所示，受力轴瓦的瓦背、瓦座的接触面积应大于 70%，而且分布均匀，其接触范围角 α 应大于 150°，允许有间隙部分的间隙 b 不大于 0.05 mm。

2）不受力轴瓦与瓦盖的接触面积应大于 60%，而且分布均匀，其接触范围角 α 应大于 120°，允许有间隙部位的间隙量 b 不大于 0.05 mm。

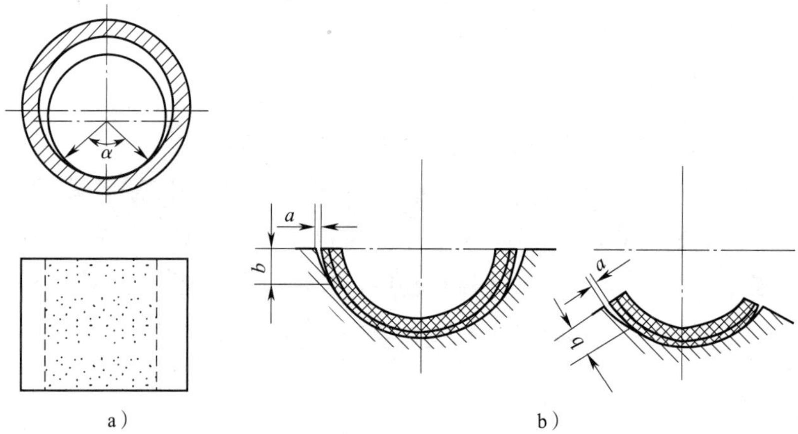

图 2–4–21　滑动轴承接触角度及间隙

a）接触范围角　b）主轴承瓦口间隙

3）如达不到上述要求，应以瓦座与瓦盖为基准，用着色法，涂以红丹粉检查接触情况，用细锉锉削瓦背并进行修研，直到达到要求为止。接触斑点在 25 mm × 25 mm 内达到 3 ~ 4 点即可。

4）轴瓦与瓦座、瓦盖装配时，固定滑动轴承的固定销（或螺钉）端头应埋入轴承体内 2 ~ 3 mm，两半瓦合缝处垫片应与瓦口面的形状相同，其宽度应小于轴承内侧 1 mm，垫片应平整、无棱刺，瓦口两端垫片厚度应一致。瓦座、瓦盖的连接螺栓应紧固而受力均匀。所有零件应清洗干净。

（3）轴瓦刮削面使用性能要求的几大要素

1）接触范围角 α 与接触面、接触斑点要求。在特殊情况下，接触范围角 α 也有要求为 60° 的。对于接触范围角 α 的大小和接触斑点要求、轴瓦的接触斑点要求，通常由图样明确地给出；如无标注，也无技术文件要求的，可按通用技术标准规定执行。

2）油线与瓦口油槽带

①半开式滑动轴承都采用强力润滑，油槽一般都开在不受力的上瓦上（上瓦受力较小），截面为半圆弧形，沿上瓦内周 180° 分布，由机械加工而成。油槽中间位置与上瓦中心位置的油孔相通，两端连接瓦口油槽带，由于上瓦有间隙量存在，润滑油很容易进入上瓦面与轴上，其主要作用是能将润滑油畅通地注入轴瓦内侧（径向）的瓦口油槽带。

②油槽带分布在上、下轴瓦接合部位处（两侧）。油槽带呈圆弧楔形，如图 2–4–20、图 2–4–21 所示，瓦口接合面处向外侧深度一般为 1 ～ 3 mm。视轴瓦的大小，油槽带宽度一般为 8 ～ 40 mm。油槽带单边距轴瓦端面的尺寸一般为 8 ～ 25 mm。上述要求通常在图样上明确标出。油槽带的长度为轴瓦轴向长度的 85%左右，是一个能存较大量润滑油的带状油槽，便于轴瓦与轴的润滑与冷却。油槽带通常由机械加工而成，也有钳工手工加工的。

③润滑油楔。润滑油楔位于接触范围角内油槽带与轴瓦的连接处，由手工刮削而成（俗称刮瓦口）。其主要作用有两个：一是存油冷却轴瓦与轴；二是利用其圆弧楔角，在轴旋转的带动下，将润滑油由轴向宽度的面连续不断地吸向承载部分，使轴瓦与轴有充分良好的润滑。润滑油楔部分是由两段不规则的圆弧组成的一个圆弧楔角，它将油槽带和轴瓦工作接触面光滑地连接起来。与油槽带连接部分要刮得多一些，并将油槽带连接处加工棱角刮掉，在润滑楔角中部至接触面过渡处刮成圆弧楔角形。油槽带与润滑楔角连接处的尺寸，视轴瓦的大小，一般在 0.10 ～ 0.40 mm。刮削润滑楔角要在轴瓦精刮基本结束时进行，不要提前刮削。

3. 附件的安装

（1）所有油路、油孔必须通畅，油勺、油圈、油刷、油杯的安装应符合要求，以确保轴瓦在运行中得到良好润滑。

（2）密封装置必须可靠，以防止润滑油外漏或切削、尘粒进入轴瓦及油池内。

（3）切削管必须连接正确，畅通无阻，以保证良好的冷却、散热作用。

（4）所有连接紧固螺栓、螺钉应拧紧，防松装置可靠。

学习单元 3　轴承润滑部分和密封件的装配

为使轴承正常运转，避免零件表面直接接触，减少轴承内部的摩擦及磨损，提高轴承性能，延长轴承使用寿命，必须对轴承进行润滑。轴承的润滑分为脂润滑、油润滑和固体润滑等。

一、常用润滑剂

轴承润滑的目的在于降低摩擦功耗，减少磨损，同时还起到冷却、吸振、防锈等作用。轴承能否正常工作和选用润滑剂正确与否有很大关系。

润滑剂分为液体润滑剂（润滑油）、半固体润滑剂（润滑脂）、固体润滑剂等，其中以润滑油应用最广泛。固体润滑剂除在特殊场合下使用外，目前正在逐步扩大使用范围。

1. 润滑油

（1）润滑油的选用。主要根据润滑油的黏度选用，要保证在轴承工作温度下足以在滚动体与滚道间形成一定厚度的油膜，避免金属直接接触。润滑油的黏度与温度有关，随温度上升而下降。为保证滚动体与滚道接触表面间形成足够的润滑油膜，润滑油在工作温度下必须保持一定的黏度。黏度过低，不能充分形成油膜，造成轴承异常磨损和使用寿命缩短；黏度过高，由于黏性阻力而造成发热，增大能量损失。

一般来说，转速高应选用低黏度的润滑油；载荷越大，轴承越大，则应选择高黏度的润滑油。通常希望在轴承工作温度下，润滑油的黏度对球轴承不低于 13 mm^2/s，对滚子轴承不低于 20 mm^2/s，对推力调心滚子轴承不低于 32 mm^2/s。

（2）润滑方式的选择

1）油浴润滑。多用于低、中速轴承的润滑，轴承的一部分浸在油中，润滑油由旋转的轴承零件带起然后又回到油槽中。当轴承静止时，油面一般应保持在最低滚动体的中心处。

2）滴油润滑。多用于高转速的小型轴承，通过可视的油杯给轴承滴油，油量一般为每分钟数滴。

3）飞溅给油润滑。是指利用装在轴上的齿轮或简单叶片回转产生的飞溅来使轴承润滑的方式，广泛用于汽车变速器和差动齿轮装置及机床齿轮箱等。

4）循环油润滑。用油泵将经过过滤的润滑油送到轴承部件中，通过轴承后的润滑油经过滤、冷却后循环使用。由于油循环可带走一定的热量，使轴承温度降低，故适用于转速较高的轴承部件。

5）喷射润滑。用油泵将高压油经喷嘴喷射到轴承中，贯穿轴承内部流入油槽。在高速轴承中，滚动体、保持架以高速旋转，使其周围空气形成气流，造成较大阻力，故必须用此方法将润滑油输送入轴承内。喷射系统中一般安装一滤油器，以免喷嘴堵塞。

6）油雾润滑。用经过过滤的极干燥、洁净的压缩空气与润滑油混合形成雾状，喷射到轴承中。轴承座内的气流可冷却轴承，而轴承座内产生的压力又可有效防止杂质进入。

（3）换油周期。润滑油更换周期与运行状况和润滑油用量有关。油浴润滑时如运行温度不超过 50℃，没有污染现象，一般一年更换一次润滑油。温度越高，换油次数应越多。如运行温度接近 100℃，必须每三个月换一次油。运行条件恶劣时也应增加换油次数。

2. 润滑脂

润滑脂是由润滑油和各种稠化剂（如钙、钠、铝、锂等金属皂）混合稠化而成的。润滑脂密封简单，不需经常添加，不易流失，在垂直的摩擦表面上也可以应用。润滑脂对载荷和速度的变化有较大的适应范围，受温度的影响不大，但摩擦损耗较大，机械效率较低，故不宜用于高速。润滑脂易变质，不如润滑油稳定。总的来说，一般参数的机器，特别是低速或带有冲击的机器，都可以使用润滑脂润滑。

目前使用最多的是钙基润滑脂，它具有耐水性，常用于 60℃以下各种机械设备中轴承的润滑。钠基润滑脂可用于 115 ~ 145℃，但不耐水。锂基润滑脂性能优良且耐水，在 20 ~ 150℃范围内广泛适用，可以代替钙基、钠基润滑脂。

（1）润滑脂的选用。一般根据轴承的工作条件、工作温度和载荷条件来选用。

1）按工作温度选择润滑脂时，主要指标是滴点、氧化安定性和低温性能。轴承的实际工作温度应低于滴点 10 ~ 20℃，合成润滑脂的使用温度应低于滴点 20 ~ 30℃。

2）根据轴承载荷选择润滑脂时，对重载荷应选针入度小的润滑脂。在高压下工作的润滑脂，除针入度外，还应有较高的油膜强度和极压性能。

3）根据环境条件选择润滑脂时，钙基润滑脂不易溶于水，适用于环境潮湿、水分多的场合。钠基润滑脂易溶于水，适用于干燥、水分少的场合。

（2）润滑脂的填充量。以填充轴承和轴承壳体空间的 1/3 ~ 1/2 为宜，若加润滑脂过多，由于搅拌发热，会使润滑脂变质恶化或软化。高速时应仅填充至 1/3 或更少。当转速较低时，为防止外部异物进入轴承内，可以填满壳体空间。

（3）润滑脂的补充和更换。润滑脂的使用是有寿命的，当其润滑性能在工作过程中逐渐降低时，在使用中磨屑也会逐渐增多，因此，必须每隔一定时间补充或更换一次润滑脂。

（4）润滑脂的混合。原则上，牌号不同的润滑脂不能混合。若必须更换牌号不同的润滑脂时，应把轴承内原有的润滑脂完全清除后，再填入新的润滑脂。

3. 固体润滑剂

固体润滑剂有石墨、二硫化钼、聚氯乙烯树脂等多种。一般在超出润滑油使用范围之外，如在高温介质中，或在低速、重载条件下才考虑使用固体润滑剂。目前其应用已逐渐广泛，如可将固体润滑剂调和在润滑油中使用，也可以涂覆、烧结在摩擦表面形成覆盖膜，或者用固结成型的固体润滑剂嵌装在轴承中使用，或者混入金属或塑料粉末中烧结成型。

石墨性能稳定，在 350℃以上才开始氧化，并可在水中工作。聚氯乙烯树脂摩擦因数低，只有石墨的 1/2。二硫化钼与金属表面吸附性强，摩擦因数低，使用温度范围也广（–60 ~ 300℃），但遇水则性能下降。

二、轴承润滑装置

轴承润滑装置分滚动轴承润滑装置和滑动轴承润滑装置。滚动轴承润滑装置一般由专业滚动轴承厂家在制造轴承时将润滑脂一起进行封装。滚动轴承可以采用的润滑方式有脂润滑和油润滑两种。轴承润滑方式的选择是一个综合性的判断过程，必须对机械结构、轴承安装部位、轴承承受载荷以及具体生产环境等因素进行综合考虑。

1. 滚动轴承的润滑

（1）脂润滑。滚动轴承采用润滑脂作为润滑介质，其优点在于润滑脂的流动性小，不容易出现泄漏，形成的油膜强度高，更利于滚动轴承的密封使用。同时，滚动轴承采用脂润滑还能延长润滑维持时间，使得轴承维护更为简单。滚动轴承以润滑脂润滑也有缺点，润滑脂和润滑油相比，摩擦力矩较大，对于需要高速运转的滚动轴承适用性较低。另外，脂润滑方式的降温性能较差，若滚动轴承中润滑脂添加过多，还会因搅拌润滑剂而造成滚动轴承过热。

（2）油润滑。滚动轴承采用油润滑方式进行润滑，可以达到很好的降温、冷却效果，特别适用于工作温度比较高的滚动轴承。滚动轴承使用的润滑油黏度在 0.12 ~ 0.2 mm^2/s，若滚动轴承的负荷高、工作温度高则选择黏度高的润滑油，而转速快的滚动轴承适合用黏度低的润滑油。滚动轴承采用油润滑的缺点是油润滑要求轴承必须保持良好的密封状态，避免润滑油泄漏。另外，油润滑需要设置比较复杂的供油装置，在操作和使用上不如脂润滑方便，也加大了滚动轴承维护的工作量。

2. 滑动轴承的润滑

向轴承供给润滑油或润滑脂的方式很重要，尤其是油润滑，轴承的润滑状态与润滑油的供给方式有关。润滑脂是半固体状的油膏，供给方法与润滑油不同。

（1）油润滑。润滑油供给可以是间歇的，也可以是连续的，连续供油比较可靠。用油壶注油或提起针阀通过油杯注油（见图 2–4–22）只能起到间歇润滑的作用。连续供油主要有下列几种方法：

1）滴油润滑。图 2–4–22c 所示为针阀式注油油杯。当手柄卧倒时，针阀受弹簧推压向下而堵住底部油孔。手柄旋转 90° 变为直立状态时，针阀向上提，下端油孔敞开，润滑油流进轴承，调节油孔开口大小可以调节流量。针阀式注油油杯也可用于连续润滑。

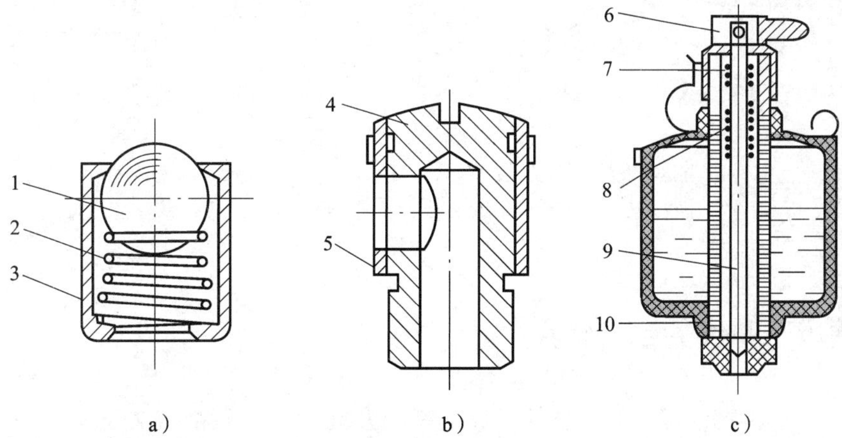

图 2–4–22　间歇供油用油杯

a）压配式注油油杯　b）旋套式注油油杯　c）针阀式注油油杯

1—钢球　2、8—弹簧　3、4、10—杯体　5—旋套　6—手柄　7—调节螺母　9—针阀

2）芯捻或线纱润滑。用毛线或棉线做成芯捻（见图 2–4–23a），或用线纱做成线团浸在油槽内，利用毛细管作用把油引到滑动表面上。这两种方法不易调节供油量。

3）油环润滑。轴颈上套有油环（见图 2–4–23b），油环下垂浸到油池里，油环回转时把油带到轴颈上去。这种装置只能用于水平而连续运转的轴，供油量与轴的转速、油环的截面形状和尺寸、润滑油黏度等有关。适用的转速范围为（60 ~ 100）r/min < n <（1 500 ~ 2 000）r/min。速度过低，油环不能把油带起；速度过高，油环上的油会被甩掉。

4）飞溅润滑。以齿轮减速器为例，利用浸入油中的齿轮转动时，由润滑油飞溅成的油沫沿箱壁和油沟流入轴承。

5）浸油润滑。部分轴承直接浸在油中以润滑轴承，如图 2–4–23c 所示。

6）压力循环润滑。如图 2–4–23d 所示，可以供应充足的油量来润滑和冷却轴承。在重载、振动或交变载荷的工作条件下能取得良好的润滑效果。

（2）脂润滑。润滑脂只能间歇供应。润滑杯是应用得最广泛的脂润滑装置。润滑脂储存在杯体里，杯盖用螺纹与杯体连接，旋拧杯盖可将润滑脂压送到轴承孔内。也常见用润滑脂枪向轴承补充润滑脂的。脂润滑也可以集中供应。

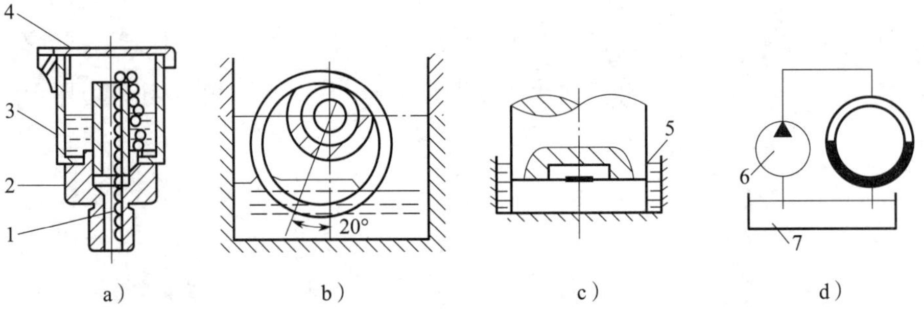

图 2–4–23　连续供油方法

a）芯捻或线纱润滑　b）油环润滑　c）浸油润滑　d）压力循环润滑

1—油芯　2—接头　3—杯体　4—盖　5—油池　6—油泵　7—油箱

三、轴承密封件的结构特点

为防止润滑剂泄漏，防止灰尘、切屑微粒及其他有害异物和水分侵入，轴承必须进行必要的密封。能起阻止泄漏作用的零件称为密封件，简称密封。密封性能的优劣是衡量机器设备质量的重要指标。

1. 密封的作用

（1）用不同材料挤压形成相互封闭的空间，阻碍相互分隔空间的材料（如粉尘、水、气体、油脂等）迁移。

（2）防止外界物体侵入。

（3）密封机器零件，防止润滑油损失等。

泄漏是造成机器设备工作不稳定、效率降低（一些动力机械）、磨损严重、污染环境、影响产品质量甚至引起设备和人身事故的重要因素，所以在装配机器过程中要密切注意。

2. 对密封的基本要求

对密封的基本要求是严密可靠、结构紧凑、简单易造、维修方便、使用寿命较长。要求其材料有良好的电绝缘性和热稳定性，强度高、硬度高，有塑性、有弹性，耐高温、耐高压、耐寒性、不透性、耐疲劳性好，耐磨性能和摩擦性能强。

3. 密封的材料

用于软材料密封（软密封）的有纸浆、在油中浸过的纸和硬纸板；用于多种材料密封的有石棉、叠合板、人造橡胶、丁腈橡胶、氯丁橡胶、聚硫橡胶、树脂以及用永久弹性塑料制作的密封物和密封剂等。

4. 轴承自身的密封

轴承自身密封按结构形式分为接触式密封和非接触式密封。按接触形式可分为径向密封和轴向密封，按密封圈的构造可分为单唇密封和双唇密封。非接触式密封一般有带防尘盖和橡胶密封圈两种。防尘盖密封间隙大，只适用于防尘；橡胶密封圈密封时间隙小，有较好的密封效果。

轴承自身密封除了具有良好的防尘、密封效果外，还能在轴承运转过程中不补给润滑剂而保持良好的运转状态，减少了维修费用，同时省去了支承密封复杂的润滑系统，大大缩小了产品的轴向尺寸。因此，在结构紧凑、密封要求严的场合均可采用密封轴承。

5. 轴承的支承密封

支承密封是指在轴承外部，如轴承的壳体部位、轴颈部位及端盖部位附加的密封装置。

轴承密封结构的特点见表 2–4–8。

表 2-4-8　轴承密封结构的特点

<table>
<tr><th>密封名称</th><th>密封特点</th><th colspan="2">注意事项</th></tr>
<tr><td>间隙密封</td><td>结构简单，轴与密封件有间隙</td><td colspan="2">为避免轴与密封件直接接触，应注意轴与轴承的间隙</td></tr>
<tr><td>油槽密封</td><td>轴承座上带数道油槽或轴颈与轴承座上同时带有油槽</td><td colspan="2">（1）油槽数量大于 3
（2）油槽宽度为 2 ~ 5 mm，深度为 4 ~ 5 mm</td></tr>
<tr><td>迷宫密封</td><td>分为轴向迷宫通路和径向迷宫通路，后者多用于剖分轴承座，通路可设计成倾斜式，以减少轴倾斜对通路的影响</td><td colspan="2">（1）为加强密封，应尽量减小迷宫通路间隙，但应避免相互接触
（2）通路内填充润滑脂</td></tr>
<tr><td>甩油环</td><td>利用回转离心力以润滑轴承，防止润滑油泄漏或外部灰尘进入</td><td colspan="2">（1）安装于轴承座内可以防止润滑油泄漏，安装于轴承座外可以防止异物进入轴承座
（2）大多与其他密封结构同时使用</td></tr>
<tr><td>油封</td><td>弹簧对密封唇施加压力，以加强密封效果</td><td>油封的安装方向决定是防止润滑剂泄漏还是防止异物侵入</td><td rowspan="3">（1）轴的线速度与表面糙度要求（参考）：
0 ~ 5 m/s，
Ra ≤ 0.8μm；
5 ~ 10 m/s，
Ra ≤ 0.4μm；
10 m/s 以上，Ra ≤ 0.2μm
（2）轴的材质可以是结构钢、低碳合金钢和不锈钢
（3）轴表面硬度大于 40 HRC</td></tr>
<tr><td>Z 形密封圈</td><td>剖面呈 Z 形，内部空隙填充润滑脂以形成密封</td><td>大多用于剖分式轴承座</td></tr>
<tr><td>V 形密封圈</td><td>密封唇轴向接触密封面，并具有利用离心力甩出异物与液体的作用</td><td>线速度较大时，离心力使密封唇过盈量消失，需用卡箍固定</td></tr>
</table>

四、轴承密封件的装配

1. 油封的装配

油封件是用于旋转轴的一种密封装置，安装时应防止唇部受伤，并使拉紧弹簧有合适的拉紧力。其装配过程如下：

（1）检查油封件的尺寸、表面粗糙度是否符合要求，密封唇部有无损伤，然后在唇部和主轴上涂润滑脂。

（2）用压入法装配时要注意使油封件与壳体孔对准，不可偏斜，倒角宜大一些。在油封外圈或壳体孔内涂少量润滑油。

（3）装配油封时，应该使介质工作压力把油封唇部紧压在主轴上，不可装反。如用于防尘时，应使唇部背向轴承。如需同时解决防漏、防尘问题，应采用双面油封。

（4）当轴端有键槽、螺钉孔、台阶时，为防止油封件在装配时受伤，可采用导向套进行装配。

2. 密封圈的装配

密封圈有 O 形、V 形、U 形、Y 形等，应用最广泛的是 O 形密封圈。O 形密封圈有运动型和固定型两种，所谓运动型，就是 O 形密封圈与轴有相对运动，而固定型则不与机件发生相对运动。其装配过程如下：

（1）装配前须将 O 形密封圈涂润滑脂，装配时应使 O 形密封圈的毛边不装在密封面上。

（2）装配时，如需越过螺纹、键槽或有锐边尖角的部位，可用导向套进行装配。

（3）对于大直径的固定型 O 形密封圈，可以用简便的方法，根据需要现场自行制作。切取适当长度的圆形橡胶条，在两端涂上黏合剂，烧干后放在带弧形槽的样板上，用手压合成 O 形密封圈。

课程 2–5　液压传动装配

学习内容

学习单元	课程内容	培训建议	课堂学时
（1）液压管接头拆装	1）管接头和连接方式的特点 2）管接头的预装 3）管接头的装拆 4）管接头的防漏	（1）方法：讲授法、演示法、讨论法 （2）重点：液压管接头的装配和拆卸 （3）难点：管接头的防漏	6

续表

学习单元	课程内容	培训建议	课堂学时
（2）金属管的扩口与装配	1）金属管的扩口 2）金属管的装配	（1）方法：讲授法、演示法、讨论法、练习法 （2）重点：金属管的装配 （3）难点：金属管的扩口	4

学习单元 1　液压管接头拆装

一、管接头和连接方式的特点

管接头是油管与油管、油管与液压件之间的可拆式连接件，它必须具有装拆方便、连接牢固、密封可靠、外形尺寸小、流通能力大、压降小、工艺性好等特点。管接头的种类很多，其产品规格可查阅有关手册。液压系统中油管与管接头的常见连接方式见表 2–5–1。

表 2–5–1　管接头的形式

名称	结构简图	特点和说明
焊接式管接头	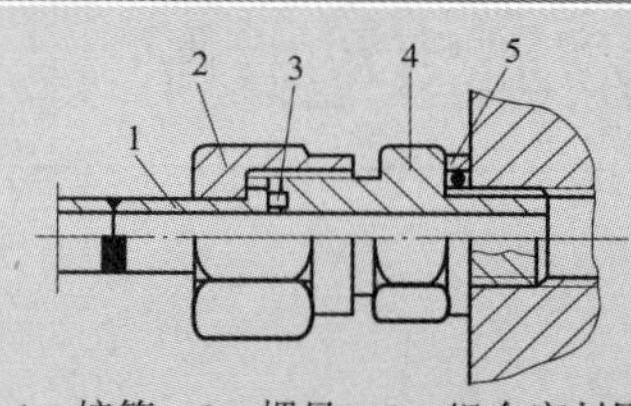 1—接管　2—螺母　3—组合密封圈 4—接头体　5—O 形密封圈	（1）利用球面进行密封，简单可靠 （2）焊接工艺必须保证质量，必须采用厚壁钢管，装卸不便
卡套式管接头	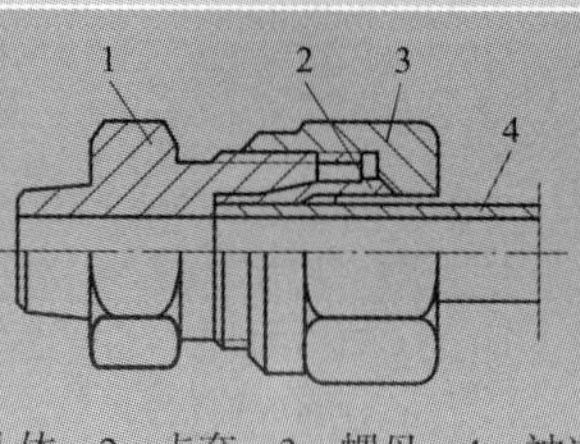 1—接头体　2—卡套　3—螺母　4—被连接管	（1）用卡套卡住油管进行密封，轴向尺寸要求不严，装卸简便 （2）对油管径向尺寸精度要求较高，为此要采用冷拔无缝钢管

续表

名称	结构简图	特点和说明
扩口式管接头	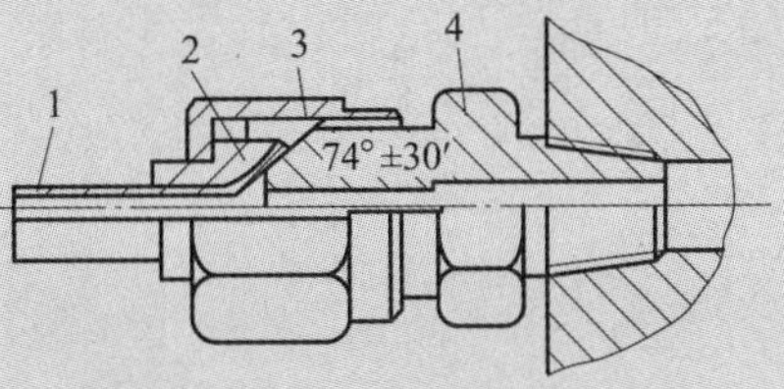1—管子　2—套管　3—螺母　4—接头体	（1）用油管管端的扩口在管套的压紧下进行密封，结构简单 （2）适用于钢管、薄壁钢管等低压管道的连接
扣压式管接头	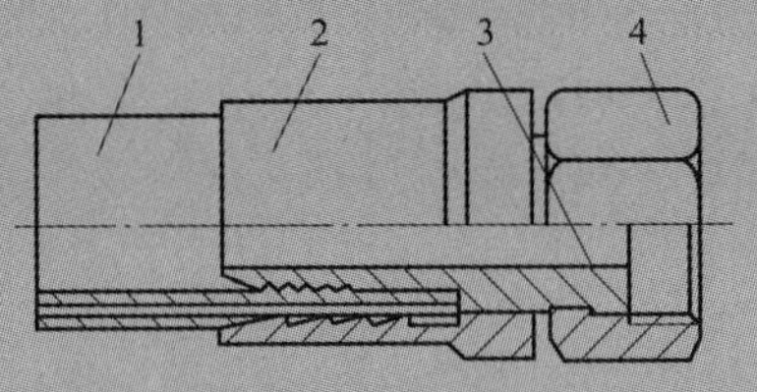1—胶管　2—外套　3—接头体　4—接头螺母	（1）用来连接高压软管 （2）在中、低压系统中应用
快速管接头	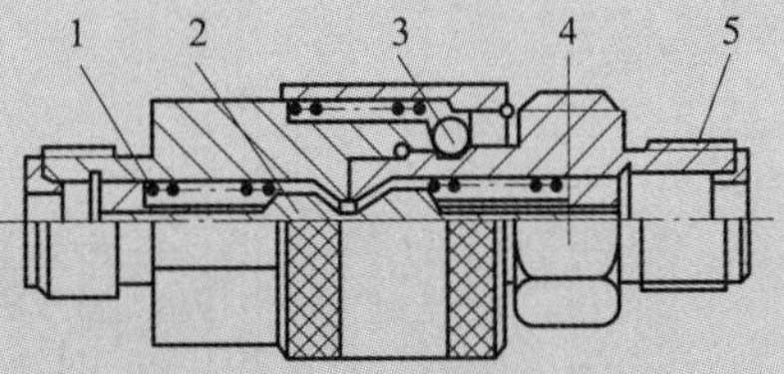1—弹簧　2—锥阀芯　3—钢珠 4—螺母　5—接头体	（1）不需要使用任何工具，能实现迅速装上或卸下的管接头 （2）适用于需要经常装卸的液压管路

二、管接头的预装

卡套式管接头预装是安装管接头的重要环节，直接影响密封的可靠性。一般需要专用的预装器。管径小的接头可以在台虎钳上进行预装。具体做法是用一个接头作为母体，将螺母、卡套压紧到管子上即可。卡套式管接头主要有卡套式直通管接头、卡套式三通管接头等。即使是同一厂家的同一批货，这几种接头体上锥形孔的深度往往不相同，结果就造成了泄漏，而此问题往往被忽视。正确的做法是管子一端用什么样的接头体连接，对应的连接端就用相同类型的接头预装，这样能最大限度地避免出现泄漏问题。

管子端面应平齐，预装时应尽量保持管子与接头体的同轴度，若管子偏斜过大也会造成密封失效。预装力不宜太大，应使卡套的内刃刚好嵌入管子外壁，卡套不应有明显变形。在进行管路连接时，再按规定的拧紧力装配。

三、管接头的装拆

液压快速管接头能够实现快速安装或拆卸，适用于经常拆卸的管路。液压系统管路带防漏快速接头的液压胶管的连接步骤如图 2–5–1 所示。先将液压胶管上的快速接头母插座外圈（1 区域部分）往后退，再与快速接头公插头连接，连接时要确保液压泵处于停止状态，连接好后须核实连接是否可靠（2 区域平面要完全显示）。

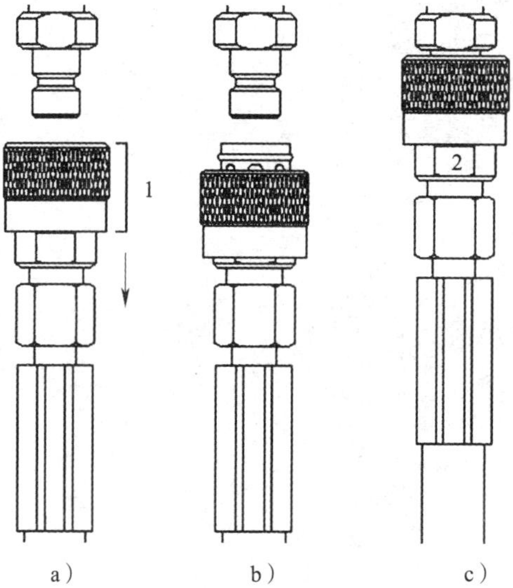

图 2–5–1　快速管接头的拆装

四、管接头的防漏

在液压系统中，无论是金属管接头还是软管接头，都存在容易产生泄漏的问题。对于卡套式管接头，大多因管道受到较大的外力或冲击力，使卡套松动或管端面变形而造成泄漏，此时应检查卡套是否失圆、刃口有无缺损、管端是否完好以及卡套螺母的压紧程度是否合适等，同时还要消除管道外力。对于扩口式管接头，大多因扩口过度、质量不符合要求或多次拆卸，致使扩口变形或产生裂纹等造成泄漏，此时可将前端截去重新进行扩口。如果使用公母锥顶压进行密封，其泄漏大多是由于两锥面有损伤，可用研磨剂对锥面进行研磨。

在一些用 O 形密封圈靠端面或外径密封的场合，其泄漏原因有以下几种：O 形密封圈老化或变形而造成泄漏；O 形密封圈装配不到位，使两平面连接时压不平或 O 形密封圈被切割造成泄漏；O 形密封圈未压实，弹性变形量不足而造成泄漏；O 形密封圈止口槽过深而造成泄漏。

对此，需重新选择外径相同和截面较粗的 O 形密封圈，也可将带有止口槽的密封平面进行切削或磨削加工，以减小止口槽深度，使 O 形密封圈有足够的弹性变形量（压缩量一般应在 0.35 ~ 0.65 mm 之间）。对于采用耐油胶板、羊毛毡、软钢纸板、组合密封垫圈或密封胶密封的管接头处的泄漏，无论是何种材质，首先应检查其密封件有无破损、变形、老化和过于粗糙等情况，然后采取相应的措施。

学习单元 2　金属管的扩口与装配

一、金属管的扩口

1. 扩口式管接头

扩口式管接头有 A 型和 B 型两种形式，如图 2-5-2 所示。A 型由接头体、螺母、

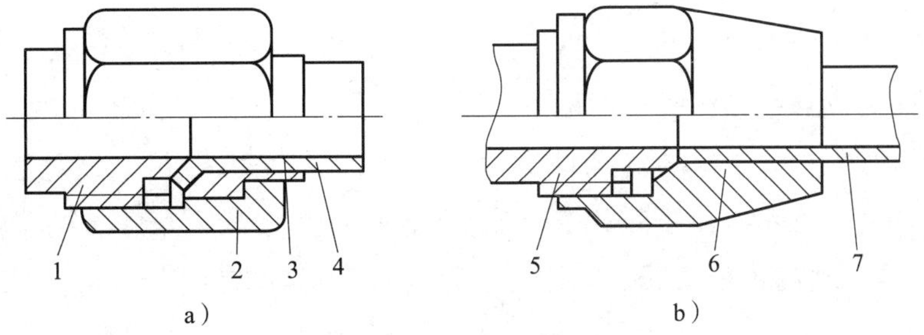

图 2-5-2　扩口式管接头

a）A 型　b）B 型

1、5—接头体　2、6—螺母　3—管套　4、7—油管

管套组成，B 型由接头体和螺母组成。装配时，将管子置于接头体的外锥面和管套（或 B 型螺母）的内锥孔之间，旋紧螺母使管子的喇叭口受压，紧贴于外锥面和管套（或 B 型螺母）内锥孔所产生的间隙中，从而起到密封的作用。

2. 金属管的扩口

金属管的扩口用以检验金属管径向扩展到规定直径的变形性能，并显示其缺陷，适用于无缝和焊接金属管。对于所试金属管外径和壁厚的范围，应在有关标准中做出规定。

（1）试样

1）试样从外观检查合格的金属管的任意部位切取，如在有关标准或双方协议中对试样切取部位另有规定时，则按规定执行。

2）当扩口锥度小于或等于 30° 时，试样长度约为金属管外径的 2 倍；锥度大于 30° 时，其长度约为外径的 1.5 倍，但不得小于 50 mm。

3）切取试样时，应防止损伤试样表面以及受热或冷加工而改变金属的性能。试样的切割面必须垂直于金属管的轴线，将切口处棱边锉圆。

（2）试验步骤

1）将一规定锥度的顶心用压力机或其他方法压入试样的一端，使其均匀地扩张到有关标准规定的扩口率。

2）试验用顶心的锥度根据有关标准的规定采用 6°、12°、30°、45°、60°、90° 或 120°（6° 相当于 1∶10 的锥度，12° 相当于 1∶15 的锥度）。

3）顶心的工作表面应磨光且有足够硬度，试验时允许涂润滑油。

4）试验在室温或热状态下进行。如有关标准未规定试验温度，则试验应在室温下进行。

5）如有争议时，顶心在试样中的压入速度应采用 20 ~ 50 mm/min。

（3）试验结果评定。试验后检查试样扩口处，在有关标准未做具体规定的情况下，一般如无裂纹、裂口或焊缝开裂即认为合格。

（4）扩口方法。扩口时，先将退火的铜管套上连接螺母，然后将铜管放入夹管钳对应的孔径内，铜管露出夹钳的高度为直径的 1/5，拧紧夹管钳两端的螺母，用扩口顶压器的锥形头压在管口上，顺时针缓慢旋转螺杆，将管口挤压成喇叭口。

二、金属管的装配

把螺母和卡套套在无缝钢管上，注意螺母和卡套的方向不要装反。在预装配接头体螺纹和卡套上涂润滑油，把钢管插入接头体（钢管一定要插到底），用手旋紧螺母，用扳手把螺母拧紧 5/4 圈。

松开螺母，做卡套预装检查：检查卡套刃口的嵌入情况，可见的凸起带必须填满卡套前端的空间；刃口前隆起饱满、均匀，没有卷边断裂；卡套允许径向转动，轴向允许轻微窜动，窜动间隙保持在 0.3 mm 以下。预装检验合格后方可进行正式安装。

将实际安装的接头体的螺纹涂上润滑油，不锈钢接头使用专用润滑脂，用均匀的力转动扳手旋转螺母，当感觉到力矩激增点时做好标记，接着再拧紧 1/4 圈，安装完毕。

课程 2-6　部件和整机装配

学习内容

学习单元	课程内容	培训建议	课堂学时
（1）普通机床部件装配	1）普通车床部件装配 2）普通铣床部件装配 3）牛头刨床的组成与原理	（1）方法：讲授法、演示法、讨论法 （2）重点：普通机床部件装配	12
（2）小型机械设备总装	1）小型机械装配安全操作规程 2）抛光机的构造与原理 3）小型压力机的构造与原理 4）机床用平口虎钳整机装配	（1）方法：讲授法、演示法、讨论法 （2）重点：小型机械装配安全操作规程	24

学习单元 1　普通机床部件装配

一、普通车床部件装配

1. 普通车床的工作原理

车削加工就是在车床上利用工件的旋转运动和刀具的直线（或曲线）运动来改变毛坯的尺寸和形状，把它加工成符合图样要求的零件的一种加工方法。

车削加工的范围很广泛，按加工的内容，有车外圆、车端面、切断和车槽、钻中心孔、车内孔、铰孔、车螺纹、车圆锥、车成形面、滚花、盘绕弹簧和攻螺纹等。如果在车床上安装其他附件和夹具，还可以进行镗削、磨削、研磨、抛光等。车削加工零件的共同特点都是回转类零件，回转类零件在机器中占有的比例是比较大的，因此，车削加工在机械加工中的地位是非常重要的。

CA6140 型普通车床的传动系统原理图如图 2–6–1 所示，概要地表示了由电动机带动主轴和刀架运动所经过的传动机构和重要元件。

2. 普通车床的构造

如图 2–6–2 所示，普通车床主要结构包括主轴部分、交换齿轮箱部分、进给部分、溜板部分、尾座、床身等，在使用中常用到中心架、跟刀架等附件。

（1）主轴部分

1）主轴箱内有多组齿轮变速机构，变换箱外手柄可以使主轴得到各种不同的转速。

2）卡盘用来夹持工件，带动工件一起旋转。

（2）交换齿轮箱部分。它的作用是把主轴的旋转运动传送给进给箱，带动刀架实现纵向、横向进给运动，并与进给箱及长丝杠配合车削各种螺距的螺纹。

（3）进给部分

1）进给箱。它利用内部的齿轮传动机构，可以把主轴传递的动力传给光杠或丝杠；变换箱外手柄位置，可以使光杠或丝杠得到各种不同的转速。

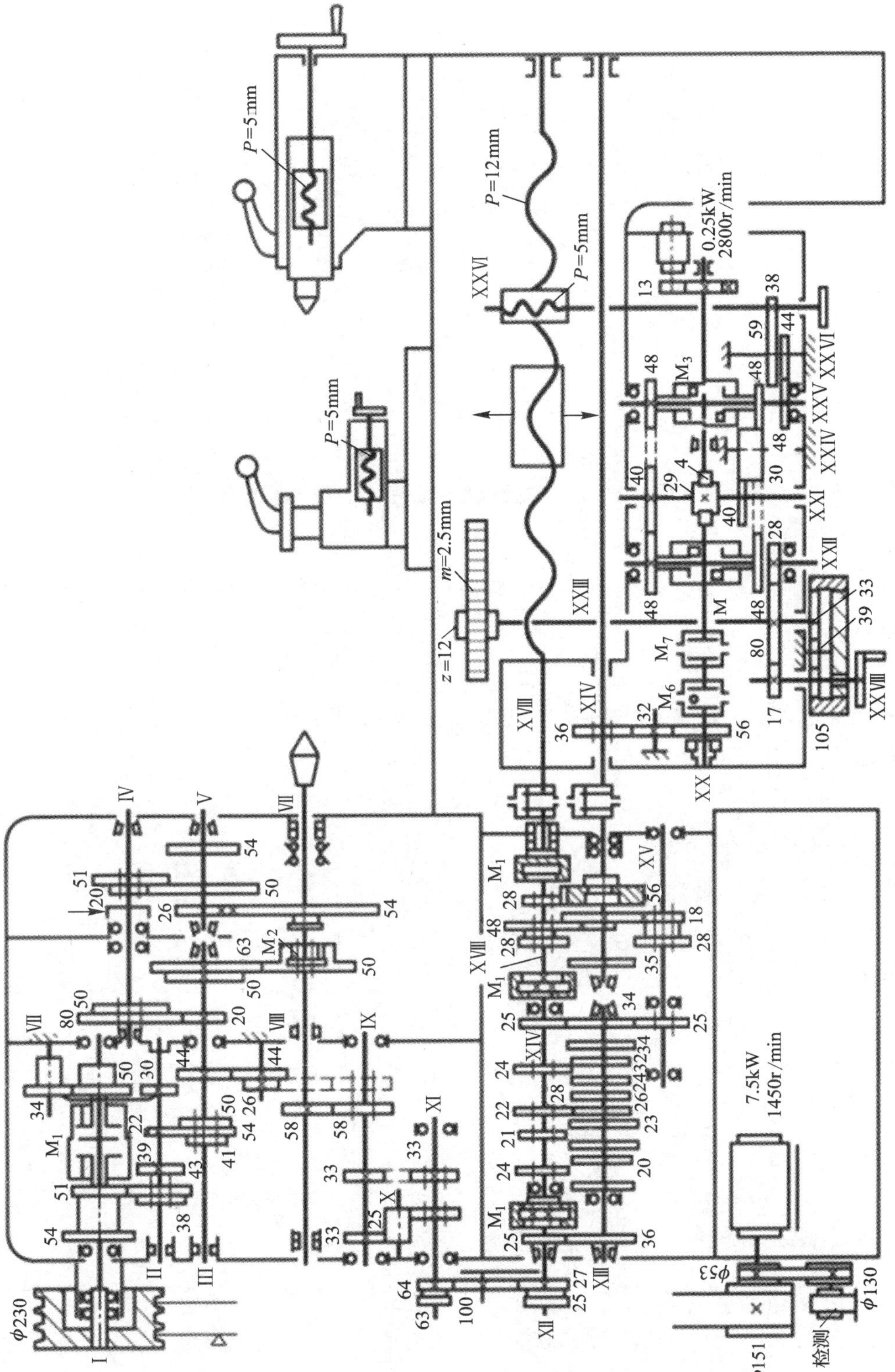

图 2-6-1　CA6140 型卧式车床的传动系统图

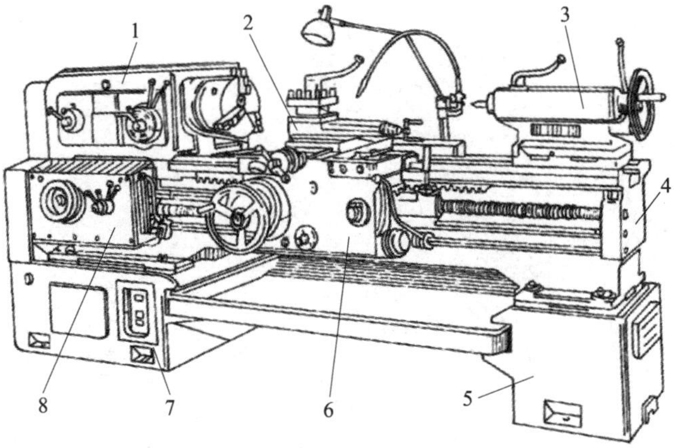

图 2-6-2　普通车床的结构组成

1—主轴箱　2—刀架　3—尾座　4—床身　5、7—床腿　6—溜板箱　8—进给箱

2）丝杠。它能使滑板和车刀在车削螺纹时按要求的传动比做很准确的直线移动，用于车螺纹。

3）光杠。它用来把进给箱的运动传给溜板箱，带动床鞍、中滑板，使车刀做纵向或横向进给运动。

（4）溜板部分

1）溜板箱。变换箱外手柄位置，在光杠或丝杠的传动下，使车刀按要求方向做进给运动。

2）滑板。分床鞍、中滑板、小滑板三种。床鞍沿纵向移动，中滑板沿横向移动，小滑板通常沿纵向移动。

3）刀架。用来装夹车刀。

（5）尾座。用来装夹顶尖，支顶较长工件，还可以装夹其他切削刀具，如钻头、铰刀等，进行孔加工。

（6）床身。用来支持、安装车床的各部件。床身上面有两条导轨，其作用是支承各主要部件，并使它们在工作时保持准确的相对位置。床鞍与尾座可沿着导轨移动。

（7）中心架和跟刀架等其他附件。车削细、长工件时，起支承、装夹的作用。

3. 普通车床部件装配——车床尾座的装配

车床尾座的主要功用是用顶尖支承长工件，也可以安装钻头、铰刀等刀具进行孔加工，所以，其装配与调试质量直接影响长工件等的加工精度。这里主要介绍车床尾座部件装配与调试的方法。

如图 2-6-3 所示为 CA6140 型车床尾座部件简图。尾座的关键部件是套筒，套筒的精度主要由机械加工来保证，但若装配不当，尾座的精度同样会降低。

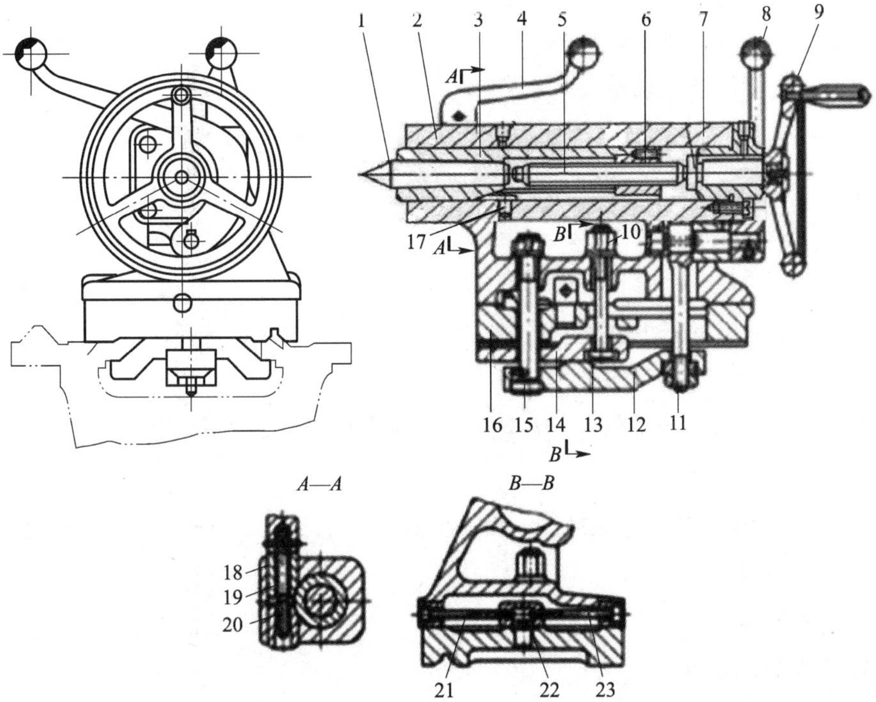

图 2-6-3　CA6140 型车床尾座部件简图

1—后顶尖　2—尾座体　3—尾座套筒　4—手柄　5、18—螺杆　6—螺母
7—支承盖　8—快速紧固手柄　9—手轮　10—六角螺母　11—拉杆　12—杠杆　13—T 形螺栓
14—压板　15—螺栓　16—尾座底板　17—平键　19、20—套筒　21、23—调整螺钉　22—T 形螺母

（1）装配前的准备

1）装配前应先用锉刀将尾座套筒键槽、油槽两侧边上产生的毛刺、锐边锉掉。

2）用油石将尾座套筒两端进行倒角处理。

3）对所装配的零件进行清洗、清理。

（2）尾座装配

1）将螺母 6 装入尾座套筒 3 后面的孔中，油槽朝上与尾座套筒上的油孔对正，拧紧压盖上的螺钉，将螺母固定在尾座套筒内。

2）将平键装入尾座体 2 的键槽内。

3）将尾座套筒 3 擦干净，涂润滑油，由尾座体孔后面向前装入，并使尾座套筒下面的键槽穿过平键 17。

4）将螺杆 5 涂润滑油后旋入尾座套筒内螺母 6 的孔中。

5）在螺杆 5 装入推力球轴承后（要注意轴承的松、紧圈位置正确），再装尾座体支承盖 7，并拧紧螺钉固定。

6）将拉杆 11 左边的轴承套装入尾座体孔中。

7）装拉杆 11 和控制拉杆的偏心轴。

8）将拉杆 11 右边的轴承套装入孔中。

9）在偏心轴上装入半圆键后，再装快速紧固手柄 8，拧紧紧固螺钉，将手柄 8 固定在偏心轴上。

10）在螺杆 5 上装入半圆键后，再装手轮 9，然后在螺杆 5 右端面装上压板 14，并压紧螺钉，将手轮 9 和螺杆 5 固定成一个整体。

11）将螺杆 18 装入手柄 4 的孔中，并用定位销固定，组成锁紧手柄 4 的组合件。

12）按一定的方向将套筒 19 从尾座体上面孔中装入，在套筒上面放上调整垫圈后，插入手柄 4 组合件。

13）按一定方向将带有内螺纹的套筒 20 从下向上装入尾座体内，并将手柄 4 的螺杆旋入套筒 20 的孔内。

14）旋转手柄 4，压紧尾座套筒 3。压紧后若手柄 4 的位置不合适，可通过修磨调整垫圈厚度使手柄 4 的位置正确。

二、普通铣床部件装配

1. 普通铣床的工作原理

铣床是用铣刀进行切削加工的机床。在铣床上用不同的铣刀可以对平面、斜面、沟槽、台阶等表面进行加工，另外还可以加工齿轮、螺纹、花键轴、凸轮等。在铣床上铣刀的旋转为主运动，工件按一定规律做进给运动，这样即可从毛坯上切下切屑，从而获得所需要的加工表面。由于铣床是多刃切削，因此其生产效率比较高。铣床应用于几乎所有的机械制造当中，可进行粗加工和精加工。

铣床的类型很多，主要有升降台铣床、龙门铣床、工具铣床、仿形铣床、数控铣床、仪表铣床和各种专门化铣床。

升降台铣床有万能升降台铣床、卧式升降台铣床和立式升降台铣床三类，适用于单件、小批量及成批生产中的小型零件。下面主要介绍 X6132W 型万能卧式升降台铣床的构造。

2. 普通铣床的构造

X6132W 型万能卧式升降台铣床的结构如图 2–6–4 所示。它与一般升降台铣床的主要区别在于工作台除了能在相互垂直的三个方向上调整或做进给运动外，还可绕垂直轴线在 ±45° 范围内回转，从而扩大了机床的工艺范围。X6132W 型万能卧式升降台铣床主要由底座、床身、悬梁、主轴、刀杆支架（挂架）、工作台、回转盘、床鞍、升降台等组成。

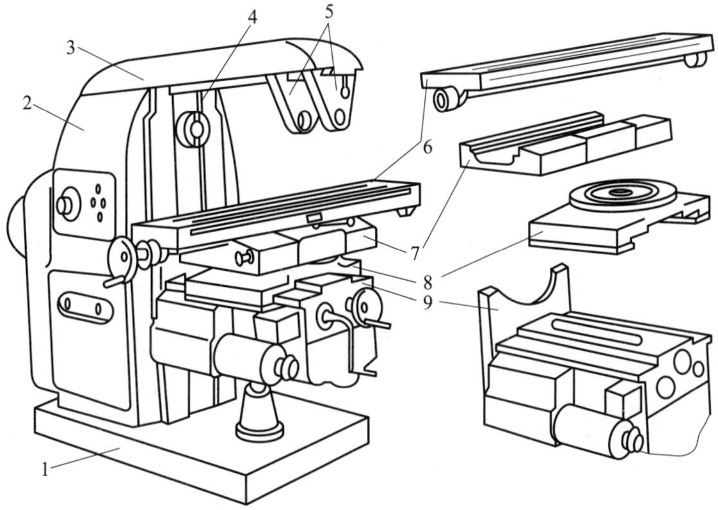

图 2–6–4　铣床的结构

1—底座　2—床身　3—悬梁　4—主轴　5—刀杆支架（挂架）　6—工作台　7—床鞍　8—回转盘　9—升降台

（1）主轴。主轴是前端带锥孔的空心轴，用来安装刀具。主轴是铣床的主要部件，要求旋转时平稳、无跳动和刚度高，所以要用优质结构钢来制造，并需经过热处理和精密加工。

（2）主轴变速机构。主轴变速机构安装在床身内，其作用是将主电动机的额定转速通过齿轮变速，变换成 18 种不同转速，传递给主轴，以适应铣削的需要。

（3）悬梁及挂架。悬梁安装在床身的顶部。挂架装在悬梁上，主要作用是支持刀轴外端，提高刀轴的刚度。

（4）工作台。有三条 T 形槽，用来安装夹具和工件，实现纵向移动。

（5）床鞍。在纵向工作台下面，带动其实现横向移动（回转盘可回转 ±45°）。

（6）升降台。安装在床身前侧的垂直导轨上，中部有丝杠与底座螺母相连接，主要作用是支承工作台并带动其上下移动。进给电动机变速、操纵机构等都安装在升降台上。升降台的刚度和精度要求都很高。

（7）进给变速机构。安装在升降台内，其作用是将进给电动机的额定转速通过齿轮变速传递给进给机构，实现工作台移动的不同速度，以适应铣削要求。

（8）底座。底座是整部机床的支承部件，要求具有足够的刚度和强度，升降丝杠的螺母也安装在底座上。其内腔盛装切削液。

（9）床身。床身是机床的主体，用来安装和连接其他部件。其刚度、强度和精度对铣削效率和加工质量影响很大，因此一般用优质灰铸铁铸成。内壁有肋条，以提高其刚度和强度。

3. 普通铣床部件装配

以 X6132W 型万能卧式升降台铣床主轴部件的机械装调为例。

（1）装配前的工艺准备

1）熟悉主轴部件结构和装配图。

2）熟悉主轴轴承的型号、精度和作用。

3）确定轴承间隙的调整方法。

4）熟悉主轴的精度要求。

5）准备需用的工具、量具。

（2）主轴部件的装配

1）清洁主轴及轴承、齿轮、平键、平行垫圈、调节螺母和锁紧螺钉、飞轮和锁紧螺钉、中间盖板、两端罩盖和油封。

2）复核各零件配合部位的尺寸，如轴承内孔与主轴轴颈的配合间隙，平键与轴上键槽和齿轮、飞轮内孔键槽的配合间隙，飞轮、齿轮内孔与轴颈的配合间隙，平行垫圈的平行度（公差为 0.001 mm）等。

3）检测机床床身上与轴承配合的内孔精度。

4）打开床身顶部的盖板。

5）按顺序装配平键、前轴承、齿轮锁紧螺母、中间盖板、中轴承、平行垫圈、调节螺母和锁紧螺钉、飞轮和锁紧螺钉、后轴承，最后安装前、后封油装置。

6）主轴从床身前端套入，前轴承可预先装入主轴，其余零件通过床身顶部在箱板间装入。装配时注意圆锥滚子轴承的方向。

7）为了使主轴得到预定的回转精度，在装配时应注意圆锥滚子轴承径向和轴向间隙的调整，调整时先松开锁紧螺钉，再旋紧调节螺母消除轴承间隙，然后旋松螺母约 1/10 转，拧紧锁紧螺钉，此时可获得较好的轴承间隙。对于一般加工，可在此基础上再旋松调节螺母约 1/20 转。

（3）装配精度检验

1）装配后主轴轴承间隙调节螺母的端面圆跳动误差应在 0.05 mm 范围内，否则会对主轴的径向圆跳动产生影响。

2）在主轴尾端用纯铜块衬垫，用锤子敲击数次，主轴即能转动，表明主轴轴承间隙较为理想。

3）检测主轴锥孔轴线的径向圆跳动。如图 2–6–5 所示，检测时，在主轴锥孔中插入检验棒，固定百分表，使其测头触及检验棒表面，a 点靠近主轴端面，b 点距 a 点 300 mm，旋转主轴进行检测。为提高测量精度，可使检验棒按不同方位插入主轴重复检验。

4）检测主轴的轴向窜动。如图 2–6–6 所示，检测时固定百分表，使其测头触及插入主轴锥孔的专用检验棒的端面中心处（在中心处粘上一钢球），旋转主轴检测。百分表读数的最大值作为主轴轴向窜动误差，允差为 0.01 mm。

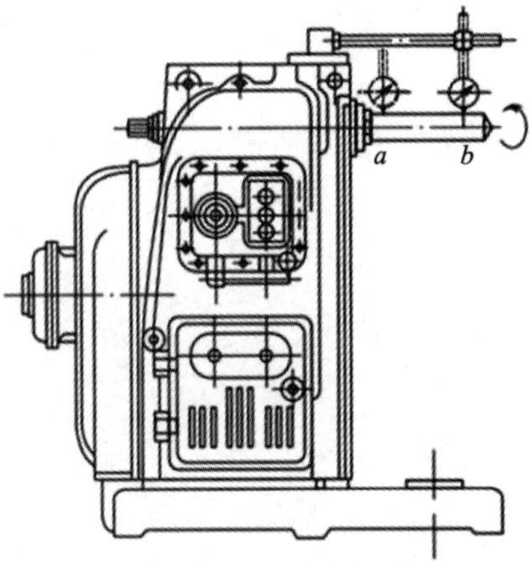

图 2–6–5　主轴锥孔轴线的径向圆跳动检测

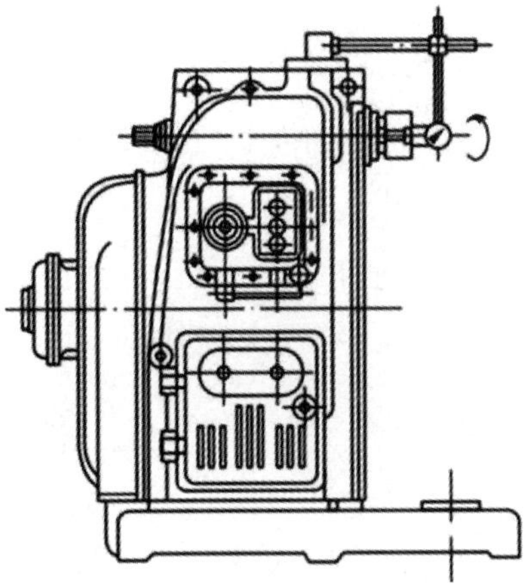

图 2–6–6　主轴轴向窜动检测

5）检测主轴轴肩支承面的端面圆跳动。如图 2–6–7 所示，检测时固定百分表，使其测头触及轴肩支承面端面 a、b 处，旋转主轴分别检测，百分表读数的最大值作为轴肩端面圆跳动误差，a、b 两处端面圆跳动公差均为 0.02 mm。

6）检测主轴定心轴颈的径向圆跳动。如图 2–6–8 所示，检测时固定百分表，使其测头触及定心轴颈表面，旋转主轴检测，百分表读数的最大值作为定心轴颈径向圆跳动误差，其公差为 0.01 mm。

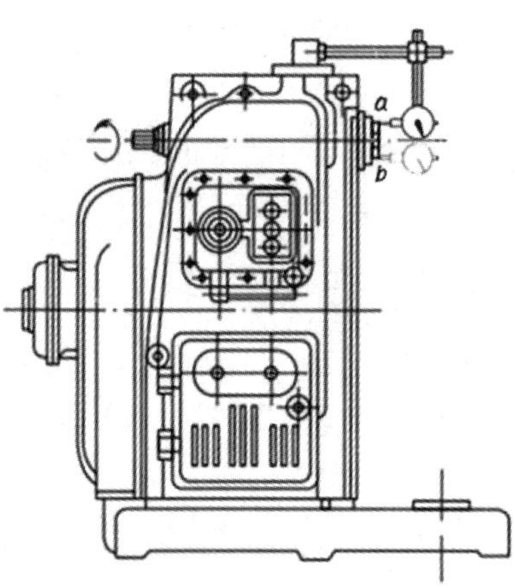

图 2-6-7　主轴轴肩端面圆跳动检测

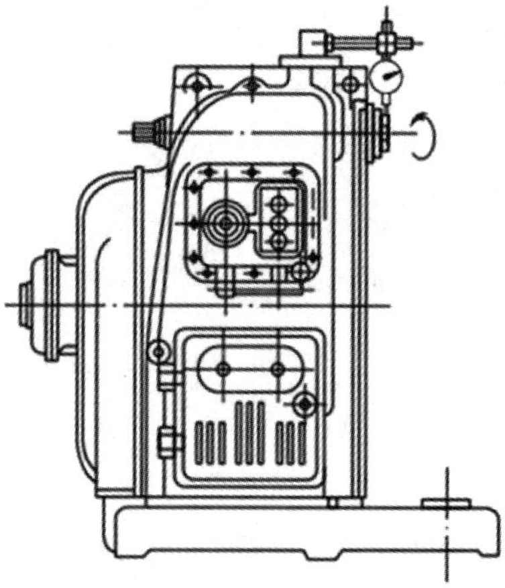

图 2-6-8　主轴轴颈径向圆跳动检测

三、牛头刨床的组成与原理

1. 牛头刨床的工作原理

牛头刨床是一种主运动为往复直线运动的机床，滑枕带着刨刀运动，因为滑枕前端的刀架形似牛头而得名。牛头刨床的主运动大多采用曲柄摇杆机构传动，故滑枕的移动速度是不均匀的。

牛头刨床主要用于加工小型零件，其结构如图 2-6-9 所示。主运动为滑枕 3 带动

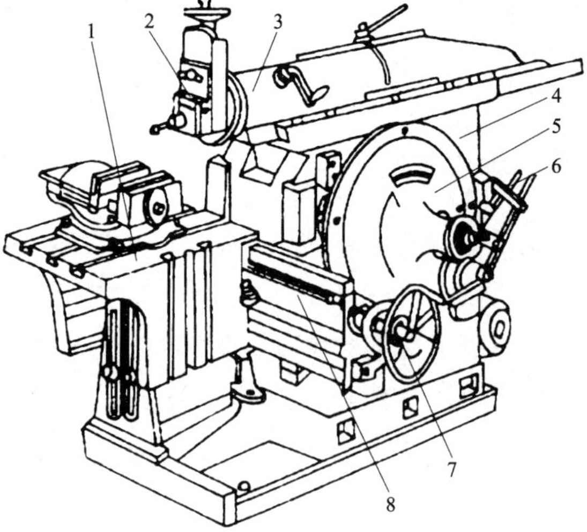

图 2-6-9　牛头刨床的结构

1—工作台　2—刀架　3—滑枕　4—床身　5—摇臂机构　6—变速机构　7—进给机构　8—横梁

刀架 2 在水平方向所做的往复直线运动。滑枕 3 装在床身 4 顶部的水平导轨中，由床身 4 内部的曲柄摇杆机构带动以实现主运动。刀架 2 可沿刀架座的导轨上下移动，以调整刨削深度，也可在加工垂直平面和斜面时做进给运动。调整刀架 2 可使刀架 2 左右旋转 60°，以便加工斜面或斜槽。加工时，工作台 1 带动工件沿横梁 8 做间歇的横向进给运动。横梁可沿床身上的垂直导轨上下移动，以调整工件与刨刀的相对位置。

2. 牛头刨床的构造

普通牛头刨床由滑枕带着刨刀做水平往复直线运动，刀架可在垂直面内回转一个角度并可手动进给，工作台带着工件做间歇的横向或垂直进给运动，常用于加工平面、沟槽和燕尾面等。

（1）床身。床身是牛头刨床的主要部件之一，用来支持和安装牛头刨床的各部件，床身内部有变速机构和曲柄摇杆机构。床身的顶面有水平导轨，滑枕沿水平导轨做往复直线运动。在床身前面有垂直导轨，横梁带动工作台沿垂直导轨升降。

（2）滑枕。滑枕的前端有环状 T 形槽，用来安装刀架和调节刀架的偏转角度。滑枕的内部有调整滑枕行程位置的机构，它由一对锥齿轮和丝杠组成。滑枕的下部有两条燕尾形导轨，它与床身上部的水平导轨配合，在曲柄摇杆机构的带动下，滑枕在床身水平导轨上做往复直线运动。

（3）横梁与工作台。横梁安装在床身的前部。垂直导轨上横梁的底部装有升降丝杠，使横梁能够沿着床身前部的垂直导轨上下动作。工作台和滑板连接在一起，安装在横梁水平导轨上，转动安装在横梁凹框内的横向进给丝杠，工作台就沿着横梁的水平导轨横向运动。

（4）刀架。刀架用于装夹刨刀，并使刨刀沿着垂直方向和倾斜方向移动。刀架由手柄、丝杆、刻度转盘、拍板、滑板等组成。

（5）进给机构。进给机构主要用来控制工作台横向进给量的大小。

（6）变速机构（见图 2–6–10）。操纵变速机构的手柄，可以把各种不同的转速传递给曲柄摇杆机构，从而改变摇杆在相同时间间隔内的摆动次数。

（7）曲柄摇杆机构。曲柄摇杆机构的主要作用是把电动机的旋转运动转变为滑枕的往复直线运动。

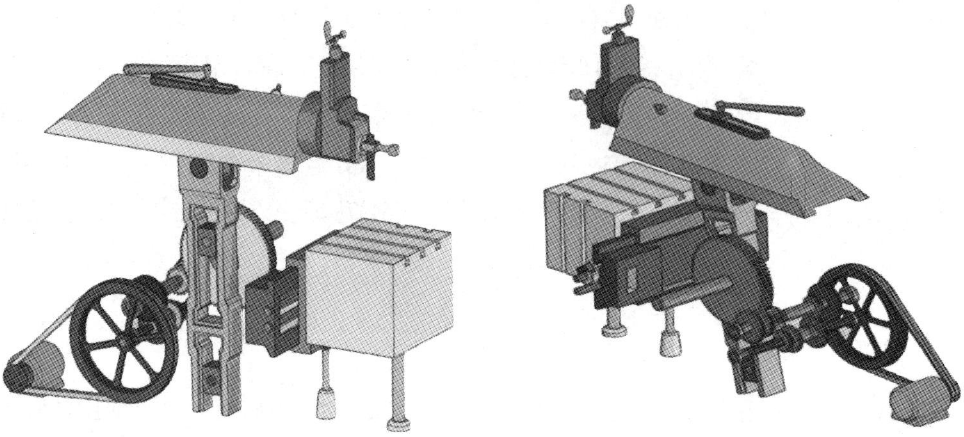

a）　　b）

图 2-6-10　变速机构

学习单元 2　小型机械设备总装

一、小型机械设备装配安全操作规程

（1）零件装配前必须彻底清洗，不允许有油污、污物和切屑存在，并应倒去锐边和毛刺。

（2）工作时锤子与錾子头部不应有油，手上的油、汗等应擦净，防止因滑动而失去控制，发生事故。

（3）压入平键及装卸轴承时不得用铁锤敲打，应用橡皮锤、纯铜锤或专用装配工具进行装配。

（4）部件上各外露件（如螺钉、铆钉、销钉、铭牌等）均应整齐、完好，不许有损伤或字迹不清等现象，否则应予以更换，以确保外观质量。

（5）装配在同一位置的螺钉，应保证长短一致、松紧适宜。主要部位的螺钉应用扭力扳手紧固。

（6）对轴类组件（包括齿轮、轴承、垫圈、法兰盘等）以及箱体装配均应实行预装，达到工艺要求后再进行装配。

（7）装配机床时，应注意整机和部件以及组件间的调整工作，如摩擦片、传动带、主轴、丝杠等均应仔细调整，保证转动灵活，松紧一致，符合工艺要求。

（8）机床空转前，应检查箱体内和部件、组件上有无切屑及其他污物以及遗漏的零件、工具等多余物品。

（9）各管路系统（如液压管路和切削液管路等）应按机床外形排列整齐，固定可靠。

（10）各管路系统的接头不得有漏油、漏水、漏气等现象。

（11）试机时应能看懂图样、工艺文件、程序、加工顺序等。

（12）安装刀具时，应注意刀具的使用顺序，确认安放位置与程序要求的顺序是否一致。

（13）加工中不得随意打开控制系统机柜，注意保持控制系统清洁。

（14）加工时严禁在卡盘上、顶尖间敲打、校直和修正工件，必须确认工件和刀具夹紧后，方可进行下一步工作。

（15）工作时要更换刀具、调整工件或离开机床时必须停机。

（16）操作者不得随意拆卸和移动机床上的保险和安全防护装置。

二、抛光机的构造与原理

抛光机是专门对物体（如金器、铁器等）表面进行摩擦，使物体表面变光滑的一种机械。机械抛光时，抛光机上的抛光轮高速旋转，操作者将被抛光的制件表面以适当的压力按压在抛光轮上，这时因摩擦作用而产生高温，使被抛光的表面容易产生变形而形成一层“加工变质层”。在旋转着的抛光轮作用下，制件表面的某些凸出部分被削去，同时金属制件表面也会产生塑性变形，凸起部位被压入，或移动一段距离后填入凹陷部位。这种削凸填凹的整平过程以高速度大规模地反复进行，加上抛光膏的光亮化作用，结果就使原来较粗糙的制件表面变得平滑而光亮。

抛光机由底座、抛盘、抛光织物、抛光罩等基本元件组成。电动机固定在底座上，固定抛光盘用的锥套通过螺钉与电动机轴相连。抛光织物通过套圈紧固在抛光盘上。电动机通过底座上的开关接通电源启动后，便可用手对制件施加压力，在转动的抛光盘上进行抛光。抛光过程中加入的抛光液可通过固定在底座上塑料盘中的排水管流入置于抛光机旁的方盘内。

大多数抛光机均可实现粗抛、精抛两种功能，这是因为粗抛与精抛可以使用同一传动装置，只需变化抛磨用的轮子（粗抛轮或磨光轮、中抛轮和精抛轮）即可。双轴磨光及抛光机是典型的通用型双轴抛磨机，其结构如图 2–6–11 所示。

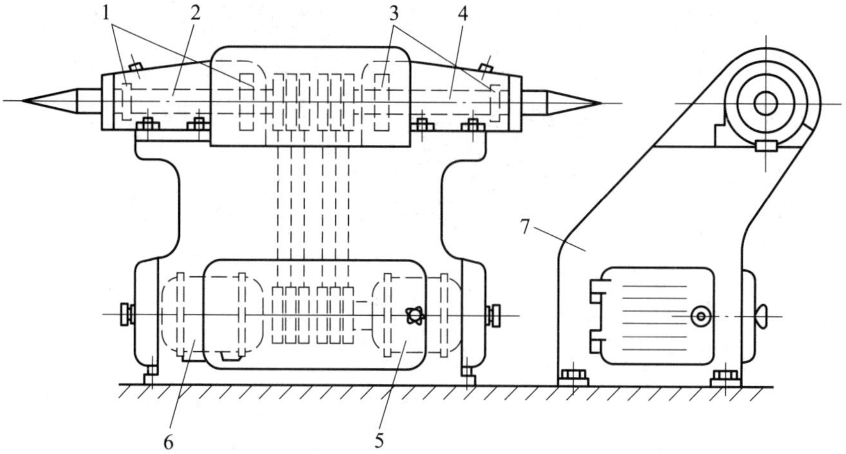

图 2-6-11　双轴抛磨机的结构

1，3—轴承　2，4—主轴　5，6—电动机　7—机座

三、小型压力机的构造与原理

如图 2-6-12 所示为一小型手动螺旋压力机，它是利用螺旋传动原理进行工作的一种装置。压力机工作时，将手柄的回转运动转变为直线运动，并将手柄的扳动力矩转变为螺杆的轴向压力。采取这种方式实现运动转变，除螺纹副外，还要有一定的结构条件。螺母不动，就需要周向和轴向固定；螺杆回转并做直线运动，就要有轴承和导轨。这些都要通过两者的支承结构来保证。螺母通过与横梁过盈配合而实现周向和轴向固定，其凸缘抵住横梁，更能直接防止在受螺杆自下而上的压力时脱出。螺杆相对螺母转动，螺母是自然支承。当螺杆转动并下压工件时，其末端还需要止推轴承，

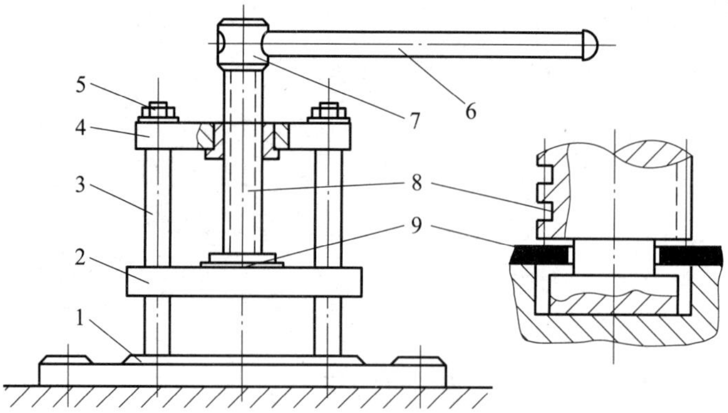

图 2-6-12　手动螺旋压力机

1—底座　2—压板　3—立柱　4—顶板　5—螺母及垫圈　6—旋转手柄　7—丝杠头　8—丝杠　9—丝杠固定板

本压力机采用滑动轴承，摩擦阻力虽比采用滚动轴承大，但在人力操作短暂运动中影响不大，而压紧工件后反而不易松动，构造也简单。螺杆末端的压块可沿支柱滑动，支柱兼有导轨作用。

四、机床用平口虎钳整机装配

机床用平口虎钳装配图如图 2-6-13 所示。

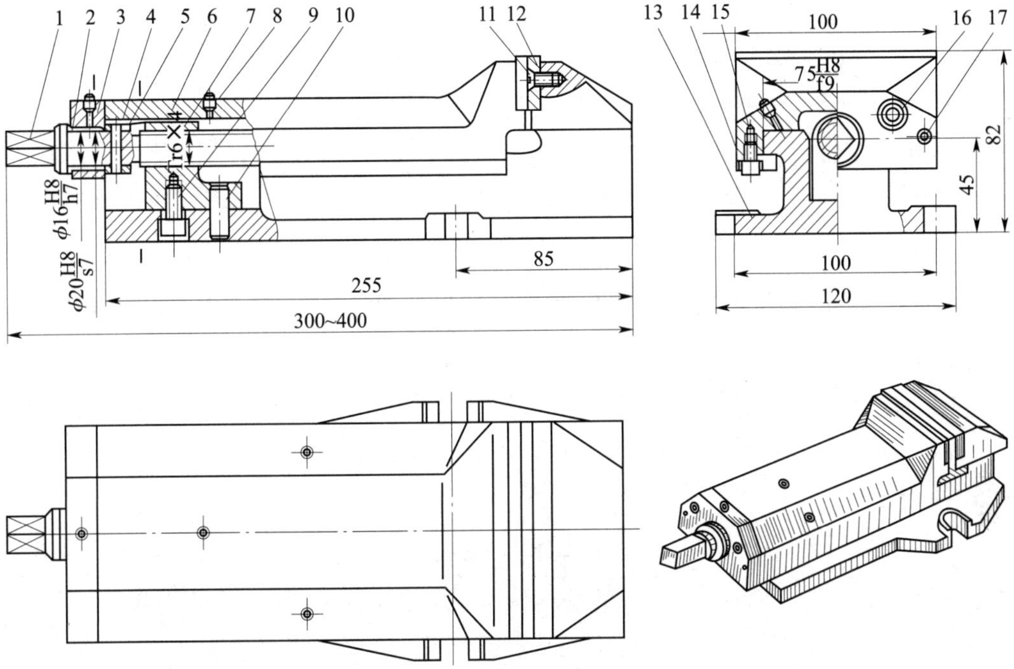

图 2-6-13　机床用平口虎钳装配图

1—螺杆　2—轴衬　3—挡板　4—锥销（$\phi 4\times 25$）　5—挡圈　6—活动钳身　7—螺母　8—油杯
9—螺栓（M8×6）　10—锥销（$\phi 8\times 28$）　11—螺栓（M6×12）　12—钳口板　13—钳座　14—压板
15—螺栓（M6×16）　16—螺栓（M8×20）　17—锥销（$\phi 6\times 25$）

1. 清洗各零件

清洗时注意检查及清理加工部位的切屑、污物及加工残留的毛刺等。

2. 试装

对需要检测滑动配合的部位进行试装。对需要试装后配作定位销的组件进行试装。对钳口板进行试装，以便检测、修正两钳口板贴合间隙。

（1）螺杆组件试装。按配合精度 $\frac{H8}{s7}$ 将轴衬 2 装入挡板 3 的轴孔内；装入螺杆 1，按配合精度 $\frac{H8}{h7}$ 检测螺杆轴颈与轴套 2；装入挡圈 5，检测、控制挡板 3 的轴向窜动量；固定挡圈 5 在螺杆 1 轴颈上的轴向位置，钻、铰配作定位锥销（ϕ4 mm × 25 mm）孔，装定位锥销 4。

（2）钳座组件试装。在底部相互垂直的直角槽中分别配装定位平键；检测平键定位侧面与导轨侧面的平行度（垂直度），与固定钳口的垂直度（平行度）；在固定钳口上装钳口板 12；检测钳口板上平面与底面的平行度；检测钳口板夹持面与底面、导轨水平面的垂直度；检测钳口板夹持面与导轨侧面的垂直度；在螺母 7 安装面上用螺栓 9 紧固螺母。图 2–6–14 所示为试装滑板与钳口板。

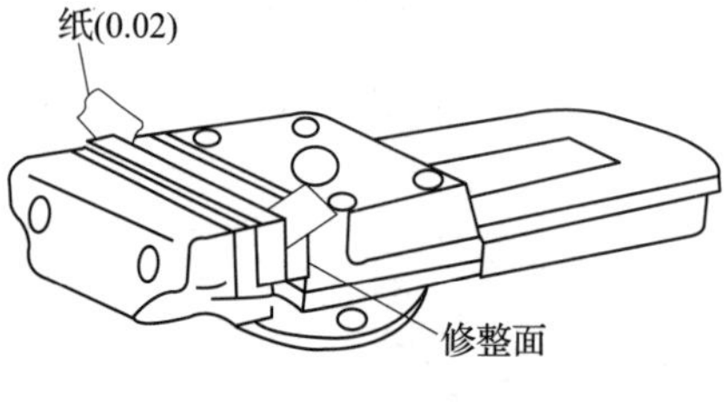

图 2–6–14　试装滑板与钳口板

（3）活动钳身组件试装。将活动钳身 6 凹导轨套装在钳座 13 的导轨上，导轨侧面配合符合精度 $\frac{H8}{f9}$ 的要求；在凹导轨两侧底面用螺栓 15 紧固试装压板 14；推移活动钳身，应达到滑动轻快、无向上或左右的松动感；试装钳口板，以钳座固定钳口板为基准，修正活动钳身钳口安装面，达到装配后钳口合拢的间隙要求。

（4）传动副试装。将螺杆组件的螺杆 1 旋入螺母 7；在活动钳身 6 的端面用螺栓连接紧固螺杆组件的挡板 3；用手转动螺杆 1，若有阻滞，可适当调整螺母 7 和挡板 3 的位置，达到螺杆与螺母传动灵活、无阻滞的要求；紧固挡板 3 和螺母 7 的连接螺栓；配钻、铰加工挡板 3 与活动钳身的定位锥销孔，装挡板定位锥销 17；配钻、铰加工螺母与底座的定位销孔，装螺母定位锥销 10。

3. 总装配

试装后，进行拆卸和必要的清洗，然后进行装配，组件的装配与试装的方法类似，在多个油杯 8 的压入装配中，需要注意采用装用压头，以防止油杯变形。总装配的顺序如下：

（1）以挡板为基准，进行螺杆组件装配。

（2）以活动钳身凹导轨面为基准，进行活动钳身组件装配。

（3）以钳座导轨为基准，进行钳座组件装配。

（4）以回转底座底面和中间定位孔为基准，进行回转底座组件装配：在中间定位孔中压装定位轴；在底面直角槽中配装定位键块，注意键块定位侧面方向一致；穿装与钳座的紧固螺栓。

（5）将活动钳座组件套装在钳座组件上，然后安装压板。

（6）将螺杆组件的螺杆旋入钳座组件的螺母，并与活动钳身用螺栓连接，用定位锥销定位。

（7）将组装后钳座底部的回转定位孔套装在回转底座的定位轴上，套装时注意使回转底座的两个连接螺栓处于 T 形环槽位置，以便同时套入钳座两侧的半封闭通槽中。用平垫片、螺母、螺栓将钳座连接紧固在回转底座上。

（8）将总装后的机床用平口虎钳安装在机床工作台上，底部定位键定位侧面紧靠工作台 T 形槽定位直槽一侧，用螺栓紧固在工作台面上。略松开钳座与回转底座的紧固螺母，用百分表找正固定钳口板夹持面与工作台进给方向平行后，在钳座零线位置用錾子錾刻零线。

模块 3

设备检验、调试

- 课程 3-1　精度检验
- 课程 3-2　装配质量检验
- 课程 3-3　设备安装和调试

课程设置

课程	学习单元	课堂学时
3-1 精度检验	（1）使用通用量具检测产品	6
	（2）使用专用量具检验产品	6
3-2 装配质量检验	（1）机械装配质量检验	20
	（2）普通机床空运转试验	12
3-3 设备安装和调试	机械设备安装与调试	12

课程 3-1 精 度 检 验

学习内容

学习单元	课程内容	培训建议	课堂学时
（1）使用通用量具检测产品	1）通用量具的种类和选用原则 2）游标卡尺 3）千分尺 4）游标万能角度尺 5）百分表 6）杠杆百分表 7）内径百分表 8）量块 9）塞尺 10）通用量具的使用与维护	（1）方法：讲授法、演示法、讨论法 （2）重点：通用量具的使用方法	6

续表

学习单元	课程内容	培训建议	课堂学时
（2）使用专用量具检验产品	1）光滑极限量规的使用方法 2）检测 NPT 螺纹的环规、塞规的使用方法 3）专用量具使用与保养注意事项	（1）方法：讲授法、演示法、讨论法 （2）难点：专用量具的选用	6

学习单元 1　使用通用量具检测产品

在机械设备的安装与调试中，离不开各种量具与量仪。熟悉不同量具、量仪的性能及结构特点，正确选用与被测零件精度相适应的量具、量仪，同时掌握正确的使用方法，可以减小测量误差，保证产品质量。

一、通用量具的种类和选用原则

1. 通用量具的种类

通用量具按其结构可分为以下六种：

（1）固定刻线量具。如钢直尺、钢卷尺等。

（2）游标量具。如游标卡尺、游标万能角度尺等。

（3）螺旋测微量具。如千分尺、深度千分尺、螺纹千分尺、公法线千分尺等。

（4）指示式量具。如百分表、千分表、杠杆百分表、内径百分表等。

（5）光学测量仪器。如立式和卧式光学计、显微镜、准直仪、光学合像水平仪等。

（6）标准量具。只能制成某一固定尺寸，用来校对和调整其他量具的量具，如量块、角度块规等。

2. 通用量具的选用原则

选择量具时，应依据测量器具的规格指标和精度指标来选择。

（1）所选择测量器具的测量范围、示值范围、刻度范围、测力等规格指标应满足被测零件的要求。

（2）测量器具的灵敏度、精确度（或测量极限误差）等精度指标应与被测零件的精度要求相适应。

二、游标卡尺

游标卡尺是一种常用的量具，具有结构简单、使用方便、精度中等和测量的尺寸范围大等特点，可以用来测量零件的外径、内径、长度、宽度、厚度、深度和孔距等，应用范围很广泛。

1. 游标卡尺的规格类型

（1）测量范围为 0 ~ 125 mm 的游标卡尺，制成带有刀口形的上、下量爪和带有深度尺的型号，如图 3–1–1 所示。其各部分的作用如下：

1）尺身、游标：用来进行读数。

2）紧固螺钉：固定或松开尺框。

3）上量爪：测量工件的孔径、沟槽。

4）下量爪：测量工件的外径和长度。

5）深度尺：测量深度尺寸。

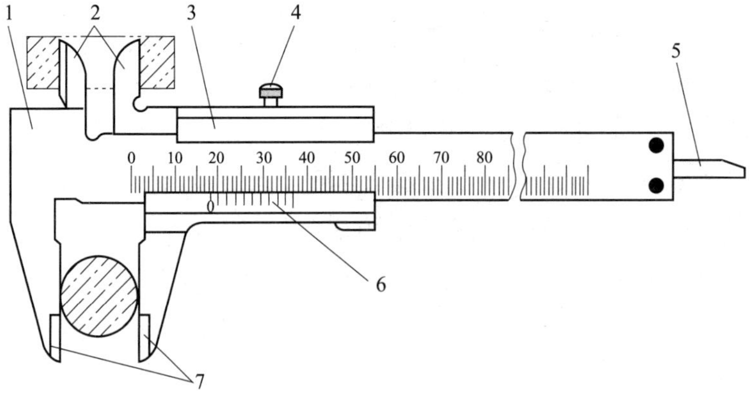

图 3–1–1　游标卡尺的结构型号（一）

1—尺身　2—上量爪　3—尺框　4—紧固螺钉　5—深度尺　6—游标　7—下量爪

（2）测量范围为 0 ~ 200 mm 和 0 ~ 300 mm 的游标卡尺，可制成带有内、外测量面的下量爪和带有刀口形的上量爪的型号，如图 3–1–2 所示。

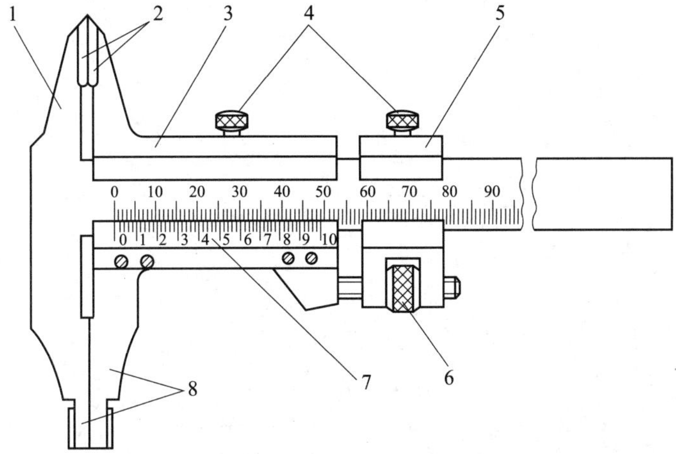

图 3–1–2　游标卡尺的结构型号（二）

1—尺身　2—上量爪　3—尺框　4—紧固螺钉　5—微动装置　6—微动螺母　7—游标　8—下量爪

（3）测量范围为 0 ~ 200 mm 和 0 ~ 300 mm 等的游标卡尺，也可制成只带有内、外测量面的下量爪的型号，如图 3–1–3 所示。而测量范围大于 300 mm 的游标卡尺，只制成这种仅带有下量爪的型号。

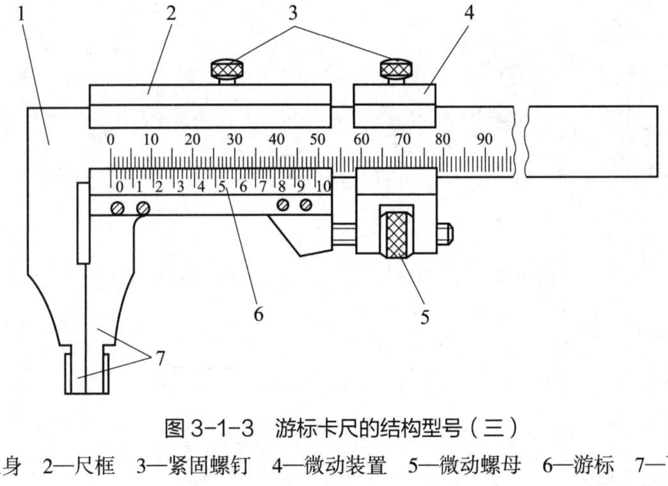

图 3–1–3　游标卡尺的结构型号（三）

1—尺身　2—尺框　3—紧固螺钉　4—微动装置　5—微动螺母　6—游标　7—下量爪

2. 游标卡尺的读数原理与读数方法

常用游标卡尺的测量精度按游标每格的读数值有 0.02 mm（1/50）和 0.05 mm（1/20）两种，如图 3–1–4 所示。

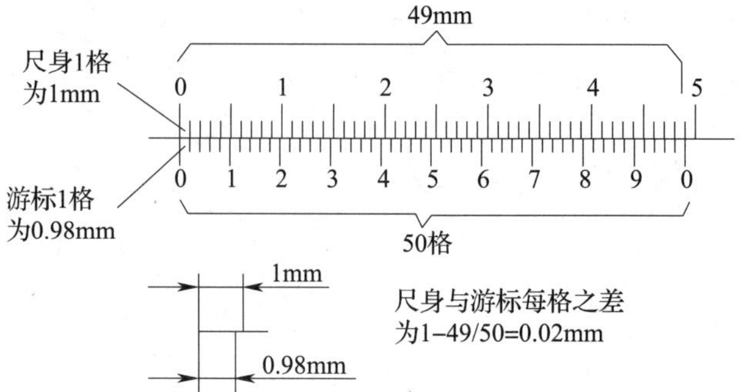

a）

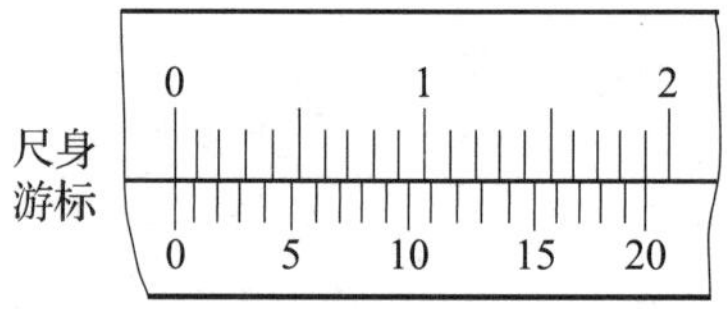

b）

图 3–1–4　游标卡尺的刻线原理

a）0.02 mm 游标卡尺　b）0.05 mm 游标卡尺

（1）读数原理

1）0.02 mm 游标卡尺的刻线原理。尺身的一小格为 1 mm。游标刻线总长为 49 mm，并等分为 50 格，当两量爪并拢时，游标上的 50 格刚好与尺身上的 49 mm 对正，因此，尺身与游标每格之差为：1–49/50=0.02 mm，此差值即为 0.02 mm 游标卡尺的测量精度。

2）0.05 mm 游标卡尺的刻线原理。尺身的一小格为 1 mm。游标刻线总长为 19 mm，并等分为 20 格，当两量爪并拢时，游标上的 20 格刚好与尺身上的 19 mm 对正，因此，尺身与游标每格之差为 1–19/20=0.05 mm，此差值即为 0.05 mm 游标卡尺的测量精度。

（2）游标卡尺的读数方法。游标卡尺是以游标零线为基准进行读数的。用游标卡尺测量时，读数分以下三个步骤：

第一步，读整数——读出游标上零刻度线左侧最接近的尺身上的毫米整数。

第二步，读小数——找出游标上第几条刻度线与尺身的刻度线对齐，然后用格数乘以游标卡尺的测量精度值，读出小数部分。

第三步，求和——把尺身和游标上读出的尺寸加起来即为测得的尺寸。

【例 3-1-1】 如图 3–1–5 所示游标卡尺的读数（有“×”的刻度线表示对齐）。

读数过程：

第一步，游标上零刻度线左侧尺身上的毫米整数为 71 mm。

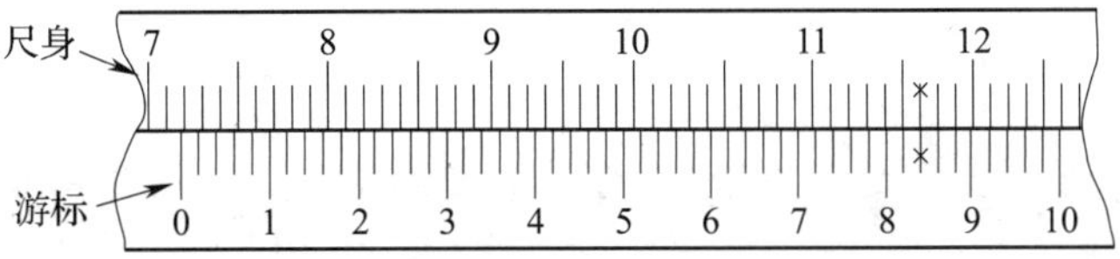

图 3-1-5　游标卡尺读数过程

第二步，游标上第 42 条刻度线与尺身的刻度线对齐。

第三步，测得尺寸 = 尺身的毫米数 + 游标格数 ×0.02=71+42×0.02=71.84（mm）。

3. 其他类型的游标卡尺

其他类型游标卡尺的读数方法与普通游标卡尺基本相同。

（1）普通游标卡尺。如图 3-1-6～图 3-1-9 所示。

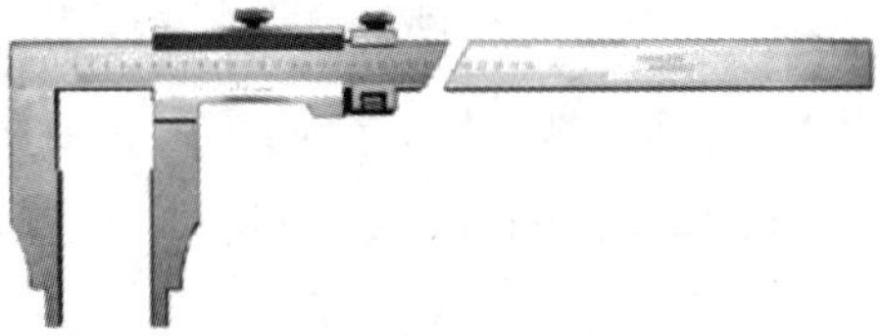

图 3-1-6　闭式单向爪游标卡尺

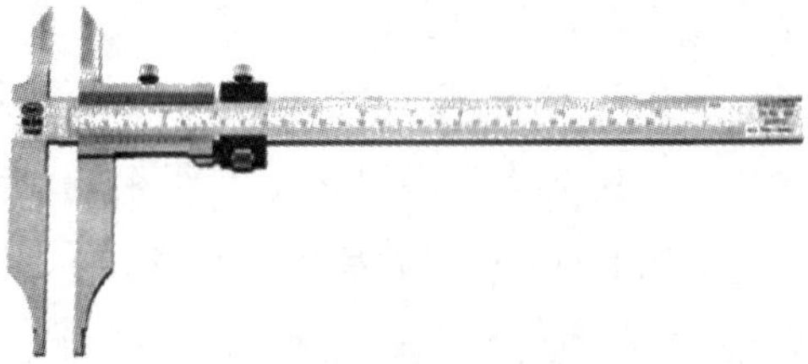

图 3-1-7　带刀口测量爪的游标卡尺

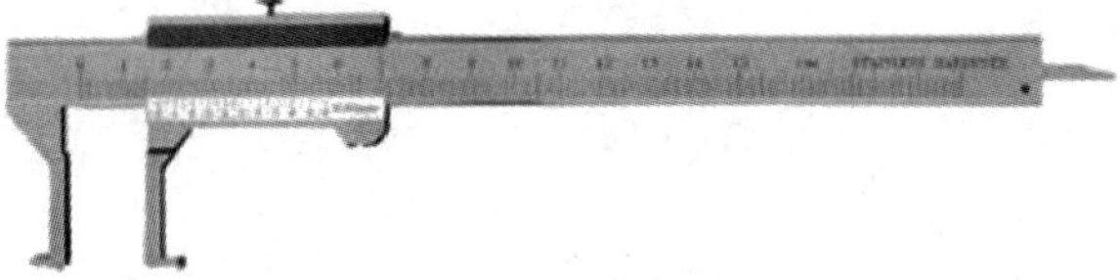

图 3-1-8　扁头内沟槽游标卡尺

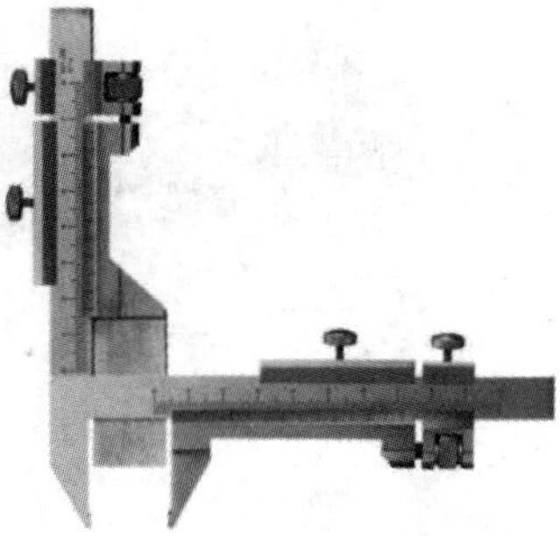

图　3-1-9　齿厚游标卡尺

（2）带表卡尺。带表卡尺的外形与游标卡尺相似，如图 3-1-10 所示。它是利用机械传动机构，将尺身与尺框的相对移动变为指示表指针的回转运动，并借助尺身标尺和指示表对尺身与尺框相对移动所分隔的距离进行读数的测量器具。其结构由内测量爪、指示表、尺框固定螺钉、齿条、尺身、深度尺、外测量爪、读数端面、表圈紧固螺钉、滚轮等组成。

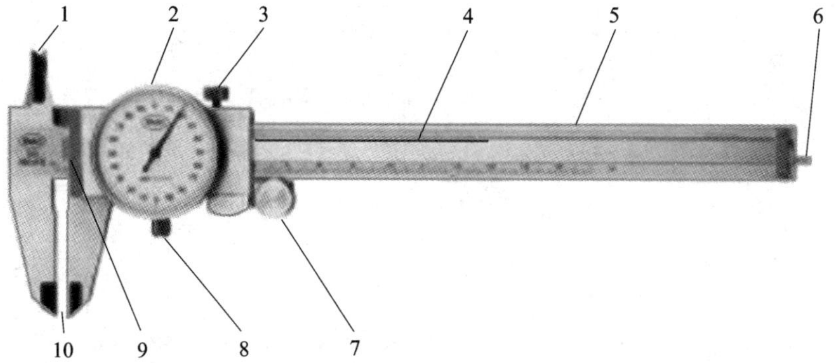

图 3-1-10　带表卡尺

1—内测量爪　2—指示表　3—尺框紧固螺钉　4—齿条　5—尺身　6—深度尺　7—滚轮
8—表圈紧固螺钉　9—读数端面　10—外测量爪

（3）数显卡尺。使用方便，无视觉误差，可用于外尺寸、内尺寸、台阶及深度尺寸的测量，具有公制和英制转换、任意位置清零、数据输出等功能。数显卡尺的型号很多，如图 3-1-11 ~ 图 3-1-17 所示。图 3-1-11 所示为 SF2000 三按键电子数显卡尺，其结构由内测量爪、紧固螺钉、数据输出接口、测深杆、外测量爪、电源开关（OFF/ON）、置零键（ZERO）、公 / 英制转换（mm/inch）、滚轮及尺身等组成。

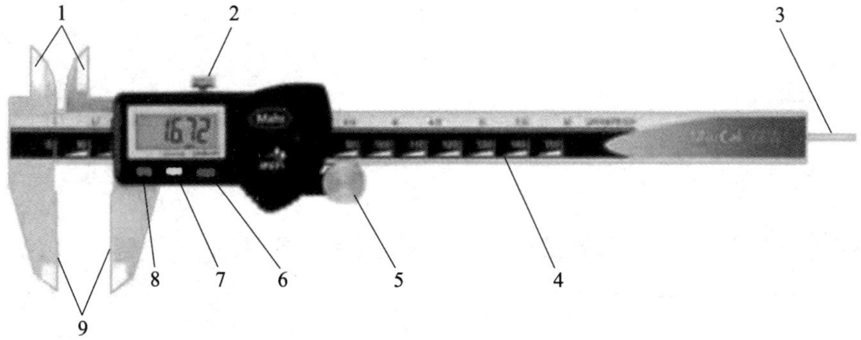

图 3-1-11　SF2000 三按键电子数显卡尺

1—内测量爪　2—坚固螺钉　3—测深杆　4—尺身　5—滚轮　6—公 / 英制转换（mm/inch）
7—置零键（ZERO）　8—电源开关（OFF/ON）　9—外测量爪

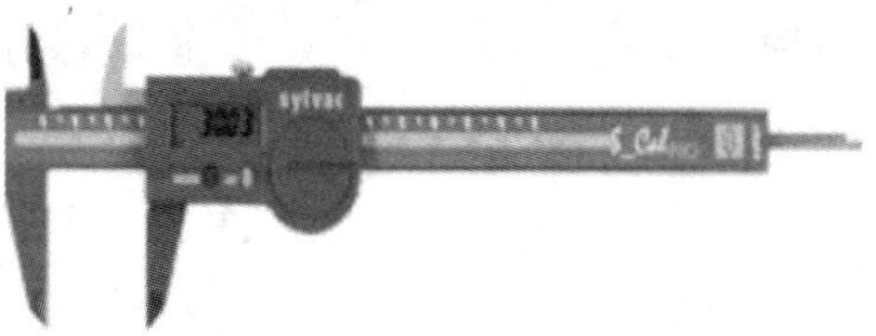

图 3-1-12　数显千分卡尺（测量精度为 0.001 mm）

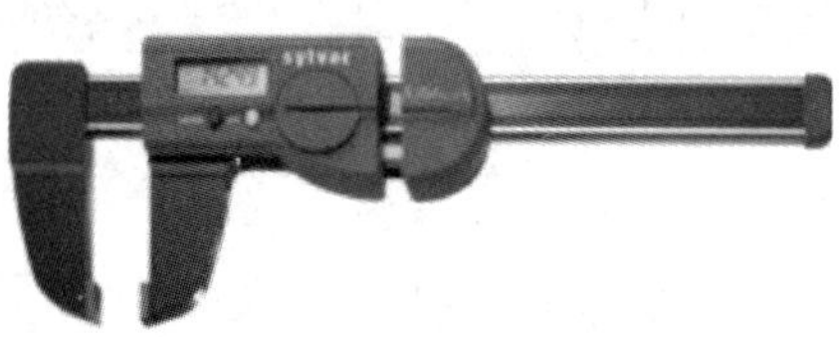

图 3-1-13　数显百分卡尺

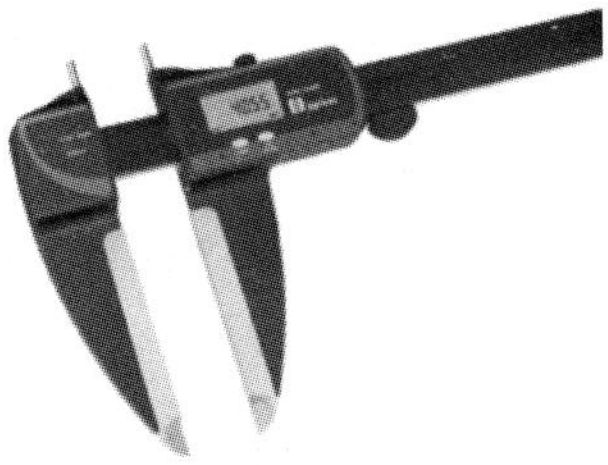

图 3-1-14　大型数显千分卡尺

图 3-1-15　刀口外测导轨数显卡尺

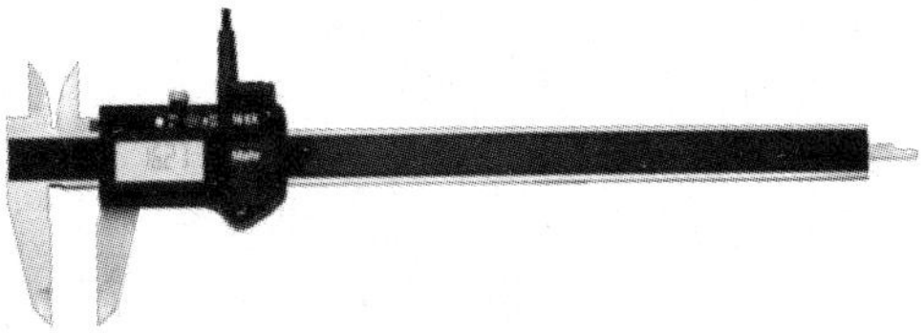

图 3-1-16　数显卡尺（带数据线输出）

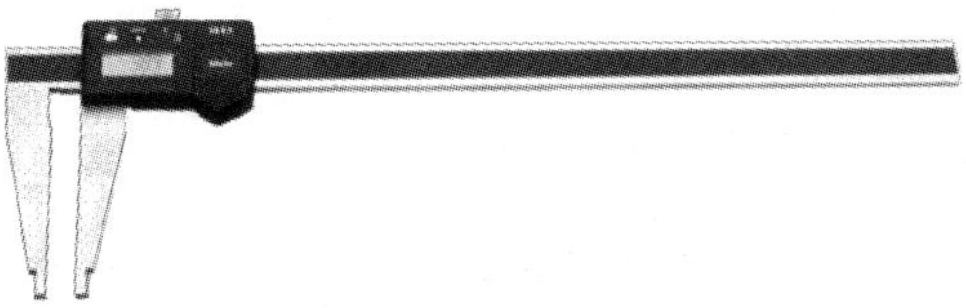

图 3-1-17　单向爪数显卡尺

（4）深度尺。深度尺主要用于测量孔、型腔的深度及孔或槽内凸出的厚度。结构类型主要有三种，即游标深度尺、带表深度尺、数显深度尺。其读数方法与游标卡尺、带表卡尺和数显卡尺相似，在此不做详细讲解。常用深度尺如图 3-1-18 ~ 图 3-1-22 所示。

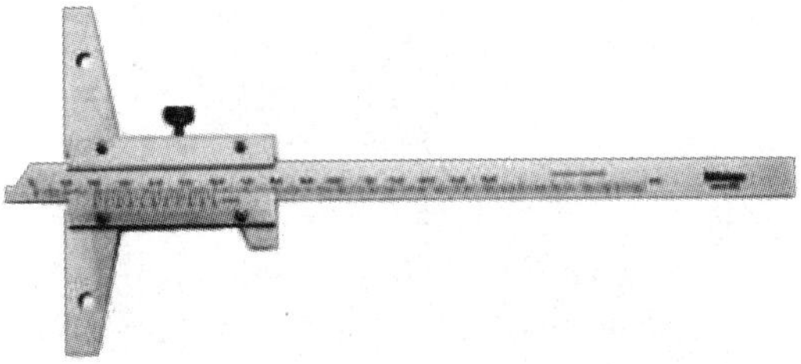

图 3-1-18　游标深度尺

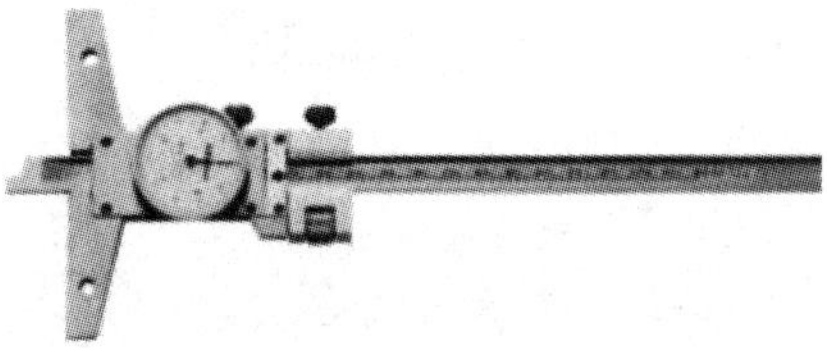

图 3-1-19　带表深度尺

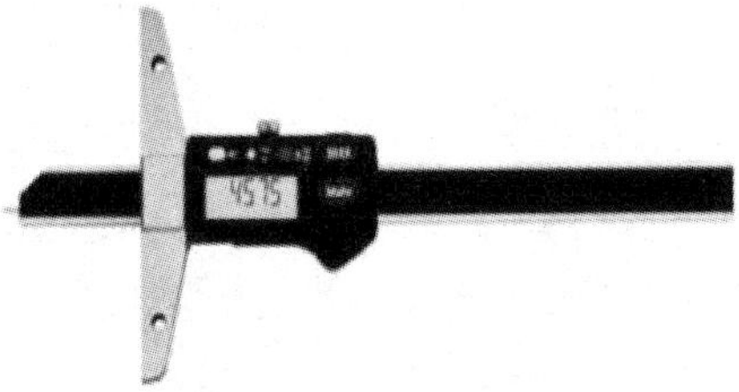

图 3-1-20　数显深度尺

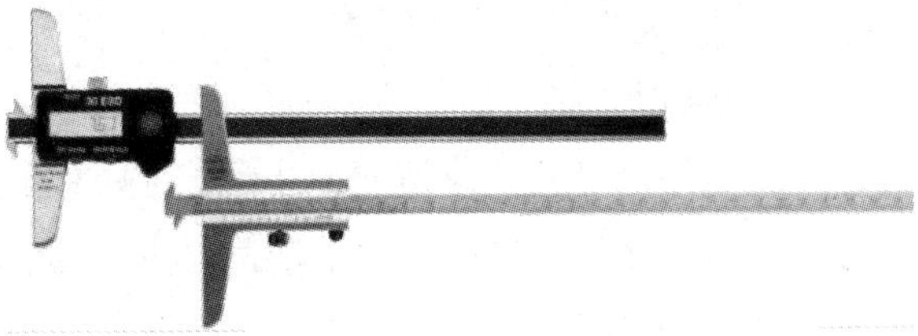

图 3-1-21　双钩数显 / 游标深度尺

（5）高度尺。高度尺主要用于测量工件外形高度、台阶高度。根据读数方式的不同，可分为游标高度卡尺、带表游标高度卡尺、数显游标高度卡尺等。其读数方法与游标卡尺、带表卡尺和数显卡尺相似。各种游标高度卡尺的结构如图 3-1-23 ~ 图 3-1-26 所示。

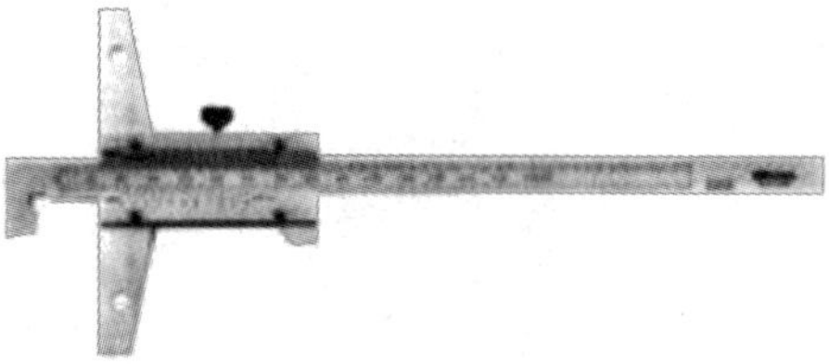

图 3-1-22　钩头游标深度尺

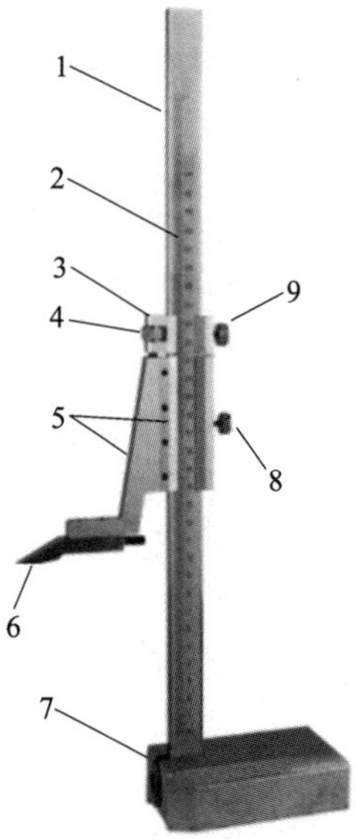

图 3-1-23　游标高度卡尺

1—尺身　2—尺身刻度　3—副尺框　4—滚轮　5—尺框 / 游标　6—硬质合金测量 / 划线爪　7—底座　8—尺框紧固螺钉　9—副尺框紧固螺钉

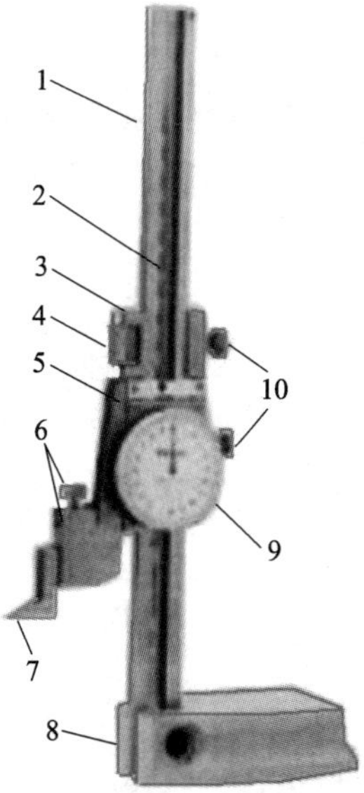

图 3-1-24　带表游标高度卡尺

1—尺身　2—尺身刻度　3—副尺框　4—滚轮　5—尺框　6—支架 / 紧固螺钉　7—硬质合金测量 / 划线爪　8—底座　9—指示表　10—紧固螺钉

4. 游标卡尺的使用和保养方法

（1）游标卡尺的使用方法。量具使用是否合理，不仅影响量具本身的精度，而且直接影响零件尺寸的测量精度，甚至发生质量事故，造成不必要的损失。所以，必须重视量具的正确使用，对测量技术精益求精，以便获得正确的测量结果，确保产品质量。

1）测量前应把卡尺擦干净，检查卡尺的两个测量面和测量刃口是否平直、无损，把两个测量爪紧密贴合时应无明显的间隙，同时游标和尺身的零位刻线要对准。这个过程称为校对游标卡尺的零位。

2）移动尺框时活动要自如，不应过松或过紧，更不能有晃动现象。用紧固螺钉固定尺框时，卡尺的读数不应有所改变。在移动尺框时，不要忘记松开紧固螺钉，但也不宜过松，以免螺钉掉出。

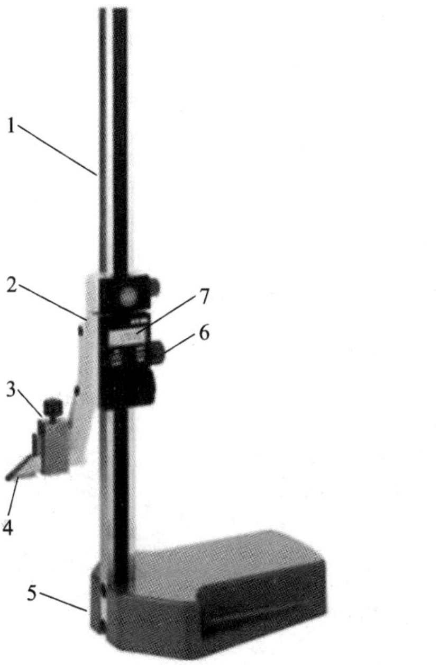

图 3-1-25　数显游标高度卡尺

1—尺身　2—尺框　3—支架 / 紧固螺钉　4—硬质合金测量 / 划线爪　5—底座　6—尺框紧固螺钉　7—数字显示屏

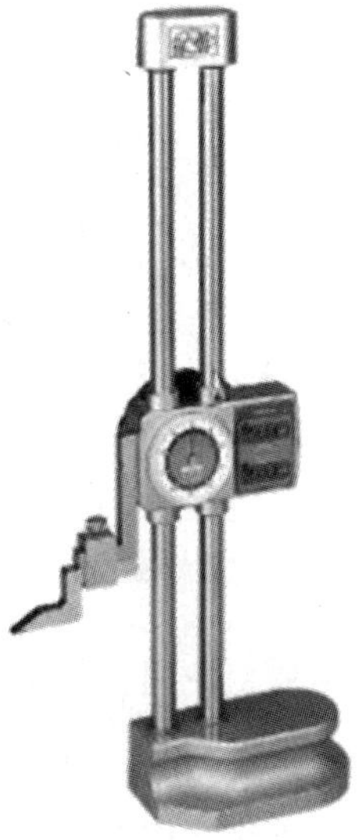

图 3-1-26　双立柱带表游标高度卡尺

3）当测量零件的外尺寸时，卡尺两测量面应垂直于被测量表面，不能歪斜。测量时可以轻轻摇动卡尺，放正垂直位置，如图 3-1-27a 所示，否则，测量爪若在如图 3-1-27b 所示的错误位置上，将使测量结果 a 比实际尺寸 b 大。应先把卡尺的活动量爪张开，使量爪能自由地卡进工件，把零件贴靠在固定量爪上，然后移动尺框，用轻微的压力使活动量爪接触零件。如卡尺带有微动装置，此时可拧紧微动装置上的紧固螺钉，再转动调节螺母，使量爪接触零件并读取尺寸。绝不可把卡尺的两个量爪调节到接近甚至小于所测尺寸，把卡尺强制地卡到零件上去，这样做会使量爪变形，或使测量面过早磨损，导致卡尺失去应有的精度。

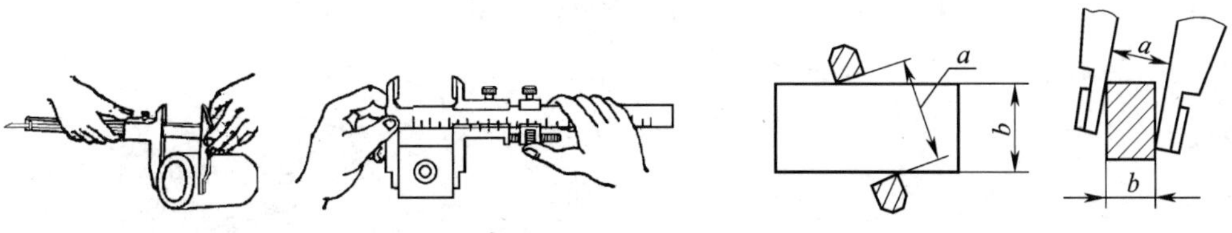

a)　　b)

图 3-1-27　测量外尺寸时的位置

a）正确　b）错误

测量沟槽时，应当用量爪的平面测量刃进行测量，尽量避免用端部测量刃和刀口形量爪去测量外尺寸。而对于圆弧形沟槽尺寸，则应当用刀口形量爪进行测量，不应当用平面测量刃进行测量，如图 3–1–28 所示。

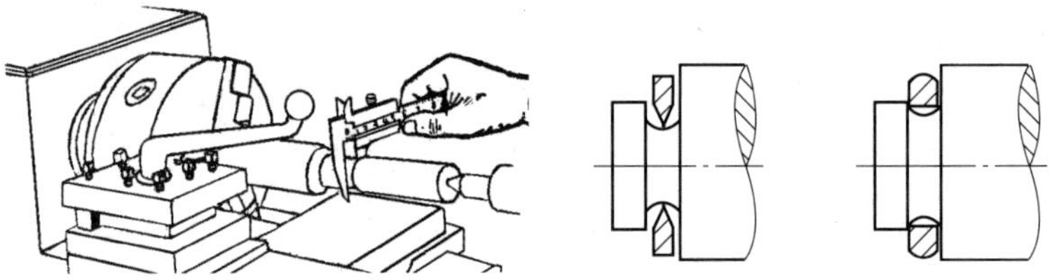

a）　b）　c）

图 3–1–28　测量沟槽时的位置

a）测量方法　b）正确　c）错误

测量沟槽宽度时，也要放正游标卡尺的位置，应使卡尺两测量刃的连线垂直于沟槽，不能歪斜，如图 3–1–29a 所示，否则，若测量爪在如图 3–1–29b 所示的错误位置上，也将使测量结果不准确（可能大也可能小）。

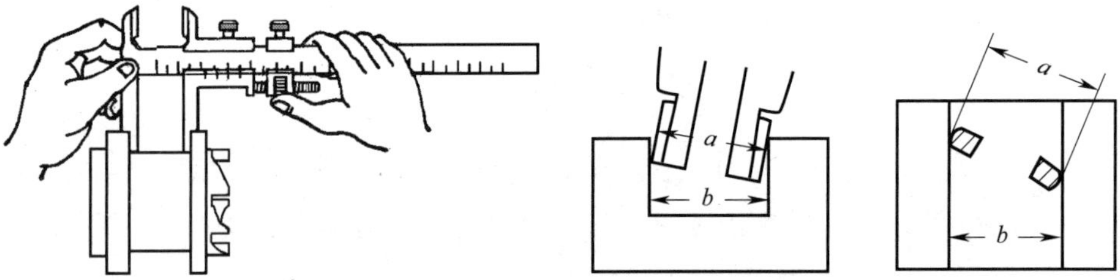

a）　b）

图 3–1–29　测量沟槽宽度时的位置

a）正确　b）错误

4）如图 3–1–30 所示，当测量零件的内尺寸时，要使测量爪分开的距离小于所测内尺寸，进入零件内孔后，再慢慢张开并轻轻接触零件内表面，用紧固螺钉固定尺框后，轻轻取出卡尺进行读数。取出测量爪时用力要均匀，并使卡尺沿着孔的中心线方向滑出，不可歪斜，以免使测量爪扭伤、变形和受到不必要的磨损，同时避免因尺框走动而影响测量精度。卡尺两测量刃应在孔的直径上，不能偏歪。图 3–1–31 所示为带有刀口形测量爪和圆柱面形测量爪的游标卡尺在测量内孔时的位置。当测量爪在错误位置时，其测量结果将比实际孔径 D 小。

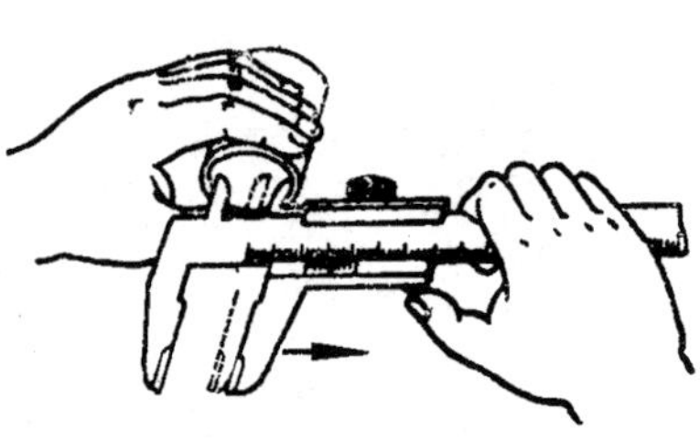

图 3–1–30　内孔的测量方法

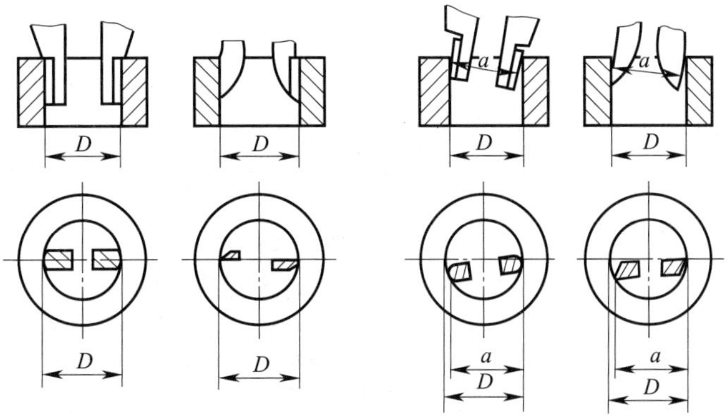

a）　　　　　　　　　　　　b）

图 3-1-31　测量内孔时的位置

a）正确　b）错误

5）用下量爪的外测量面测量内尺寸时，如用图 3-1-2 和图 3-1-3 所示的两种游标卡尺测量内尺寸，在读取测量结果时，一定要把量爪的厚度加上去，即游标卡尺上的读数加上量爪的厚度才是被测零件的内尺寸。测量范围在 500 mm 以下的游标卡尺，量爪厚度一般为 10 mm。但当量爪磨损和修理后，量爪厚度就要小于 10 mm，读数时这个修正值也要考虑进去。

6）用游标卡尺测量零件时，不允许过分地施加压力，所用压力应使两个量爪刚好接触零件表面。如果测量压力过大，不但会使量爪弯曲或磨损，且量爪在压力作用下产生弹性变形，使测得的尺寸不准确（外尺寸小于实际尺寸，内尺寸大于实际尺寸）。在游标卡尺上读数时，应把卡尺水平地拿着，朝着亮光的方向，使人的视线尽可能与卡尺的刻线表面垂直，以免由于视线歪斜造成读数误差。

7）为了获得正确的测量结果，可以多测量几次。即在零件同一截面上的不同方向进行测量。对于较长的零件，则应当在全长的各部位进行测量，确保获得一个比较正确的测量结果。

为了使读者便于记忆，更好地掌握游标卡尺的使用方法，把上述提到的几个主要问题整理成顺口溜，供读者参考。

量爪贴合无间隙，尺身游标两对零。

尺框活动能自如，不松不紧不摇晃。

测力松紧细调整，不当卡规用力卡。

量轴防歪斜，量孔防偏歪。

测量内尺寸，爪厚勿忘加。

面对光亮处，读数垂直看。

（2）游标卡尺的保养方法

1）测量前应将卡尺的测量面、导向面擦拭干净。如卡尺上有水，需用清洁的汽油擦洗干净（不可使用丙酮、酒精），然后在工作面涂上防锈油。

2）测量前，将尺框移动至测量面相互接触，检查尺身和游标上零刻线的重合度。放置时应使两测量面保持一定缝隙，平放在卡尺盒里。

3）测量时不应使用过大的测量力，应该是通过拇指的指肚轻轻地推滑用力，否则将影响测量精度。

4）读取测量结果时视线方向应尽量垂直于刻度面。

三、千分尺

千分尺是由螺旋副原理制成的测微仪器，主要分为机械式千分尺和数显千分尺两大类。机械式千分尺根据读数方式不同分为微分筒千分尺和带表千分尺。根据测量方式不同，千分尺又分为外测千分尺、内测千分尺、深度千分尺等。

外径千分尺主要用于测量工件的外径、长度、厚度等尺寸。机械式千分尺的测量精度主要有 0.01 mm 和 0.001 mm 两种，其中精度为 0.001 mm 的机械式千分尺在市场上很少见到。千分尺的测量范围主要有 0 ~ 25 mm、25 ~ 50 mm、50 ~ 75 mm、75 ~ 100 mm、100 ~ 125 mm 等。

1. 千分尺的结构

如图 3-1-32 所示为测量范围为 0 ~ 25 mm、测量精度为 0.01 mm 的外径千分尺，其结构由测砧、硬质合金测量面、测微螺杆、锁紧机构、尺架、固定套筒、微分筒、测力装置等组成。

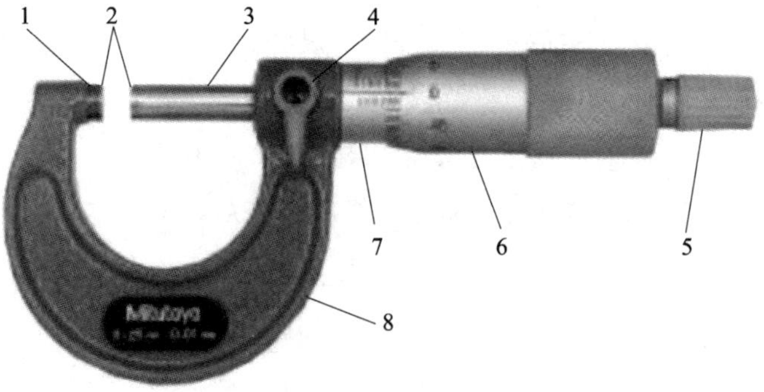

图 3-1-32　千分尺

1—测砧　2—硬质合金测量面　3—测微螺杆　4—锁紧机构　5—测力装置　6—微分筒　7—固定套筒　8—尺架

2. 千分尺的读数原理与读数方法

（1）读数原理。如图 3–1–33、图 3–1–34 所示。固定套筒上有一条水平线，又称基准线，基准线上、下各有一列间距为 1 mm 的刻度线，上面的刻度线恰好在下面两相邻刻度线的中间。微分筒上的刻度线是将圆周分为 50 等份的水平线，它是旋转运动的。根据螺旋运动原理，当微分筒（又称可动刻度筒）旋转一周时，测微螺杆前进或后退一个螺距（0.5 mm）。这样，当微分筒旋转一个分度，则转过了 1/50 周，这时测微螺杆沿轴线移动了 1/50 × 0.5 mm ＝ 0.01 mm。因此，可以得出测量精度为 0.01 mm 的千分尺是将一个螺距 0.5 mm 分为 50 等份，并沿圆周分布在微分筒上。所以，当微分筒转过 1/50 周时，测微螺杆沿轴线移动了 1/50 个螺距，即 0.01 mm。

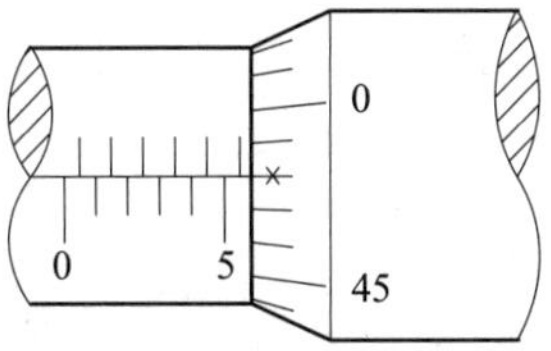

图 3–1–33　读数 1

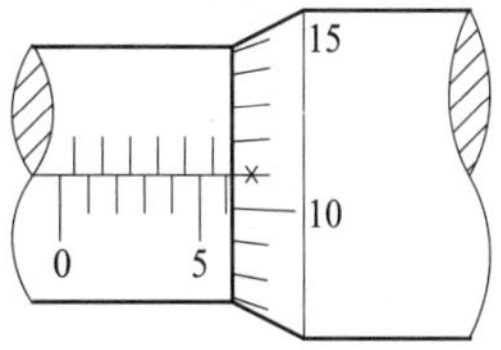

图 3–1–34　读数 2

（2）读数方法。用千分尺测量时，读数可分为以下三个步骤：

第一步，在固定套筒上读数。读出固定套筒上露出的刻线尺寸，一定要注意不能多读或少读 0.5 mm 的刻线值。

第二步，在微分筒上读数。读出微分筒上的尺寸，要看清微分筒圆锥面上哪一格与固定套筒的基准线对齐，然后将格数乘以微分筒的测量精度值（0.01 mm），即得出微分筒上的尺寸。

第三步，把固定套筒的读数值与微分筒的读数值相加即为测量尺寸。

图 3–1–33 所示尺寸的读数如下：固定套筒的数值为 5.5 mm，微分筒的数值为 0.48 mm，测量尺寸为 5.5+0.48=5.98（mm）。

图 3–1–34 所示尺寸的读数如下：固定套筒的数值为 6 mm，微分筒的数值为 0.11 mm，测量尺寸为 6+0.11= 6.11（mm）。

3. 其他类型的千分尺

千分尺的类型很多，在生产中常用到的千分尺如图 3–1–35 ~ 图 3–1–49 所示。

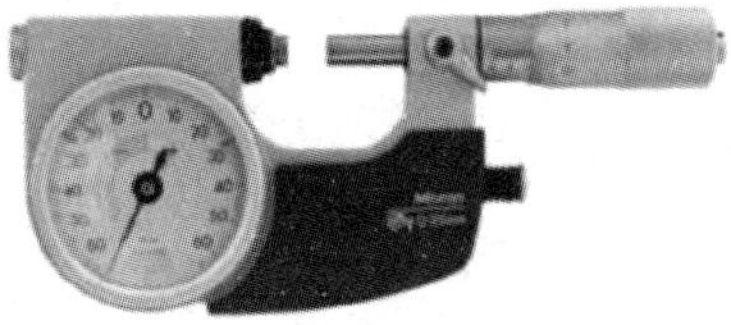

图 3-1-35　带表外径千分尺

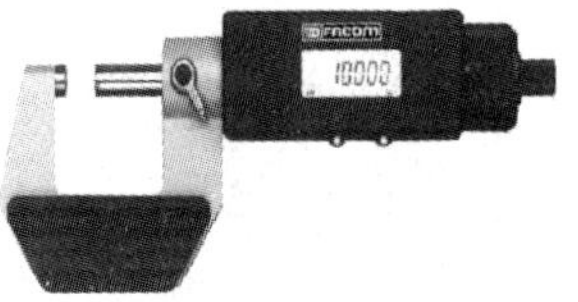

图 3-1-36　数显外径千分尺

图 3-1-37　刀口外径千分尺

图 3-1-38　公法线千分尺

图 3-1-39　螺纹千分尺

图 3-1-40　针尖千分尺

图 3-1-41　锥度定位外径千分尺

图 3-1-42　杠杆千分尺

图 3-1-43　测管千分尺

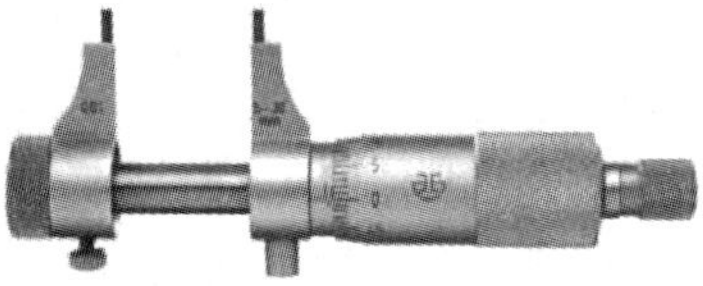

图 3-1-44　内径千分尺

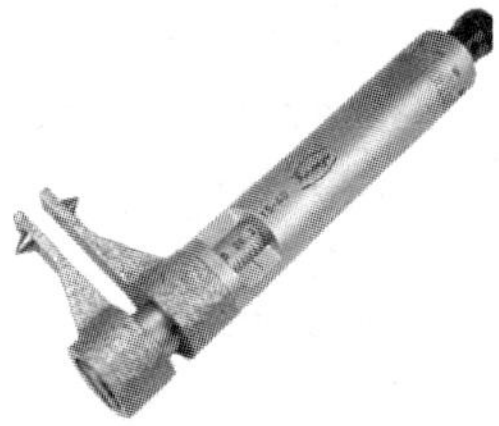

图 3-1-45　针尖内径千分尺

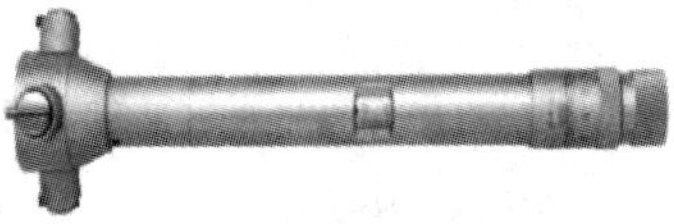

图 3-1-46　三点内径千分尺

图 3-1-47　台阶深度千分尺

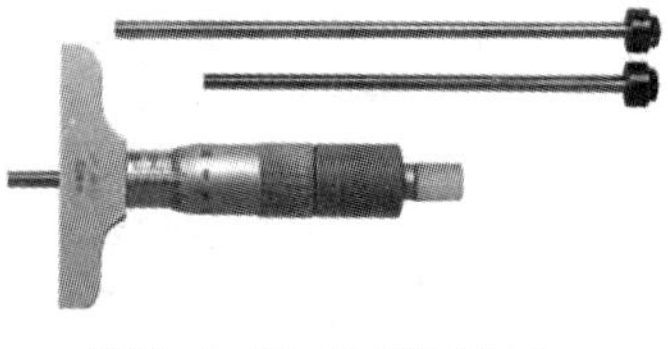

图 3-1-48　深度千分尺

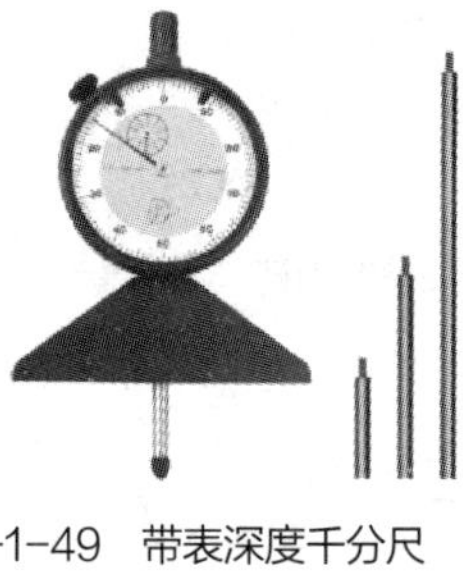

图 3-1-49　带表深度千分尺

4. 千分尺的使用和保养方法

（1）千分尺的使用方法。千分尺使用是否正确，对保持精密量具精度和保证产品质量影响很大，所以必须重视量具的正确使用，使测量技术精益求精，以便获得正确的测量结果，确保产品质量。

1）测量前，应把零件的被测量表面擦干净，以免因存在污物而影响测量精度。绝对不允许用千分尺测量带有研磨剂的表面，以免损伤测量面。用千分尺测量表面粗糙的零件也是错误的，这样易使测砧面过早磨损。

2）使用前，应把千分尺的两个测砧面擦干净，转动测力装置，使两测砧面接触（若测量上限大于 25 mm 时，在两测砧面之间放入校对量杆或相应尺寸的量块），接触面上应没有间隙和漏光现象，同时微分筒和固定套筒要对准零位。

3）转动测力装置时，微分筒应能自由灵活地沿着固定套筒活动，没有任何轧卡和不灵活的现象。如有不灵活的现象，应及时送计量站检修。

4）用千分尺测量零件时，应当手握测力装置的转帽转动测微螺杆，使测砧表面保持标准的测量压力，即听到“咔咔”的声音，表示压力合适，并可开始读数。要避免因测量压力不等而产生测量误差。绝不允许用力旋转微分筒来增大测量压力，使测微螺杆过度压紧零件表面，致使精密螺纹因受力过大而产生变形，损坏千分尺的精度。有时用力旋转微分筒后，虽因微分筒与测微螺杆间的接触不牢固，对精密螺纹的损坏不严重，但是微分筒打滑后，千分尺的零位走动了，就会造成质量事故。

5）使用千分尺测量零件时，要使测微螺杆与零件被测量的尺寸方向一致，如图 3-1-50 所示。如测量外径时，测微螺杆要与零件的轴线垂直，不要歪斜。测量时，可在旋转测力装置的同时轻轻地晃动尺架，使测砧面与零件表面接触良好。

6）用千分尺测量零件时，最好在零件上进行读数，放松后取出千分尺，可减少测砧面的磨损。如果必须取下读数时，应用制动器锁紧测微螺杆后再轻轻滑出零件。把千分尺当卡规使用是错误的，这样做不但易使测量面过早磨损，甚至会使测微螺杆或尺架发生变形而失去精度。

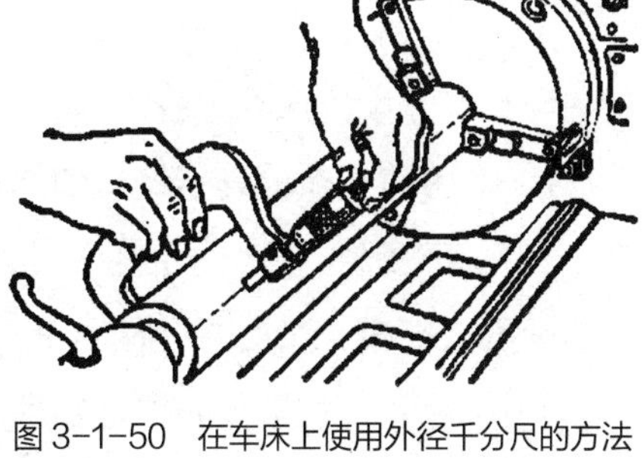

图 3-1-50　在车床上使用外径千分尺的方法

7）在读取千分尺上的测量数值时，要特别留心不要多读或少读 0.5 mm。

8）为了获得正确的测量结果，可在同一位

置上再测量一次。尤其是测量圆柱形零件时，应在同一圆周的不同方向测量几次，检查零件外圆有没有圆度误差，再在全长的各部位测量几次，检查零件外圆有没有圆柱度误差等。

9）对于超常温的工件不要进行测量，以免产生读数误差。

10）用单手使用外径千分尺时，如图 3–1–51a 所示，可用拇指和食指或中指捏住活动套筒，小指钩住尺架并压向手掌，拇指和食指转动测力装置即可测量。用双手测量时，可按图 3–1–51b 所示的方法进行。值得提出的是几种使用外径千分尺的错误方法（见图 3–1–52），比如用千分尺测量旋转运动中的工件，很容易使千分尺磨损，而且测量也不准确；又如贪图快一点得出读数，握着微分筒旋转等，这也会破坏千分尺的内部结构。

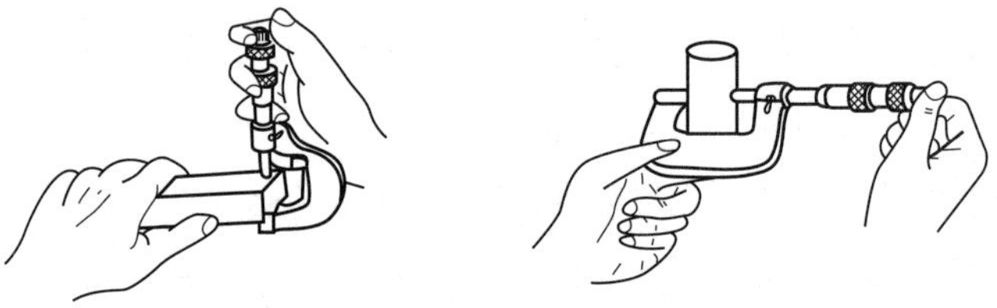

a）　　　　　　b）

图 3–1–51　使用外径千分尺

a）单手使用　b）双手使用

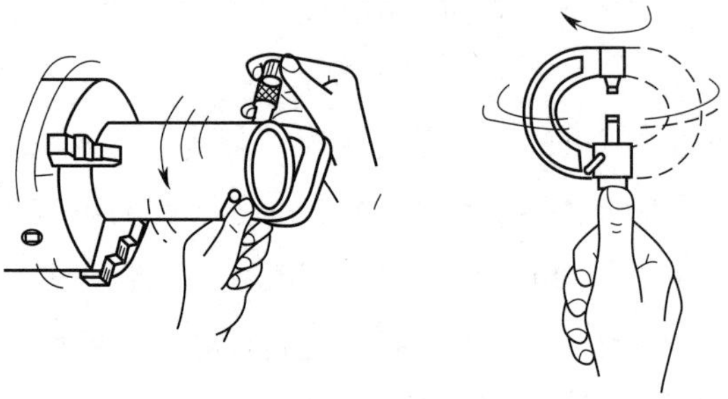

a）　　　　　　b）

图 3–1–52　外径千分尺的错误使用方法

（2）千分尺的保养方法

1）使用前必须检查零位，如果不在零位，应送计量室调零。

2）由于灰尘、碎屑、油会引起几微米的误差，因此，被测物必须用汽油或柔软的布、纸擦拭干净，然后再进行测量。

3）测量时，被测物必须轻轻地与测砧面接触，若碰劲过大，应退回一点重来。

四、游标万能角度尺

游标万能角度尺是用来测量精密零件内外角度或进行角度划线的角度量具。

1. 游标万能角度尺的结构

游标万能角度尺的结构主要由尺身、直角尺、游标、制动器、基尺、直尺、卡块等组成，如图 3–1–53 所示。

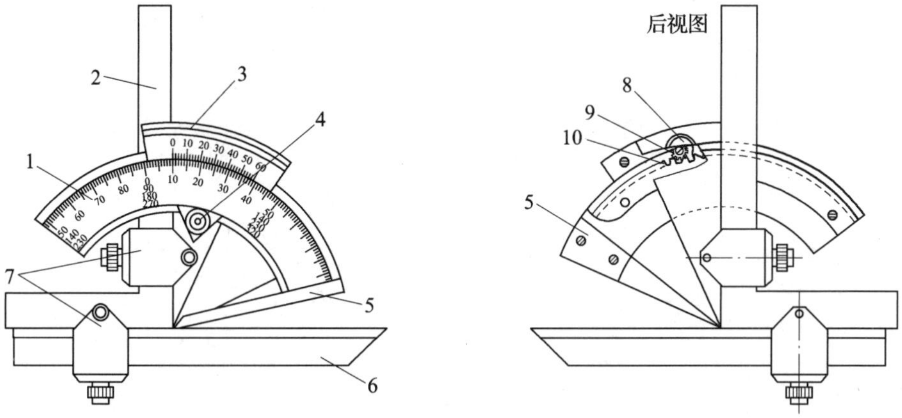

图 3–1–53　游标万能角度尺

1—尺身　2—直角尺　3—游标　4—制动器　5—基尺　6—直尺　7—卡块　8—捏手　9—小齿轮　10—扇形齿轮

2. 游标万能角度尺的读数原理和读数方法

（1）读数原理。游标万能角度尺尺身上的刻度线每格为 1°；游标上刻有 30 格，所占的总角度为 29°。因此，尺身与游标每格刻线的度数差是 $1° - \frac{29°}{30} = \frac{1°}{30} = 2'$，即游标万能角度尺的测量精度为 2′。

（2）读数方法

1）先从尺身上读出游标零刻度线指示的整数部分，单位为（°）。

2）再判断游标上的第几格刻线与尺身上的刻线对齐，读出小数部分，单位为（′）。

3）最后把两部分相加即为被测角度的读数结果。

3. 游标万能角度尺的测量范围

游标万能角度尺有Ⅰ型、Ⅱ型两种，其测量范围分别为 0°～320° 和 0°～360°。Ⅰ型万能角度尺应用较广泛。

（1）如图 3-1-54a 所示，测量 0° ~50° 角时，直角尺和直尺全都装上，工件的被测部位放在基尺和直尺的测量面之间进行测量。

（2）如图 3-1-54b 所示，测量 50° ~140° 角时，把直角尺卸掉，把直尺装上，使它与扇形板连在一起，工件的被测部位放在基尺和直尺的测量面之间进行测量。

（3）如图 3-1-54c 所示，测量 140° ~230° 角时，把直尺和卡块卸掉，只装直角尺，但要把直角尺推上去，直到直角尺短边与长边的交线和基尺的尖棱对齐为止，把工件的被测部位放在基尺和直角尺短边的测量面之间进行测量。

（4）如图 3-1-54d 所示，测量 230° ~320° 角时，把直角尺、直尺和卡块全部卸掉，只留下扇形板和尺身（带基尺），把工件的被测部位放在基尺和扇形板测量面之间进行测量。

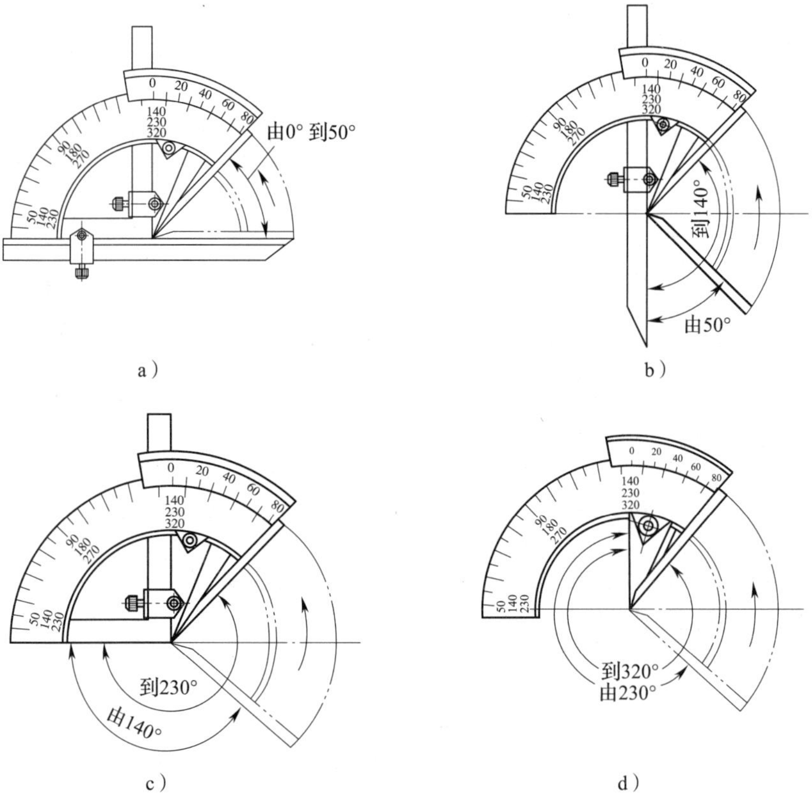

图 3-1-54　游标万能角度尺

4. 使用游标万能角度尺的注意事项

（1）要根据被测零件的不同角度，正确搭配使用直尺和直角尺。

（2）使用前先检查零位，基尺与直尺贴合面应无漏光，尺身与游标的零线应对齐。

（3）测量时，零件应与游标万能角度尺的两个测量面全长上接触良好，避免出现误差。

（4）多角度测量时，应尽量保证测量基准统一，避免产生累积误差。

（5）量具的测量面必须与零件测量基准面接触良好。

五、百分表

百分表是一种指示式量具，是以指针指示出测量结果的量具。车间常用的指示式量具有百分表、千分表、杠杆百分表和内径百分表等，主要用于校正零件的安装位置，检验零件的几何精度（如圆度、平面度、垂直度、跳动等），以及测量零件的内径等。图 3-1-55 所示为百分表的应用实例。

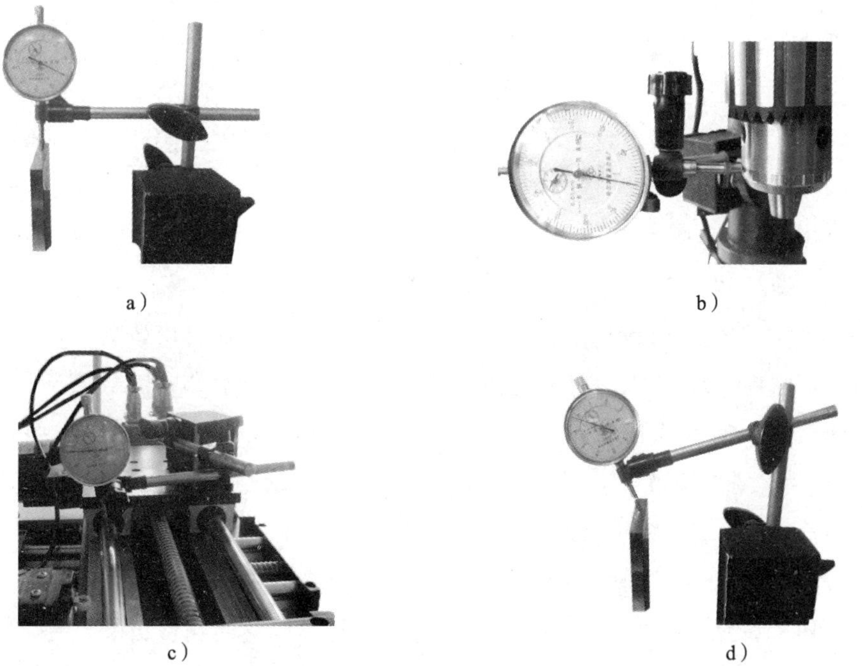

a）　b）　c）　d）

图 3-1-55　百分表的应用实例

a）工件平行度的检验　b）钻床主轴跳动度的检验　c）两导轨平行度的检验　d）错误的检验方法

1. 百分表的结构

百分表主要由测头、齿杆、表壳 / 表圈、刻度盘、长指针、短指针 / 小刻度盘、表圈紧固螺钉、齿轮和弹簧等组成，如图 3-1-56 所示。

2. 百分表的读数原理

百分表内的齿杆和齿轮的齿距是 0.625 mm。当齿杆上升 16 齿（$0.625 \times 16=10$ mm）时，16 个齿的小齿轮转一圈，同时齿数为 100 齿的大齿轮也转一圈，带动齿数为 10 的小齿轮和长指针转 10 圈，即测量杆（齿杆）向上或向下移动 1 mm 时，通过齿轮传动系统带动长指针转一圈，同时短指针转一格。大刻度盘上有 100 个分格，则长指针每转一个分格读数值为 0.01 mm，表示齿杆移动 0.01 mm。小刻度盘上有 10 个分格，则短指针每转一个分格读数值为 1 mm，表示齿杆移动 1 mm。

由于百分表的测量杆是直线移动的，可用来测量长度尺寸，因此也是长度测量工具。目前，国产百分表的测量范围（即测量杆的最大移动量）有 0 ~ 3 mm、0 ~ 5 mm、0 ~ 10 mm 三种。

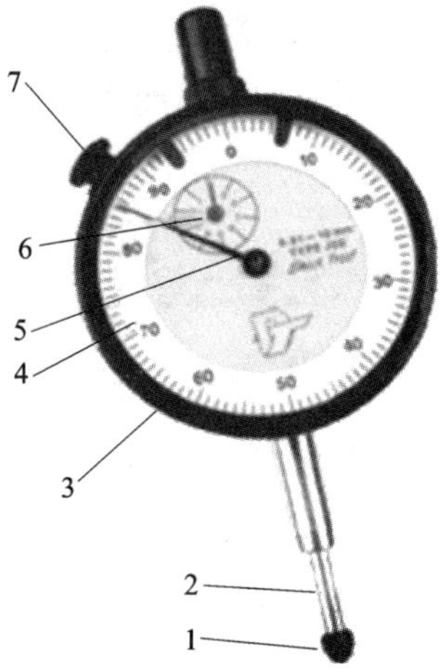

图 3-1-56　百分表

1—测头　2—齿杆　3—表壳 / 表圈
4—刻度盘　5—长指针
6—短指针 / 小刻度盘　7—表圈紧固螺钉

3. 百分表的使用和保养方法

（1）百分表的使用方法。百分表适用于尺寸公差等级为 IT8 ~ IT6 的零件校正和检验；百分表按其制造精度可分为 0 级、1 级和 2 级三种，0 级精度较高。使用时，应按照零件的形状和精度要求，选用合适的百分表精度等级和测量范围。

使用百分表时必须注意以下几点：

1）使用前，应检查测量杆活动的灵活性。轻轻推动测量杆时，测量杆在套筒内的移动要灵活，没有任何轧卡现象，且每次放松后指针能回到原来的刻度位置。

2）使用百分表或千分表时，必须把它固定在可靠的夹持架上（如固定在万能表架或磁性表座上，见图 3-1-57），夹持架要安放平稳，以免使测量结果不准确或摔坏百分表。

3）用夹持百分表的套筒来固定百分表时，夹紧力不要过大，以免因套筒变形而使测量杆活动不灵活。

4）使用百分表时，测量杆必须垂直于被测量表面（见图 3-1-58），即使测量杆的轴线与被测量尺寸的方向一致，否则将使测量杆活动不灵活或使测量结果不准确。

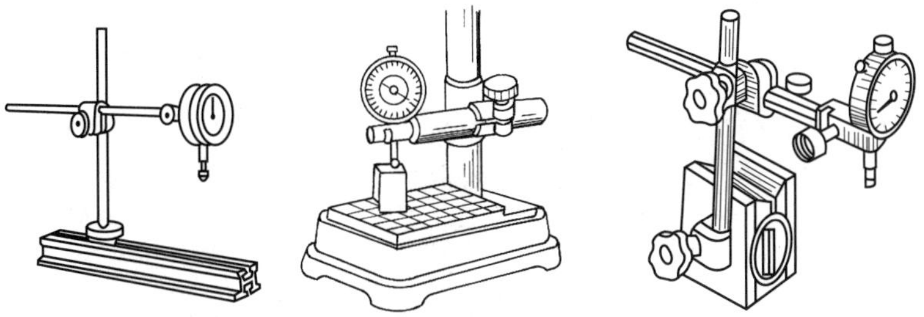
a）　　b）　　c）

图 3-1-57　安装在专用夹持架上的百分表

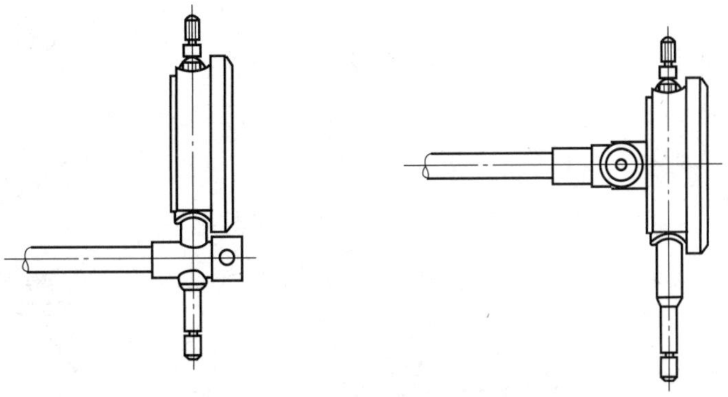

图 3-1-58　百分表的安装方法

5）测量时，不要使测量杆的行程超过它的测量范围，不要使测头突然撞在零件上，不要使百分表受到剧烈的振动和撞击，也不要把零件强行推入测头下，免得损坏百分表的机件。因此，用百分表测量表面粗糙或有显著凹凸不平的零件是错误的。

6）如图 3-1-59 所示，用百分表校正或测量零件时，应当使测量杆有一定的初始测力。即在测头与零件表面接触时，测量杆应有 0.3 ~ 1 mm 的压缩量（千分表可小一些，有 0.1 mm 即可），使指针转过半圈左右，然后转动表圈，使表盘的零位刻线对准指针。轻轻地拉动手提测量杆的圆头，拉起和放松几次，检查指针所指的零位有无改变。当指针的零位稳定后，再开始测量或校正零件。如果是校正零件，此时开始改变零件的相对位置，读出指针的偏摆值，就是零件安装的偏差数值。

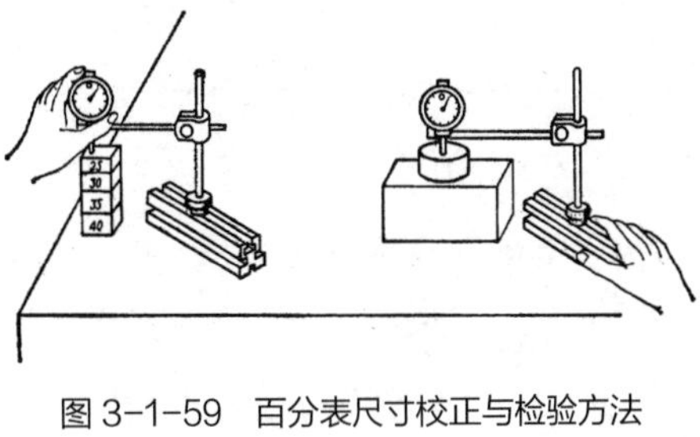

图 3-1-59　百分表尺寸校正与检验方法

（2）百分表的维护与保养

1）百分表使用及保管过程中应轻拿轻放。

2）不得使灰尘、油污、切屑等进入百分表内，否则会影响其使用寿命和精度。

3）如果长期不使用，应将百分表擦干净，将测头、夹持杆、螺母等涂上防锈油后装盒。

4）不得随意拆卸百分表，其精度应做周期检定。

六、杠杆表

杠杆表分为杠杆百分表（测量精度为 0.01 mm）和杠杆千分表（测量精度为 0.002 mm、0.001 mm）。以杠杆百分表为例，其主要由测头、主体、刻度表盘、表圈、指针及夹持杆等组成，如图 3–1–60 所示。该表测量行程为 0 ~ 0.8 mm，测量精度为 0.01 mm。

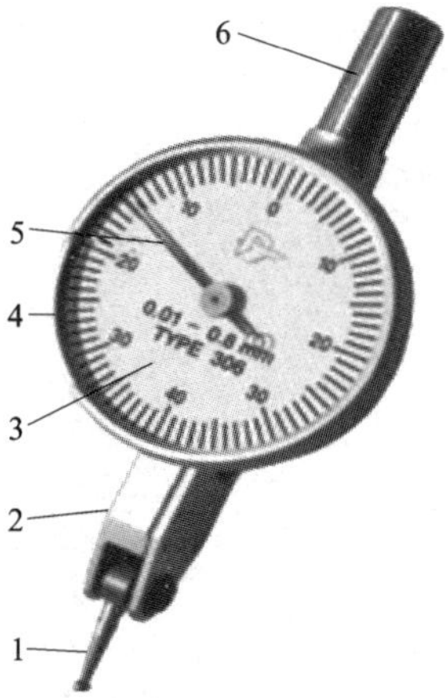

图 3–1–60　杠杆百分表

1—测头　2—主体　3—刻度表盘　4—表圈　5—指针　6—夹持杆

杠杆百分表是利用机械传动原理，将测头的位移转变为指针的角位移，并由杠杆表进行读数。该表使用时测头可在 ±90° 方向上工作，用于绝对测量、相对测量、几何公差测量以及窄槽等难以测量的场合。如图 3–1–61 所示为杠杆百分表的应用实例。

1. 使用方法及注意事项

（1）测量前，将燕尾槽清理干净，把夹持杆安装在所需位置并旋紧，将测头拧紧。多次提拉百分表测量杆，使测头与被测工件接触，观察其重复指示值是否相同。测量杆应有 0.3 ~ 0.5 mm 的压缩量。

（2）将被测量工件表面清理干净。测量杆上不要加油，以免油污进入表内而影响百分表的灵敏度。

（3）测量时，应尽可能使测头的轴线与被测表面平行，如图 3–1–62a 所示。

（4）如果测量时由于工件的形状特殊，无法使测头的轴线与被测表面平行，那么将会使杠杆长度变化，指示读数增大，如图 3–1–62b 所示。此时测量结果必须进行修正，修正公式如下：

$$A=a\cos\beta$$

式中 A——正确的测量结果；

a——杠杆百分表的读数；

β——测头轴线与被测表面的夹角，（°）。

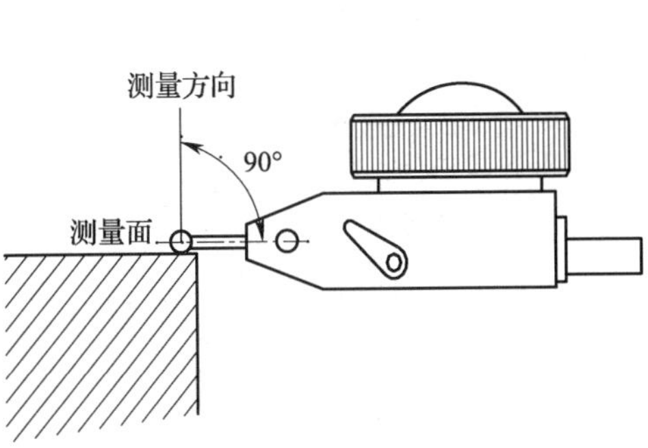

a）

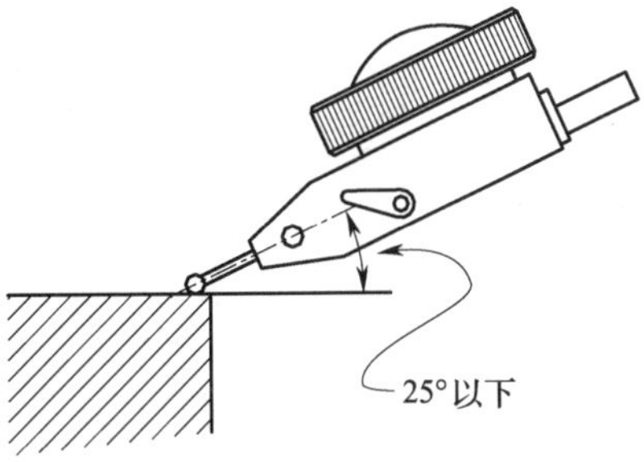

b）

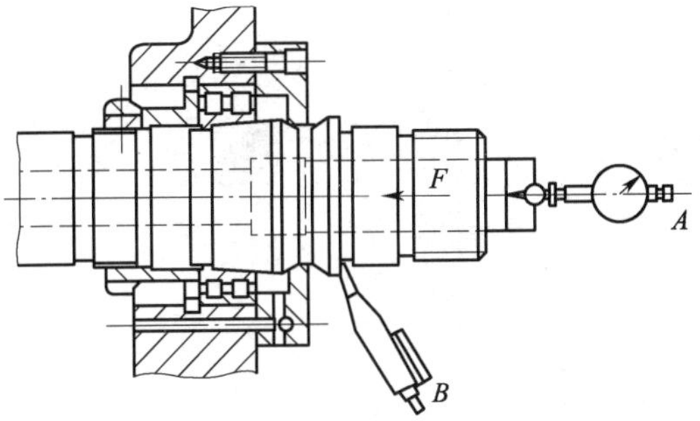

c）

d）

e）

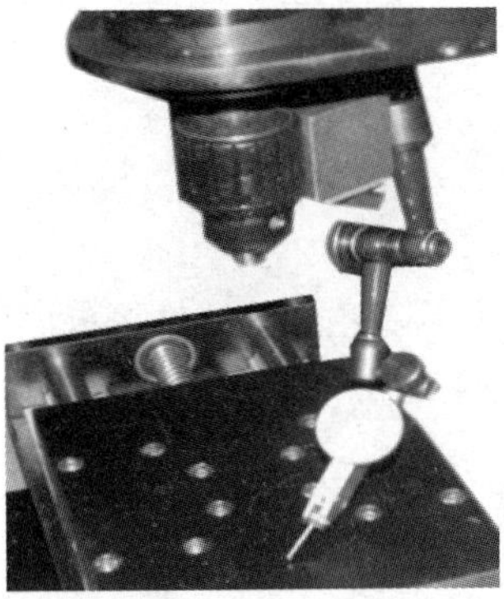

f）

图 3-1-61　杠杆百分表的应用实例

a）垂直度和平面度测量　b）倾斜度测量　c）主轴轴向窜动和轴肩支承面跳动的检验
d）两工件孔的轴线到底平面高度的检验　e）两导轨平行度的检验
f）机床主轴与工作台垂直度的检验

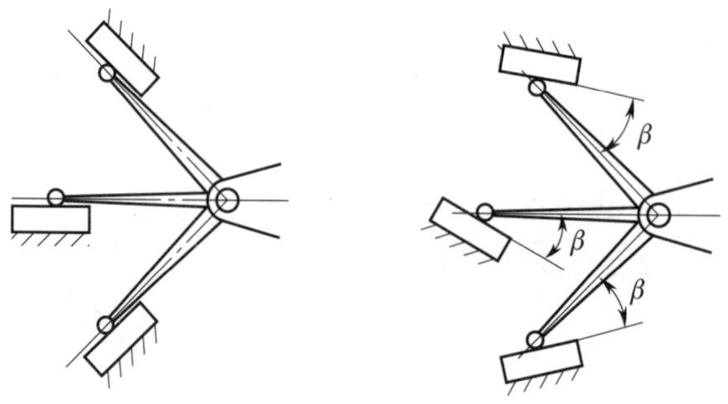

图 3-1-62　测头的轴线位置
a）轴线与被测表面平行　b）轴线与被测表面不平行

常用修正系数见表 3-1-1。

表 3-1-1　常用修正系数

β	10	20	30	40	50	60
修正系数 cos β	0.984 8	0.939 7	0.866	0.766	0.642 8	0.5

2. 维护与保养

（1）杠杆百分表使用及保管过程中应轻拿轻放。

（2）不得使灰尘、油污、切屑等进入杠杆百分表内，否则会影响其使用寿命和精度。

（3）如果长期不使用，应将杠杆百分表擦干净，将测头、夹持杆、螺母等涂上防锈油后装盒。

（4）不得随意拆卸杠杆百分表和测头，其精度应做周期检定。

七、内径百分表

内径百分表是内量杠杆式测量架和百分表的组合（见图 3-1-63），用以测量或检验零件的内孔、深孔直径及其形状精度。

1. 结构与工作原理

内径百分表测量架的内部结构如图 3-1-63 所示。在三通管 2 的一端装着活动测头 7，另一端装着可换测头 1；垂直管口一端通过连杆 3 装有百分表 4。活动测头 7 的移动使传动杠杆 6 回转，通过活动杆 5 推动百分表的测量杆，使百分表指针产生回转。由于传动杠杆 6 的两侧触点是等距离的，当活动测头移动 1 mm 时，活动杆也移动 1 mm，推动百分表指针回转一圈。所以，活动测头的移动量可以在百分表上读出来。

两触点量具在测量内径时不容易找正孔的直径方向，定心护桥 8 和弹簧 9 就起到了帮助找正直径位置的作用，使内径百分表的两个测头正好在内孔直径的两端。活动测头的测量压力由活动杆 5 上的弹簧控制，以保证测量压力一致。

内径百分表活动测头的移动量，小尺寸的只有 0 ~ 1 mm，大尺寸的可有 0 ~ 3 mm，它的测量范围是由更换或调整可换测头的长度来达到的。因此，每个内径百分表都附有成套的可换测头。国产内径百分表的测量精度为 0.01 mm，测量范围有 10 ~ 18 mm、18 ~ 35 mm、35 ~ 50 mm、50 ~ 100 mm、100 ~ 160 mm、160 ~ 250 mm、250 ~ 450 mm 等。

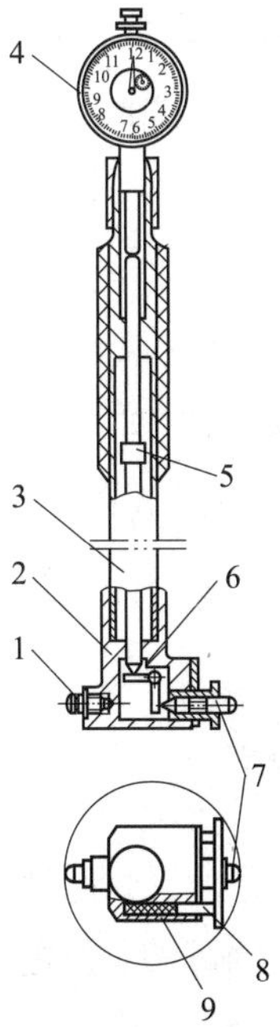

图 3-1-63　内径百分表

1—可换测头　2—三通管　3—连杆　4—百分表　5—活动杆　6—传动杠杆　7—活动测头　8—定心护桥　9—弹簧

用内径百分表测量内径是一种比较测量法，测量前应根据被测孔径的大小，在专用的环规或千分尺上调整好尺寸后才能使用。调整内径百分表的尺寸时，选用可换测头的长度及其伸出的距离（大尺寸内径百分表的可换测头是用螺纹旋上去的，故可调整伸出的距离，小尺寸的不能调整），应使被测尺寸在活动测头总移动量的中间位置。

内径百分表的示值误差比较大，如测量范围为 35 ~ 50 mm 的内径百分表，示值误差为 ±0.015 mm。为此，使用时应当经常在专用环规或千分尺上校对尺寸（习惯上称校对零位），以便提高测量精度。

2. 读数方法

（1）测量孔径的最小尺寸则为其测量的直径尺寸；测量平面间的尺寸，任意方向内均最小的尺寸为平面间的测量尺寸。

（2）百分表测量读数加上零位尺寸即为测量数据。

3. 内径百分表使用方法及注意事项

（1）把百分表插入量表直管轴孔中，压缩百分表一圈后锁紧。

（2）选取并安装可换测头，拧紧后校对零位。用已知尺寸的环规或外径千分尺调整零位，以孔的最小尺寸或平面间任意方向内均最小的尺寸对零位，然后反复测量同一位置 2～3 次后检查指针是否仍与零线对齐，如不对齐则重调。为读数方便，可用整数来定零位位置。

（3）测量时手握隔热装置，将测量端部升到需要测量的部位，摆动内径百分表，找到径向或平面间的最小尺寸（转折点尺寸）来读数。测量孔径应分别旋转 60° 在三个方向上测量和读取平均值。

（4）测量杆、测头、百分表等应配套使用，不要与其他表混用。

八、量块

量块是机械制造业中长度尺寸的基准。量块可以对量具和量仪进行检验及校正，也可用于精密划线和精密机床的调整。附件与量块并用时，还可以测量某些精度要求比较高的工件尺寸。

1. 量块的结构

如图 3–1–64 所示，量块是用不易变形的耐磨材料（如铬锰钢等）制成的长方形六面体，它有两个工作面和四个非工作面。工作面是一对相互平行而且平面度误差极小的平面，又称测量面。

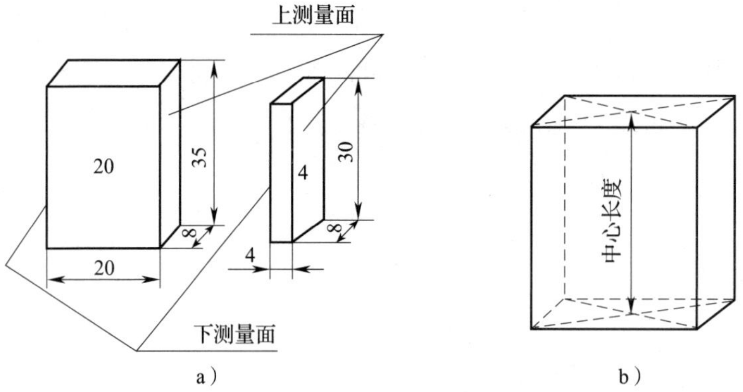

图 3–1–64　量块的结构

2. 量块的使用

量块是成套使用的，并每套装成一盒，如图 3–1–65 所示。每盒中有各种不同尺寸的量块，其尺寸编组有一定的规定。常用成套量块的块数和每块量块的尺寸见表 3-1-2。

图 3-1-65　量块

表 3-1-2　成套量块的编组

套别	总块数	精度级别	尺寸系列（mm）	间隔（mm）	块数
1	91	00、0、1	0.5、1 1.001、1.002、…、1.009 1.01、1.02、…、1.49 1.5、1.6、…、1.9 2.0、2.5、…、9.5 10、20、…、100	— 0.001 0.01 0.1 0.5 10	2 9 49 5 16 10
2	83	00、0、1 2、(3)	0.5、1、1.005 1.01、1.02、…、1.49 1.5、1.6、…、1.9 2.0、2.5、…、9.5 10、20、…、100	— 0.01 0.1 0.5 10	3 49 5 16 10
3	46	0、1、2	1 1.001、1.002、…、1.009 1.01、1.02、…、1.09 1.1、1.2、…、1.9 2、3、…、9 10、20、…、100	— 0.001 0.01 0.1 1 10	1 9 9 9 8 10

续表

套别	总块数	精度级别	尺寸系列（mm）	间隔（mm）	块数
4	38	0、1、2 （3）	1、1.005 1.01、1.02、…、1.09 1.1、1.2、…、1.9 2、3、…、9 10、20、…、100	— 0.01 0.1 1 10	2 9 9 8 10
5	10^-	00、0、1	0.991、0.992、…、1	0.001	10
6	10^+		1、1.001、…、1.009	0.001	10
7	10^-		1.991、1.992、…、2	0.001	10
8	10^+		2、2.001、…、2.009	0.001	10
9	8	00、0、1 2、（3）	125、150、175、200、 250、300、400、500	—	8
10	5		600、700、800、900、 1 000	—	5

每块量块只有一个工作尺寸。但由于量块的两个测量面做得十分准确而光滑，具有可黏合的特性。即将两块量块的测量面轻轻地推合后，这两块量块就能黏合在一起，不会自己分开，好像一块量块一样。由于量块具有可黏合性，每块量块只有一个工作尺寸的缺点就克服了。利用量块的可黏合性，就可组成各种不同尺寸的量块组，大大扩大了量块的应用范围。但为了减小误差，希望组成量块组的块数不超过四块。

为了使量块组的块数为最小值，在组合时就要根据一定的原则来选取量块尺寸，即首先选择能去除最小位数的尺寸的量块。例如，若要组成 88.535 mm 的量块组，其量块尺寸的选择方法如下（用 83 块一套的量块）：

88.535 …… 量块组的尺寸
– 1.005 …… 第一块量块尺寸
87.53
– 1.03 …… 第二块量块尺寸
86.5
– 6.5 …… 第三块量块尺寸
80 …… 第四块量块尺寸

3. 使用量块时的注意事项

（1）量块属精密量具，应轻拿轻放，在桌上放置量块时只许非工作面与桌面接触。

（2）测量工件时应注意灰尘和温度对测量结果的影响。

（3）用后的量块应及时擦净，涂上凡士林后放入盒中。

（4）为了保持量块的精度，一般不许用量块直接测量工件。

九、塞尺

塞尺又称厚薄规或间隙片，主要用来检验机床紧固面、活塞与气缸、活塞环槽与活塞环、十字头滑板与导板、进气阀与排气阀顶端和摇臂、齿轮啮合间隙等两个接合面之间的间隙大小。塞尺由许多片厚薄不一的薄钢片组成，如图 3–1–66 所示。按照塞尺的组别制成一把一把的塞尺，每把塞尺中的每片薄钢片均具有两个平行的测量平面，且都有厚度标记，以供组合使用。塞尺的规格见表 3–1–3。

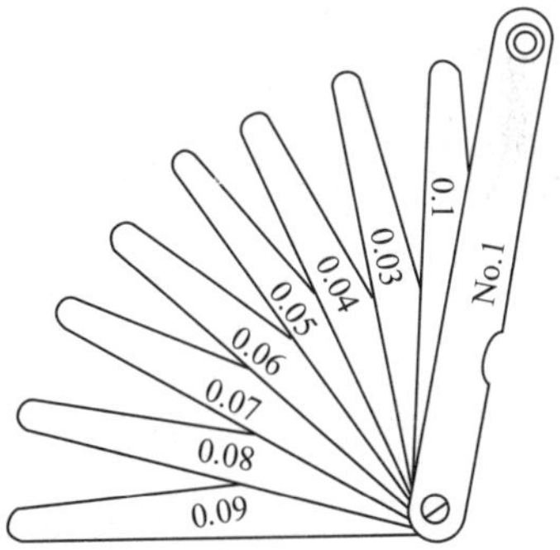

图 3–1–66　塞尺

表 3–1–3　塞尺的规格

A 型	B 型	塞尺片长度（mm）	片数	塞尺的厚度及组装顺序（mm）
组别标记				
75A13	75B13	75	13	以 100A13 为例： 1.00、0.05、0.10、0.15、0.20、0.25、0.30、0.40、0.50、0.60、0.70、0.80、0.90
100A13	100B13	100		
150A13	150B13	150		
200A13	200B13	200		
300A13	300B13	300		
75A14	75B14	75	14	以 100B14 为例： 1.00、0.10 、0.15、0.20、0.25、0.30、0.35、0.40、0.45、0.50、0.60、0.70、0.80、0.90
100A14	100B14	100		
150A14	150B14	150		
200A14	200B14	200		
300A14	300B14	300		

续表

A 型	B 型	塞尺片长度（mm）	片数	塞尺的厚度及组装顺序（mm）
组别标记				
75A17	75B17	75	17	以 100B17 为例： 1.00、0.02、0.03、0.04、0.05、0.075、0.15、0.20、0.25、0.30、0.35、0.40、0.50、0.60、0.70、0.80、0.90
100A17	100B17	100		
150A17	150B17	150		
200A17	200B17	200		
300A17	300B17	300		

1. 塞尺的使用

测量时，根据接合面间隙的大小，用一片或数片重叠在一起塞进间隙内。例如，用 0.03 mm 的一片能插入间隙，而 0.04 mm 的一片不能插入间隙，这说明间隙在 0.03 ~ 0.04 mm 之间，所以塞尺也是一种界限量规。

如图 3-1-67 所示为主机与轴系法兰定位检测，将钢直尺贴附在以轴系推力轴或第一中间轴为基准的法兰外圆的素线上，用塞尺测量钢直尺与之连接的柴油机曲轴或减速器输出轴法兰外圆的间隙 Z_x、Z_s，并依次在法兰外圆的上、下、左、右四个位置上进行测量。图 3-1-68 所示为检验车床尾座紧固面的间隙（< 0.04 mm）。

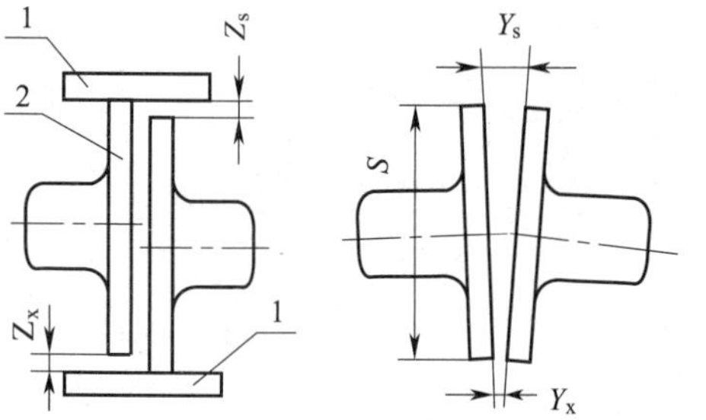

图 3-1-67　用钢直尺和塞尺测量轴的偏移和曲折
1—钢直尺　2—法兰

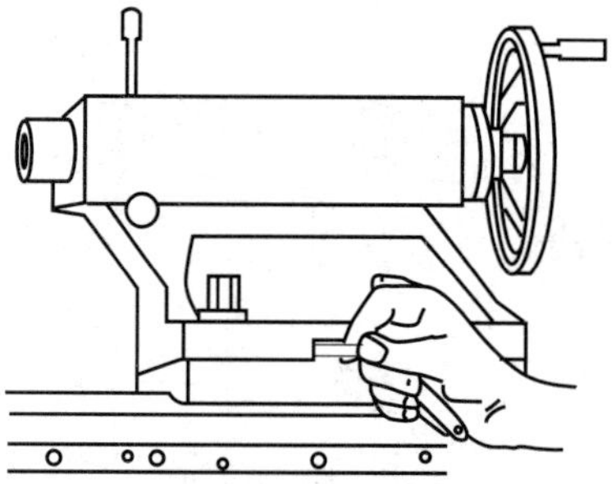
图 3-1-68　用塞尺检验车床尾座紧固面的间隙

2. 使用注意事项

（1）根据接合面的间隙情况选用塞尺片数，片数越少越好。

（2）测量时不能用力太大，以免塞尺弯曲和折断。

（3）不能测量温度较高的工件。

（4）塞尺插入工件的深度应不少于 20 mm，并应在工件全长上多处进行检查。

十、通用量具的维护及保养

要保持量具的精度和工作可靠性，除了在使用中要按照合理的使用方法进行操作外，还必须做好量具的维护和保养工作。

（1）在机床上测量工件时，要等工件完全停稳后进行，否则，不但使量具的测量面过早磨损而失去精度，且会造成事故。尤其是车工使用外卡钳时，不要以为卡钳简单，磨损一点无所谓，要注意铸件内常有气孔和缩孔，一旦钳脚落入气孔内，可能把操作者的手也拉进去，造成严重事故。

（2）测量前应把量具的测量面和零件的被测量表面都擦干净，以免因有污物存在而影响测量精度。用精密量具（如游标卡尺、千分尺和百分表等）去测量锻件、铸件毛坯或带有研磨剂（如金刚砂等）的表面是错误的，这样易使测量面很快磨损而失去精度。

（3）量具在使用过程中，不要与工具、刀具（如锉刀、锤子、车刀和钻头等）堆放在一起，以免碰伤量具。也不要随便放在机床上，避免因机床振动使量具掉下来而损坏。尤其是游标卡尺等，应平放在专用盒子里，避免使尺身变形。

（4）量具是测量工具，绝对不能作为其他工具的代用品。例如，用游标卡尺划线，用千分尺当小锤子，用钢直尺当旋具旋拧螺钉，以及用钢直尺清理切屑等都是错误的。把量具当玩具，如把千分尺等拿在手中任意挥动或摇转等也是错误的，这样做都易使量具失去精度。

（5）温度对测量结果影响很大，零件的精密测量一定要使零件和量具都在 20℃的条件下进行测量。一般可在室温下进行测量，但必须使工件与量具的温度一致，否则，由于金属材料热胀冷缩的特性，会使测量结果不准确。

温度对量具精度的影响也很大。量具不应放在阳光下或主轴箱上，因为量具温度升高后，也量不出正确的尺寸。更不要把精密量具放在热源（如电炉、热交换器等）附近，以免使量具受热变形而失去精度。

（6）不要把精密量具放在磁场附近，如磨床的磁性工作台上，以免使量具被磁化。

（7）发现精密量具有不正常现象时，如量具表面不平、有毛刺、有锈斑以及刻度不准、尺身弯曲变形、活动不灵活等，使用者不应自行拆修，更不允许自行用锤子敲、锉刀锉、砂布磨光等方法修理，以免增大量具误差。发现上述情况，使用者应当主动将量具送计量站检修，并经检定量具精度后再继续使用。

（8）量具使用后应及时擦干净，除不锈钢量具或有保护镀层者外，金属表面应涂上一层防锈油，放在专用的盒子里，保存在干燥的地方，以免生锈。

（9）精密量具应实行定期检定和保养。长期使用的精密量具要定期送计量站进行保养和检定精度，以免因量具的示值误差超差而造成产品质量事故。

学习单元 2　使用专用量具检验产品

专用量具是指专为测量零件或产品某一形状、尺寸而制造的量具。这类量具不能测出具体的实际尺寸，只能判断出零件或产品的形状、尺寸是否合格，如卡规、塞规等。

在机械制造中，检验尺寸一般使用通用计量器具，直接测量工件的实际尺寸，以判定其是否合格，但是，对成批大量生产的工件，为提高检测效率，则常常使用极限量规来检验。极限量规是用来检验某一孔、轴或内、外螺纹的专用量具，简称量规。极限量规是一种无刻度的专用检验工具，用它来检验工件时，只能确定工件是否在允许的极限尺寸范围内，不能测量出工件的实际尺寸。

极限量规分为光滑极限量规和螺纹量规，如图 3-1-69 和图 3-1-70 所示，而检验孔、轴直径的光滑极限量规又分为塞规、环规和卡规。

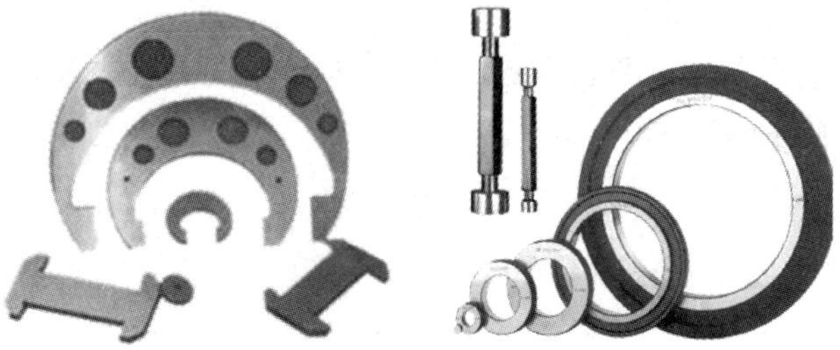

图 3-1-69　光滑极限量规

图 3-1-70　螺纹量规

一、光滑极限量规的使用方法

检验孔径的光滑极限量规又称塞规，图 3-1-71 所示为塞规直径与孔径的关系。通规是按被测孔的最小实体尺寸（孔的下极限尺寸）制造的，又称通端；止规是按被测孔的最大实体尺寸（孔的上极限尺寸）制造的，又称止端。使用时，若塞规的通规能通过被检验的孔，表示被测孔径大于下极限尺寸；若塞规的止规塞不进被测孔，表示被测孔径小于上极限尺寸。这样说明孔的实际尺寸在规定的极限尺寸范围内，被检验孔是合格的。简单地说，通规能通过，止规不能通过，被检验孔是合格的。

同理，检验轴径的光滑极限量规称为环规或卡规，如图 3–1–72 所示。环规和卡规应分为通规和止规。环规和卡规的通规是按被测轴的最大实体尺寸（轴的上极限尺寸）制造的，环规和卡规的止规是按被测轴的最小实体尺寸（轴的下极限尺寸）制造的。使用时，若环规和卡规的通规能通过被检验的轴，表示被测轴径小于上极限尺寸；若环规和卡规的止规塞不进被测轴，表示被测轴径大于下极限尺寸。这样说明轴的实际尺寸在规定的极限尺寸范围内，被检验轴是合格的。简单地说，通规能通过，止规不能通过，被检验轴是合格的。

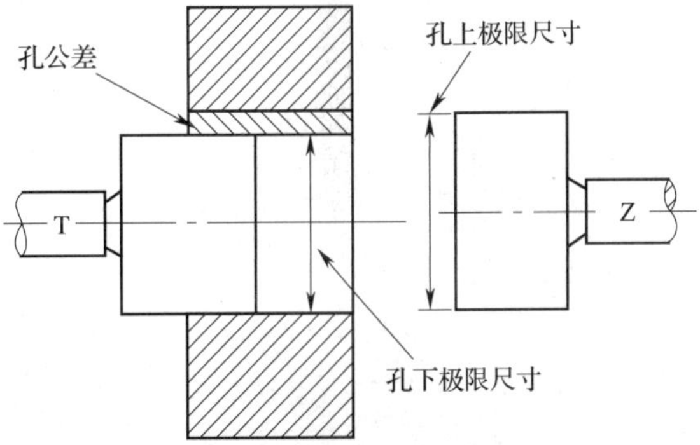

图 3–1–71　塞规直径与孔径的关系

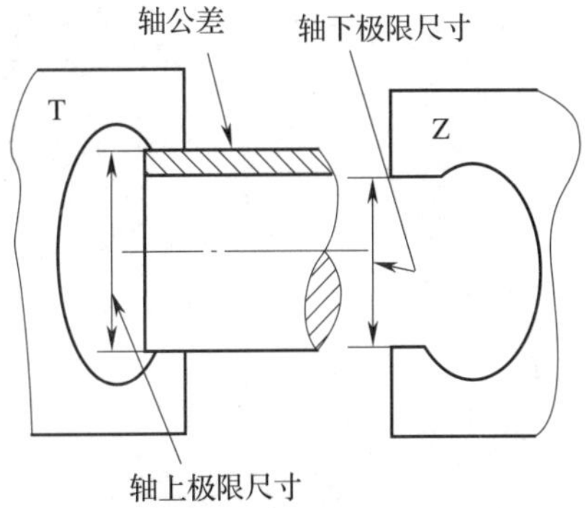

图 3–1–72　环规和卡规

由此可知，不论是塞规还是环规和卡规，只要通规通不过被测工件，或者止规通过了被测工件，即可确定被测工件是不合格的。

工作量规的通规用代号“T”表示，止规用代号“Z”表示。校对量规是用来检验轴用量规（环规或卡规）在制造中是否符合制造公差，在使用中是否已达到磨损极限时用的量规。校对量规分为三种：检验轴用量规通规的校对量规称为“校通—通”量规，用代号“TT”表示；检验轴用量规止规的校对量规称为“校止—通”量规，用代号“ZT”表示；检验轴用量规通规磨损极限的校对量规称为“校通—损”量规，用代号“TS”表示。

螺纹量规的用法与光滑极限量规的用法相似，在此不再赘述。

二、螺纹环规、塞规的使用方法

对于一般标准螺纹，都采用螺纹环规或塞规来测量。在测量外螺纹时，如果螺纹“过端”环规正好旋进，而“止端”环规旋不进，则说明所加工的螺纹符合要求，反之就不合格。测量内螺纹时，采用螺纹塞规，以相同的方法进行测量。

1. 螺纹环规的使用方法

螺纹环规是一种“量具”，用来检测标准外螺纹中径，两个为一套，一个通规，一个止规，如图 3–1–73 所示。环规的内螺纹中径分别按照标准螺纹中径的最大极限尺寸和最小极限尺寸制造，精度非常高。使用螺纹环规口诀：通规通，止规止！

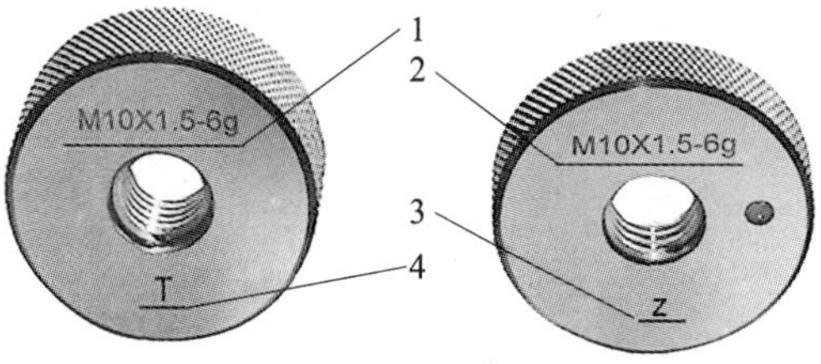

图 3–1–73　外螺纹环规

1—螺纹环规通规的规格　2—螺纹环规止规的规格　3—Z，表示螺纹环规的止规
4—T，表示螺纹环规的通规

（1）螺纹通规

使用前：应经相关检验计量机构检验计量合格后，方可投入生产现场使用。

使用时：应注意被测螺纹公差等级及偏差代号与环规标识的公差等级、偏差代号相同。如 M10 × 1.5–6h 与 M10 × 1.5–6g 两种环规外形相同，其螺纹公差带不相同，错用后将产生批量不合格品。

检验测量过程：首先清理干净被测螺纹油污及杂质，然后在环规与被测螺纹对正后，用大拇指与食指转动环规，使其在自由状态下旋合通过螺纹全部长度判定合格，否则以不通判定。

（2）螺纹止规

使用前：应经相关检验计量机构检验计量合格后，方可投入生产现场使用。

使用时：应注意被测螺纹公差等级及偏差代号与环规标识公差等级、偏差代号相同。

检验测量过程：首先清理干净被测螺纹油污及杂质，然后在环规与被测螺纹对正后，用大拇指与食指转动环规，旋入螺纹长度在 2 个螺距之内为合格，否则判为不合格品。

2. 螺纹塞规的使用方法

对于普通标准内螺纹，一般采用螺纹塞规来测量，如图 3–1–74 所示。如果螺纹塞规“通规”正好旋进，而塞规“止规”旋不进，则说明所加工的螺纹符合要求，反之就不合格。

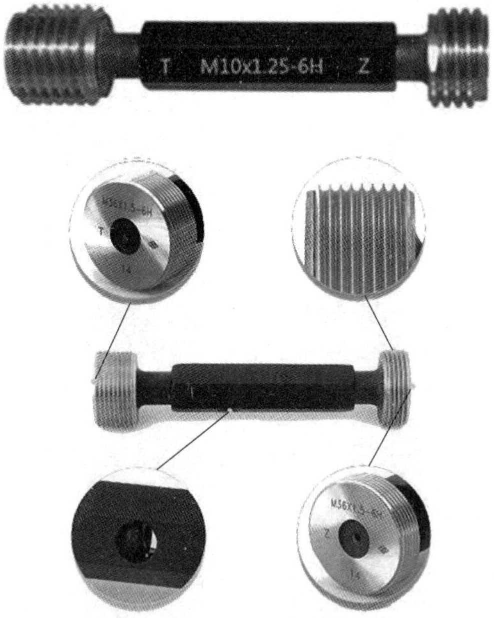

图 3–1–74　检测内螺纹的螺纹塞规

使用方法：

（1）选择螺纹塞规时，应该选择与被测螺纹相匹配的规格。

（2）使用前，先清理干净螺纹塞规和被测螺纹表面的油污、杂质等。

（3）使用时，使螺纹塞规的通端（止端）与被测螺纹对正后，用大拇指和食指转动螺纹规或者被测零件，使其在自由状态下旋转。通常情况下，螺纹塞规的通规可在被测螺纹的任意位置转动，通过全部螺纹长度则判定为合格，否则为不合格产品；在螺纹塞规的止规与被测螺纹对正后，旋入螺纹长度在 2 个螺距之间止住则为合格，不可强行用力通过，否则判为不合格产品。

（4）检测工件时旋转螺纹塞规不能用力拧，用三只手指自然顺畅地旋转，直到止住即可。螺纹塞规退出工件最后一圈时也不能用力拔出，否则会影响产品检验结果的误差。

（5）使用完毕后，及时清理干净螺纹塞规的通端（止端）的表面附着物，并存放在工具柜的量具盒内。

三、专用量具使用与保养注意事项

1. 安全注意事项

（1）非量规检验目的不能使用。

（2）螺纹部及量规部的边角因为存在功能性尖锐部分，因此容易造成操作人员受伤，需加以注意。

（3）需要检验的产品或量规处于运动状态时不能用量规检验。

2. 使用前的注意事项

（1）用轻油或白灯油清洗量规及产品或以干净的抹布擦拭。

（2）确认量规是否存在锈迹、伤痕、毛刺等。

（3）使用前，要辨别哪头是通端，哪头是止端，切勿搞错。

（4）检查量规测头与手柄连接是否牢靠，检查被检测工件部位（特别是内孔）是否有毛刺、凸起、划伤等缺陷。

3. 使用时的注意事项

（1）用抗锈润滑油充分涂抹。

（2）不要对着量规施加冲击力。

（3）量规的正确操作方法可归纳为“轻”“正”“冷”“全”四个字。

轻，就是使用量规时要轻拿轻放，稳妥可靠；不能随意丢掷；不要与工件碰撞，工件放稳后再进行检验；检验时要轻卡轻塞，不可硬卡硬塞。

正，就是用量规检验时位置必须放正，不能歪斜，否则检验结果也不会可靠。

冷，就是当被检工件与量规温度一致时才能进行检验，而不能对刚加工完成还发热的工件进行检验；精密工件应与量规进行等温处理。

全，就是用量规检验工件要全面，才能得到正确、可靠的检验结果。塞规通端要在孔的整个长度上检验，而且还要在 2 ~ 3 个轴向平面内检验；塞规止端要尽可能在孔的两端进行检验。卡规的通端和止端都应沿轴和围绕轴不少于四个位置上进行检验。

4. 保管时的注意事项

（1）保管量规时，应先去除灰尘、切屑等，以防止生锈。

（2）将量规存放在无湿气且温度变化不大的场所。

（3）无论使用情况如何，都应定期进行检查。一般以检定计划为依据，超出有效期的，应及时与量具管理员联系送检。

【综合实训】

【实训任务】

数显游标卡尺的使用。

【操作准备】

数显游标卡尺、白纸、矩形零件若干（带台阶、孔、槽）。

【操作步骤】

步骤 1　检查游标卡尺，如图 3-1-75、图 3-1-76 所示。

（1）检查内量爪、外量爪、深度尺及被测工件表面是否干净，被测工件表面是否有毛刺，如有应先清除。

（2）检查各部件的相互作用，如尺框移动是否灵活，紧固螺钉能否起作用等。

（3）外量爪贴合时应无目力可及的光隙。

（4）检查数字显示是否正常，有无闪烁或死机现象。

（5）打开开关，将量爪并拢，读数置零。

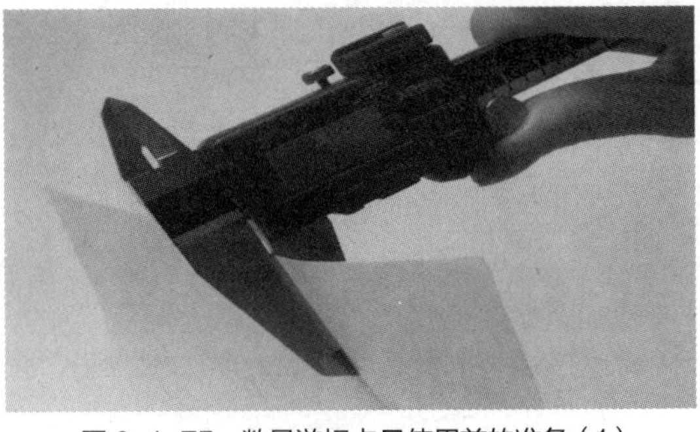

图 3-1-75　数显游标卡尺使用前的准备（1）

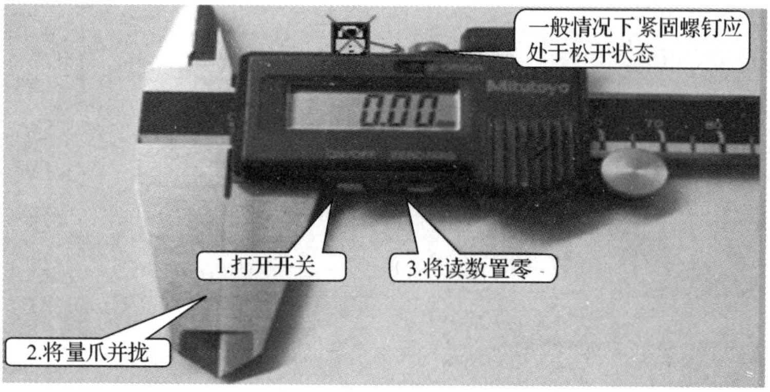

图 3-1-76　数显游标卡尺使用前的准备（2）

步骤 2　外径尺寸的测量，如图 3-1-77 所示。

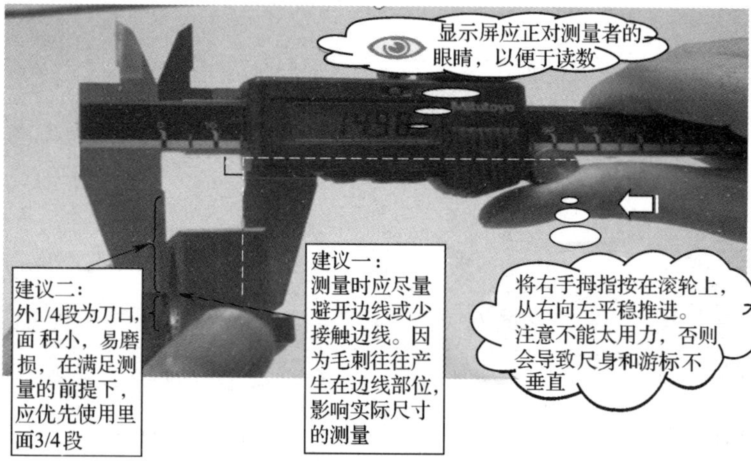

图 3-1-77　外径尺寸的测量

步骤 3　内径尺寸的测量，如图 3-1-78 所示。

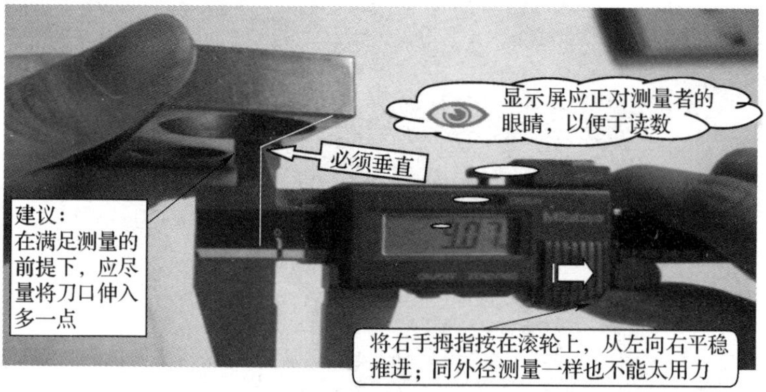

图 3-1-78　内径尺寸的测量

步骤 4　深度尺寸的测量，如图 3-1-79 所示。

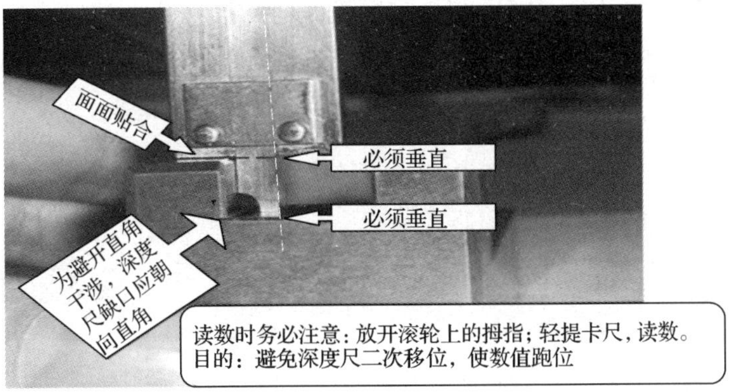

图 3-1-79　深度尺寸的测量

步骤 5　台阶尺寸的测量，如图 3-1-80 所示。

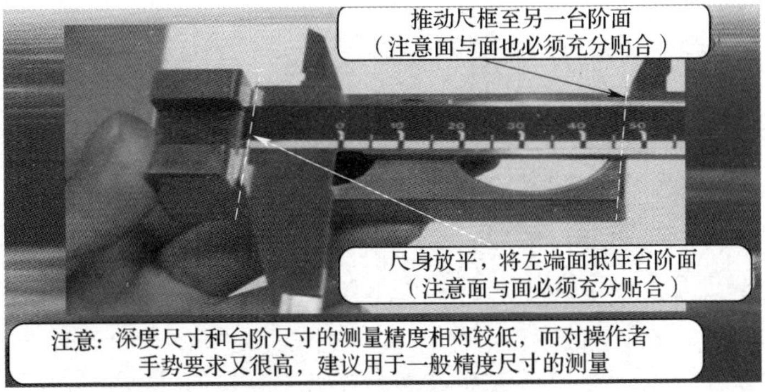

图 3-1-80　台阶尺寸的测量

课程 3-2　装配质量检验

学习内容

学习单元	课程内容	培训建议	课堂学时
（1）机械装配质量检验	1）机械装配质量的检验内容 2）机械装置的润滑、密封与防漏	（1）方法：讲授法、演示法、讨论法	20

续表

学习单元	课程内容	培训建议	课堂学时
（1）机械装配质量检验	3）机械设备的涂装和防锈 4）机械装配质量的检测方法	（2）难点：机械装配质量的检验	20
（2）普通机床空运转试验	1）连续空运转试验基本规定 2）连续空运转试验的内容 3）普通车床空运转试验的程序及基本要求	（1）方法：讲授法、演示法、讨论法 （2）重点：普通机床空运转试验	12

学习单元 1　机械装配质量检验

一、机械装配质量的检验内容

机械设备琳琅满目，每种设备的外观、结构、原理、性能、应用等各有特色，但机械装配质量的检验都包含以下两个方面：

1. 外观质量

（1）机械零件和部件

1）表面处理颜色应一致。

2）喷漆的颜色应无明显色差。

3）表面应无划伤，无擦碰。

4）焊接表面应无焊渣。

5）螺栓拧紧后应标记明显。

6）销安装后的长短应一致。

（2）电气元件

1）安装应正确并整齐。

2）表面应无划伤，无破损。

3）线束上的标签方向应一致，字体应清晰。

（3）气动元件

1）安装应正确并整齐。

2）表面应无划伤，无破损。

2. 性能质量

（1）机械零件和部件

1）连接和固定应可靠（包括螺栓的紧固，销的定位，焊接的可靠性）。

2）硬度应符合图样要求。

3）位置尺寸应符合三坐标检测标准。

（2）电气元件。电气元件应运行正常，符合产品使用要求。

（3）气动元件。气动元件应运行正常，符合产品使用要求。

二、机械装置的润滑、密封与防漏

1. 机械装置的润滑

合理选择润滑装置进行润滑，可以减小摩擦，降低磨损，提高机械的使用效率，延长其使用寿命，同时还可起到冷却、防锈、防尘和吸振等作用。常用的润滑方式分为集中润滑、分散润滑、连续润滑、间歇润滑、压力润滑、无压润滑和循环润滑等多种，生产中根据实际情况灵活选用。

机械中需要润滑的装置主要包括滑动轴承、滚动轴承、导轨、变速箱和链传动机构等。

（1）滑动轴承的润滑。由于轴颈与轴瓦为面接触，摩擦和磨损严重，因此润滑对滑动轴承非常重要。

1）润滑剂的选用。滑动轴承的润滑剂可根据轴颈速度及轴承的工作条件、工作要求和工作环境等进行选择，一般用矿物润滑油和润滑脂。其中以润滑油应用最广泛；润滑脂适用于轴颈速度为 1 ~ 2 m/s 的滑动轴承，在温度变化大或高速场合下不宜使用。

2）润滑方式的选择。重要或精密机床主轴滑动轴承，一般均采用连续润滑（滴油、油浴或压力润滑）方式，以保证其在充分润滑条件下工作；小型、低速或间歇运转的轴承，可用油壶或油杯人工定期供油。

3）润滑油黏度的选择。润滑油黏度的高低由轴颈转速、轴承间隙及轴承所承受的负荷来决定。一般应具有在轴承工作温度下形成油膜的最低黏度。

（2）滚动轴承的润滑

1）润滑剂的选用。滚动轴承可采用油润滑或脂润滑。选用润滑油或润滑脂主要应考虑到摩擦副的运动性质及速度，摩擦副的工作条件、环境温度、摩擦表面状态、润滑方式及机床的特殊要求。在高温条件下工作的润滑剂，热稳定性和化学稳定性要好。而液压系统用油则应具有较好的抗氧化、抗磨损、抗泡沫和防锈蚀等性能，黏度指数还要高。常用的有 L—HL15、L—HL22、L—HL46 液压油及 L—AN32、L—AN46 全损耗系统用油或 N15 主轴油、高速全损耗系统用油等。

2）润滑方式的选择。滚动轴承的润滑方式要根据轴承的具体情况来确定。如间歇运动机构的轴承可采用间歇润滑方式，低速轴承可采用油浴润滑等。

3）润滑剂黏度的选择

① 在冲击、振动或间歇性工作条件下工作的摩擦副，应选用高黏度润滑油（脂）。

② 高速、轻载时，应选用低黏度润滑油（脂）。

③ 低速、重载时，应选用高黏度润滑油（脂）。

润滑油的具体选择如图 3-2-1 所示，根据 *dn*（轴承内径和转速的乘积）值及工作温度选定所需的黏度，然后再从有关手册中选定相应的牌号。

4）润滑剂的充填量。润滑脂一般在装配时加入，轴承润滑脂的充填量不宜过多，一般充填量占轴承内部空间的 1/4 ~ 1/3，高速时应不超过 1/3。如图 3-2-2 所示为轴承座结构及润滑装置。

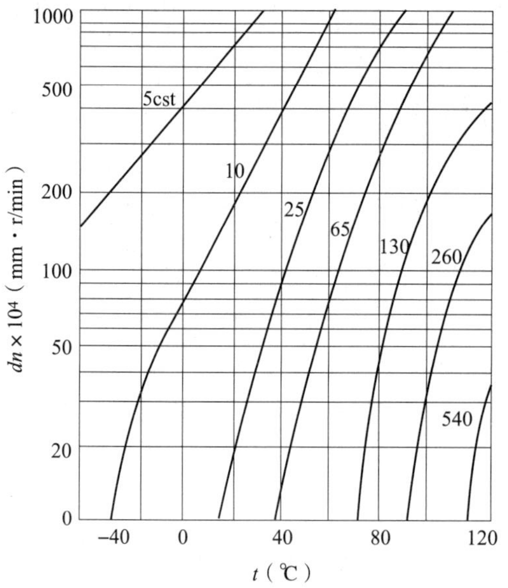

图 3-2-1　润滑油的选择

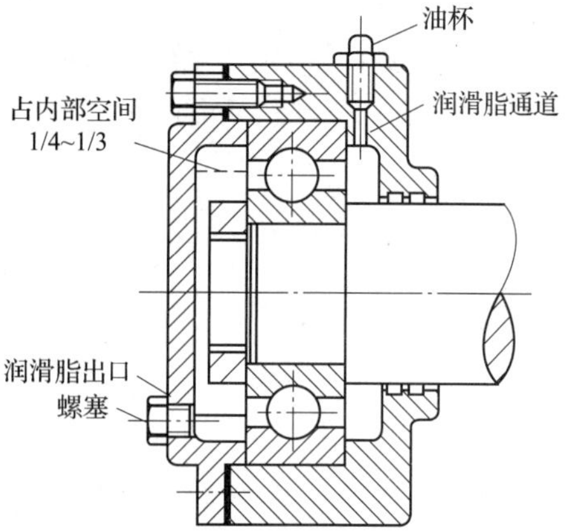

图 3-2-2　轴承座结构及润滑装置

（3）导轨的润滑。导轨因结构形式不同，分为滑动导轨、静压导轨和滚动导轨。对于滑动导轨的润滑有以下要求：

1）润滑方式的选用。当导轨面负荷较小、摩擦频次较小时，采用间歇无压润滑方式；当导轨面负荷较大，且连续摩擦时，采用连续压力循环润滑方式。

2）润滑剂黏度的选择。精密机床导轨滑行速度很慢，当润滑剂供给不足、质量不好或选用不当时，易产生爬行现象，因此，不能使用一般的全损耗系统用油，必须选用具有良好的抗爬行性能并具有合适黏度的导轨油。

当机床导轨面负荷较大时，应选用高黏度的导轨油，如滚齿机、坐标镗床应选用 N68、N100 或 N150 导轨油；若负荷较小，如磨床选用 N32 或 N68 导轨油即可。

导轨和液压系统共用一种油，且负荷低、移动速度慢，大部分磨床属于这种情况。由于液压系统和导轨润滑是同一个油路系统，既要保证加工精度，避免导轨慢速爬行，又要使液压系统正常工作，一般选用运动黏度为 20～40 mm^2/s（50℃）的导轨油。采用叶片泵的机床用 N68 导轨油。

3）润滑性能的改善。机床导轨在修理过程中，可改变修理工艺，用宽刮代替点刮。宽刮利于油楔的建立，增加油膜厚度，减小摩擦因数，从而改善导轨的润滑状态。

（4）变速箱的润滑。变速箱是机械设备中最复杂的部件，由箱体、传动轴、轴承、齿轮副、离合器、凸轮、螺旋副及操纵元件等组成。由于各种不同的摩擦副同时集中在同一箱体中，一般采用集中润滑方式。

对常见的齿轮副，选择变速箱齿轮的润滑方式时主要根据齿轮工作的线速度确定，当齿轮的最大线速度小于 0.8 m/s 时，采用手工涂润滑脂的方式；当齿轮的线速度为 0.8～4 m/s，要求高时采用浸油润滑，一般用润滑脂润滑；当齿轮的线速度为 4～12 m/s 时，齿轮采用浸油润滑；当齿轮的线速度大于 12 m/s 时，采用压力喷油润滑。

一般根据变速箱的变速级数、齿轮中心距和环境温度等选择润滑油黏度。

（5）链传动机构的润滑。根据链节距 p 和链速 v 的不同可采用不同的链传动润滑方式，如图 3–2–3 所示。常选用的润滑剂有 N32 等机械油。注意高温环境下工作应选用黏度较高的润滑油。

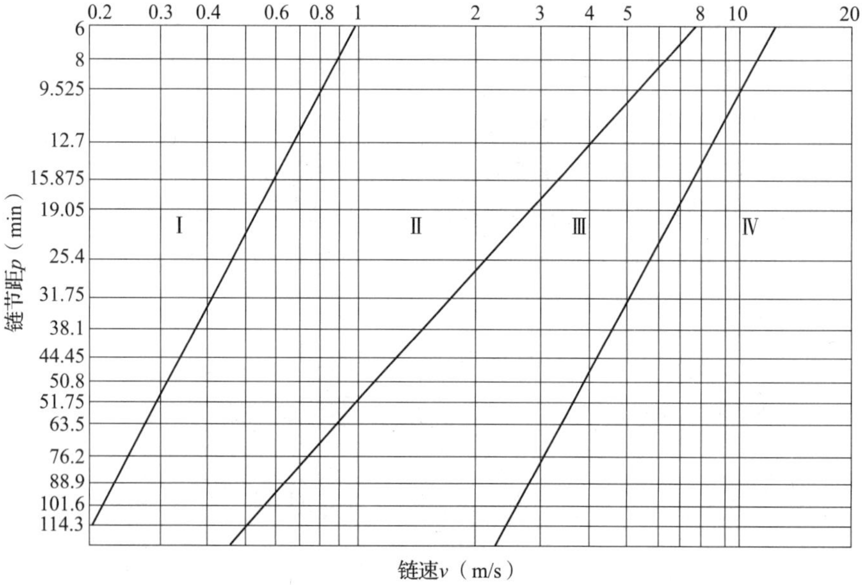

图 3-2-3　推荐的链传动润滑方式

Ⅰ—人工定期润滑　Ⅱ—滴油润滑　Ⅲ—油浴式飞溅润滑　Ⅳ—压力喷油润滑

2. 机械装置的密封

（1）密封的分类见表 3-2-1。

表 3-2-1　密封的分类

静密封	非金属件		
	非金属与金属组合件		
	金属件		
	液压垫圈		
动密封	接触型密封	填料密封	毛毡密封
			压盖填料密封
			成形填料密封
		皮碗密封	
		胀圈密封	
		机械密封	
	非接触型密封	间隙密封	
		迷宫密封	
		离心密封	
		螺旋密封	
		气动密封	

1）静密封。是指密封表面与接合表面（零件的）间无相对运动的密封。

2）动密封。是指密封表面与接合零件间有相对运动的密封。

3）接触型密封。是指靠密封力使密封表面相互压紧以减小或消除间隙的各类密封。绝大多数静密封都属于接触型密封。

4）非接触型密封。是指密封表面间存在定量间隙，不需密封力压密封表面的各类密封。

（2）常用静密封（垫片）的名称、特点及应用见表 3-2-2。

表 3-2-2　常用静密封（垫片）的名称、特点及应用

<table>
<tr><th colspan="2">名称</th><th>材料</th><th colspan="2">原理与特点</th><th>使用条件</th></tr>
<tr><td rowspan="7">非金属和金属复合件（半金属）</td><td>矩形橡胶垫圈</td><td>耐油橡胶</td><td rowspan="7">依靠垫片或密封面的弹性变形</td><td rowspan="3"></td><td>在胶料规定温度范围内，适用于各种介质，用在各种机械设备中，起减振、缓冲和密封作用</td></tr>
<tr><td>油封皮圈</td><td>工业用皮革</td><td>适用于螺栓紧密处密封</td></tr>
<tr><td>油封纸圈</td><td>石棉橡胶板</td><td>适用于不经常拆卸的螺栓紧密处密封</td></tr>
<tr><td>夹金属丝网石棉平垫片</td><td>金属丝网石棉线</td><td>把金属丝网包在石棉线之中</td><td>金属丝网提高石棉的强度，用于高温、高压的场合</td></tr>
<tr><td>金属石棉交织平垫片</td><td>金属丝网石棉线</td><td>金属丝和石棉线编织冲成</td><td>耐高压、高温（不会烧毁），用在内燃机的气缸盖等处</td></tr>
<tr><td>金属夹板石棉平垫片</td><td>钢板、石棉</td><td>在薄钢板的两面压上石棉</td><td>用在高温的水、油、气体中</td></tr>
<tr><td>金属包垫片</td><td>白铁皮（镀锡薄钢板）、软钢、铜、铝、石棉橡胶、石棉板</td><td>外表为金属板，将石棉橡胶或石棉板包起来</td><td>用于高温、高压场合</td></tr>
</table>

续表

名称		材料	原理与特点		使用条件
金属	平垫圈	纯铜、铝或铅	依靠垫片或密封面的弹性变形		同非金属平垫片，但适用于高温、高压场合
	波形垫片	铜、铁、铝、镍		在金属板上压成同心圆的波形，使它具有弹性。两层波形的垫片中，其中一层的内、外径稍凸出，包着另一层的四周	用于3 MPa左右的蒸气密封。两层波形的垫片，使用方法同平垫片
	锯齿形垫片	1cr13		在软铁板上精密切削加工出锯齿形同心圆，齿的尖端接触在法兰面上，在螺栓的紧固压力下产生高的接触应力	用于高压处，以防泄漏
	环形垫圈	铁、软钢、软铝、蒙乃尔合金、不锈钢、铜		金属材料断面为八角形和O形，安装在沟槽中使用	用于防止高压、高温气体泄漏

（3）常用动密封的名称、特点及应用见表3–2–3。

表3–2–3　常用动密封的名称、特点及应用

名称		材料	原理与特点	使用条件
非接触式密封	迷宫密封	—	流体经过很多曲折的通道，经多次节流而产生很大阻力，使流体难以渗漏，达到密封目的	可用于气体、液体或固体密封，用途最广泛的是气体密封（防尘及防其他微粒进入机器内） 不受转速和温度的限制。适当增加箅齿数目，则可用于高压气体密封 对于气体，用在压差只有0.05~0.1 MPa的箅齿密封，采用两个箅齿即可

续表

名称		材料	原理与特点	使用条件
非接触式密封	离心密封	—	借离心力作用（甩油盘）将液体介质沿径向甩出，阻止液体进入泄漏缝隙，从而达到密封目的 不受速度限制，只要甩油盘强度足够，转速越高，则甩油密封的效果越好；转速太低或静止不动，则甩油密封无效	用于密封润滑油及其他液体，但不适用于气体介质。广泛用于各种传动装置。不受高温限制，用于压差为零或接近于零的场合
非接触式密封	螺旋（螺纹）密封	—	利用螺杆泵原理，当液体介质沿泄漏间隙渗漏时，借螺旋作用而将液体介质赶回去，以达到密封目的 设轴的旋转方向 n 从右向左看为顺时针方向，则液体介质与壳体的摩擦力 F 为逆时针方向，而摩擦力 F 在该右旋螺纹螺旋线上的分力 A 向右，故液体介质被赶向右方。设计螺旋密封装置时，对于螺旋赶油的方向要特别注意	仅适用于液体介质的密封，不适用于气体介质的密封。不受高温、高速限制（低速密封性能差）
接触式密封	毛毡密封	—	在壳体槽内填以毛毡圈。毛毡具有天然弹性，呈松孔海绵状，可储存润滑油。轴旋转时，毛毡又将润滑油从轴上刮下反复自行润滑	一般用于低速、常温、常压的电动机、齿轮箱等机械中，用以密封润滑油、润滑脂、黏度高的液体及防尘，但不宜用于气体密封 适用的转速：粗毛毡，$v_c \leq 3$ m/s；优质毛毡，$v_c \leq 10$ m/s。温度不高于 90℃。压力一般为常压

续表

名称			材料	原理与特点	使用条件
接触式密封	填料密封	压盖填料密封（盘根密封）	浸油石棉、橡胶石棉、棉纱、夹布橡胶、橡胶环、涂石墨的石棉、铝箔包石棉、铅丝的金属编织物等	在轴与壳体之间填充弹性材料，以堵塞泄漏间隙，达到密封目的 在轴与壳体之间缠绕盘根，然后用压盖和螺钉压紧。压力和转速有一定关系，压力较低时，可允许转速高；压力较高时，则转速要低	用作液体或气体介质的密封，广泛应用于各种泵类（如水泵、真空泵等） 根据盘根材料及结构不同，可用在不同的压力（1.2 MPa左右）、温度（250℃左右）和速度（一般小于6 m/s）中
接触式密封	填料密封	成型密封	橡胶、聚氨酯弹性体	在环形槽中放置橡胶圈。摩擦力小，成本低。所占空间小，用在低速[≤3 m/s（当直径为ϕ30 mm时）]	适用于往复运动、旋转运动及固定密封，压力小于32 MPa，温度为−20 ~ 90℃ 用于各种机械设备中，常用于油缸、活塞杆或活塞密封。用在矿物油、水及气体介质中
接触式密封	皮碗式密封		橡胶、皮革、塑料及其他弹性材料	利用皮碗的唇边与轴接触，消除泄漏间隙，达到密封目的 皮碗的设计最关键的是唇边口设计和弹簧力的选择 分为有骨架与无骨架，有弹簧与无弹簧	常用于液体密封，尤其广泛用于尺寸不大的传动装置中密封润滑油，也用于封气或防尘。多层皮碗专用于灰尘、泥土、沙石较多的场合

续表

名称		材料	原理与特点	使用条件
接触式密封	胀圈密封	合金铸铁、锡青铜、钢	将带切口的弹性环放入槽中，由于胀圈本身的弹力而使其外圆紧贴在壳体上，胀圈外径与壳体间无相对运动，由于介质压力的作用，胀圈以其一端面靠在胀圈槽的一侧，相对摩擦即产生于此端面上	一般用于液体介质密封（因胀圈工作时必须以液体润滑），广泛用于密封油的装置中。用于气体密封时，要有润滑油摩擦面，工作温度不高于 200 ℃，$v_c \leq$ 10 m/s 压力：往复运动不高于 70 MPa，旋转运动不高于 1.5 MPa
	机械密封	石墨、聚四氟乙烯、酚醛塑料、陶瓷、铸铁、碳钢、铬钢、铬镍钢、青铜、高硅铸铁、金属碳化物	动环和静环垂直于轴线的光洁而平直的表面上互相贴合，并做相对转动而构成密封的装置。机械密封的密封效果好，很少渗漏	适用于高温（350 ℃）、高速（50 m/s）、高压（64.5 MPa）、低温、有毒、真空、腐蚀性、磨蚀性、易燃及易爆场合

3. 机械设备的防漏

在机械设备中，润滑油的泄漏是维护工作中较普遍、较难治理的问题之一，通常采取不同的方法和措施进行有效的防治。

（1）漏油的检查与原因分析

1）漏油的形态。通常将漏油划分为渗油、滴油和流油三种形态。

①渗油。静接合面部位，每 30 min 滴 1 滴油为渗油；动接合面部位，每 6 min 滴 1 滴油为渗油。

②滴油。无论是动接合面还是静接合面，每 2 ~ 3 min 滴 1 滴油时为滴油。

③流油。每 1 min 滴 5 滴油时，就认为是流油。

2）漏油一般的检查方法。漏油的检查主要是指对机械系统和液压润滑系统漏油的检查，其检查内容及方法见表 3–2–4。

3）设备漏油的常见原因。设备漏油可归纳成两方面的原因，其原因分析见表 3–2–5。

（2）治漏的一般标准与方法

1）治漏的一般标准。治漏应达到的标准如下：设备外部静接合面处不得有渗油现象，动接合面处允许有轻微渗油但不得流到地面上；在设备内部允许有些渗油，但不得渗入电气箱和传动带上，不得滴落到地面，并能回到油箱内。

2）治漏方法。常用的治漏方法及应用见表 3-2-6。

表 3-2-4　漏油检查的内容及方法

检查内容	检查方法
机械系统漏油	（1）按照部件进行普查。先将被检部件外表擦干净，再观察漏油部位并测定渗漏程度。对静密封处主要检查箱体盖缝、油标、油管、管接头处，对动密封注意检查轴孔配合处、旋转工作台等
	（2）对重点部件要进行细查，如箱体等
	（3）重视设备在使用过程中的日常观察工作。在日常对设备的清洁工作中注意观察渗漏情况，弄清楚渗漏部位
液压润滑系统漏油	（1）按顺序进行普查。从油泵开始，依次检查滤油器、控制阀、油管、管接头、油缸等部位。检查应在擦干净后的正常供油状态下进行。对于重点怀疑的部位可缠上白色吸油纸，观察是否因有油渗出而变黄的现象，以便判断
	（2）通过增压试验进行检查。为了检查出可能漏油的薄弱环节，可以进行增压试验，使压力比正常工作压力高出 25% ~ 30%，然后检查油路各部分的渗漏情况
	（3）由日常液压动作进行观察。对于液压系统来说，不仅要防治其外泄漏问题，还要注意从部件的一个腔流到另一腔的内泄漏问题。内泄漏可以表现在动作失调、开关失灵、效率下降等方面

表 3-2-5　设备漏油的常见原因

类 型	原因分析
先天性的原因	（1）设计不合理。对密封结构考虑不周，造成润滑油回流不畅或飞溅溢出
	（2）不按制造工艺施工。如接合面粗糙不平，尺寸超差；运动副材料早期磨损，造成间隙过大；紧固件旋紧顺序不对，紧固力大小不均匀；铸件未经时效处理，接合面变形等而发生泄漏
	（3）密封件的选用、制造、安装不当
生产过程中的原因	（1）加工材料侵入。当机床加工铸铁等易产生硬质颗粒或粉末的工件时，硬颗粒及粉末容易侵入运动副中，加剧其磨损，使间隙增大、密封失效而发生泄漏

续表

类型	原因分析
生产过程中的原因	（2）机床开停频繁。当启动机床时，各运动副刚运转的一瞬间，一般都处于半干摩擦状态，各运动副容易磨损。如机床开停频繁，运动副的磨损速度必然加快，使其间隙迅速增大而发生泄漏。同时运动副的间隙增大，也必然导致振动加大，反过来又促使磨损加速，造成更大的泄漏
	（3）振动。机床振动能歪曲接合面形状，降低接合精度，引起紧固件松动，使静密封失效
	（4）未注意维护与保养。未定期更换密封件，不定期、定量加润滑油（脂），不及时调整间隙，检修质量不符合标准，这些都必然导致泄漏的发生

表 3-2-6　常用的治漏方法及应用

方法	应用
紧固法	通过紧固渗漏部位的螺钉、螺母、管接头等来消除连接部位因松动而引起的漏油现象
疏通法	保证回流油路畅通，不被污物堵住；将过小的回油孔改成大直径回油孔或增加新的回油孔使油路畅通
封涂法	在渗漏处涂抹封口胶进行密封紧固，以消除渗漏现象。此方法简单方便，成本低廉，效果明显，适应性广
调整法	调整相关件的位置。如调整滑动轴承孔与轴颈之间的间隙，减小液压润滑系统的压力，调整刮油装置（如毛毡等）的松、紧、高、低等。调整法是治漏的首选方法
堵漏法	对漏油的铸件砂眼、螺纹通孔进行堵塞治漏。如在箱体的砂眼处堵塞环氧树脂，在通孔堵塞铅块等
修理法	箱盖接合面不严密时，对其进行表面刮研修理；对油管喇叭口进行修理；液压润滑件因毛刺、拉伤、变形而漏油时，对液压件进行修理等，通过修理达到治漏的目的
换件法	更换密封件或相关件，达到治漏的目的
改造法	对因设计不合理而造成的漏油，可通过改造原有的结构、改换密封件、改变润滑介质、减小配合间隙、增加挡油板及接油盘等方法进行改造治漏。改造治漏要注意不要破坏设备原有的强度和刚度

三、机械设备的涂装和防锈

涂装在机械制造业中是指用工具或设备，对工件、产品或整个工件系统的表面进行喷涂、浸漆的工作。对于机器、零件涂装的目的是提高防腐蚀性能，便于清洗和保养，装饰外观等。

1. 涂装的方法

涂装的方法有刷漆、喷漆（包括烘漆）、浸渍法涂漆、电泳、静电喷漆、粉末喷漆（塑）等。

2. 涂装工艺

各种涂装方法的工艺过程基本相同，下面简单介绍刷漆和喷漆的工艺。

（1）根据涂装工件的材质和涂装质量等要求，先进行工件的表面处理。工件的表面处理主要有去除污物、油腻、锈蚀（斑），可采用铲刮（旧漆的去除）、砂纸打磨、脱脂（表面擦溶剂等）、酸洗、磷化处理等方法。有些焊接表面还需用角向磨光机打磨，使其表面平整。有的铸件需要经过喷砂处理。通过表面处理的工件表面应该平整、光滑、无毛刺。

（2）工件表面及衔接处刮腻子。要按工件的材质和表面质量要求来调配和刮抹腻子。刮腻子后要进行打磨，使工件表面光滑、平整，然后除去灰尘（残余的细颗粒等）。

（3）涂料的调配。涂料分为单色、双色、三色组合的颜色。有些涂料还需要加入一定量的稀释剂（如香蕉水、甲苯等）。调配用量应一次完成。

（4）刷漆或喷漆。涂刷和喷涂一般都要两次以上才能得到满意的结果。

（5）干燥。涂刷后必须把工件放在无尘、通风干燥处晾干。烘烤的工件可在烘干后直接取出使用。

四、机床装配质量的检测方法

1. 机床主轴和工作台回转精度的检验

当主轴箱、旋转工作台及简单机械装置装配完成后，就要对主轴或旋转工作台的有关旋转精度进行检查并调整。

（1）径向圆跳动和斜向圆跳动的检验

1）检验主轴（工作台）锥孔的径向圆跳动。如图 3–2–4 所示，在锥孔中紧密地插一根锥柄检验棒，将百分表（或千分表）固定在机床上，使百分表（或千分表）测头顶在检验棒表面上，旋转主轴（或工作台），分别靠在近主轴端的 *a* 处和距 *a* 处一定距离（300 mm 或 500 mm）的 *b* 处检验径向圆跳动。*a*、*b* 的误差分别计算。百分表读数的最大差值就是径向圆跳动的数值。

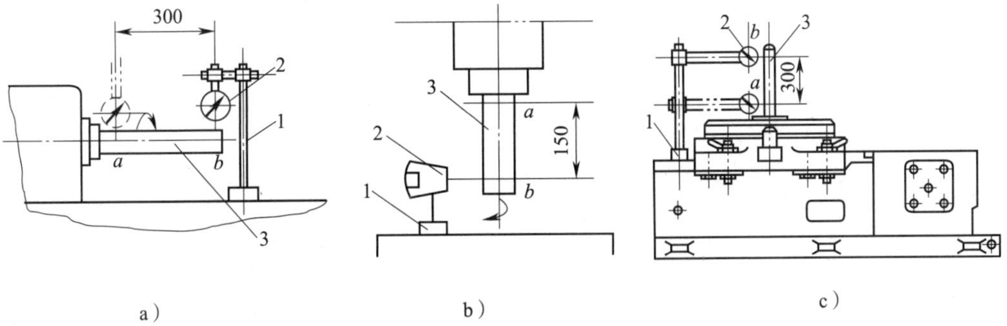

图 3–2–4　主轴（或圆工作台）锥孔径向圆跳动的检验

1—磁性表座　2—百分表（或千分表）　3—检验棒

为了避免锥孔接触不良带来的误差，可将检验棒取出转过 180° 后再插入锥孔，按照上述方法重复检验一次。将前后两次的检验结果取平均值，就是径向圆跳动的数值。

2）主轴装弹簧夹头孔径向圆跳动的检验。图 3–2–5 所示为检验主轴装弹簧夹头孔的径向圆跳动。在弹簧夹头孔中夹紧一根检验棒，将百分表（或千分表）固定在机床上，使百分表（或千分表）测头顶在检验棒的表面上。旋转主轴，分别在主轴端 *a* 处和 *b* 处检验径向圆跳动。第一次读数后，松开检验棒，转 120° 重新夹紧，再测量一次；再转 120° 测一次。*a*、*b* 的误差分别计算。百分表（或千分表）在 *a* 处和 *b* 处三次读数的平均值就是 *a*、*b* 处径向圆跳动的数值。

3）主轴锥孔斜向圆跳动的检验。如图 3–2–6 所示，将杠杆百分表固定在机床上，使杠杆百分表测头顶在主轴锥孔的内表面上，旋转主轴，杠杆百分表读数的最大差值就是斜向圆跳动的数值。这种方法在检验内圆磨头主轴锥孔时采用。

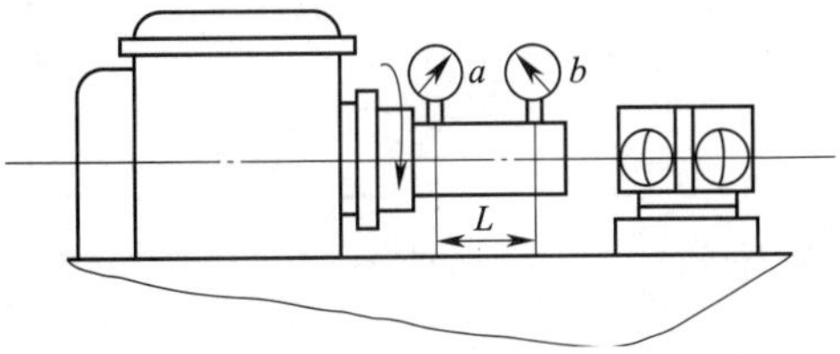

图 3–2–5　主轴装弹簧夹头孔径向圆跳动的检验

4）主轴定心轴颈径向圆跳动和斜向圆跳动的检验。如图 3–2–7 所示，将百分表

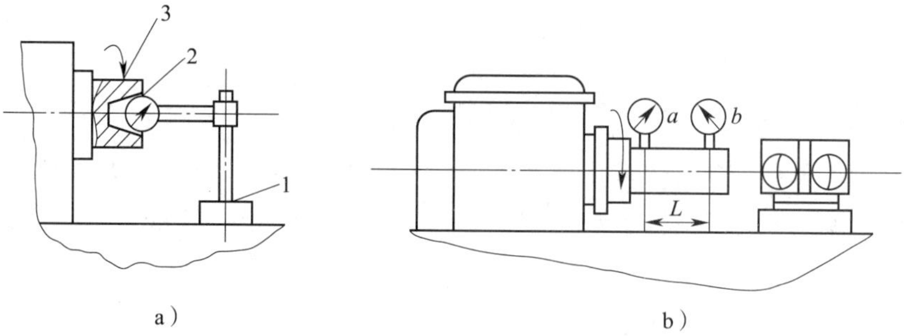

图 3-2-6　主轴锥孔斜向圆跳动的检验

1—磁性表座　2—杠杆百分表　3—内圆磨头主轴

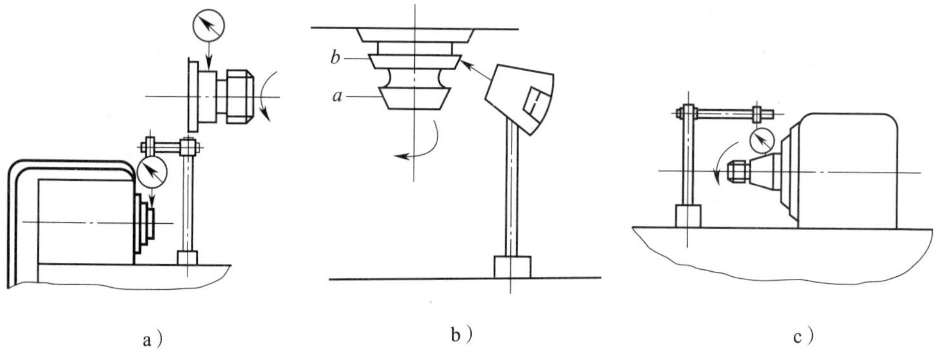

图 3-2-7　主轴定心轴颈径向圆跳动和斜向圆跳动的检验

（或千分表）固定在机床上，使百分表（或千分表）测头顶在主轴定心轴颈表面上，旋转主轴。百分表（或千分表）读数的最大差值就是定心轴颈径向圆跳动和斜向圆跳动的数值。

5）工作台检验表面和定心孔径向圆跳动的检验。图 3-2-8 所示为机床工作台检验表面径向圆跳动的检验。图 3-2-9 所示为卧轴圆台平面磨床工作台定心孔径向圆跳动的检验。

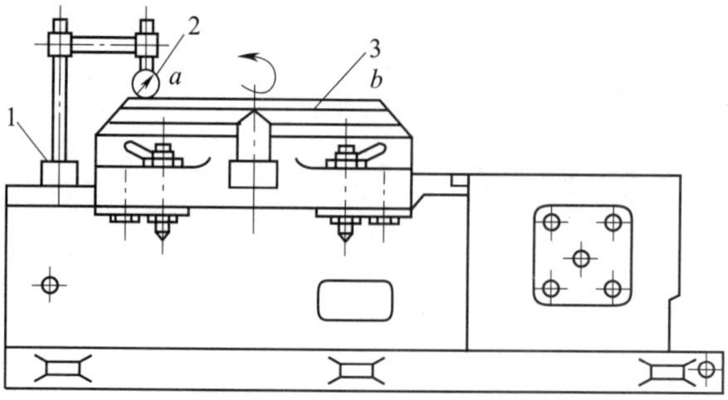

图 3-2-8　工作台检验表面径向圆跳动的检验

1—磁性表座　2—百分表（或千分表）　3—工作台

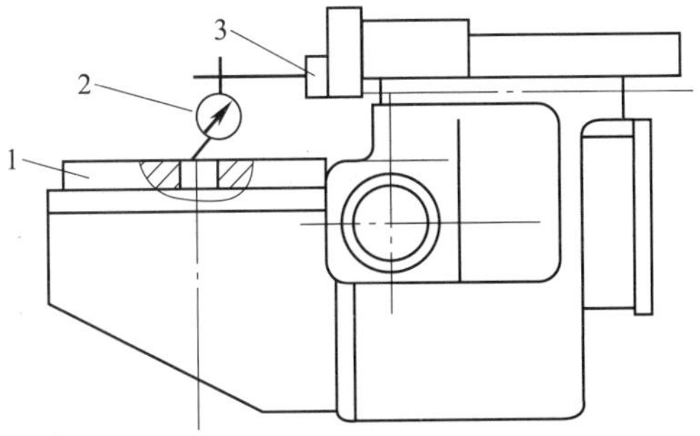

图 3-2-9　工作台定心孔径向圆跳动的检验

1—工作台　2—杠杆百分表　3—磁性表座

将百分表（或千分表）固定在机床上，使百分表（或千分表）测头顶在被检验表面上，旋转工作台，百分表（或千分表）的最大读数差值即为工作台检验表面（定心孔）径向圆跳动的数值。

6）其他轴类径向圆跳动的检验。单轴纵切自动车床分配轴装凸轮的轴颈的径向圆跳动检验方法如图 3-2-10 所示。将百分表（或千分表）的测头分别顶在主轴箱凸轮轴颈的 *a* 处、主刀架凸轮轴颈的 *b* 处、平刀架凸轮轴颈的 *c* 处和附件凸轮轴颈的 *d* 处进行测量。

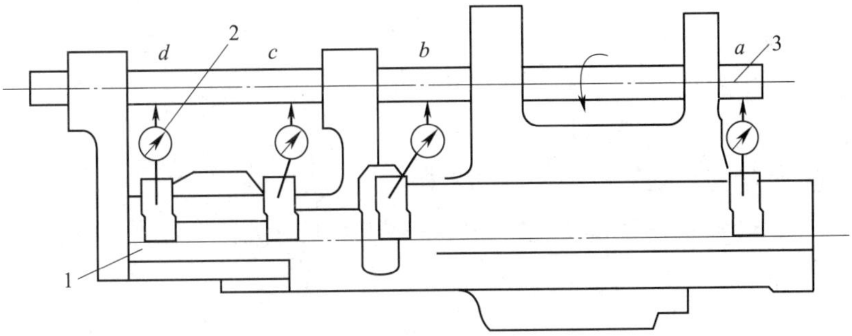

图 3-2-10　分配轴径向圆跳动的检验

1—磁性表座　2—百分表（或千分表）　3—分配轴

（2）端面圆跳动和轴向窜动的检验

1）主轴端面圆跳动的检验。对主轴上支承夹具或刀具的端面要检查其端面圆跳动，检验方法如图 3-2-11 所示。使百分表（或千分表）测头顶在轴肩支承面靠近边缘处，旋转主轴，分别在相隔 180° 的 *a* 点和 *b* 点检验，*a* 点和 *b* 点的误差分别计算。百分表（或千分表）两次

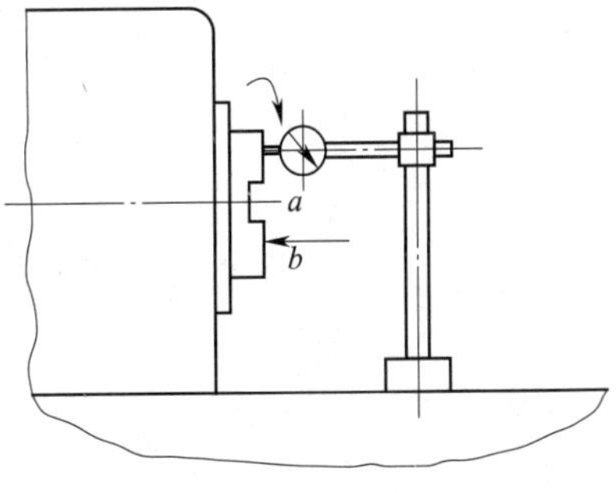

图 3-2-11　主轴端面圆跳动的检验

读数的最大差值就是轴肩支承面端面圆跳动的数值。

2）工作台端面圆跳动的检验。其方法和检验主轴端面圆跳动一样。如图 3–2–12 所示，将百分表（或千分表）固定在机床上，测头顶在工作台靠近边缘的地方，旋转工作台，在相隔 180° 的两点 *a*、*b* 处分别检验，误差分别计算。百分表（或千分表）读数的最大差值就是端面圆跳动的数值。

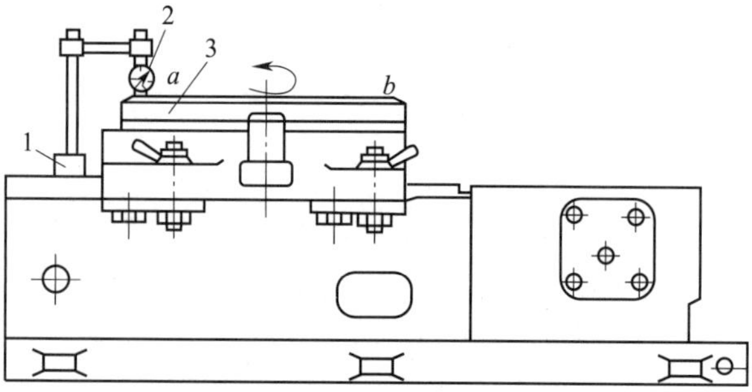

图 3–2–12　工作台端面圆跳动的检验

1—磁性表座　2—百分表（或千分表）　3—工作台

3）主轴轴向窜动的检验。如图 3–2–13a 所示，将平头百分表（或千分表）固定在机床上，使其测头顶在主轴中心孔中的钢球上，旋转主轴，百分表读数最大差值就是轴向窜动的数值。

带锥孔主轴的轴向窜动应在主轴锥孔中紧密插入一根锥柄短检验棒，其中心孔内装有钢球，测量方法如图 3–2–13b 所示。

丝杠和蜗杆轴向窜动的检验方法和检验主轴一样。但在检验时，丝杠和蜗杆要在正、反转时分别检验，百分表（或千分表）读数的最大差值就是轴向窜动的数值，如图 3–2–13c 所示。

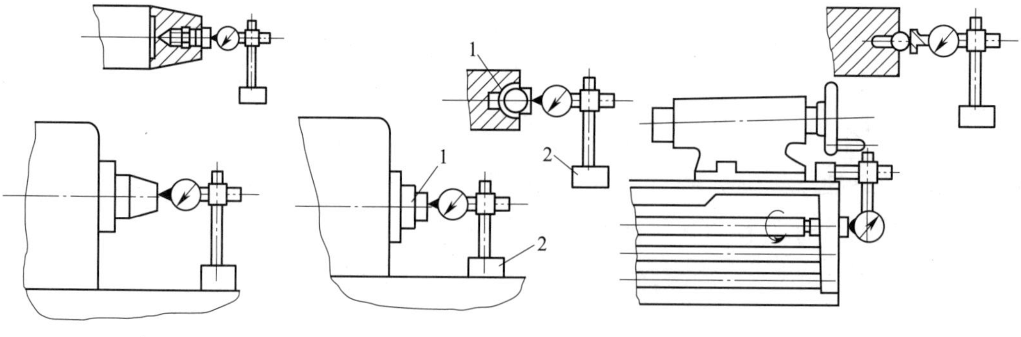

a）　　b）　　c）

图 3–2–13　轴向窜动的检验

1—锥柄短检验棒　2—磁性表座

2. 等高度和等距度的检验

如图 3-2-14 所示为车床主轴锥孔中心线和尾座套筒锥孔轴线对床身导轨等高度的检验方法。在主轴锥孔和尾座套筒锥孔中插入两顶尖，在两顶尖间顶一根检验棒。把百分表（或千分表）固定在床鞍上，使百分表（或千分表）测头顶在检验棒的侧母线上，调整尾座，移动床鞍，在检验棒两端检验，百分表（或千分表）在两端读数的差值就是等高度误差。

如图 3-2-15 所示为内圆磨头支架孔轴线对头架主轴轴线等高度的检验方法。在内圆磨头支架孔中装一检验棒，在头架主轴锥孔内插入一根直径相等的检验棒。在工作台桥板上放一百分表（或千分表），使其测头分别触及两根检验棒进行检验，百分表（或千分表）读数的差值就是内圆磨头支架孔轴线对头架主轴轴线的等高度误差。

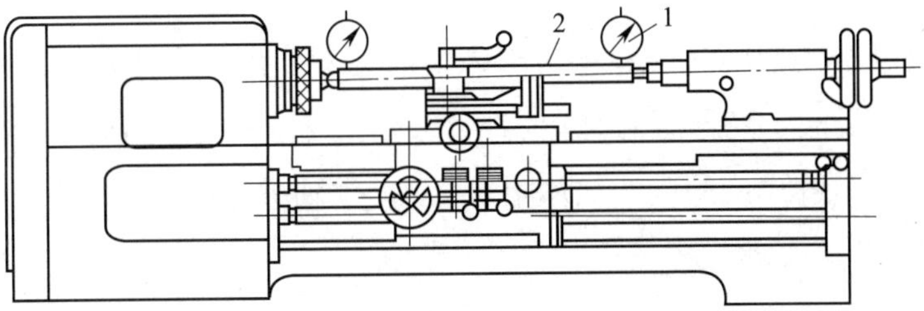

图 3-2-14　车床床头、尾座等高度的检验

1—百分表（或千分表）　2—圆柱检验棒

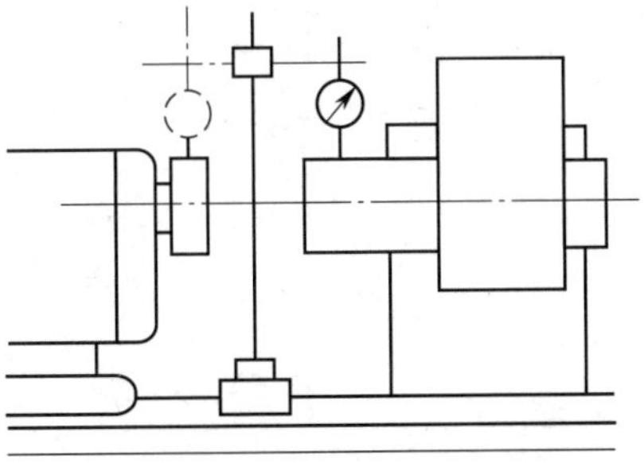

图 3-2-15　内圆磨头支架孔轴线对头架主轴轴线等高度的检验

如图 3-2-16 所示为普通车床光杠两轴承轴线对床身导轨等距度的检验方法。在床身导轨上放一个与 V 形导轨相配的专用表座，在专用表座上固定两个百分表（或千分表），使其测头一个顶在光杠的上母线 *a* 上，一个顶在光杠的侧母线 *b* 上，床鞍位于床身的中间位置。在 *A*、*B*、*C* 三处各检验一次。然后将光杠旋转 180°，再同样检

验一次，a、b 的误差分别计算。百分表（或千分表）在 A、B、C 三点读数的最大差值就是等距度误差。

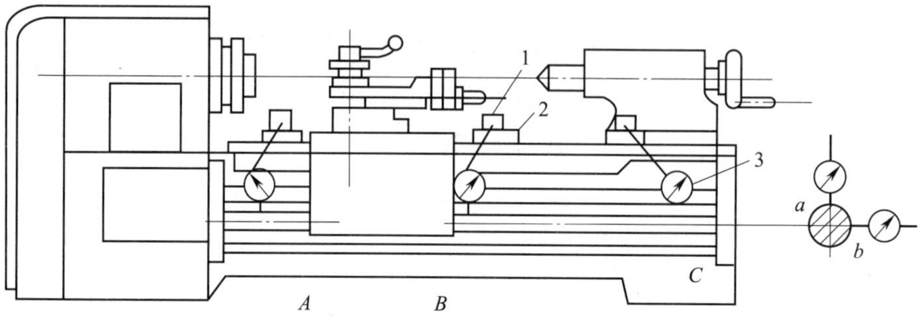

图 3-2-16　光杠两轴承轴线对床身导轨等距度的检验

1—磁性表座　2—专用垫板　3—百分表（或千分表）

3. 同轴度的检验

（1）回转法。用回转法检验六角车床主轴对工具孔的同轴度如图 3-2-17 所示。将百分表（或千分表）固定在主轴上，使百分表（或千分表）测头顶在被检验孔或轴的表面上（或插入孔中的检验棒表面上），旋转主轴进行检验，百分表（或千分表）读数差的一半即为同轴度误差。

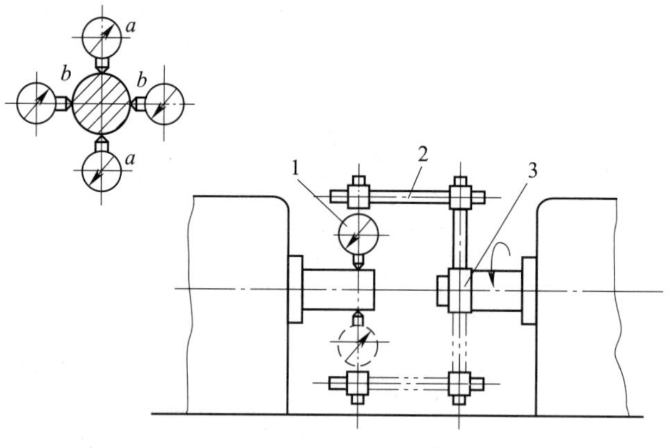

图 3-2-17　同轴度回转检验法

1—百分表　2—百分表座　3—轴环

（2）堵塞法。当检验滚齿机滚刀刀杆托架轴承与滚刀主轴回转轴线的同轴度误差时，因位置太紧凑而采用堵塞法，如图 3-2-18 所示。

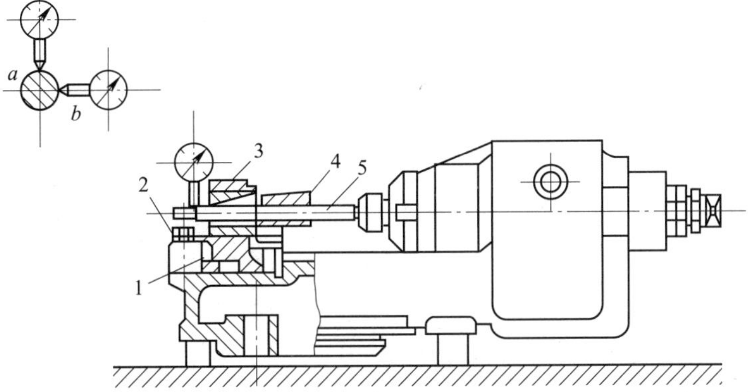

图 3-2-18　同轴度堵塞检验法

1—滚刀心轴托架　2—压板　3—外锥套　4—内锥套　5—滚刀心轴

4. 齿轮啮合质量检验

齿轮传动是机械中常用的传动方式之一。当齿轮轴部件装入箱体后，要检查齿轮的啮合质量，主要检验项目如下：

（1）齿侧间隙的检验。齿侧间隙的检验方法有以下两种：

1）压铅丝法。如图 3-2-19 所示，在齿面两端平行放置两根铅丝，转动齿轮对铅丝进行挤压，测量被挤压的铅丝的厚度即为侧隙值。所用铅丝的直径一般不宜超过标准间隙的 3 倍。

2）百分表法。如图 3-2-20 所示。将百分表的测头与一齿轮分度圆处齿面接触，另一齿轮固定不动，将接触百分表测头的齿轮从一侧啮合转动到另一侧啮合，百分表读数差就是齿轮副周向侧隙。不同齿轮啮合时侧隙值根据精度不同要求也不一样。此方法通常用于传动精度要求高的场合。

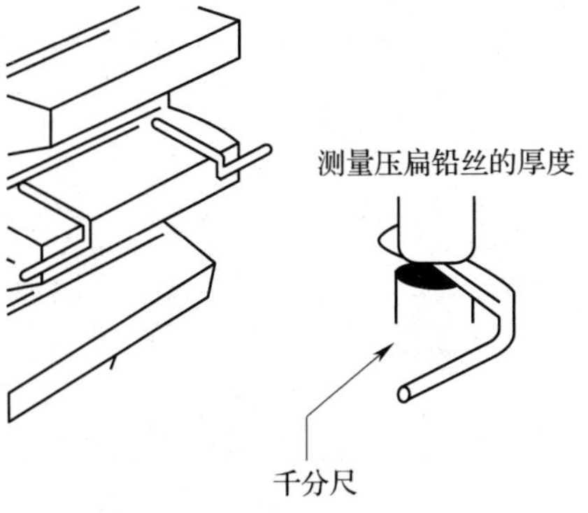

图 3-2-19　用压铅丝法检验侧隙

图 3-2-20　用百分表法检验侧隙

检查齿轮副啮合间隙时，应在齿轮圆周上均匀选择四个相对位置（0°、90°、180°、270°）进行，检测后得到的四组数据分别记录并取其平均值。

（2）接触精度的检验。接触精度的主要指标是接触斑点，其检验一般用涂色法。将红丹粉涂于主动齿轮齿面上，转动齿轮并使被动齿轮轻微制动，对双向工作的齿轮，正反两个方向均要检验。

齿轮上接触痕迹面积的大小应随齿轮精度而定，一般传动齿轮在轮齿高度上接触斑点的高度不少于整个轮齿高度的 30% ~ 50%，在轮齿宽度上接触斑点的宽度不少于整个轮齿宽度的 40% ~ 70%，其分布应在节圆处上下对称分布。

影响齿轮接触精度的主要因素是齿形精度及齿轮的安装是否正确。当接触斑点位置正确而面积太小时，是齿形误差太大所致，应提高齿轮的制造精度。齿形正确而安装有误差造成接触不良的原因及调整方法见表 3–2–7。

表 3–2–7　渐开线圆柱齿轮由于安装有误差造成接触不良的原因及调整方法

接触斑点	原因分析	调整方法
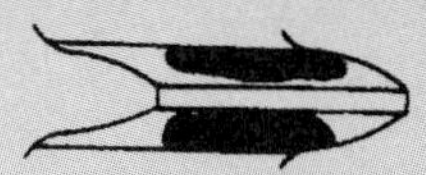 正常接触		
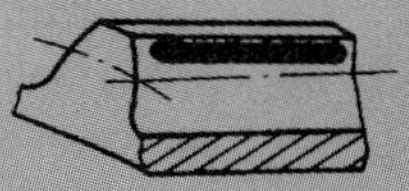 上齿面接触	中心距偏大	可在中心距允许范围内，刮削轴瓦或调整轴承座
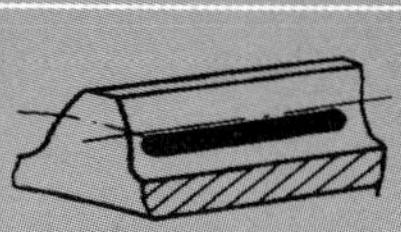 下齿面接触	中心距偏小	
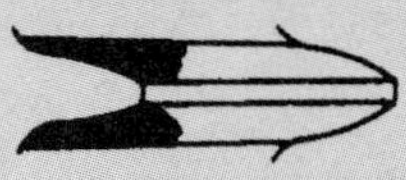 同向偏接触	两齿轮轴线不平行	可在中心距允许范围内，刮削轴瓦或调整轴承座
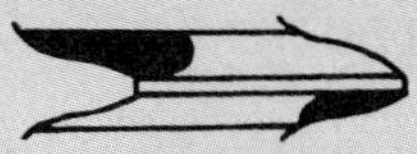 异向偏接触	两齿轮轴线歪斜	

续表

接触斑点	原因分析	调整方法
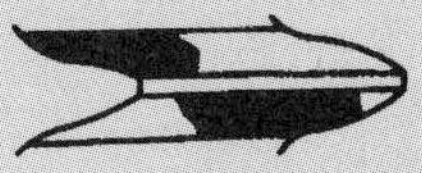 单面偏接触	两齿轮轴线不平行且歪斜	可在中心距允许范围内，刮削轴瓦或调整轴承座
 游离接触	齿轮端面与回转中心线不垂直	检查并校正齿轮端面与回转中心线的垂直度
不规则接触（有时齿面一个点接触，有时在端面边线上接触）	齿面有毛刺或有碰伤隆起	去除毛刺，修整

5. 蜗杆传动机构啮合质量检验

（1）蜗轮轴向位置及接触斑点的检验。用涂色法检验，先将红丹粉涂在蜗杆螺旋面上，转动蜗杆，可在蜗轮轮齿上获得接触斑点，如图 3–2–21 所示。图 3–2–21a 所示为正确接触位置，斑点应在蜗轮轮齿中部稍偏于旋出方向。图 3–2–21b、c 所示蜗轮位置不对，应通过配磨垫片来调整蜗轮的轴向位置。

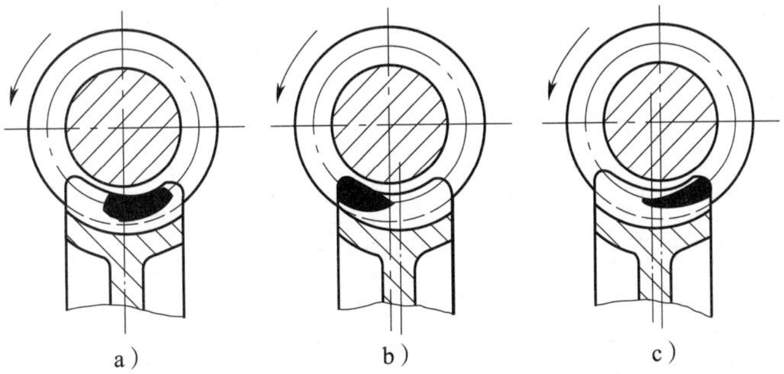

图 3–2–21　用涂色法检验蜗轮齿面接触斑点

a）正确　b）蜗轮偏右　c）蜗轮偏左

（2）齿侧间隙的检验。齿侧间隙一般用百分表检验，如图 3–2–22a 所示。在蜗杆轴上固定一带分度的刻度盘 2，百分表测头顶在蜗轮齿面上，用手转动蜗杆，在百分表指针不动的情况下，用刻度盘的最大转角来衡量侧隙的大小。如百分表直接与蜗轮齿面接触有困难时，可在蜗轮轴上装一测量杆，如图 3-2-22b 所示。装配后的蜗杆传动机构还应检查其转动的灵活性。

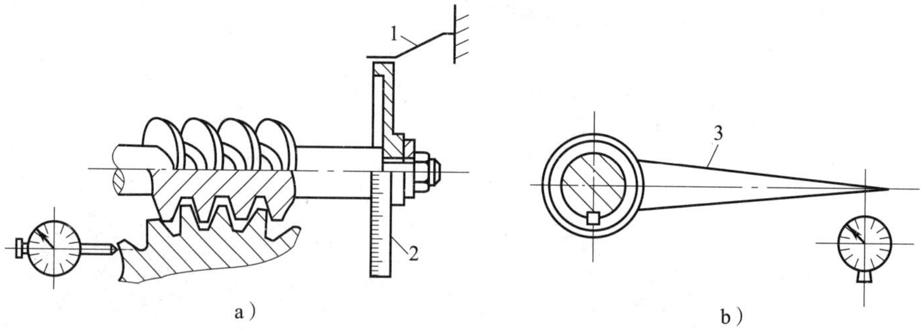

图 3-2-22　蜗杆传动侧隙的检验
a）直接测量法　b）测量杆测量法
1—固定指针　2—刻度盘　3—测量杆

侧隙和转角有以下近似关系：

$$c_h=\pi zm=\frac{\alpha}{360}$$

式中　c_h——侧隙，mm；

z——蜗杆头数；

m——模数，mm；

α——空程转角，（°）。

【综合实训】

【实训任务 1】

普通车床尾座精度检验。

【操作准备】

1. 材料准备

检验心轴、红丹粉、机油、清洗零件用的煤油等。

2. 工具准备

套装工具（34 件）、台虎钳、划线平板、顶拔器（拉马）、纯铜棒、冲击套筒、截链器、冲击扳手。套装工具包括工具箱、内六角扳手、呆扳手、活扳手、锉刀、丝锥、铰杠、划规、样冲、锤子、圆板牙、板牙架、螺钉旋具、锯弓、尖嘴钳、钢丝钳等。

3. 量具准备

游标卡尺、游标万能角度尺、宽度角尺、百分表、千分尺、塞尺、水平仪等。

4. 设备准备

C6132A 型车床。

【操作步骤】

首先以床身上尾座导轨为基准，配刮尾座底板，使其达到精度要求，然后将尾座部件装在床身上。

步骤 1　床鞍移动轨迹对尾座套筒伸出部分轴线平行度的检验

测量方法：使顶尖伸出尾座体 100 mm，并与尾座体锁紧。移动床鞍，使其上的百分表测头触及顶尖套的上母线和侧母线上，百分表在 100 mm 内的读数差即为平行度误差，如图 3-2-23a 所示。

该项精度要求：上母线允差为 0.01 mm/100 mm，只允许套筒前端向上偏；侧母线允差为 0.03 mm/100 mm，只允许套筒前端向操作者方向偏。

步骤 2　床鞍移动轨迹对尾座套筒锥孔中心线平行度的检验

测量方法：在尾座套筒内插入一根检验心轴（300 mm），尾座套筒退回尾座体内并锁紧，然后移动床鞍，使其上的百分表测头触及检验心轴的上母线和侧母线上。百分表在 300 mm 长度范围内的读数差即为床鞍移动轨迹对尾座套筒锥孔中心线的平行度误差，如图 3-2-23b 所示。

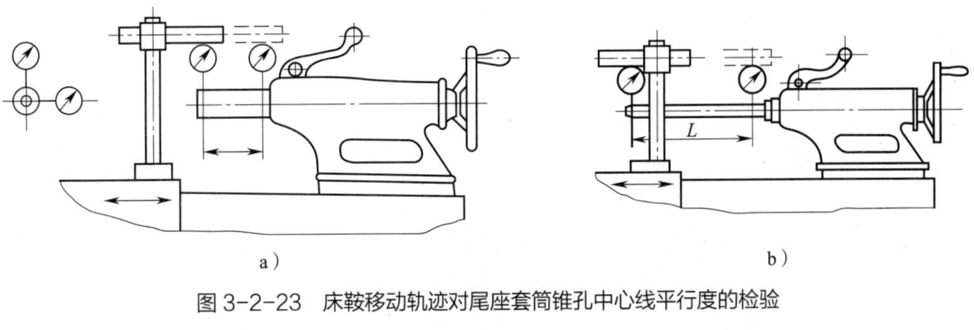

a）　　b）

图 3-2-23　床鞍移动轨迹对尾座套筒锥孔中心线平行度的检验

该项精度要求：上母线允差为 0.03 mm/300 mm，侧母线允差为 0.03 mm/300 mm。

为了消除检验心轴本身误差对测量的影响，一次检验后将检验心轴退出，转

180°插入再检验一次，两次测量结果代数和的一半即为该项误差值。

步骤 3 主轴锥孔中心线和尾座套筒锥孔中心线对床身导轨等距度的检验

测量方法：如图 3-2-24a 所示，在主轴箱主轴锥孔内插入一个顶尖，并校正其与主轴轴线的同轴度，在尾座套筒内同样装一个顶尖，两顶尖之间装夹一标准检验心轴。将百分表置于床鞍上，先将百分表测头顶在心轴侧母线上，校正心轴在水平面与床身导轨平行；再将测头触及检验心轴的上母线上，百分表在心轴两端的读数差即为主轴锥孔中心线和尾座套筒锥孔中心线对床身导轨的等距度误差。为了消除顶尖套中顶尖本身误差对测量的影响，一次检验后将顶尖退出，转过 180° 重新检验一次，两次测量结果代数和的一半即为其误差值。

图 3-2-24b 所示为另一种测量方法，即分别测量主轴和尾座锥孔中心线的上母线，再根据检验心轴的直径尺寸和百分表读数，经计算求得误差值。在测量之前，也要校正检验心轴在水平面内与床身导轨的平行度。

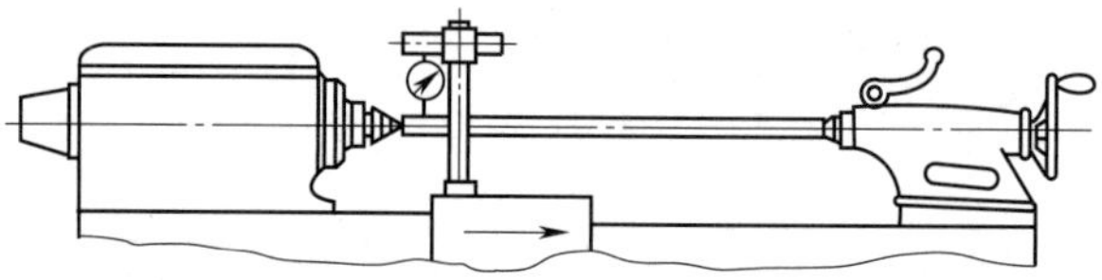

a）

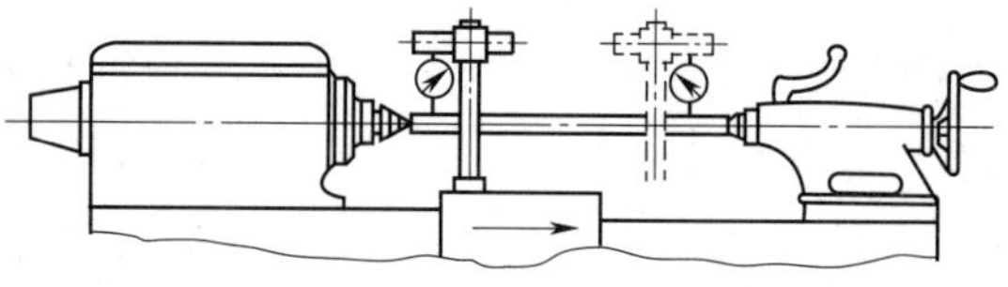

b）

图 3-2-24　主轴锥孔中心线和尾座套筒锥孔中心线对床身导轨的等距度的检验

精度要求：等距度允差为 0.06 mm（ 只允许尾座高），若超差则通过刮削尾座板来调整。

【实训任务 2】

测量长 1.6 m 导轨在垂直平面内的直线度误差。

【操作准备】

1．材料准备

检验心轴、红丹粉、机油、清洗零件用的煤油等。

2. 工具准备

套装工具（34 件）、台虎钳、划线平板、顶拔器（拉马）、纯铜棒、冲击套筒、截链器、冲击扳手。套装工具包括工具箱、内六角扳手、呆扳手、活扳手、锉刀、丝锥、铰杠、划规、样冲、锤子、圆板牙、板牙架、螺钉旋具、锯弓、尖嘴钳、钢丝钳等。

3. 量具准备

游标卡尺、游标万能角度尺、宽度角尺、百分表、千分尺、塞尺、水平仪等。

4. 设备准备

C6132A 型车床。

【操作步骤】

步骤 1　测量

采用水平仪检验法，水平仪分度值为 0.02 mm/1000 mm，选用 200 mm 长的垫块。在导轨全长上选择 8 个测量点，测得导轨的误差如下：

位置	1	2	3	4	5	6	7	8
格数	+1	+1.5	+2.5	+4	−3	−3	−2	−1

步骤 2　用直接作图法绘制导轨直线度曲线

横坐标取 1∶10 比例，画出 0 x 轴，在 0 x 轴上取 8 个坐标点。纵坐标取每格为 5 mm，画出 0 y 轴。图 3-2-25 所示为导轨直线度曲线。

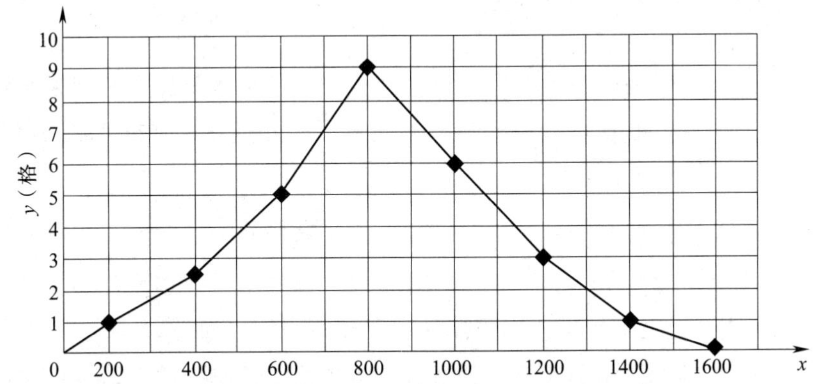

图 3-2-25　导轨直线度曲线

步骤 3　计算误差

从图中看出导轨直线度误差最大值为水平仪的第 9 格，换算成线值为：

$$\Delta=\frac{0.02}{1\,000}\times 200\times 9=0.036\text{（mm）}$$

所以，测得此导轨在垂直平面内的直线度误差为 0.036 mm，导轨曲线呈中凸形。

【注意事项】

水平仪测量直接作图应注意以下事项：

（1）用水平仪测量导轨直线度误差时，测量垫块必须首尾相接。

（2）导轨直线度的实际误差 Δ 与实测误差格数有关，它是图中首尾相连接直线至曲线最高点或最低点的 y 值，即波折形曲线的包容 y 值。

（3）导轨直线度的实际误差 Δ 也存在误差，因为 y 值有可能不是整数，而且作图也会有误差。

学习单元 2　普通机床空运转试验

机床装调后的检测分为静态试验和动态试验，而动态试验又分为空运行系列和载荷运行系列。

一、连续空运转试验基本规定

（1）机床连续空运转试验（考机）包括主机连续空运转试验和自动换头连续空运转试验两个部分（对于配备自动换头头库的机床，主机连续空运转试验与自动换头连续空运转试验分别独立进行）。

（2）在连续空运转试验的整个过程中，机床运转应正常、平稳、可靠，不应发生故障，否则必须重新进行空运转试验。

（3）机床的连续空运转试验时间按各型号机床“制造与验收技术条件”的规定执行。

（4）机床的主轴与进给倍率开关设置在 100%处，在连续空运转试验过程中不允许变更。

（5）应按机床型号、系统进行分类，制定相应的标准考机程序。如因机床行程等原因需要修改考机程序，在不减少该机床应有性能检验的前提下，允许修改位置坐标。

二、连续空运转试验的内容

1. 主机连续空运转试验

连续空运转试验的每个循环程序所用时间不大于 2 h，每个自动循环程序间的暂停时间不超过 1 min。

主机连续空运转试验的每个循环程序中应包括以下内容：

（1）主轴应包括低、中、高转速在内的五种以上转速的正、反向运转和定位，高速运转时间不少于每个循环程序所用时间的 12%。

（2）各直线坐标的运动应包括低、中、高进给速度和快速正、反向运行，运行应在接近全行程范围内进行，高速进给速度和快速运行时间不少于每个循环程序所用时间的 15%。

（3）回转工作台（*B* 轴）应以低、中、高进给速度和快速正、反向运行，运行应接近 360° 范围，并可选取任意点进行定位，高速进给速度和快速运行时间不少于每个循环程序所用时间的 12%。

（4）联动坐标轴的联动。每个程序循环应包括低、中、高进给速度的至少两坐标联动功能检验。如该机床具有四轴或五轴联动功能，应进行四轴或五轴联动功能检验。

（5）对于配备刀库的机床，刀库中各刀位上均应装载刀具，刀具应包含最大长度、最大质量、最大直径刀具，刀库中各刀位上刀具在连续空运转试验的整个过程中不得少于两次的自动交换，且在连续空运转试验过程中刀具每 20 min 进行一次自动交换。换刀定位时进给轴应以最快速度定位至换刀位置。

（6）对于配备自动交换双工作台的机床，在整个连续空运转的过程中转台滑座上必须放置工作台，在每个循环程序中每个工作台应进行自动装载与卸载至少各一次的自动交换。换台时进给轴应以最快速度定位至换台位置。

（7）程序中应尽量包含可运行与选择的数控功能，如机床应具备的标准加工循环（攻螺纹、钻孔等）。

2. 自动换头连续空运转试验

（1）连续进行所有附件头的自动交换功能检验，每个附件头进行自动装载与卸载至少各五次的自动换头功能检验。

（2）自动换头时进给轴应以最快速度定位至换头初始位置。

（3）附件头拉紧后，每个附件头主轴应包括低、中、高转速在内的正、反向运转至少各 2 min，运转应正常、平稳。

（4）在每两个附件头交换之间，应包含各进给轴的运动，各进给轴应包括低、中、高进给速度和快速在内的正、反向运行至少 1 min。

（5）在自动换头连续空运转试验中，应特别注意安全，做到随时有人监护，一旦发生问题应及时处理。

三、普通车床空运转试验的程序及基本要求

1. 检验车床的完整性

对紧固件、操纵件、导轨间隙的检查。固定接合面应紧密贴合，用 0.03 mm 塞尺检验时应插不进去。滑动导轨的表面除用涂色法检验接触斑点外，用 0.03 mm 塞尺检验，在端面插入深度应小于或等于 20 mm。转动手轮（手柄）时所需的最大操纵力不得超过 80 N。

2. 主轴箱部件空运转试验要求及其调整方法

（1）试验要求

1）检查主轴箱的油平面，不得低于油标线。

2）变换速度和进给方向的手柄应灵活，在工作位置和非工作位置上固定（定位）要可靠。

（2）试验方法

1）试验时从最低速度开始依次运转主轴的所有转速。各级转速的运转时间以观察正常为限，在最高速度的运转时间不得少于 30 min。主轴滚动轴承的温度升高值不得超过 40℃，主轴滑动轴承的温度升高值不得超过 30℃，其他机构轴承的温度升高值不得超过 20℃。

2）要避免因润滑不良而使主轴产生振动及过热。其他机构的轴承，在工作中产生不正常的高热时，可用箱体外轴承法兰盖上的调整螺钉来调整，并依次测试主轴的各级转速。主轴产生不正常的过热及振动时，应调整主轴的轴承间隙。

3）调整摩擦离合器，必须保证能够传递额定的功率而不产生过热现象。过松时摩擦片容易打滑发热，造成启动不灵；过紧则失去保险作用，且操纵费力。

4）调整主轴箱制动装置。当离合器松开和改变主轴旋转方向时，如主轴未能立即

停下（主轴转速为 300 r/min，制动时应为 2 ~ 3 r/min），可通过螺母调整制动装置的制动带（见图 3–2–26），使它紧一些，然后检查在压紧离合器时制动带是否松开。调整应在电动机开动（主轴不转）时进行。

3. 尾座部件空运转试验要求

（1）顶尖套由轴孔的最内端伸出至最大长度时应无不正常的间隙和阻滞，手轮转动要轻便，螺栓拧紧与松出应灵活。

（2）顶尖套的夹紧装置应可靠。

4. 滑板与刀架部件空运转试验要求及其调整方法

（1）滑板在床身导轨上，刀架上、下滑座在燕尾导轨上的移动应匀和、平稳，镶条、压板应调整至松紧适宜。

（2）各丝杠应旋转灵活、准确，有刻度装置的手轮（手柄）反向时的空程量不超过 1/20 r。

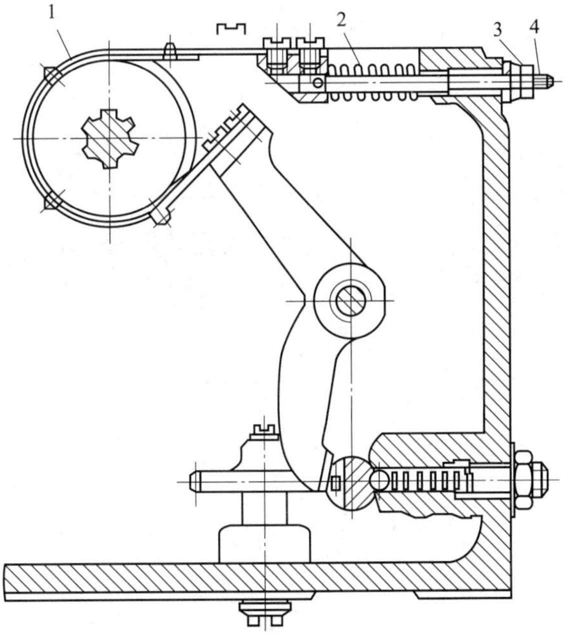

图 3–2–26　制动装置

1—制动带　2—弹簧　3—螺母　4—调节螺钉

（3）刀架下滑座丝杠间隙的调节方法如图 3–2–27 所示，先将左端螺母的螺钉拧松，然后用中间的螺钉将楔钉往上拉，调整至适当的间隙后，再将左端螺母的螺钉拧紧。

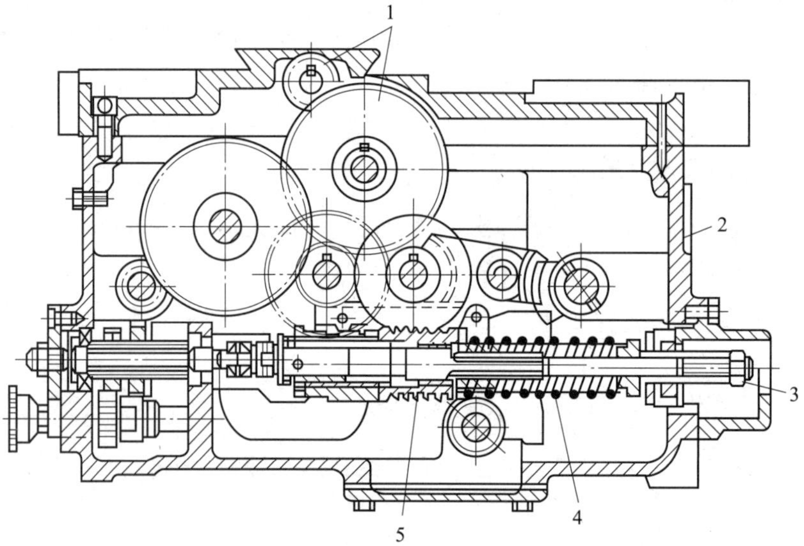

图 3-2-27 刀架下滑座丝杠间隙的调节

1—传动齿轮副 2—溜板箱 3—螺母 4—弹簧 5—脱落蜗杆副

5. 进给箱、溜板箱部件空运转试验要求及其调整方法

（1）试验要求

1）各进给及换向手柄应与标牌相符，固定可靠，相互间的互锁动作可靠。

2）启闭开合螺母的手柄应准确、可靠，无阻滞或过松感觉。

3）滑板及刀架在低速、中速、高速的进给试验中应平稳、正常，且无显著振动。

4）溜板箱脱落蜗杆装置的手柄灵活、可靠，按定位挡铁的位置能自行停止。

（2）试验方法

1）启动进给箱电动机，应用纵向、横向进给进行逐级运转试验及快速移动试验，各进给量的运转时间不少于 2 min，在最高进给量运转至稳定温度时，各轴承温度应不超过 50℃。

2）溜板箱脱落蜗杆装置的调整方法。用特殊扳手调整螺母。如果机床过载或碰到挡铁而蜗杆不能脱落时，可松螺母（及弹簧）；当进给量不大而蜗杆自行脱落时，则应旋进螺母以压紧弹簧。但绝不能把弹簧每圈都压得太紧，否则在机床过载时蜗杆不能脱开而失去了它应有的作用，甚至损坏机床。

6. 交换齿轮架空运转试验要求

交换齿轮要配合良好，且固定可靠。车削米制、英制螺纹及普通螺纹进给时，装上齿数为 42、100 的齿轮；车削模数及径节螺纹时，装上齿数为 32、97 的齿轮。

7. 电动机、传动带空运转试验要求

（1）电动机传动带的松紧度可通过调节电动机底座的安装倾斜度来调整。四根传动带应能同时起作用，如传动带长度不一致，则应进行选配。

（2）电动机必须保护接地（或接零）。

8. 润滑系统空运转试验要求

（1）应保证机床正常运转，各部分润滑孔应有显著标记，线芯润滑的部位应该备有线芯，有储油池的部分应将润滑油加到油标线高度。

（2）在机床运转时，润滑系统各润滑点应保证得到连续和足够量的润滑油，各轴承盖、油管接头及操纵手柄轴端均不得有漏油现象。

（3）配管、配线横平竖直，用管夹固定牢靠，无导线外露现象。

9. 电气设备空运转试验要求

（1）电气设备启动、停止等动作应可靠。

（2）检查电气设备的各项工作情况，包括电动机启动、停止、反向、制动和调速的平稳性，磁力启动器和热继电器及终点开关工作的可靠性。

【综合实训】

【实训任务】

普通卧式铣床空运转试验。

【操作准备】

1. 材料准备

检验心轴、红丹粉、机油、清洗零件用的煤油等。

2. 工具准备

套装工具（34 件）、台虎钳、划线平板、顶拔器（拉马）、纯铜棒、冲击套筒、截链器、冲击扳手。套装工具包括工具箱、内六角扳手、呆扳手、活扳手、锉刀、丝锥、铰杠、划规、样冲、锤子、圆板牙、板牙架、螺钉旋具、锯弓、尖嘴钳、钢丝钳等。

3. 量具准备

游标卡尺、游标万能角度尺、宽度角尺、百分表、千分尺、塞尺、水平仪等。

4. 设备准备

X6132W 型万能卧式升降台铣床。

【操作步骤】

步骤 1　空运转试验前的准备

（1）使机床处于自然水平位置，一般不应用地脚螺栓固定。

（2）清除各部件滑动面的污物，用煤油清洗后再用机油进行润滑。

（3）用 0.03 mm 塞尺检查各固定接合面的密合度，要求插不进去；检查各滑动导轨的端部，塞尺插入深度应小于或等于 20 mm。

（4）检查各润滑装置是否正常，油路是否畅通。

（5）按照润滑图表规定的油质、品种及数量，在机床各润滑处注入润滑油。

（6）用手动操纵，在全行程上移动所有可移动的部件，检查移动是否轻巧、均匀，动作是否正确，定位是否可靠，手轮的作用力是否符合通用技术要求。

（7）检查限位装置是否齐全、可靠。

（8）检查电动机的旋转方向，如不符合机床标牌上所注明的方向应予以改正。

（9）在摇动手轮或手柄，特别是开动自动进给时，工作台各方向的夹紧手柄应松开。

（10）开动机床时，手轮、手柄应能自动脱开，以免伤及操作者。

步骤 2　空运转试验

（1）开启机床，从最低级转速逐步加快至最高级转速，每级转速的运转时间不少于 3 min，在最高转速运转时间不少于 30 min，主轴轴承达到稳定温度时不得超过 60℃。

（2）启动进给箱电动机，应用纵向、横向及升降进给进行逐级运转试验、快速移动试验，各进给量的运转时间不少于 3 min，在最高进给量运转至稳定温度时，各轴承温度应不超过 50℃。

（3）在所有转速的运转试验中，机床各工作机构应平稳、正常，无冲击振动和周期性的噪声。

（4）在机床运转时，润滑系统各润滑点应保证得到连续和足够量的润滑油，各轴承盖、油管接头及操纵手柄轴端均不得有漏油现象。

（5）检查电气设备的各项工作情况，包括电动机启动、停止、反向、制动和调速的平稳性，磁力启动器和热继电器及终点开关工作的可靠性。

课程 3-3　设备安装和调试

学习内容

学习单元	课程内容	培训建议	课堂学时
机械设备安装与调试	1）水平仪的原理与使用方法 2）机械设备安装基础知识 3）台式钻床的调试	（1）方法：讲授法、演示法、讨论法 （2）重点：水平仪的使用方法 （3）难点：机械设备的安装与调试	12

学习单元　机械设备安装与调试

一、水平仪的原理与使用方法

水平仪是测量角度变化的一种常用量具，主要用于测量机件的水平位置及设备安装时的平面度、直线度和垂直度，也可测量零件的微小倾角。

常用的水平仪有条式水平仪、框式水平仪和数字式光学合像水平仪等。

1. 水平仪的结构

常用的框式水平仪主要由框架 1、弧形玻璃管主水准器 2、调整水准器 3 组成，如图 3-3-1 所示。利用水平仪上水准泡的移动来测量被测部位角度的变化。

框架的测量面有平面和 V 形槽，V 形槽便于在圆柱面上测量。弧形玻璃管的表面有刻线，内装乙醚（或酒精），并留有一个水准泡，水准泡总是停留在玻璃管内的最高处。若水平仪倾斜一个角度，气泡就向左或向右移动，根据移动的距离（格数），直接或通过计算即可知道被测工件的直线度、平面度或垂直度误差。

2. 水平仪的工作原理和读数方法

（1）工作原理。水平仪的工作原理如图 3–3–2 所示。测量精度为 0.02 mm/1 000 mm 的水平仪玻璃管，曲率半径 R=103 132 mm，当平面在 1 000 mm 长度中倾斜 0.02 mm，则倾斜角 θ 为：

$$\tan\theta=\frac{0.02}{1\ 000}=0.000\ 02$$

$$\theta \approx 4''$$

水准泡转过的角度应与平面转过的角度相等，则水准泡移动的距离（1 格）为：

$$a=\frac{2\pi R\theta}{360\times 60\times 60}=\frac{2\pi\times 103\ 132\times 4}{360\times 60\times 60}\approx 2\ (\text{mm})$$

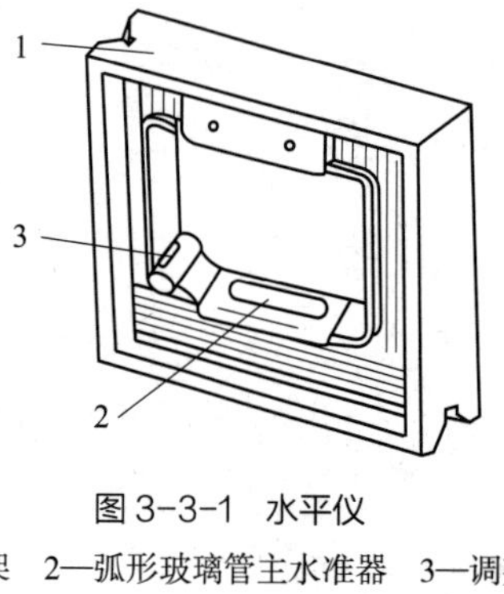

图 3–3–1 水平仪

1—框架 2—弧形玻璃管主水准器 3—调整水准器

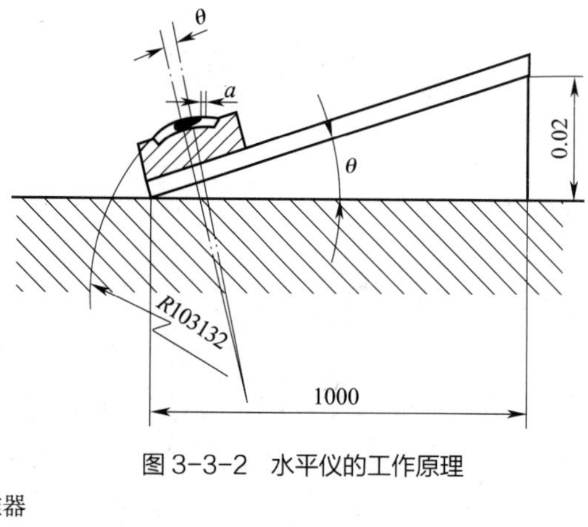

图 3–3–2 水平仪的工作原理

（2）读数方法。水平仪的读数方法有直接读数法和平均读数法两种。

1）直接读数法。以气泡两端的长刻线作为零线，气泡相对零线移动格数作为读数，这种读数方法最为常用，如图 3–3–3 所示。

图 3–3–3a 表示水平仪处于水平位置，气泡两端位于长刻线上，读数为“0”；图 3–3–3b 表示水平仪逆时针方向倾斜，气泡向右移动，图示位置读数为“+2”；图 3–3–3c 表示水平仪顺时针方向倾斜，气泡向左移动，图示位置读数为“–3”。

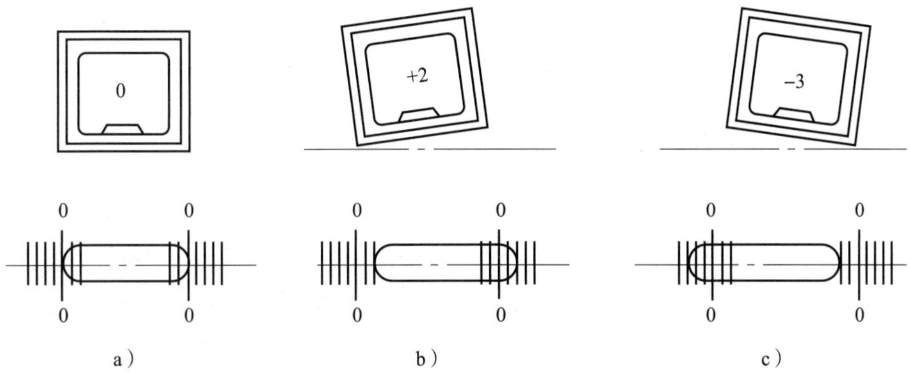

图 3-3-3　直接读数法

2）平均读数法。由于环境温度变化较大使气泡变长或缩短，引起读数误差而影响测量的正确性，可采用平均读数法，以消除读数误差，如图 3-3-4 所示。

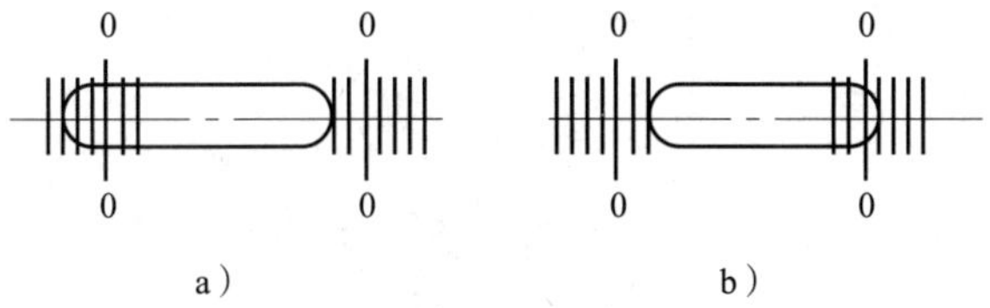

图 3-3-4　平均读数法

平均读数法读数是分别从两条长刻线起，向气泡移动方向读至气泡端点止，然后取这两个读数的平均值作为这次测量的读数值。

图 3-3-4a 表示由于环境温度较高，气泡变长，测量位置使气泡左移。读数时，从左边长刻线起，向左读数为“-3”；从右边长刻线起，向左读数为“-2”。取这两个读数的平均值，作为这次测量的读数值：

$$\frac{(-3)+(-2)}{2}=-2.5$$

图 3-3-4b 表示由于环境温度较低，气泡缩短，测量位置使气泡右移，按上述读数方法，读数分别为“+2”和“+1”，则测量的读数值是：

$$\frac{(+2)+(+1)}{2}=+1.5$$

3. 框式水平仪的使用及保养

（1）框式水平仪的两个 V 形测量面是测量精度的基准，在测量中不能与工件的粗糙面接触或摩擦。安放时必须小心轻放，避免因测量面划伤而损坏水平仪及造成不应有的测量误差。

（2）用框式水平仪测量工件的垂直面时，不能握住与副测面相对的部位而用力向工件垂直平面推压，这样会因水平仪的受力变形而影响测量的准确性。正确的测量方法是手握持副测面内侧，使水平仪平稳、垂直地（调整气泡位于中间位置）贴在工件的垂直平面上，然后从纵向水准器读出气泡移动的格数。

（3）使用水平仪时，要保证水平仪工作面和工件表面清洁，以防止污物影响测量的准确性。测量水平面时，在同一个测量位置上，应将水平仪转过 180° 再进行测量。当移动水平仪时，不允许水平仪工作面与工件表面发生摩擦，应该提起来放置。水平仪的使用方法如图 3-3-5 所示。

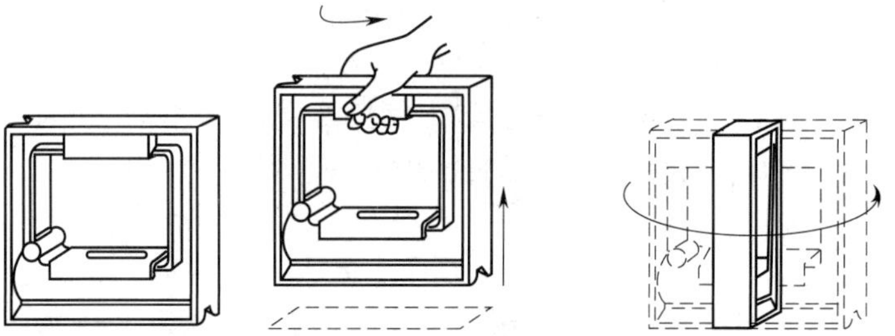

a）　　b）

图 3-3-5　水平仪的使用方法

a）正确　b）错误

（4）当测量长度较大的工件时，可将工件平均分为若干尺寸段，用分段测量法，然后根据各段的测量读数绘出误差坐标图，以确定其误差的最大格数。如图 3-3-6 所示，检验床身导轨在纵向垂直平面内的直线度时，将框式水平仪纵向放置在刀架上靠近前导轨处（图 3-3-6 中位置 *A*），从刀架处于主轴箱一端的极限位置开始，从左向右移动刀架，每次移动距离应近似等于水平仪的边框尺寸（200 mm）。依次记录刀架在每一测量长度位置时的水平仪读数，将这些读数依次排列，用适当的比例画出导轨

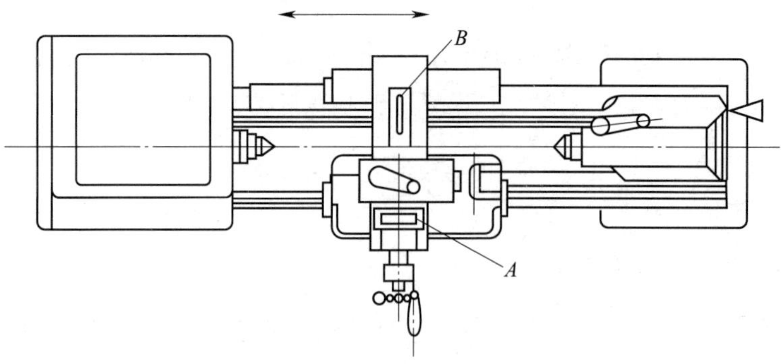

图 3-3-6　纵向导轨在垂直平面内的直线度检验

A、*B*—水平仪位置

在垂直平面内的直线度误差曲线。水平仪读数为纵坐标，刀架在起始位置时的水平仪读数为起点，由坐标原点起作一折线段，其后每次读数都以前折线段的终点为起点，画出对应的折线段，各折线段组成的曲线即为导轨在垂直平面内直线度曲线。曲线相对其两端连线的最大坐标值就是导轨全长的直线度误差；曲线上任一局部测量长度内的两端点相对曲线两端点连线的坐标差值就是导轨的局部误差。

（5）水平仪使用完毕应涂上防锈油并妥善保管。

二、机械设备安装基础知识

1. 基本概念

机械设备安装是指按照一定的技术条件，将机械设备或其他单独部件正确地安放和牢固地固定在基础上，使其在空间获得需要的坐标位置。机械设备安装质量的好坏，直接影响设备效能的正常发挥。机械设备安装的工艺过程包括基础的验收、清理和抄平，设备开箱验收、起重和搬运，基础放线和设备划线，设备就位，设备部件的拆洗和装配，设备的吊装，设备安装位置的检测和找正，二次灌浆，试运转及工程验收等。

机械设备正确的安装位置由机器或其单独部件的中心线、标高和水平性所决定，三者的实际偏差达到允许偏差要求，即达到安装精度，这一调整过程称为找正、找平和找标高。安装机械设备时，要求其中心线、中心高或水平性绝对正确是不可能的，当中心线、标高和水平性的偏差不影响机械设备的安全连续运转和使用寿命时，则是允许的。机械设备安装的实际偏差必须在允许的偏差内（称为安装精度），同时，还要保证机器及其单独部件牢固地固定在基础上，防止其在工作中由于动载荷等的作用而脱离正确的工作位置。

2. 地脚螺栓的分类

地脚螺栓的作用是固定设备，使设备与基础牢固地结合在一起，以免工作时发生位移和倾覆。地脚螺栓可分为死地脚螺栓和活地脚螺栓两大类。

（1）死地脚螺栓。死地脚螺栓又称短地脚螺栓，往往与基础浇灌在一起。它主要用来固定工作时没有强烈振动和冲击的中、小型设备。死地脚螺栓的长度一般为 100～1 000 mm。常用的死地脚螺栓头部做成开叉式和带钩的形状。带钩地脚螺栓有时在钩孔中穿上一根横杆，以防止地脚螺栓旋转或被拔出。通常民用及工业设备安装用的都是死地脚螺栓。

（2）活地脚螺栓。活地脚螺栓又称长地脚螺栓，是一种可拆卸的地脚螺栓。它主要用来固定工作时有强烈振动和冲击的重型设备。这种地脚螺栓的长度一般为 1 ~ 4 m。它的形状可分为两种，一种是两端都带有螺纹及螺母的，另一种是锤形（T 字形）的。活地脚螺栓要与锚板一起使用。锚板可用钢板焊接或铸造成形，它中间带有一个矩形孔或圆孔，供穿螺栓用。

3. 地脚螺栓的选用

地脚螺栓、螺母和垫圈一般都随设备带来，应符合设计和设备安装说明书的规定。如无规定可参照下列原则选用：

（1）地脚螺栓的直径应小于设备底座上地脚螺栓孔的直径，其关系见表 3–3–1。

表 3–3–1　地脚螺栓直径与设备底座上孔径的关系　mm

孔　径	12 ~ 13	13 ~ 17	17 ~ 22	22 ~ 27	27 ~ 33	33 ~ 40	40 ~ 48	48 ~ 55	55 ~ 65
螺栓直径	10	12	16	20	24	30	36	42	48

（2）每一个地脚螺栓应根据标准配一个垫圈和一个螺母；对振动较大的设备，应加锁紧螺母或双螺母。

（3）地脚螺栓的长度应按施工图规定，如无规定时可按下式确定：

$$L=15D+S+（5\sim10）$$

式中　L——地脚螺栓的长度，mm；

D——地脚螺栓的直径，mm；

S——垫铁高度、机座和螺母厚度以及预留余量（2 ~ 3 牙）的总和，mm。

4. 地脚螺栓的敷设

地脚螺栓在敷设前，应将地脚螺栓上的锈垢、油脂清洗干净（但螺纹部分要涂上油脂），然后检查其与螺母配合是否良好。在敷设地脚螺栓的过程中，应防止杂物掉入螺栓孔内。

（1）死地脚螺栓敷设方法

1）一次浇灌法。在浇灌基础时，预先把地脚螺栓埋入，与基础同时浇灌，称为一次浇灌法。根据螺栓埋入深度不同，可分为全部预埋和部分预埋两种形式，如图 3–3–7 所示。在部分预埋时，螺栓上端留有一个 100 mm × 100 mm（深 22 ~ 300 mm）的方形调整孔，供调整用。一次浇灌法的优点是减少模板工程，增加地脚螺栓的稳定性、坚固性和抗振性；其缺点是不便于调整。

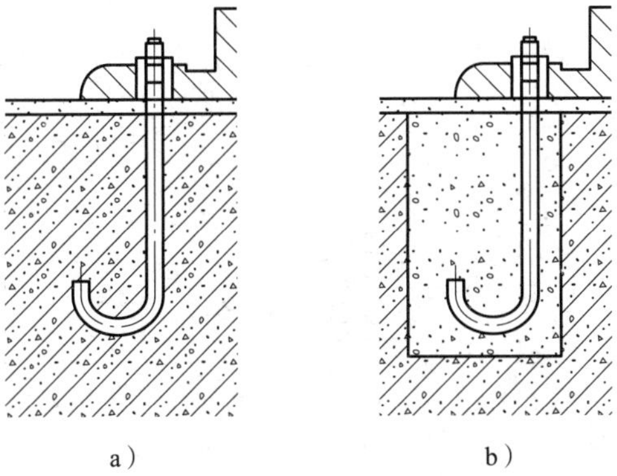

图 3-3-7　基础浇灌法

a）全部预埋法　b）部分预埋法

采用一次浇灌法时，地脚螺栓要用地脚螺栓定位板来定位，如图 3-3-8 所示。制作地脚螺栓定位板时，定位板孔径比地脚螺栓直径大 0.5 ~ 1.0 mm，规孔钻孔，钻孔误差不得大于 0.5 mm。定位板厚度不得小于 8 mm，剪切加工，保证定位板无变形。用地脚螺栓定位板固定好地脚螺栓后，在浇灌混凝土前，要对地脚螺栓的中心距、垂直度和标高进行检测。地脚螺栓中心距允许偏差不大于 3 mm，垂直度允许偏差不大于 $L/100$（L 为地脚螺栓长度），标高允许偏差不大于 5 mm。

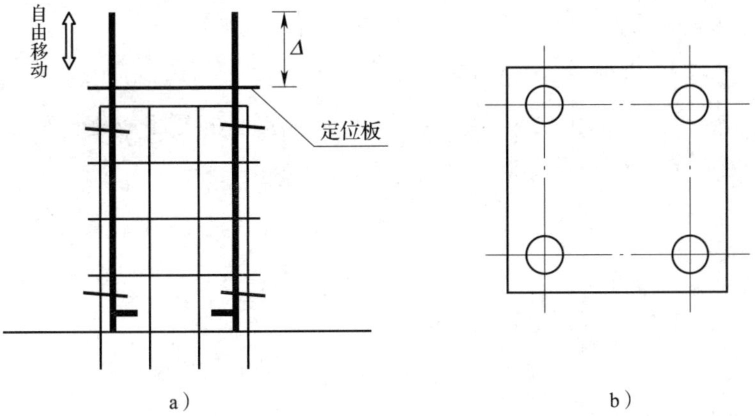

图 3-3-8　地脚螺栓定位板

2）二次浇灌法。在浇灌基础时，预先在基础上留出地脚螺栓的预留孔，安装设备时穿上螺栓，然后用混凝土或水泥砂浆把地脚螺栓浇灌死。此方法的优点是便于安装时调整，缺点是不如一次浇灌法牢固。

在敷设二次浇灌地脚螺栓时，应注意其下端弯钩处不得碰底部，至少要留出 100 mm 的间隙，螺栓到孔壁各侧面的距离不能少于 15 mm，如间隙太小，灌浆时不易填满，混凝土内就会出现孔洞。如设备安装在地下室顶上的混凝土板或混凝土楼板上时，则地脚螺栓弯钩端应钩在钢筋上，如为圆钢筋，应在弯钩端上穿一圆钢棒，如图 3–3–9 所示。

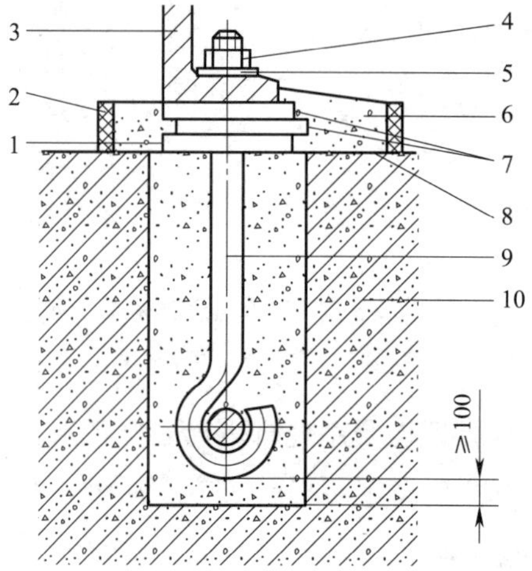

图 3–3–9　二次浇灌地脚螺栓

1—平垫铁　2—模板　3—设备底座　4—螺母　5—垫圈　6—灌浆层
7—斜垫铁　8—麻面　9—地脚螺栓　10—基础

（2）安装地脚螺栓的注意事项

1）地脚螺栓的垂直度公差为 10 mm/1 000 mm。

2）地脚螺栓上的油垢必须清洗干净。

3）地脚螺栓与孔壁的距离应大于 15 mm，地脚螺栓底端不应碰孔底。

4）拧紧螺母后，螺栓必须露出螺母 1.5 ~ 5 个螺距。

5）底座与螺母间应加垫圈；对有振动的设备，地脚螺栓应用锁紧装置锁紧。

6）紧固地脚螺栓时，应从设备的中心开始，然后往两边对角交错进行，同时施力要均匀，全部紧完后按原顺序再紧一遍。

5. 地脚螺栓的检查及问题处理

地脚螺栓埋设的好坏直接影响设备的安装质量。有些设备对标高、位置的准确性要求很严，特别是自动化程度高的联动设备要求更严。因此，在地脚螺栓埋设后和设备安装前，必须对其进行检查和矫正。当发生偏差而必须进行处理时，应根据设备的具体情况，采用不同的处理方法。

（1）地脚螺栓中心偏差的处理

1）螺栓直径为 24 ~ 30 mm，中心线偏移 10 mm 以内时，可先用氧—乙炔焰把螺栓烤红，再用大锤将螺栓敲弯，或用千斤顶顶弯，也可以用螺栓钩矫正（见图 3–3–10），矫正后要用钢板焊牢加固。

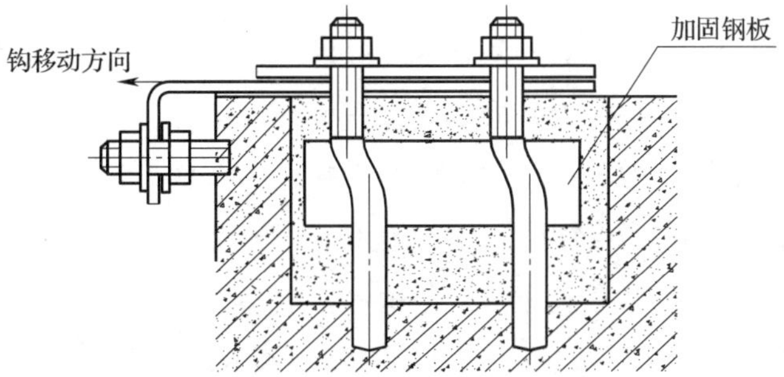

图 3–3–10　用螺栓钩矫正地脚螺栓

2）螺栓直径小于 30 mm，中心线偏移 10 ~ 30 mm 时，要用氧—乙炔焰把螺栓烤红，再用大锤将螺栓敲弯后用钢板焊牢加固，防止拧紧螺栓时复原，如图 3–3–11 所示。

3）若螺栓间距不对，则可按图 3–3–12 所示，将螺栓用氧—乙炔焰烤红后，用大锤将螺栓敲弯，在中间焊上钢板加固，在以后灌浆时把它灌死。

4）对于大螺栓（直径在 30 mm 以上）发生较大偏差时，可按图 3–3–13 所示的方法处理。即将螺栓切断后，用一块钢板焊在螺栓中间。如螺栓强度不够，可在螺栓两侧焊上两块加固钢板，其长度应不小于螺栓直径的 3 倍。

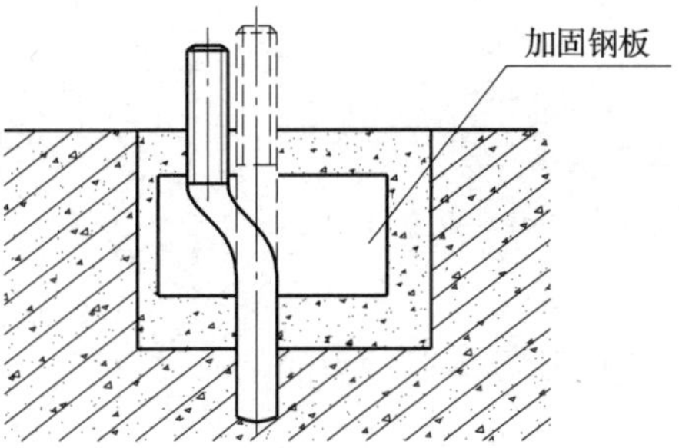

图 3–3–11　中心偏差的处理

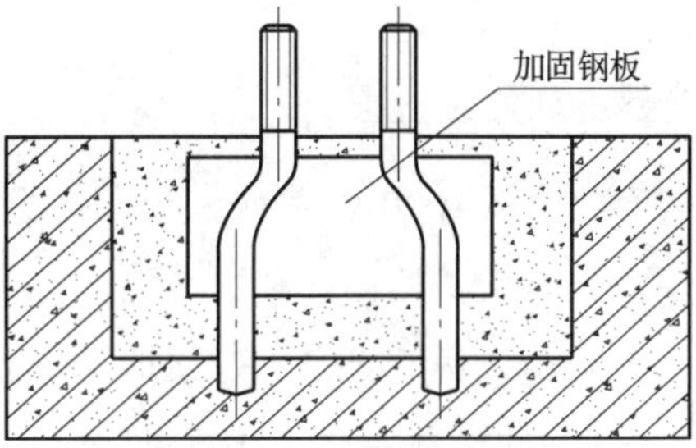

图 3–3–12　间距偏差的处理

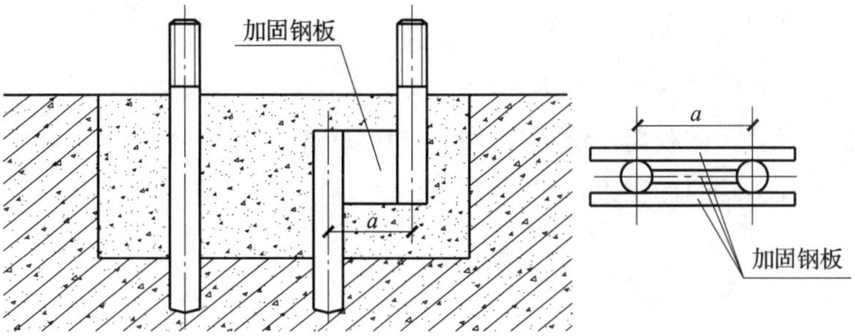

图 3–3–13　大直径螺栓偏差的处理

（2）地脚螺栓标高偏差的处理

1）螺栓过高时，须将高出部分割去再套螺纹。在套螺纹时，要防止油类滴到混凝土基础上腐蚀及影响基础的质量。

2）螺栓偏低而偏差值不大（在 15 mm 以内）时，可用氧—乙炔焰把螺栓烤红，然后把它拉长。拉长的方法是用两块垫板作支座，再在其上边架一块中间有孔的钢板套在地脚螺栓上，上面用螺母拧紧，借助拧紧螺母的力量而将螺栓烤红处拉长。螺栓直径拉细处必须加焊 2 ~ 3 块钢板加固。如设备已放在基础上搬动不便，在机座凸缘强度足够的情况下，可以直接在底座上拧紧螺母，把螺栓拉长。当拉到适当长度后，必须将螺母松开，以免螺栓冷却后拉力过大，甚至压裂底座凸缘。

3）如螺栓过低（低于其要求高度 15 mm），不能用加热法拉长，可在螺栓周边挖一深坑，在距坑底约 100 mm 处将螺栓切断，另焊一新制作的螺栓，标高要符合要求，然后再用圆钢加固。圆钢长度一般是螺栓直径的 4 ~ 5 倍。

（3）地脚螺栓在基础内松动的处理。在拧紧地脚螺栓时可能将螺栓拔活，此时应先将螺栓调整到原位置，然后在螺栓上焊纵、横两个 U 形钢筋，最后用水将坑清洗干净并灌浆，待凝固后再拧紧螺母。

（4）活地脚螺栓偏差的处理。活地脚螺栓偏差的处理方法大致与死地脚螺栓的处理方法相同，只是可以将地脚螺栓取出后进行处理。如螺栓过长，可在机床上切去一段再套螺纹；如螺栓过短，可用热锻法伸长；如位置不符合要求，用弯曲法矫正。

6. 垫铁的作用及位置

（1）垫铁的作用。垫铁位于设备的底座与基础之间，它的作用如下：

1）调整设备的标高和水平位置。

2）承担设备的重力、拧紧地脚螺栓的预紧力以及设备振动力的传递。

3）保证设备底部在二次灌浆时都能灌到。

（2）垫铁的位置

1）每个地脚螺栓旁至少有一组垫铁。

2）垫铁组在能放稳和不影响灌浆的情况下应尽量靠近地脚螺栓。

3）相邻两组垫铁的距离一般应为 500 ~ 1 000 mm。

4）垫铁应有足够的面积以承受设备的负载。

7. 垫铁的种类、规格及要求

垫铁的种类很多，按垫铁的材料分为两种：一种是铸铁垫铁，它的厚度一般在

20 mm 以上；另一种是钢垫铁，它的厚度一般在 0.3 ~ 20 mm。按垫铁的形状可分为平垫铁、斜垫铁、开口垫铁、开孔垫铁、钩头成对斜垫铁和调整垫铁等。

（1）平垫铁和斜垫铁。平垫铁和斜垫铁的形状如图 3–3–14 所示，其尺寸及应用范围见表 3–3–2、表 3–3–3。承受主要载荷或设备振动大、构造精密的设备应使用成对斜垫铁，即把两块斜度相同而斜向相反的斜垫铁贴合在一起使用，设备找平后用电焊焊牢。具有强烈振动或连续振动的设备应使用平垫铁。

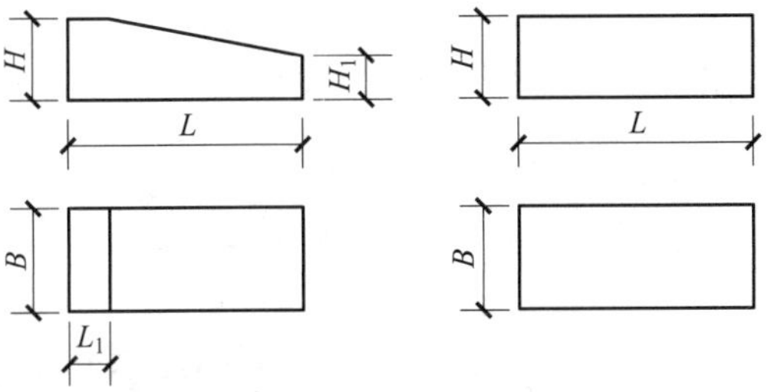

a）　　　　　　　　　　b）

图 3–3–14　平垫铁和斜垫铁

a）斜垫铁　b）平垫铁

平垫铁和斜垫铁的平面一般不需要加工；有特殊要求的设备应进行加工，并且还要进行刮研。刮研斜垫铁时要成对配研，两块垫铁的接触面积要达到 75% 以上，刮削配研后还要放在标准平板上检查其平行度。

表 3–3–2　平垫铁尺寸及应用范围　　mm

编号	*L*	*B*	*H*	应用范围
1	110	70	3、6、9、12、15、25、40	设备质量在 5 t 以下，直径为 20 ~ 35 mm 的地脚螺栓
2	135	80	3、6、9、12、15、25、40	设备质量在 5 t 以上，直径为 35 ~ 50 mm 的地脚螺栓
3	150	100	25、40	

表 3–3–3　斜垫铁尺寸及应用范围　　mm

编号	*L*	*B*	*H*	H_1	L_1	应用范围
1	100	60	13	5	5	设备质量在 5 t 以下，直径为 20~35 mm 的地脚螺栓
2	120	75	15	6	10	设备质量在 5 t 以上，直径为 35~50 mm 的地脚螺栓

（2）开口垫铁和开孔垫铁。这种垫铁用于支座安装在金属结构或地平面上、支承面积又较小的设备上。它的尺寸与普通平垫铁相同，其开孔的直径比地脚螺栓大 2 ~ 5 mm。垫铁的宽度应根据设备的底脚尺寸而定，一般应与设备底脚宽度相等；如需焊接固定时，应比底脚宽度稍大些。垫铁长度应比设备长度长 20 ~ 40 mm，厚度按实际需要而定。

8. 垫铁的敷设方法

（1）标准垫法。如图 3–3–15 所示，这种垫法是将垫铁放在地脚螺栓的两侧。它是放置垫铁的基本做法，一般多采用这种垫法。

（2）十字形垫法。如图 3–3–16 所示，这种垫法适用于设备较小、地脚螺栓距离较近的情况。

（3）筋底垫法。如设备底座下部有肋板时，要把垫铁垫在肋板下面，以增强设备的稳定性。

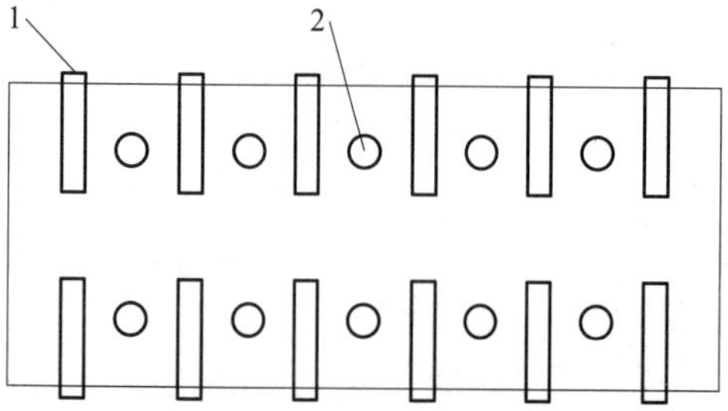

图 3–3–15　标准垫法

1—垫铁　2—地脚螺栓

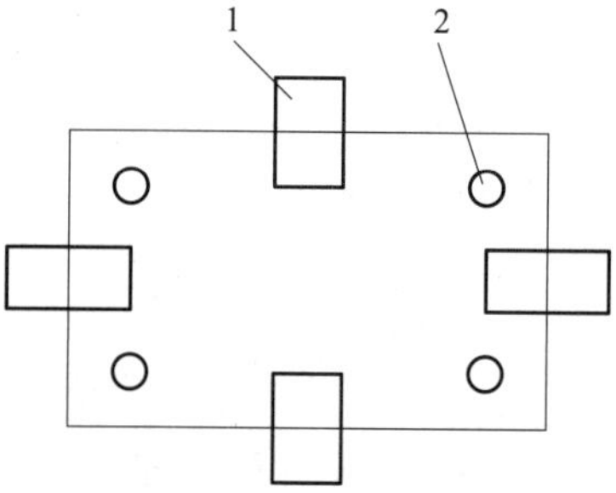

图 3–3–16　十字形垫法

1—垫铁　2—地脚螺栓

（4）辅助垫法。如图 3–3–17 所示，地脚螺栓距离过大时，应在中间加一组辅助垫铁，这种垫法称为辅助垫法。

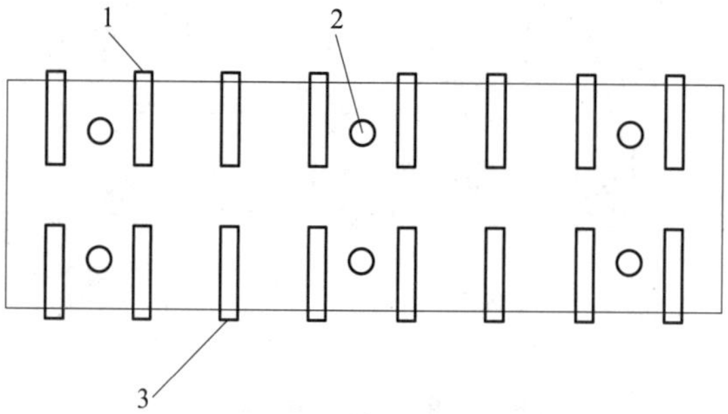

图 3–3–17　辅助垫法

1—垫铁　2—地脚螺栓　3—辅助垫铁

9. 敷设垫铁时应注意的事项

（1）在基础上放垫铁的位置要铲平，使垫铁与基础全部接触，接触面积要均匀。

（2）垫铁应放在地脚螺栓的两侧，避免拧紧地脚螺栓时引起机座变形。

（3）一般允许垫铁间距为 700 ~ 1 000 m，过大时中间应增加垫铁。

（4）垫铁应露出设备外边 20 ~ 30 mm，以便于调整；垫铁与螺栓边缘的距离可保持 50 ~ 150 mm，便于向螺孔内灌浆。

（5）垫铁的高度一般在 30 ~ 100 mm，如过高会影响设备的稳定性，过低不便于二次灌浆的捣实。

（6）每组垫铁块数不宜过多，一般不超过三块。厚的放在下面，薄的放在上面，最薄的放在中间。在拧紧地脚螺栓时，每组垫铁拧紧程度要一致，不允许有松动现象。

（7）设备找平、找正后，对于钢板垫铁要点焊在一起。

10. 无垫铁施工

无垫铁施工是一种比较新的施工方法，这种方法在保证质量的前提下，可节约大量钢材。对一些产生较大振动、冲击的设备，必须采取必要的防振动、防冲击措施，以保证设备正常工作。

（1）无垫铁施工过程。无垫铁施工过程与有垫铁施工大致相同。无垫铁施工的设备找正、找平、找标高时，同样可用斜垫铁、调整垫铁、调整螺栓等工具来调整设备的水平和标高要求。所不同的是，当调整工作完毕，地脚螺栓拧紧后，即进行二次灌浆，在养护期满后便将调整用垫铁、调整螺栓拆掉，然后将留出的位置灌满灰浆，并再次拧紧地脚螺栓，同时进一步复查安装水平、标高、中心线是否有变化。

（2）无垫铁灌浆材料的配合比与要求。采用无垫铁施工时，一次灌浆所用的砂浆应用膨胀水泥拌制而成。可用强度等级为 52.5 ~ 62.5 的水泥加 4/1 000 铝粉拌制而成，砂浆的配合比为水泥：沙子：水：铝粉为 1：2：0.4：0.004（质量比）。对砂浆的要求是水灰比要小，以提高其强度及防止收缩。水灰比的黏湿程度可用手检查，当用手捏砂浆时能捏成块而没有水分挤出，手放开后能慢慢散开，方可进行二次灌浆。

（3）无垫铁施工注意事项

1）无垫铁施工用调整垫铁的组数应根据设备的形状及地脚螺栓的间距而定。

2）如设备说明书上有特殊规定时，应按说明书规定进行施工调整。如无规定时，可用一般的斜垫铁、调整垫铁和调整螺栓进行施工调整。

3）安放垫铁处的基础应铲平，并在调整垫铁下面垫上平垫铁。

4）使用无垫铁施工时，设备的二次灌浆层原则上应不小于 100 mm。

5）设备底座为空心时，应将其灌满砂浆或在二次灌浆时使用压力灌浆法。

6）设备找正、找平后，应先将地脚螺栓拧紧，再进行二次灌浆。

7）灌浆前，应在垫铁周边安放模板，以便灌浆后取出垫铁。

8）二次灌浆层达到一定强度后，才允许抽出垫铁。

9）垫铁取出后，应复查设备精度是否符合要求。

11. 灌浆层的质量要求

（1）灌浆工作应在气温 50℃以上进行，否则要采取措施，如用温水搅拌或掺入一定量的早强剂等。当用温水搅拌时，水温不得超过 60℃，以免水泥产生假凝现象，影响混凝土质量。用早强剂时，一般可采用氯化钙（$CaCl_2$），其掺入量不得超过水泥质量的 3%（质量分数）。灌浆后，应用草袋、草席等物进行保养。

（2）对于一次精平后不需要再调整的设备，在精平后 24 h 内必须集中力量灌浆完毕，否则应复测后再灌浆。

（3）灌浆时先用木板在设备四周围好，以作模板用，模板到设备底座外缘的距离中、小型设备为 60 ~ 80 mm，大型设备为 80 ~ 100 mm，其高度视具体情况而定。当设备底座下整个面积不全部灌浆时，应根据具体情况安设内模板（灌浆层承受设备载荷时，则必须安设内模板），且模板至设备底座面外缘的距离应不小于 100 mm，更不得小于底座面的宽度，其高度不得小于底座底面至基础或地坪间的净高。在拆除模板后，设备底座外缘的灌浆层应抹粉灰裙，使之平整、美观，并在上表面做出斜度，以防油、水流向设备底座。

（4）设备底座下灌浆层的要求。当需要承受主要载荷时，其厚度不得小于 25 mm；当只起固定作用时，如固定垫铁、防止油和水流入设备底座等，灌浆层的厚度可小于 25 mm，并可灌注水泥砂浆。

（5）灌浆层不得有裂缝、蜂窝、麻面等缺陷，当灌浆层与设备底座面要求紧密接触时，其接触面间不得有空隙，接触应均匀。

12. 坐浆法施工

在设备安装工程中，近年来常采用坐浆法施工，这是一种比较新的安装工艺。坐浆法施工首先将混凝土基础施工完毕，然后定出设备垫铁的位置，并用工具铲除安装垫铁处的表面混凝土，呈现出凹坑，再安放模箱，浇灌不收缩水泥砂浆，根据垫铁标高要求安装垫铁，待养护达到要求后，即可进行设备安装。

（1）配合比（质量比）。坐浆法的砂浆一般由沙子、石子、水泥、水等配制而成，有的还掺入防收缩剂等其他辅助材料。配合比直接影响坐浆法施工质量。坐浆法使用的水泥是无收缩水泥、膨胀水泥及高标号水泥，用水量一般为水泥用量的 37%～40%（质量分数）。配合比有以下几种：

强度等级为 62.5 的水泥：沙子：石子：水 =1：1：1：0.37。

防收缩剂：水泥：沙子：水 =1：1：1：0.4。

水泥：沙子：石子：水 =1：1：1：适量。

（2）坐浆法施工步骤

1）坐浆前先将基础安放垫铁位置处的表面混凝土铲除，并用水冲洗干净，再用压缩空气吹去积水。

2）坐浆时将木盒放在安装垫铁的位置上，然后将里面捣实，达到表面平整并略有出水现象为止。

3）用水平仪测定垫铁标高和水平度。如有高低不平时，调整垫铁下面的砂浆厚度即可。

4）达到标准强度，36 h 即可安装设备。

5）垫铁每组用三块，其中平垫铁一块、斜垫铁两块。

13. 设备开箱检查、就位及找正

（1）开箱检查。开箱检查的目的有三个：第一，检查零部件是否齐全；第二，检查设备有无损坏；第三，办理移交手续。检查后应对设备及零部件进行妥善保管。

（2）设备就位。设备开箱查验后就可以就位，就位就是将设备由箱的底排搬到设备基础上。就位的方法很多，应根据具体情况选择比较合理的就位方法。

（3）设备找正。找正就是将设备放在规定的位置上，使设备的纵、横中心线和基础上的中心线对正，为此，必须找出设备的中心线和中心点，即找出设备的定位基准，并进行设备的划线。设备的定位基准一般在规范设计和设备说明书上都有规定。单件设备互不影响，找正方法比较简单，就位后利用量具和线锤进行测量，如果不正时，可用撬杠撬动设备稍加调整，直到基础的中心线对正为止。联动设备找正比较麻烦，此处不进行介绍。对于静止设备的找正，除了要使设备的中心线与基础中心线对准外，还要注意使设备上的管座方位与图样上的设计要求相符合。

14. 设备的试运转

（1）试运转的目的。试运转的目的是综合检查以前各工序的施工质量，同时也可以发现机械设备在设计、制造等方面的缺陷，然后做最后的修理和调整，磨合动配合表面，使设备的运转特性符合生产要求。只有试运转正常以后，机械设备才能按设计要求投入正常生产。

（2）试运转的步骤。试运转的程序是先空载后负载，先轻载后满载，先单机后联动，先低速后高速，先短期后长期。

设备不同，试运转的要求也不同，分别由专门的规程规定。

（3）试运转中应注意的问题

1）设备启动运转后，首先应注意运转的声音，运转正常的声音应该是均匀的、平稳的，如果有问题就会发出各种杂音。

2）其次应经常注意温度，需要测量的一般是摩擦部位，以及油温、冷却水温，空气压缩机还需测量出口温度。

3）在试运转中应检查各运动机构的状况，使之符合要求。

4）在运转中应对操纵系统和制动系统做数次试验，均应灵敏、正确和可靠地起到规定的作用。

5）在试运转中，密封装置应良好且不发热。

6）在试运转中如发现有不正常现象，一般应立即停车，并进行检查和修理。

三、台式钻床的调试

1. 调试准备

（1）安装操作前必须熟悉机床的性能、用途及操作注意事项，不熟练的操作者严禁单独操作。

（2）检查机床电源插头、插座上的各触头应可靠，无松动和接触不良现象。

（3）导线要远离高温、油污、尖锐边缘，机床要接地线，切勿用力猛拉插座上的电源线。

（4）开机前先检查铭牌上的电压和频率是否与电源一致。

（5）检查各操作手柄、开关、旋钮是否在正确位置，操纵是否灵活，安全装置是否齐全、可靠。

（6）操作前先启动吸尘系统。

（7）按润滑要求加油润滑，然后接通电源。

（8）低速运转 3～5 min，确认正常后再开始工作。

2. 调试步骤

（1）空运转。从最低级转速逐步加快至最高级转速，每级转速的运转时间不少于 3 min，在最高转速时间不少于 30 min，主轴轴承达到稳定温度时不得超过 60℃。

（2）启动电动机，逐级进行运转试验及钻削试验，各进给量的运转时间不少于 3 min，在最高进给量运转至稳定温度时，各轴承温度应不超过 50℃。

（3）在所有转速的运转试验中，机床各工作机构应平稳、正常，无冲击、振动和周期性的噪声。

（4）在钻床运转时，润滑系统各润滑点应保证得到连续和足够量的润滑油，各轴承盖、油管接头及操纵手柄轴端均不得有漏油现象。

【综合实训】

【实训任务】

立式钻床的安装与调试。

【操作准备】

1. 材料准备

碳钢等金属材料，铝塑板、聚氨酯等高分子或合金材料。

2. 工具准备

活扳手、摇把扳手（调节及紧固钻床的工具），工件压紧装置（压紧工件，防止钻削过程中工件被甩飞）等。

3. 量具准备

游标卡尺、百分表及磁性表座。

4. 设备准备

Z5040 型立式钻床。

【操作步骤】

步骤 1　钻床安装

（1）开箱验收机床时，若发现主机、附件及随机文件与装箱单不符，应立即与经销商联系。必须在仔细阅读说明书后，方能对本机床进行安装、调试。

（2）将机床部件表面的灰尘、防锈油擦干净，然后平行吊运机床，放好垫铁后，将地脚螺栓的螺母拧上，以防机床倾倒。

（3）机床安装后，应将立柱表面的防锈油清洗干净，擦净外表面，并涂 N46 号油或润滑油，保护导轨等表面。

（4）将主电动机装在主轴箱上，确保电动机上的齿轮与变速箱中的齿轮正确啮合，并用四个 M14×35 的六角螺栓紧固。然后将电动机的电缆线插头插在位于电气柜上面的插座上，并锁紧防松螺母。

步骤 2　钻床调试

（1）接通电源前，应先检查电源接地线是否可靠，线径是否符合要求；检查机床电源相序是否正确；检查行程限位开关是否可靠；检查各操作按钮是否正确动作，急停按钮是否动作可靠。

（2）空运转从最低级转速逐步加快至最高级转速，每级转速的运转时间不少于 3 min，在最高转速时间不少于 30 min，主轴轴承达到稳定温度时不得超过 60℃。

（3）启动进给箱电动机，应用纵向、横向及升降进给进行逐级运转试验、快速移动试验，各进给量的运转时间不少于 3 min，在最高进给量运转至稳定温度时，各轴承温度应不超过 50℃。

（4）在所有转速运转试验中，机床各工作机构应平稳、正常，无冲击、振动和周期性的噪声。

（5）在钻床运转时，润滑系统各润滑点应保证得到连续和足够量的润滑油，各轴承盖、油管接头及操纵手柄轴端均不得有漏油现象。

（6）检查电气设备的各项工作情况，包括电动机启动、停止、反向、制动和调速的平稳性，磁力启动器和热继电器及终点开关工作的可靠性。